Vahlens Kurzlehrbücher
Bösch
Derivate

Derivate
Verstehen, anwenden und bewerten

Von
Prof. Dr. Martin Bösch

Verlag Franz Vahlen München

ISBN 978 3 8006 3857 4

© 2011 Verlag Franz Vahlen GmbH
Wilhelmstr. 9, 80801 München
Satz: Fotosatz H. Buck
Zweikirchener Str. 7, 84036 Kumhausen
Druck und Bindung: Druckhaus Nomos
In den Lissen 12, 76547 Sinzheim
Gedruckt auf säurefreiem, alterungsbeständigem Papier
(hergestellt aus chlorfrei gebleichtem Zellstoff)

Vorwort

Dieses Lehrbuch stellt Ihnen die wichtigsten Derivate vor, die derzeit an den Märkten gehandelt werden: Optionen, Futures, Forwards und Swaps. Kreditderivate werden aufgrund ihrer großen und aktuellen Bedeutung in einem eigenen Abschnitt behandelt. Der Untertitel „Verstehen, anwenden und bewerten" beschreibt dabei, was Sie bei der Lektüre erwartet:

Verstehen:

Zunächst geht es darum, die im Buch aufgeführten Derivate in ihrer Grundstruktur zu verstehen. Warum werden sie eingesetzt? Was wird bei den jeweiligen Derivaten eigentlich genau gekauft oder verkauft? Welche Chancen und Risiken entstehen dabei für die Käufer und Verkäufer? Wie ist der Ablauf eines solchen Handelsgeschäfts und wo und wie können die Derivate gehandelt werden?

Anwenden:

Nur wer Derivate auf konkrete Fragestellungen anwenden kann, hat sie wirklich verstanden. Das Buch legt deshalb großen Wert auf die Anwendung und den Einsatz der jeweiligen Derivate für konkrete Frage- und Problemstellungen. Es wird dabei versucht, die Anwendungen so konkret und realitätsnah wie möglich zu gestalten.

Bewerten:

Wie wird der Preis von Derivaten ermittelt? Wie viel sollte eine bestimmte Option, ein Forward oder ein Zinsswap kosten? Dabei werden einerseits die Einflussfaktoren auf den Wert der jeweiligen Derivate erläutert und andererseits der konkrete Berechnungsvorgang hinter der Preisermittlung transparent gemacht.

Charakteristika des Lehrbuchs, die seinen Einsatz lohnenswert machen

1. Das Buch hat ein klares pädagogisches Konzept. Die Lernziele werden zu Beginn jedes Abschnitts benannt und am Ende jedes Abschnitts findet sich eine kurze Zusammenfassung dessen, was Sie unbedingt wissen und verstanden haben sollten. Die Ausführungen zu den einzelnen Derivaten sind mit vielen Abbildungen durchzogen, die das Verständnis des Texts erleichtern und optisch unterstützen. Ferner finden sich im laufenden Text zahlreiche konkrete Beispiele und Übungen, bei denen Sie Ihr neues Wissen anhand von konkreten Anwendungen und Fragestellungen umsetzen können. Bestandteil des pädagogischen Konzepts sind auch Übungsaufgaben am Ende jedes Abschnitts, deren Lösungen Sie am Ende des Buchs finden. Ergänzend finden Sie auf der Website des Verlags unter www.valen.de die Excel-Datei „Ergänzungen und Übungen".

2. Ein Lehrbuch über Derivate kann Mathematik nicht vermeiden, allerdings wird sie dosiert und fokussiert eingesetzt. Es sind keine Kenntnisse jenseits Ihrer bisherigen Schulausbildung notwendig. Dennoch werden Sie in die Lage versetzt, die Bewertung von Derivaten nachzuvollziehen und eigenständig auf konkrete Fragestellungen zu übertragen.

3. Ein Lehrbuch über Derivate ist immer unvollständig. Es wird nie gelingen, alle Varianten und Besonderheiten dieses Marktes abzuhandeln. Bereits ein Blick in die Produktbroschüre der EUREX zeigt die ungeheure Vielfalt, die allein an dieser Börse existiert. Der Schwerpunkt des Buchs ist nicht primär Vollständigkeit, sondern die Ausführlichkeit, mit der die Grundpfeiler der Derivate – Optionen, Forwards, Futures und Swaps – vermittelt werden. Dabei werden auch Sachverhalte angesprochen, die traditioneller Weise in Lehrbücher nicht behandelt werden. Hierzu ein Beispiel: Üblicherweise wird das Risikoprofil von Optionsstrategien zum Fälligkeitszeitpunkt betrachtet. Wir unterstellen damit Marktteilnehmer, die eine Optionsstrategie vor dem Hintergrund ihrer Markterwartung aufsetzen und dann bis zum Fälligkeitszeitpunkt abwarten. Dieses Bild entspricht aber nicht dem Normalfall. Der Normalfall ist vielmehr, dass professionelle Marktteilnehmer ihre Position in Abhängigkeit von der tatsächlichen Preisentwicklung anpassen. Wenn anfänglich Gewinne oder Verluste eintreten, ist es sinnvoll mit Gewinnsicherungsstrategien bzw. Reparaturstrategien zu agieren und nicht tatenlos bis zum Fälligkeitstag zu verharren. Dieser Dynamik des Handelns wird in einem eigenen Kapitel nachgegangen.

4. Ich habe das große Glück, dass ich Derivate über viele Jahre hinweg „live" im Handelsraum und mit Kunden erlebt habe. Derivate sind damit für mich mehr als nur das Thema von Vorlesungen, die ich seit 2005 regelmäßig im Rahmen der finanzwirtschaftlichen Ausbildung unserer Studenten an der Fachhochschule in Jena halte. Ich habe dabei die Erfahrung gemacht, dass es das Verständnis von Derivaten erleichtert, wenn den Studenten nicht nur die Produkte selbst erläutert werden, sondern auch der konkrete Ablauf dieser Geschäfte, bei denen naturgemäß Banken und Börsen im Mittelpunkt stehen.

Das Buch hatte einige Helfer, allen voran all die Studenten, die meinen Kurs in der Vergangenheit besucht hatten. Ihre Anregungen waren wichtige Impulsgeber für den Aufbau und die Didaktik des vorliegenden Buchs. Mein Dank gilt aber auch meinen Kollegen für manch wertvollen Hinweis, insbesondere Helmut Geyer und Klaus Watzka.

Auch bei der Korrektur hatte ich zahlreiche Helfer. Mein besonderer Dank gilt dabei Anja Rost, Beate Pester, Benedikt Dietl, Jakob Bösch und Lutz Mailänder.

Last not least möchte ich mich bei Herrn Dennis Brunotte bedanken, der dieses Buch von Anfang mit Sachverstand, Professionalität und Kreativität begleitet hat.

Da ich leider davon ausgehen muss, dass trotz aller Sorgfalt Ungenauigkeiten und mancher Fehler unentdeckt geblieben sind, möchte ich mich im Voraus bei all den Lesern bedanken, die mir ihren Fund an die Adresse martin.boesch@bw.fh-jena.de schicken. Jede E-Mail ist willkommen und wird beantwortet.

Eine kurze Gebrauchsanweisung für das Buch

Der Abschnitt A stellt sicher, dass der Leser über die notwendigen Grundkenntnisse und Grundbegriffe verfügt. Dabei wurden nur die Informationen zusammengestellt, die für alle nachfolgenden Abschnitte gleichermaßen von Bedeutung sind.

Grundkenntnisse, die nur spezifische Kapitel oder Abschnitte betreffen – etwa die Preisermittlung einer Festzinsanleihe – wurden in den Anhang ausgelagert. Der

Anhang ist damit nicht nur für die Leser gedacht, die „alles genau wissen wollen", sondern soll, soweit notwendig, Kenntnisse vermitteln, die für das spezifische Kapitel relevant sind. Dadurch wird vermieden, dass ein Leser sich durch Details arbeiten muss, die für den Abschnitt seines Interesses keine oder nur wenig Relevanz haben.

Die nachfolgenden Teile des Buchs orientieren sich an den unterschiedlichen Ausprägungen von Derivaten: B beinhaltet *Optionen*, C *Forwards und Futures* und D *Swaps*. Der Abschnitt E *Kreditderivate* fällt aus der Reihe, weil er sich nach dem Basiswert Kredit ausrichtet und nicht nach einem einzelnen Derivat. Dies geschah ausschließlich aus Gründen der Übersichtlichkeit. Das Kapitel ist zu umfangreich und hat zu viele Besonderheiten, um es sinnvoll in die anderen Abschnitte zu integrieren.

Grundsätzlich kann jeder Abschnitt des Buches unabhängig von anderen Teilen gelesen und bearbeitet werden.

Der kurze Abschnitt F. *Brauchen wir Derivate?* fasst unter dieser Frage nochmals die im Buch erarbeiteten wesentlichen Vorteile und Risiken derivativer Instrumente zusammen.

München im Mai 2011 *Martin Bösch*

Inhaltsübersicht

Vorwort V
Verwendete Abkürzungen XV

TEIL A: Grundlagen

1   Finanzmarkt und Markt für Derivate 2
2   Akteure und Handelsplätze 7
3   Risiko und Risikoberechnung 14
4   Zinsen 20
5   Was Sie unbedingt wissen und verstanden haben sollten 27
6   Aufgaben zum Abschnitt A 29

TEIL B: Optionen

1   Grundlagen 32
2   Kaufoption (Call) 36
3   Verkaufsoption (Put) 44
4   Zwischenfazit 52
5   Grundlagen der Preisbestimmung 55
6   Einflussfaktoren auf den Optionspreis 59
7   Zusammenhang zwischen Option und Basiswert 70
8   Weitergehende Optionsstrategien 75
9   Dynamisches Aktien- und Optionsmanagement 90
10 Weitere Einzelthemen zu Optionen 97
11 Was Sie unbedingt wissen und verstanden haben sollten ... 114
12 Aufgaben zum Abschnitt B 119

TEIL C: Forwards und Futures

1   Überblick und Grundlagen 124
2   Preisbestimmung von Forwards bei Investitionsgüter 132
3   Futures auf Aktienindizes 139
4   Futures auf Staatsanleihen (Fixed-Income Futures) 148
5   Zinsfutures und Zinsforwards im Geldmarktbereich 159
6   Devisenforwards und -futures 169
7   Weitere Einzelthemen zu Futures 174
8   Was Sie unbedingt wissen und verstanden haben sollten ... 178
9   Aufgaben zum Abschnitt C 182

TEIL D: Swaps

1	Überblick	186
2	Zinsswaps	187
3	Währungsswaps	203
4	Was Sie unbedingt wissen und verstanden haben sollten	212
5	Aufgaben zum Abschnitt D	214

TEIL E: Kreditderivate

1	Kreditrisiko	216
2	Credit Default Swap	223
3	Überblick über weitere Kreditderivate	231
4	Kreditderivate im weiteren Sinne	236
5	Weitere Aspekte von Kreditderivaten	244
6	Was Sie unbedingt wissen und verstanden haben sollten	249
7	Aufgaben zum Abschnitt E	252

TEIL F: Brauchen wir Derivate?

1	Vorteile von Derivaten	253
2	Risiken	256
3	Schlussfolgerung	260

TEIL G: Anhang

1	Zufallsprozesse	261
2	Anleihebewertung	263
3	Lösungen zu den einzelnen Abschnitten	275

Literaturverzeichnis 291

Stichwortverzeichnis 293

Inhaltsverzeichnis

Vorwort	V
Verwendete Abkürzungen	XV

TEIL A: Grundlagen

1	Finanzmarkt und Markt für Derivate	2
	1.1 Transfer von Finanzmitteln	2
	1.2 Transfer von Risiken	3
	1.3 Kassageschäft und Termingeschäft	5
2	Akteure und Handelsplätze	7
	2.1 Absicherer (Hedger)	7
	2.2 Spekulanten	7
	2.3 Händler (Market Maker)	9
	2.4 Arbitrageure	9
	2.5 Börsen- und OTC-Geschäfte	11
3	Risiko und Risikoberechnung	14
	3.1 Risikoarten	14
	3.2 Maßeinheiten für Risiko	16
	3.3 Volatilität und Betrachtungsdauer	18
4	Zinsen	20
	4.1 Zinsrechnung und Kassazinssätze	20
	4.2 Zinsrechenmethoden und unterjährige Verzinsung	22
	4.3 Zinssatz, Laufzeit und Ausfallwahrscheinlichkeit	25
5	Was Sie unbedingt wissen und verstanden haben sollten	27
6	Aufgaben zum Abschnitt A	29

TEIL B: Optionen

1	Grundlagen	32
	1.1 Bedingte und unbedingte Termingeschäfte	32
	1.2 Terminologie bei Optionen	32
	1.3 Ablauf eines Optionsgeschäfts	34
2	Kaufoption (Call)	36
	2.1 GuV-Profil eines Calls	36
	2.2 Vorteile und Risiken aus Käufersicht	38
	2.3 Vorteile und Risiken aus Verkäufersicht	39
	2.4 Gewinnchance mit Kapitalgarantie	40
	2.5 Covered Call (gedeckte Stillhalterposition)	41
3	Verkaufsoption (Put)	44
	3.1 GuV-Profil	44
	3.2 Vorteile und Risiken	45

3.3 Protective Put (Put mit Schutzfunktion) 47
3.4 Aktienkauf mit Preisabschlag 49
4 Zwischenfazit 52
    4.1 Richtige Anwendung von Optionen 52
    4.2 Grundlegende Optionsstrategien und erwartete Kursbewegung ... 53
5 Grundlagen der Preisbestimmung 55
    5.1 Terminologie 55
    5.2 Preisgrenzen von Optionen zum Fälligkeitszeitpunkt 56
    5.3 Preisuntergrenzen von Optionen während der Laufzeit 57
6 Einflussfaktoren auf den Optionspreis 59
    6.1 Überblick 59
    6.2 Optionspreis, Preis des Basiswerts und Ausübungspreis 60
    6.3 Optionspreis und Dividenden 64
    6.4 Optionspreis und Laufzeit 64
    6.5 Optionspreis und Volatilität 66
    6.6 Optionspreis und Zinssatz 66
    6.7 Ableitung und Anwendung des Black-Scholes-Modells 67
7 Zusammenhang zwischen Option und Basiswert 70
    7.1 Risikoprofil für Kauf Put plus Verkauf Call 70
    7.2 Put-Call-Parität bei europäischen Optionen 71
    7.3 Put-Call-Parität als Risikoprofilgleichung 72
    7.4 Put-Call-Parität bei amerikanischen Optionen 74
8 Weitergehende Optionsstrategien 75
    8.1 Gewinnchance mit Kapitalgarantie 75
    8.2 Spread-Kombinationen 77
    8.3 Kombinationen aus Calls und Puts 87
9 Dynamisches Aktien- und Optionsmanagement 90
    9.1 Gewinnsicherungsstrategien beim Kauf eines Calls 90
    9.2 Gewinnsicherungsstrategien beim Kauf einer Aktie 92
    9.3 Reparaturstrategien beim Kauf einer Aktie 93
    9.4 Reparaturstrategien beim Kauf eines Calls 94
10 Weitere Einzelthemen zu Optionen 97
    10.1 Kontraktspezifikation und Margins für Optionen an der EUREX ... 97
    10.2 Aktienindexoptionen 100
    10.3 Währungsoptionen (Devisenoptionen) 103
    10.4 Optionen im Vergleich mit Optionsscheinen 105
    10.5 Aktien- und Indexanleihen 109
    10.6 Put-Call-Parität und Unternehmenswert 111
11 Was Sie unbedingt wissen und verstanden haben sollten 114
12 Aufgaben zum Abschnitt B 119

TEIL C: Forwards und Futures

1 Überblick und Grundlagen 124
    1.1 Gemeinsamkeiten und Unterschiede von Forwards und Futures ... 124
    1.2 Kennzeichen von Futures und Forwards 126
    1.3 Glattstellung, Variation Margin und Lieferung bei Futures 128
    1.4 Gründe für den Abschluss von Termingeschäften 131
2 Preisbestimmung von Forwards bei Investitionsgüter 132

	2.1 Investitionsgüter und Konsumgüter	132
	2.2 Cost of Carry	132
	2.3 Bestimmung des arbitragefreien Forwardpreises	134
	2.4 Arbitrage und Forwardpreis	135
	2.5 Gibt es einen Preisunterschied zwischen Forwards und Futures?	137
3	Futures auf Aktienindizes	139
	3.1 Überblick	139
	3.2 Spekulieren und Hedgen mit Aktienindexfutures	141
	3.3 Vor- und Nachteile von Futures am Beispiel von Aktienindexfutures	145
	3.4 Preisbestimmung von Aktienindexfutures	147
4	Futures auf Staatsanleihen (Fixed-Income Futures)	148
	4.1 Zinstermingeschäfte im Überblick	148
	4.2 Spezifikation des BUND-Futures und CTD	149
	4.3 Preisbestimmung des BUND-Futures	152
	4.4 Spekulieren mit BUND-Futures	153
	4.5 Hedgen mit BUND-Futures	154
5	Zinsfutures und Zinsforwards im Geldmarktbereich	159
	5.1 Überblick und Grundlagen	159
	5.2 Spekulieren und hedgen mit Geldmarktfutures	161
	5.3 Forward Rate Agreement (FRA)	163
	5.4 Preisbestimmung von FRAs und Geldmarktfutures	166
6	Devisenforwards und -futures	169
	6.1 Preisbestimmung von Devisenforwards und -futures	169
	6.2 Spekulieren und Hedgen mit Devisentermingeschäften	171
	6.3 Der Swapsatz	172
7	Weitere Einzelthemen zu Futures	174
	7.1 Optionen auf Futures	174
	7.2 Warentermingeschäfte	176
8	Was Sie unbedingt wissen und verstanden haben sollten	178
9	Aufgaben zum Abschnitt C	182

TEIL D: Swaps

1	Überblick	186
2	Zinsswaps	187
	2.1 Grundlagen	187
	2.2 Anwendungsmöglichkeiten	189
	2.3 Finanzintermediäre und Handelsusancen	191
	2.4 Komparative Vorteile	193
	2.5 Bewertung eines Zinsswaps	195
	2.6 Spekulieren, hedgen und Transaktionskosten	201
3	Währungsswaps	203
	3.1 Grundlagen	203
	3.2 Anwendungsmöglichkeiten	204
	3.3 Komparative Vorteile und Währungsrisiken	208
	3.4 Bewertung von Währungsswaps	210
4	Was Sie unbedingt wissen und verstanden haben sollten	212
5	Aufgaben zum Abschnitt D	214

Inhaltsverzeichnis

TEIL E: Kreditderivate

1. Kreditrisiko 216
   - 1.1 Ausfallrisiko, Rating und Verlustquote 216
   - 1.2 Ausfallwahrscheinlichkeiten 219
   - 1.3 Vom Kreditrisiko zum Kreditderivat 222
2. Credit Default Swap 223
   - 2.2 Bewertung eines CDS 224
   - 2.3 Fairer Wert, Banken und ISDA 228
   - 2.4 Varianten von Credit Default Swaps 229
3. Überblick über weitere Kreditderivate 231
   - 3.1 Credit Spread Produkte 231
   - 3.2 Total Return Swaps 233
4. Kreditderivate im weiteren Sinne 236
   - 4.1 Überblick 236
   - 4.2 Credit Linked Note 237
   - 4.3 Pooling und Tranching 238
5. Weitere Aspekte von Kreditderivaten 244
   - 5.1 Volumen, Teilnehmer und Struktur 244
   - 5.2 Motive zum Kauf und Verkauf von Kreditrisiken 245
   - 5.3 Besonderheiten von Kreditderivaten 247
6. Was Sie unbedingt wissen und verstanden haben sollten 249
7. Aufgaben zum Abschnitt E 252

TEIL F: Brauchen wir Derivate?

1. Vorteile von Derivaten 253
2. Risiken 256
3. Schlussfolgerung 260

TEIL G: Anhang

1. Zufallsprozesse 261
2. Anleihebewertung 263
   - 2.1 Anleiherendite und Anleihepreis 263
   - 2.2 Bestimmungsfaktoren der Anleiherendite 266
   - 2.3 Duration einer Anleihe und Zinsrisikomanagement 267
   - 2.4 Zerobonds 270
   - 2.5 Ableitung der Kassazinssätze aus den Anleiherenditen 272
   - 2.6 Stückzinsen und "krumme Laufzeiten" 273
3. Lösungen zu den einzelnen Abschnitten 275
   - 3.1 Lösungen zu Abschnitt A 275
   - 3.2 Lösungen zu Abschnitt B 276
   - 3.3 Lösungen zu Abschnitt C 282
   - 3.4 Lösungen zu Abschnitt D 287
   - 3.5 Lösungen zu Abschnitt E 288

Literaturverzeichnis 291

Stichwortverzeichnis 293

Verwendete Abkürzungen

AW	Ausfallwahrscheinlichkeit
B	Basispreis (= Ausübungspreis)
c_B^a	Preis eines amerikanischen Calls mit Basispreis B
c_B	Preis eines europäischen Calls mit Basispreis B
$-C_B$	Verkauf eines Calls mit Basispreis B (Short Call)
$+C_B$	Kauf eines Calls mit Basispreis B Long Call)
cs	Credit Default Spread (Credit Default Prämie in %)
CTD	Cheapest to Deliver
D	Barwert einer Dividendenzahlung
E	Barwert des Ertrags des Basiswerts
e	Ertragsrendite des Basiswerts
EV(%)	Erwarteter Verlust in %; Kreditrisikoprämie in %
F_T	Future/Forwardpreis zum Zeitpunkt T
i_T	Kreditzins mit Laufzeit T
K	Kassapreis (Kassakurs) des Basiswerts
K*	Aktueller Kassapreis (Kassakurs) des Basiswerts
K_{CTD}	Kassakurs der CTD-Bundesanleihe
m	Verzinsungshäufigkeit
N	(fiktiver) Nominalwert eines Swap; Nominalwert einer Anleihe
p_B	Preis eines europäischen Puts mit Basispreis B
p_B^a	Preis eines amerikanischen Puts mit Basispreis B
$+P_B$	Kauf eines Puts mit Basispreis B (Long Put)
$-P_B$	Verkauf eines Puts mit Basispreis B (Short Put)
r_T	Äquivalenter Jahreszinssatz für ausfallsichere Kredite (risikoloser Zinssatz) mit Laufzeit T
s_T	Swapsatz für die Laufzeit T
T	Zeitdauer in Anteilen oder Vielfachem eines Jahres
UF	Umrechnungsfaktor (Konvertierungsfaktor)
ÜW	Überlebenswahrscheinlichkeit
Vol(x)	Volatilität (Standardabweichung) einer Variablen x
V(Swap;t)	Wert eines Swaps zum Zeitpunkt t
W(Swap;t)	Wert eines Währungsswaps zum Zeitpunkt t
Z_t	Zahlung bzw. Kuponzahlung zum Zeitpunkt t
Δ	Bezeichnet die Änderung einer Variablen

TEIL A
Grundlagen

Das lernen Sie

- Was sind Derivate und was unterscheidet den Finanzmarkt vom Markt für Derivate?
- Was versteht man unter Kassamarkt und Terminmarkt und wie hängen Terminmärkte und Derivate zusammen?
- Welche wichtigen Einsatzmöglichkeiten für Derivate gibt es?
- Was sind die wesentlichen Motive für den Einsatz von Derivaten?
- Was unterscheidet ein Börsentermingeschäft von einem OTC-Geschäft?
- Welche Risikoarten gibt es und wie kann Risiko gemessen werden?
- Wie werden der Barwert und der Kapitalwert von zukünftigen Zahlungen bestimmt? Welche Modifikationen ergeben sich, wenn unterjährige Zahlungen betrachtet werden?
- Von welchen Komponenten wird die Höhe des Kreditzinssatzes für einen bestimmten Schuldner bestimmt?

1 Finanzmarkt und Markt für Derivate

1.1 Transfer von Finanzmitteln

Wenn Sie als Privatperson in einem Jahr 1.000 Euro weniger Ausgaben als Einnahmen haben, können Sie die nicht benötigten Finanzmittel ansparen und so einer anderen Wirtschaftseinheit zur Verfügung stellen, die die Finanzmittel benötigt. Es gibt dabei vielfältige Anlagemöglichkeiten und viele Finanzinstitute, die Ihnen hierfür ihre Hilfe anbieten. Sie können Ihre nicht benötigten Finanzmittel in Form von Termineinlagen einer Bank zur Verfügung stellen. Die Bank wird damit ihrerseits Kredite an andere Wirtschaftseinheiten finanzieren. Sie können Unternehmensanleihen oder Anleihen der Bundesrepublik Deutschland kaufen, wodurch Sie zum Gläubiger der emittierenden Unternehmung bzw. zum Gläubiger der Bundesrepublik Deutschland werden. Sie können eine riskantere Anlageform wählen und Aktien einer Unternehmung erwerben. Damit werden Sie zum Miteigentümer und nehmen am unternehmerischen Erfolg und Risiko teil. Sie können Ihre nicht benötigten Finanzmittel auch in Form einer Lebensversicherung anlegen oder einen Investmentfonds kaufen. Die Versicherung und die Investmentgesellschaft werden ihrerseits die Finanzmittel für die Käufe von Anleihen, Aktien oder Immobilien verwenden.

Über welche Finanzanlageprodukte und Finanzinstitutionen auch immer Ihre Finanzmittel wandern, am Ende der Kette finanzieren Sie mit Ihrer Ersparnisbildung eine Wirtschaftseinheit, deren Ausgaben die Einnahmen der laufenden Periode übersteigen. Die wichtigste Funktion des Finanzmarkts ist es somit, eine Brücke zwischen dem Finanzmittelangebot und der Finanzmittelnachfrage unterschiedlicher Wirtschaftseinheiten zu schlagen. Unter Finanzmarkt verstehen wir dabei nach Abbildung A.1 alle Finanzinstitutionen, alle Finanzmarktprodukte und alle Teilmärkte, die dazu einen Beitrag leisten.

Der Kapitalmarkt umfasst alle Institutionen und Finanzprodukte für langfristiges Kapital. Die wichtigsten Produkte hierfür sind Aktien und Anleihen.

Der Geldmarkt unterscheidet sich vom Kapitalmarkt hinsichtlich der Fristigkeit der überlassenen Finanzmittel. Sie reicht bis zu einem Jahr. Typische Anlageprodukte auf dem Geldmarkt sind Termineinlagen oder Tagesgeld bei Banken.

Bei den Kreditmärkten handelt es sich schwerpunktmäßig um die Kreditvergabe von Banken an Privathaushalte und Unternehmungen. Während der Kapitalmarkt

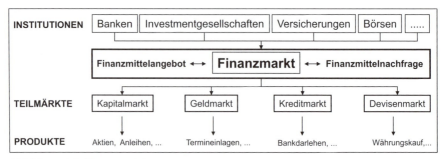

Abbildung A.1: Finanzmarkt

nur Kredite umfasst, die in Urkundenform verbrieft und dadurch an Börsen handelbar gemacht worden sind (Anleihen), werden auf den Kreditmärkten vorwiegend unverbriefte Einzelverträge zwischen den beteiligten Akteuren abgeschlossen. Beispiele sind Bankdarlehen oder Immobilienkredite.

Die Grenzen zwischen den drei betrachteten Märkten sind fließend und einige Finanzprodukte können nicht immer nur einem einzigen Segment zugerechnet werden.

Finanzmärkte existieren in vielen Währungen. Wenn Sie den amerikanischen Finanzmarkt in US-Dollar oder den japanischen Finanzmarkt in YEN nutzen wollen, müssen Sie Währungen auf dem Devisenmarkt tauschen. Wir können den Devisenmarkt daher als Teilmarkt des Finanzmarkts interpretieren.

Der Finanzmarkt ist aus volkswirtschaftlicher Sicht von enormer Bedeutung. Unternehmungen könnten einen Großteil ihrer gewünschten Investitionen nicht vornehmen, wenn sie nicht über den Finanzmarkt die dafür benötigten Finanzmittel aufnehmen könnten. Entsprechend negativ wären die Folgen für Wirtschaftswachstum und Beschäftigung. Die jüngste Finanzmarktkrise hat uns einen Blick in den Abgrund werfen lassen, der sich ohne funktionierenden Finanzmarkt auftut. Der Finanzmarkt ist aber auch aus Sicht jedes Einzelnen von großer Wichtigkeit, da er ein zeitliches Auseinanderlaufen von Konsum und Einkommen erlaubt. Im Ansparprozess kann dabei jeder Einzelne entscheiden, welches Anlagerisiko er eingehen will. Das Spektrum reicht dabei von risikoarmen Bankeinlagen oder dem Kauf von kaum ausfallgefährdeten Bundesanleihen bis hin zum Kauf von Aktien oder dem äußerst riskanten Anleihekauf von insolvenzgefährdeten Unternehmungen. Je höher das Anlagerisiko ist, desto höher wird der Verzinsungsanspruch eines Anlegers sein.

1.2 Transfer von Risiken

Der *Transfer von Finanzmitteln* zwischen Wirtschafteinheiten stellt den Kern des Finanzmarkts dar. Im Gegensatz dazu ist der Kern des Marktes für Derivate der *Transfer von Risiken* zwischen Wirtschaftseinheiten. Machen wir uns an vier kleinen Beispielen klar, was damit gemeint ist:

Forwardgeschäfte auf Zinssätze: Eine Unternehmung benötigt in einem halben Jahr einen Kredit. Sie befürchtet einen Zinsanstieg in naher Zukunft. Mit Hilfe von so genannten Forwards[1] kann sich die Unternehmung aber bereits heute den Zinssatz sichern, den sie in einem halben Jahr für ihren dann notwendigen Kredit zahlen muss. Damit wird das Zinssteigerungsrisiko auf den Vertragspartner übertragen.

Forwardgeschäfte auf Lebensmittel: Forwardgeschäfte können nicht nur für Finanzprodukte, sondern für viele andere Gegenstände abgeschlossen werden. Stellen Sie sich einen Bauern vor, der gerne einen Teil der geplanten Getreideernte des nächsten Jahres zu einem bereits heute vereinbarten Preis verkaufen möchte, um sich gegen mögliche Preisrückgänge bei Getreide abzusichern. Das Instrument hierfür ist wiederum ein Forwardgeschäft. Falls das Geschäft über eine Börse abgewickelt wird, ändert sich der Name: man spricht dann von einem Futuregeschäft.

---

[1] Das englische Wort „forward" hat viele Bedeutungen. Eine davon ist Termin ... im Sinne von zukünftigem Zeitpunkt. Ein Termingeschäft wäre demnach ein forward contract.

1 Finanzmarkt und Markt für Derivate

Swap: Swap heißt übersetzt „Tausch". Tatsächlich einigen sich zwei Handelspartner darauf, einen Gegenstand zu tauschen und am Ende der vereinbarten Frist zurückzutauschen. Stellen Sie sich dazu vor, dass Sie auf eine Faschingsfeier gehen wollen und ein Piratenkostüm haben, das Ihnen aber nicht mehr gefällt. Ihr Freund hat ein Clownkostüm und will ebenfalls auf die Feier. Sie könnten nun einen Kostümtausch („Kostümswap") abschließen, indem Sie für den Abend das Clownkostüm Ihres Freunds nutzen und Ihr Freund im Gegenzug Ihr Piratenkostüm. Am nächsten Morgen werden die Kostüme wieder zurückgetauscht. Übertragen wir den Tausch auf eine finanzwirtschaftliche Problemstellung: Eine deutsche Versicherung möchte britische Aktien in Höhe von 10 Mio. britischen Pfund kaufen, weil sie einen Kursanstieg in den nächsten 12 Monaten erwartet. Gleichzeitig befürchtet sie aber einen Kursrückgang des britischen Pfunds, was den Anlageerfolg entsprechend reduzieren würde. Mit Hilfe eines Währungsswaps kann sie das mit dem Aktienkauf verknüpfte Währungsrisiko ausschalten. Hierzu tauscht sie mit einem Handelspartner den relevanten Eurobetrag zunächst in 10 Mio. britische Pfund. Gleichzeitig vereinbaren die Handelspartner, dass die Versicherung in einem Jahr die 10 Mio. Pfund wieder in den ursprünglichen Eurobetrag zurücktauschen kann. Mit dieser Tauschvereinbarung ist das Währungsrisiko für die Versicherung verschwunden, da sie nach einem Jahr wieder ihren ursprünglich zur Verfügung gestellten Eurobetrag zurückerhält.

Optionen: Sie würden gerne Aktien kaufen, um die damit verbundenen Kurschancen zu nutzen, fürchten sich aber vor möglichen Kursverlusten. Mit Hilfe von sogenannten Optionen können Sie die Aktienkursrisiken gegen Zahlung einer einmaligen Prämie für eine begrenzte Zeit abgeben. Sie transferieren damit die Kursrisiken auf jemanden, der bereit ist, diese Risiken gegen Erhalt ihrer Prämie zu übernehmen.

In allen vier Beispielen stehen *nicht Finanzierungsfragen* im Mittelpunkt, sondern der *Transfer von Risiken* zwischen Handelspartnern. In allen Fällen erfolgt der Transfer der Risiken mit Hilfe hierzu geeigneter Derivate, die wir in den nachfolgenden Kapiteln ausführlich darstellen werden.

Das Wort „Derivat" lässt sich auf den lateinischen Begriff „derivare" zurückführen. Übersetzt heißt es so viel wie „ableiten" oder „zurückführen auf". Der Begriff bringt zum Ausdruck, dass sich der Preis eines Derivats immer auf den Preis des Gegenstands zurückführen lässt, auf den sich das Derivat bezieht. Wir nennen dabei den Gegenstand, auf den sich das Derivat bezieht, „Basiswert".

Derivate haben einen Preis und sind häufig an Börsen handelbar. Man spricht dann von börsennotierten Derivaten. Werden Derivate hingegen zwischen Handelspartnern in Einzelvereinbarungen gehandelt, spricht man von einem „**Over-The-Counter**"-Geschäft, abgekürzt mit OTC.

Lassen Sie sich von den vielen verwirrenden Bezeichnungen für Derivate nicht beeindrucken. So unterschiedlich die Bezeichnungen und Anwendungen im Einzelfall sein mögen: Im Kern handelt es sich bei Derivaten jeweils um *heute getroffene Vereinbarungen*, zu welchen Konditionen ein bestimmter Gegenstand, unser Basiswert, zu einem *späteren Termin erworben, verkauft oder getauscht* werden kann. Derivate werden deshalb häufig auch als Termingeschäfte bezeichnet. Ein Student hat mich mal gefragt, ob man von einem Derivat auch dann sprechen kann, wenn heute ein Sack Kohlen für das nächste Jahr bestellt wird. Die Antwort lautet: ja, sofern der Preis für den Sack Kohle bereits heute vereinbart wird.

1.3 Kassageschäft und Termingeschäft

Wenn Sie auf dem Flohmarkt eine Vase kaufen, dann erhalten Sie Ihre Vase, wenn Sie dem Händler den vereinbarten Preis bezahlen. Der Vertragsabschluss, die Lieferung, Abnahme und Bezahlung erfolgen sofort. Märkte mit diesem Charakteristikum werden als Kassamarkt oder auch als Spotmarkt bezeichnet, das Geschäft selbst als Kassageschäft bzw. als Spotgeschäft. Wir dürfen dabei den Begriff „sofort" nicht ganz wörtlich nehmen. Falls Sie anstelle einer Vase einen großen Schrank kaufen, dann ist es gut vorstellbar, dass der Schrank erst am nächsten Morgen geliefert wird. Dennoch würden wir von einem Kassageschäft sprechen.

Wenn Sie eine Aktie kaufen, dann kaufen Sie ebenfalls auf einem Kassamarkt, obwohl zwischen Vertragsabschluss (Kaufzeitpunkt an der Börse) und der Lieferung, Abnahme und Bezahlung in Deutschland zwei Tage liegen. Der Valutatag ist zwar zwei Arbeitstage nach dem Kauftag, doch handelt es sich bei den zwei Tagen um den schnellstmöglichen Zeitpunkt, innerhalb dessen die Lieferung, Abnahme und Bezahlung von Aktien abwicklungstechnisch erfolgen kann. Alle Finanzmarktprodukte haben klar definierte Zeiträume, in denen nach Vertragsabschluss die Übergabe und die Bezahlung erfolgen müssen. In den meisten Fällen liegen die Fristen bei zwei Tagen, in denen die Geschäfte erfüllt werden müssen.

Das Gegenstück zu einem Kassageschäft ist ein Termingeschäft, bei dem Vertragsabschluss auf der einen Seite und Übergabe und Bezahlung des vereinbarten Gegenstands (= Basiswert) auf der anderen Seite zeitlich weit auseinanderfallen.

Termingeschäfte werden auf Terminmärkten vollzogen. Dabei gibt es für jedes Produkt, das auf einem Kassamarkt gehandelt werden kann, üblicherweise auch einen entsprechenden Terminmarkt. Dies können Metalle, Rohstoffe, Lebensmittel, Währungen oder Finanzmarktprodukte sein. Die genauen Konditionen, zu denen das Geschäft abgeschlossen wird, werden dann in dem spezifischen Derivat beschrieben.

Die Abbildung fasst die bisherigen Erkenntnisse zusammen: Mit Derivaten können Risiken von bestimmten Basiswerten zwischen Wirtschaftseinheiten transferiert werden. Je nach Basiswert handelt es sich um Derivate auf Aktien, Derivate auf Anleihen, Derivate auf Währungen, Derivate auf Rohstoffe usw. Das konkrete Instrument regelt dabei die genauen Konditionen, zu denen die Basiswerte zu einem zukünftigen Termin gekauft, verkauft oder getauscht werden. Daher gibt es eine Vielzahl von Kombinationsmöglichkeiten wie Optionen auf Aktien, Optionen auf Anleihen, Optionen auf Währungen usw. Gleiches für Swaps auf Aktien, auf Anleihen, Forwardgeschäfte auf Aktien, auf Anleihen usw.

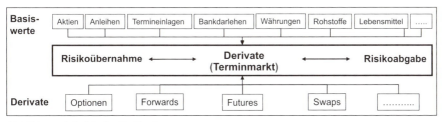

Abbildung A.2: Markt für Derivate

1 Finanzmarkt und Markt für Derivate

Stellen die Derivate einen Teil des Finanzmarkts dar? Einige Derivate fallen sicherlich aus der Reihe, etwa Derivate auf Lebensmittel oder Metalle. Ob wir Finanzderivate, d.h. Derivate mit einem Finanzprodukt als Basiswert, nun als Teil des gesamten Finanzmarkts begreifen oder als eigenständigen Markt neben den Finanzmarkt stellen, ist müßig. Viel wichtiger ist zu verstehen, dass ==mit Finanzmarktprodukten Finanzierungs- und Anlageentscheidungen umgesetzt== werden, während ==mit Derivaten Risiken zwischen Marktteilnehmer transferiert== werden, die ==in den Finanzanlagen stecken==.

Die Teilnehmer am Markt für Derivate stimmen weitgehend mit denen überein, die wir vom Finanzmarkt her kennen: Unternehmungen, Privatpersonen, Banken, Versicherungen, Investmentgesellschaften. Sie nutzen dabei aus unterschiedlichen Motiven die verfügbaren Derivate. Für den Einsatz von Derivaten können wir drei Grundmotive unterscheiden, die wir im Folgenden näher betrachten.

2 Akteure und Handelsplätze

2.1 Absicherer (Hedger)

Derivate können helfen, bestehende Risiken zu reduzieren oder ganz auszuschalten. Bauern können am Terminmarkt die Getreideernte des nächsten Jahres zu einem bereits heute vereinbarten Preis verkaufen und damit das Risiko sinkender Getreidepreise vermeiden. Eine Unternehmung wie die Lufthansa könnte einen Teil des benötigten Flugbenzins des nächsten Jahres bereits heute zu festen Konditionen einkaufen und so das Risiko steigender Kerosinpreise umgehen. Privatpersonen können ihre im nächsten Jahr geplante Immobilienfinanzierung zu Zinskonditionen abschließen, die bereits heute vereinbart werden und so befürchtete Zinssteigerungsrisiken meiden. Versicherungen, Privatpersonen oder Investmentgesellschaften können Aktien kaufen und gegen Zahlung einer Prämie das Risiko möglicher Kursrückgänge abtreten. Wir könnten die Liste beliebig fortsetzen. In all diesen Beispielen nutzen Akteure die derivativen Instrumente, um sich gegen mögliche Risiken abzusichern. Akteure, die sich mit Derivaten gegen bestehende Risiken absichern wollen, werden als Hedger bezeichnet, die Tätigkeit selbst wird „hedgen" genannt.

Der Begriff „hedgen" ist teilweise negativ besetzt und ich denke, dass dies viel mit der sprachlichen Nähe zu Hedgefonds zu tun hat. Hedgefonds sind weitgehend unregulierte Fonds, die weder in ihren Anlagerichtlinien noch in den ihnen zur Verfügung stehenden Instrumenten stark eingeschränkt sind. Sie machen das Gegenteil von dem, was ihr Name suggeriert: sie hedgen nicht, sondern sie nutzen Derivate vorwiegend spekulativ. Wenn wir im weiteren Verlauf des Buchs von hedgen sprechen, dann nutzen wir den Begriff immer im Sinne einer Reduktion bestehender Risiken.

2.2 Spekulanten

Wenn ein Teil der Marktteilnehmer Risiken weitergibt, dann muss es zwangsläufig eine Gruppe von Marktteilnehmer geben, die diese Risiken bewusst trägt. „There is no such thing like a free lunch" war eine zentrale Überzeugung des amerikanischen Ökonomen und Nobelpreisträgers Milton Friedman.[2] Nichts ist umsonst. Die Übernahme dieses Risikos kann nicht kostenlos sein, sondern hat einen wie auch immer definierten und berechneten Preis. Die Gruppe der Marktteilnehmer, die die Risiken der Absicherer bewusst und mit voller Absicht übernimmt, nennen wir Spekulanten. Sie nutzen Derivate, um auf für sie günstige Änderungen der Preise dieser Risiken zu spekulieren. So wie ein Aktienkäufer Aktien erwirbt, um sie zu einem späteren Zeitpunkt zu einem höheren Preis zu veräußern, so kaufen auch Marktteilnehmer Derivate, um sie anschließend zu einem höheren Preis zu verkaufen. Der Zeitpunkt zwischen Kauf und Verkauf kann dabei nur einige Minuten sein, aber auch lange Zeiträume von einigen Jahren umfassen. Spekulanten müssen Kapital einsetzen, das sie einem Verlustrisiko aussetzen. Ändern sich die Preise gegen ihre

---

[2] Milton Friedman wurde 1912 geboren und starb 2006. 1976 erhielt er den Nobelpreis für Wirtschaftswissenschaften.

Erwartungen, verlieren Sie einen Teil ihres eingesetzten Kapitals. Je besser ein Spekulant die zukünftige Entwicklung der für ihn relevanten Preise vorhersieht, desto erfolgreicher ist er.

Der Begriff „Spekulation" ist im allgemeinen Sprachgebrauch vorwiegend negativ besetzt. Wir denken dabei an Spielkasinos, in denen sich Spieler um Haus und Hof bringen. Wir denken dabei auch an Spieler, die ein krankhaftes Suchtverhalten an den Tag legen und ohne den Kitzel des Spiels nicht mehr auskommen. Spielkasinos unterscheiden sich aber in einem zentralen Punkt von Derivaten: Die Risiken, die in einem Spielcasino eingegangen werden, existieren außerhalb des Spielcasinos nicht. Sie sind künstlich erzeugt und niemand ist diesen Risiken per se ausgesetzt. Anders bei Derivaten: Die Risiken, die mit Hilfe von Derivaten gehandelt werden können, existieren mit und ohne Derivate. Sie sind mit den jeweiligen Basiswerten fest verknüpft. Derivate helfen einen Teil dieser Risiken handelbar und übertragbar zu machen. Jedem Absicherer steht dabei ein Spekulant gegenüber. Die Abgabe von Risiken ist nur möglich, wenn ein anderer Akteur diese Risiken aufnimmt. Dabei kann die Nutzung der Derivate für beide Seiten vorteilhaft sein. Wir werden im Laufe des Buchs viele Beispiele dafür finden. Wenn ein Spieler hingegen das Kasino verlässt, dann gibt es an diesem Spieltag nur einen Gewinner.

Derivate werden oft in die Schmuddelecke der Spielcasinos gestellt: Tatsächlich ermöglichen Derivate mit einem geringen Kapitaleinsatz hohe Gewinne, wie wir in späteren Kapiteln sehen werden. Der Hebel ist sehr hoch. Damit weisen Derivate zwangsläufig auch hohe Verlustpotenziale auf. Hier ist es in der Vergangenheit immer wieder zu Exzessen gekommen. Große Banken gerieten in Schwierigkeiten oder wurden gar insolvent, weil einzelne Händler oder Handelsabteilungen unvorstellbare Verluste mit Derivaten verursacht hatten.[3] Versicherungen mussten hohe Verluste ausweisen, manche wurden gar zahlungsunfähig, weil sie zu hohe Risiken über Derivate eingegangen sind. Andere haben die eingegangenen Risiken nicht einmal verstanden oder erkannt.[4]

Derivative Instrumente stellen eine Gefahr dar, wenn sie falsch oder unwissend eingesetzt werden. Dabei ist die Vorstellung naiv, dass ein Verbot von Derivaten das Problem löst. Keiner kommt auf die Idee Autos zu verbieten, weil jährlich viele tausend Personen unschuldig in Verkehrsunfällen sterben. Hier hilft kein Verbot, sondern Ausbildung und klare Regeln. Das gleiche gilt für Derivate. Das Buch stellt dazu hoffentlich einen Beitrag dar.

---

[3] Der Brite Nick Leeson, geboren 1967, war Händler der renommierten Barings Bank in Singapur. Zwischen 1993 und 1995 machte er mit Derivaten Milliardenverluste, die letztlich den Zusammenbruch der Bank zur Folge hatte. 2008 erlitt die Société General einen Handelsverlust von 4,9 Mrd. €, die der damals 31-jährige Händler Jérôme Kerviel mit Derivaten verursacht hatte.

[4] Daran wäre der einstmals größte Versicherungskonzern AIG (American International Group) 2008 im Zuge der Finanzmarktkrise beinahe zugrunde gegangen und konnte nur durch umfangreiche Hilfen der amerikanischen Regierung gerettet und umstrukturiert werden.

2.3 Händler (Market Maker)

Die primäre Funktion eines Händlers besteht darin, dass er Ankaufs- und Verkaufspreise[5] stellt. Stellen wir uns vor, dass ein Händler einen Ankaufspreis von 10 € und einen Verkaufspreis von 10,5 € für eine bestimmtes Wertpapier stellt. Demnach kann man beim Händler das Wertpapier zum Preis von 10,5 € kaufen und zu 10 € verkaufen. Da ein Händler handelbare Preise zur Verfügung stellt, wird er im Englischen auch Market Maker genannt. Wenn ein Händler ankauft oder verkauft sagt man, dass er „eine Position" eingeht. Kauft er an, hat er eine Kaufposition, verkauft er, hat er eine Verkaufsposition. Eine Kaufposition wird manchmal auch als „Long-Position" und eine Verkaufsposition als „Short-Position" bezeichnet. Im Idealfall findet der Händler gleichzeitig einen Käufer und einen Verkäufer. Er würde in diesem Fall einen Handelsgewinn von 0,5 € erzielen. Der wichtigste Erfolgsfaktor eines Händlers ist ein möglichst großes Netz an potenziellen Käufern und Verkäufern der von ihm gehandelten Produkte. Nur so kann er sicherstellen, dass er eine eingegangene Position schnell gewinnbringend schließt.[6]

Ein Händler spekuliert nicht wie ein Spekulant auf Änderungen der Preise, sondern er verdient sein Geld vorwiegend an der Spanne zwischen Ankaufs- und Verkaufspreis. Natürlich passiert es immer wieder, dass ein Händler unfreiwillig Positionen eingeht, da er nach einem Ankauf nicht unmittelbar einen Käufer findet. Ändert sich bis zum Schließen der Position der Marktpreis seines Produkts, macht er einen Gewinn oder einen Verlust wie ein Spekulant. Dies ist aber nicht die primäre Absicht des Händlers. Er versucht vielmehr durch die Differenz zwischen Ankauf- und Verkaufskurs einen Gewinn zu erzielen.

Am Markt für Derivate sind Händler in den allermeisten Fällen Angestellte von Investmentbanken, die für die Kunden der Bank Handelskurse für Derivate stellen. Einige wenige sind selbstständig und handeln auf eigene Rechnung. Häufig sehen die internen Bankregeln vor, dass am Ende eines Handelstags die Händler „glatt" sein müssen und keine offenen Kauf- oder Verkaufsverpflichtungen mehr haben.

2.4 Arbitrageure

Eine weitere Gruppe von Marktteilnehmern sind Arbitrageure, die Arbitragegeschäfte tätigen. Arbitragegeschäfte sind etwas ganz besonderes: Sie erfordern weder eigenes Kapital, noch sind sie mit einem Verlustrisiko verbunden. Ein Arbitragegeschäft erbringt vielmehr *ohne eigenen Kapitaleinsatz und ohne Risiko* einen Gewinn. Das klingt wie Zauberei, entsprechend selten und schnell vergänglich sind derartige Geschäftsmöglichkeiten.

---

[5] Ankaufs- und Verkaufspreise werden hier aus Sicht des Händlers betrachtet. Alternative Bezeichnungen für Ankaufs- und Verkaufspreise sind Geldkurs und Briefkurs. Die englischen Begriffe lauten Bid und Offer.
[6] Eine Position wird geschlossen, wenn nach einem Kauf ein Verkauf folgt und umgekehrt. Damit ist der Händler „glatt". Wenn der Händler hingegen einen gekauften Gegenstand noch nicht weiterverkauft hat, spricht man von einer offenen Position.

2 Akteure und Handelsplätze

> **Beispiel:** Allianzaktien werden in Deutschland an verschiedenen Börsen gehandelt. Der Verkaufskurs der Allianzaktie am Handelsplatz Frankfurt aus Sicht eines Händlers betrage an einem bestimmten Handelstag um 12.05 Uhr 90,5 €. Gleichzeitig betrage der Ankaufskurs am Handelsplatz Stuttgart aus Händlersicht zum gleichen Zeitpunkt 90,9 €. Ein Arbitrageur würde in diesem Fall möglichst viel Aktien in Frankfurt zu 90,5 € kaufen und in Stuttgart zu 90,9 € verkaufen. Der Gewinn pro Aktie von 0,4 € ist risikolos, da der Aktienkauf durch einen gleichzeitigen Verkauf „geschlossen" wurde. Da der Kaufpreis von 90,5 € zum gleichen Zeitpunkt anfällt wie der Zufluss von 90,9 € aus dem Verkauf, erfordert dieses Geschäft keinen Kapitaleinsatz.[7] Sie können sich vorstellen, dass die hier beschriebene risikolose Gewinnmöglichkeit schnell verschwindet, da Käufe der Allianzaktie in Frankfurt und Verkäufe in Stuttgart für eine sehr schnelle Angleichung der Preise sorgen.

Arbitragemöglichkeiten sind nicht immer so offensichtlich wie in diesem Beispiel, jedoch ist ihre Grundlage stets ein Auseinanderfallen des Preises eines Produkts an verschiedenen Märkten.

Arbitrageure und ihre Arbitragegeschäfte haben eine sehr wichtige Funktion. Sie verhindern, dass Preise für ein und dasselbe Produkte an verschiedenen Märkten unterschiedlich hoch sind. Damit verhindern sie auch, dass Preise für Risiken, d.h. der Preis von Derivaten, unterschiedlich sind. Um die rechnerischen Preise für Derivate ermitteln zu können, werden wir in diesem Buch unterstellen, dass keine Arbitragemöglichkeiten existieren. Wenn der Kurs der Allianzaktie in Frankfurt 90,5 € beträgt, würden wir damit unterstellen, dass die Aktie zum selben Zeitpunkt in Stuttgart ebenfalls zum Preis von 90,5 € gehandelt wird. Durch die Annahme der Arbitragefreiheit können wir damit aus dem Preis in Frankfurt auf den Preis in Stuttgart schließen.

Wir werden im Laufe des Buchs häufiger erkennen, dass wir Derivate in Einzelteile zerlegen können. Dabei dürfen sich die Preise der Einzelteile nicht vom Preis des Gesamtprodukts unterscheiden, da anderenfalls Arbitragegeschäfte möglich wären.

Arbitrageure finden wir im Wesentlichen nur innerhalb von (Investment)Banken, da nur sie über die erforderliche technische Ausstattung verfügen, einen sehr schnellen Zugang zu den relevanten Märkten haben und geringe Transaktionskosten aufweisen.

Ein Wort noch zu den Begriffen „Preis" und „Kurs". In diesem Buch werden wir beide Begriffe weitgehend als Synonym verwenden, wenngleich Preis den Oberbegriff darstellt. Das Wort „Kurs" wird immer dann verwendet, wenn der betreffende Gegenstand an einer Börse gehandelt werden kann. Ein Kurs ist damit ein Preis, der an einer Börse festgestellt wird.

---

[7] In Deutschland beträgt der Valutatag für Aktiengeschäfte zwei Geschäftstage nach Handelstag. Nach zwei Tagen wird dem Konto des Arbitrageurs der Verkaufserlös gutgeschrieben und gleichzeitig der Kaufpreis abgebucht.

2.5 Börsen- und OTC-Geschäfte

OTC-Markt

Eine Möglichkeit zum Handel von Derivaten sind bilaterale Handelsvereinbarungen. Der Handelsabschluss und die zukünftige Erfüllung des Geschäfts werden dabei ausschließlich von den beiden Handelspartnern vereinbart und vollzogen. Diese Handelsform wird als Over-the-Counter-Geschäft (OTC-Geschäft) bezeichnet. Handelsteilnehmer von OTC-Geschäften sind häufig Banken, die für institutionelle Kunden wie Versicherungen, Investmentgesellschaften oder große Firmenkunden Ankaufs- und Verkaufskurse für Derivate stellen. Die Geschäfte werden meistens per Telefon oder über Computernetzwerke abgeschlossen. Um etwaige Missverständnisse über den Inhalt des abgeschlossenen Geschäfts schnell erkennen zu können, werden die abgeschlossenen Geschäfte schriftlich bestätigt. Darüber hinaus werden Telefongespräche aufgezeichnet, um im Nachhinein widersprüchliche Auffassungen über den Abschluss klären zu können. Da der Gegenwert eines OTC-Geschäfts meistens sehr hoch ist, sind Privatpersonen und kleine Firmenkunden bei OTC-Geschäften kaum vertreten.

OTC-Geschäfte haben einen großen Vorteil: Da dem Handel eine bilaterale Vereinbarung zu Grunde liegt, können die Details des Geschäfts hinsichtlich Umfang, Erfüllungszeitpunkt, Lieferbedingungen usw. individuell gestaltet werden und ermöglichen so ein Höchstmaß an vertraglicher Flexibilität. Allerdings bedingt der exakte Zuschnitt der Vereinbarung auf die beiden Handelspartner, dass ein OTC-Geschäft kaum auf einen dritten Partner übertragen werden kann und somit schwer handelbar ist. Der schwerwiegendste Nachteil aber ist das Risiko, dass eine der Parteien ihre vertragliche Verpflichtung nicht erfüllen will oder nicht erfüllen kann. Dieses Risiko wird als Kontrahentenrisiko bezeichnet. Im OTC-Handel räumen sich die Handelspartner deshalb gegenseitig interne Kreditlinien ein, die den Umfang der möglichen Geschäfte begrenzt. Die innerbetriebliche Überwachung der Einhaltung der Kreditlinien ist eine der zentralen Aufgaben im Risikomanagement der betroffenen Handelsteilnehmer.

Börsenhandel

Derivate werden häufig auch an eigens dafür geschaffenen Börsen gehandelt. Man nennt sie „Terminbörsen". Zwei der größten Terminbörsen sind die EUREX in Deutschland und die CBOE (Chicago Board Options Exchange) in den USA. Die EUREX entstand 1998 aus dem Zusammenschluss der DTB (Deutsche Terminbörse) und der SOFFEX (Swiss Options- and Futures Exchange).[8]

Börsengehandelte Derivate sind immer standardisiert hinsichtlich des Erfüllungszeitpunkts, der handelbaren Größeneinheiten sowie der Zahlungs- und Liefermodalitäten. Handelsteilnehmer können davon nicht abweichen, sondern müssen die Derivate in der von der Börse vorgegebenen „Verpackung" akzeptieren. Aber nicht nur die Standardisierung ist ein Unterschied zu OTC-Geschäften, sondern auch der Ablauf des Geschäfts selbst. Abbildung A.3 verdeutlicht, dass die Marktteilnehmer C und D ihre Aufträge über Banken weiterleiten müssen, die eine entsprechende Handelszulassung für die Terminbörse benötigen. Die Erfüllungsansprüche von C

---

[8] Wir werden später wichtige an der EUREX gehandelte Derivate ausführlich darstellen.

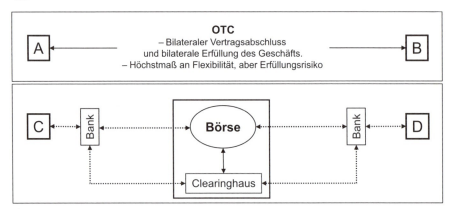

Abbildung A.3: OTC-Handel versus Börsenhandel

und D sind gegen die Banken in ihrer Funktion als Kommissionär gerichtet, während die Banken ihre Ansprüche gegen die Börse richten. Wenn wir sagen, dass C und D an der Börse kaufen oder verkaufen, dann ist dies genau genommen falsch. Da die Banken aber lediglich die Erfüllungsansprüche von C und D an die Börse durchreichen, werden wir die Banken sprachlich dennoch im Folgenden meistens ausblenden.

Die Erfüllungsansprüche von C und D sind (über die beauftragten Banken) gegen die Börse gerichtet. Man spricht in diesem Zusammenhang von der Börse als zentralem Kontrahenten. Zur Erfüllung der Geschäfte haben die Börsen häufig Clearinghäuser eingerichtet, die auch die Rolle des zentralen Kontrahenten einnehmen. Im Falle der EUREX wurde dafür eine Tochter mit dem Namen EUREX-Clearing AG gegründet. Da sich die Ansprüche von C und D über die Banken an das Clearinghaus richten, verschwinden die gegenseitigen Erfüllungsrisiken der Handelsteilnehmer. Dies ist der wichtigste Vorzug von börsengehandelten Derivaten gegenüber dem Handel auf OTC-Basis.

Das Risiko, dass das Clearinghaus selbst zahlungsunfähig wird, wird durch zahlreiche Sicherungsmaßnahmen reduziert. Die wichtigste besteht darin, dass das Clearinghaus von den am Handel teilnehmenden Banken ausreichend Sicherheiten verlangt, die in bar oder in Form von hinterlegten Wertpapieren geleistet werden können. Die Banken wiederum fordern Sicherheiten von ihren Kunden C und D, die mindestens so hoch sein müssen wie die der Bank beim Clearinghaus.

Eine häufig genutzte Bezeichnung für die bereitgestellten Sicherheiten ist der Ausdruck „Margins". Die Höhe der erforderlichen Margins wird auf Basis der Wertentwicklung der Derivate tagtäglich neu festgelegt. Sie ist so bemessen, dass selbst bei einem ungünstigen Kursverlauf des nächsten Tages die dadurch eintretenden Kursverluste abgedeckt sind. Sollten die Sicherheiten nicht mehr ausreichen, wird von der Börse ein „Nachschuss"[9] eingefordert, der sofort bezahlt werden muss. Im Detail unterscheiden sich zwar die Regelungen an den verschiedenen Terminbörsen, der hier beschriebene Kern lässt sich jedoch auf alle Terminbörsen übertragen.

---

[9] Die Aufforderung zum Nachschuss wird auch als Margin-Call bezeichnet.

Der Geschäftsabschluss an den Terminbörsen selbst findet zwischenzeitlich fast immer auf einer elektronischen Handelsplattform statt, d.h. Kauf- und Verkaufsaufträge werden auf einen Zentralrechner geleitet und ausgeführt. „Open Outcry" Systeme, bei denen sich die Händler persönlich auf dem Börsenparkett treffen und auf Zuruf oder mit komplizierten Handzeichen ihren Abschluss tätigen, treten zunehmend in den Hintergrund.

3 Risiko und Risikoberechnung

3.1 Risikoarten

Wir haben bisher argumentiert, dass mit Hilfe von Derivaten Risiken handelbar gemacht werden können. Doch mit welchen Risikoarten werden wir uns im Folgenden beschäftigen?

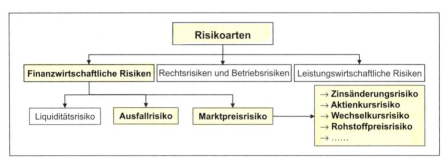

Abbildung A.4: Risikoarten im Risikomanagement

Die Abbildung gibt einen Überblick über die wesentlichen Risiken, denen Marktteilnehmer ausgesetzt sein können. Alle fett geschriebenen Risiken stehen im Folgenden im Mittelpunkt unserer Betrachtung, allen voran die finanzwirtschaftlichen Risiken. Das wohl wichtigste Teilrisiko ist das Marktpreisrisiko, das manchmal auch Marktpreisänderungsrisiko oder Marktrisiko genannt wird. Wie der Name schon sagt, bezeichnet es das Risiko finanzieller Verluste, die durch Änderungen der Marktpreise der im Bestand gehaltenen Finanzanlagen eintreten. Je nach dem, um welchen konkreten Finanzwert es sich handelt, sprechen wir von einem Zinsänderungsrisiko (bei Anleihen, Krediten, alle Formen von Geldanlagen), von einem Aktienkursrisiko, einem Wechselkursrisiko, vom Rohstoffpreisrisiko usw. Teilweise treten bei einem Finanzwert mehrere Marktpreisrisiken gleichzeitig auf. Denken Sie z.B. an Aktienanlagen oder Anleihen in Fremdwährung. Hier kann sich der Wert der Fremdwährung ändern, aber auch der Marktwert der Anlage in lokaler Währung. Die meisten der im Buch vorgestellten Derivate beziehen sich auf Marktpreisrisiken.

Das Ausfallrisiko ist ebenfalls ein Bestandteil der finanzwirtschaftlichen Risiken. Wir verstehen darunter im Folgenden den teilweisen oder vollständigen Ausfall von Zins- und Tilgungszahlungen im Kreditgeschäft. Alternativ verwenden wir den Begriff Kreditrisiko.

Ausfallrisiken sind eng mit Marktpreisrisiken verbunden und teilweise nur schwer voneinander abzugrenzen. Stellen Sie sich hierzu eine Unternehmensanleihe vor. Falls sich abzeichnet, dass es für die Unternehmung zunehmend schwieriger wird ihre Zins- und Tilgungszahlungen zu leisten, wird sich die Bonität der Unternehmung verschlechtern und der Marktpreis der Anleihe wird sinken, selbst wenn die Unternehmung zum Betrachtungszeitpunkt noch ihre vertraglich festgesetzten Zins- und Tilgungszahlungen leistet. Den Unterschied zwischen Ausfallrisiko und

Marktpreisrisiko machen wir an der Stärke des Verlusts fest. Bei einem tatsächlichen Ausfall leistet der Kreditnehmer keine Zins- und Tilgungszahlungen mehr, was zu einem massiven Rückgang des Marktpreises bis hin zum Totalverlust der Anlage führt. Derivate, die sich gezielt mit dem Ausfallrisiko beschäftigen, werden wir im Kapitel über Kreditderivate betrachten.

Von Ausfallrisiken und Marktpreisrisiken können alle Marktteilnehmer betroffen sein, von institutionellen Anlegern wie Banken, Versicherungen und Investmentfonds, über Unternehmungen bis hin zu Privathaushalten. Die nachfolgend aufgeführten Risiken treffen hingegen für Privathaushalte kaum zu. Da darüber hinaus diese Risiken mit Derivaten nicht handelbar gemacht werden können, werden sie im Buch nicht weiter ausgeführt. Dennoch wollen wir sie an dieser Stelle kurz vorstellen und in einen näheren Zusammenhang zu Derivaten stellen:

Liquiditätsrisiken stellen die dritte Kategorie finanzwirtschaftlicher Risiken dar. Darunter wird ganz allgemein der Schaden verstanden, der eintritt, wenn eine Unternehmung ihren vertraglichen finanziellen Verpflichtungen nicht fristgerecht nachkommt. Im Zusammenhang mit Finanzmarktprodukten und Derivaten bekommen die Liquiditätsrisiken jedoch eine weitere Dimension. Wir können unter Liquiditätsrisiko nämlich auch das Risiko verstehen, inwieweit die im Bestand gehaltenen Finanzanlagen und Derivate zu „marktgerechten Preisen" gehandelt werden können. Die Finanzmarktkrise hat auf dramatische Weise verdeutlicht, welche Risiken entstehen, wenn Banken und Versicherungen Anlageprodukte im Bestand haben, für die es keinen Käufer mehr gibt. Auch wenn die meisten der hier vorgestellten Derivate zu den liquidesten Instrumenten zählen (wir werden später auch einige Zahlen dazu liefern), stellen Liquiditätsrisiken insbesondere für nicht börsengehandelte Derivate ein nicht zu vernachlässigendes Risiko dar.

Rechtsrisiken klingen harmloser als sie sind. Sie müssen sich aber einen Handelsabschluss vorstellen, bei dem die Parteien im Erfüllungsfall eine unterschiedliche Vorstellung darüber haben, welche vertraglichen Rechten und Pflichten mit dem Abschluss tatsächlich begründet wurde. Die Rechtsrisiken können im Handel mit Derivaten sehr hoch sein, da es sich um schwierige und komplexe Vereinbarungen mit hohen Geldbeträgen handelt. Da aber zwischenzeitlich viele Derivate über regulierte Börsen oder in Form von standardisierten bilateralen Verträgen abgeschlossen werden, werden wir uns auch mit Rechtsrisiken im Folgenden nicht weiter auseinandersetzen. Gleiches gilt für die Betriebsrisiken, etwa wenn die Software eines Händlers falsch programmiert wurde oder wenn sich Bankangestellte mit krimineller Energie über interne Richtlinien hinwegsetzen.

Leistungswirtschaftliche Risiken sind die dritte große Risikokategorie. Denken Sie z.B. an die Produktionsrisiken oder die Absatzrisiken einer Unternehmung. Damit werden wir uns allenfalls indirekt beschäftigen: Es gibt eine Reihe von Unternehmungen, deren leistungswirtschaftliche Risiken eng mit den Markpreisrisiken von Waren verbunden sind. Denken Sie etwa an die Produkte von Agrarunternehmungen, Ölfirmen oder Rohstoffunternehmungen. Daneben gibt es Firmen, für die diese Waren in ihrer Produktion von größter Wichtigkeit sind, etwa Treibstoffe für die Fluggesellschaften, Öl für Raffinerien, Getreide für Nudelhersteller usw. Derivate auf diese Produkte werden wir im Zusammenhang mit Warentermingeschäften kennenlernen. Doch dabei steht für uns das Marktpreisrisiko im Vordergrund.

3.2 Maßeinheiten für Risiko

Können wir Risiko messen? Gibt es hierfür Maßeinheiten analog zu Meter oder Kilogramm? Wir werden in nachfolgenden Kapiteln zeigen, dass wir die Höhe des *Ausfallrisikos* sehr gut mit Hilfe der sogenannten Ausfallwahrscheinlichkeit messen können, d.h. mit der Wahrscheinlichkeit, dass ein Schuldner seinen eingegangenen Zins- und Tilgungsleistungen nicht fristgerecht nachkommt. Das Risikomaß Ausfallwahrscheinlichkeit wird uns dabei insbesondere im Abschnitt E über Kreditderivate intensiver beschäftigen. Doch mit welcher Maßeinheit können *Marktpreisrisiken* erfasst und gemessen werden?

Umgangssprachlich ist das Wort Risiko mit Gefahr verknüpft und lässt sich allenfalls mit den Begriffen wenig, mittel, hoch, sehr hoch usw. beschreiben. In den Wirtschaftswissenschaften wird der Begriff des Risikos jedoch neutral betrachtet. Stellen Sie sich vor, Sie fahren nächsten Mai in den Urlaub. Das Internet zeigt Ihnen, dass für Mai eine Temperatur von 25 °C erwartet wird. Die Temperatur, die Sie tatsächlich im Urlaubsland vorfinden, kann genau 25 Grad betragen, sie kann aber auch darüber oder darunter liegen. Jede Abweichung vom Erwartungswert wird in der Finanzwirtschaft als Risiko verstanden, d.h. es gibt ein Abweichungsrisiko „nach unten" und ein Abweichungsrisiko „nach oben".

Der Begriff Risiko bezieht sich naturgemäß auf zukünftige Ereignisse. Da wir die Zukunft nicht kennen, werden häufig Informationen aus der Vergangenheit herangezogen, um Erwartungen für die Zukunft zu bilden. Der erwartete Wert, Erwartungswert genannt, wird durch den durchschnittlichen Wert aus der Vergangenheit ersetzt und die erwarteten Abweichungen werden mit den Abweichungen der Vergangenheit gleichgesetzt.

Der Mittel- oder Durchschnittswert $\bar{x}$ beträgt: $\bar{x} = \frac{1}{n}\sum_{i=1}^{n} x_i$

Dabei bezeichnet n die Anzahl der Beobachtungen und x_i die jeweilige Ausprägung des relevanten Merkmals.

> **Beispiel:** *In den letzten 10 Jahren lag die Temperatur im Mai im Urlaubsland jeweils bei 25 °C, 30 °C, 27 °C, 17 °C, 18 °C, 34,6 °C, 22,4 °C, 15 °C, 35 °C und 26 °C. Wir haben 10 Beobachtungen (n=10) und die Summe der Beobachtungen der letzten 10 Jahre beträgt 250. Im Schnitt beträgt die Temperatur also 250 °C/10 = 25 °C. Wie es scheint, ist es aber keineswegs eine ausgemachte Sache, dass die Temperatur tatsächlich 25 °C beträgt. Die Temperatur schwankte in der Vergangenheit sehr stark um den Durchschnittswert von 25 °C.*

Für das Risiko einer Abweichung vom Durchschnittswert von 25 °C gibt es ein statistisches Maß, die Standardabweichung. Statt Standardabweichung wird in der Finanzwirtschaft sehr häufig von Volatilität gesprochen. Deshalb kürzen wir die Standardabweichung auch mit *VOL* für Volatilität ab. Die Volatilität ist so etwas wie die durchschnittliche Abweichung. Je höher sie ist, desto weiter entfernt liegt im Durchschnitt die tatsächliche Ausprägung des Merkmals vom Erwartungswert. Umgangssprachlich wird eine hohe Volatilität auch als hohe „Unsicherheit" bezeichnet.

Zur Ermittlung werden zunächst die Abweichungen vom Durchschnittswert gemessen. Da sich positive und negative Abweichungen aufheben würden, werden die

Abweichungen quadriert, aufsummiert und durch die um eins verminderte Zahl der Beobachtungen geteilt.[10] Die so erhaltene Zahl wird Varianz genannt. Da wir die Abweichungen quadriert haben, bilden wir jetzt wieder die Wurzel und erhalten so die Volatilität (Standardabweichung).

$$Var(x) = \frac{1}{n-1} \sum_{i=1}^{n} (x_i - \bar{x})^2 \text{ und } Standardabweichung = \sigma = Vol(x) = \sqrt{Var(x)}$$

Formel A-1: Varianz und Volatilität

Sie können selbst leicht nachrechnen, dass die Volatilität der Temperatur im Urlaubsland 7,0 °C beträgt. Können wir annehmen, dass die Ausprägungen „normalverteilt[11]" sind, so wird mit dem Erwartungswert und der Volatilität die gesamte Form der Temperaturverteilung festgelegt. Wir sind dann auch in der Lage, jeder Temperatur oder jedem Temperaturintervall eine bestimmte Wahrscheinlichkeit zuzuordnen. Die Verteilung der Temperatur hätte die in der Abbildung mit dicker Linie eingezeichnete langgezogene Form.

Ein häufig verwendetes Intervall von Normalverteilungen ist das Intervall *Erwartungswert +/– Standardabweichung*. Für alle Normalverteilungen gilt, dass die tatsächliche Ausprägung des relevanten Merkmals mit einer Wahrscheinlichkeit von 68,27 % in diesem Intervall liegt. Bezogen auf unser Temperaturbeispiel in der Abbildung reicht dieses Intervall von 18 °C bis 32 °C. Mit 68,27 % liegt die tatsächliche Temperatur im Mai in diesem Intervall, d.h. in rund zwei von drei Jahren.[12]

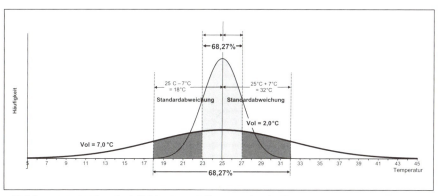

Abbildung A.5: Wahrscheinlichkeitsverteilung und Volatilität

---

[10] Bei einer Stichprobe verwenden wir als Divisor *(n-1)*. Dies ist der übliche Fall. Verfügen wir hingegen über die Grundgesamtheit, d.h. liegen alle Ausprägungen vor, dann ist der Divisor *n*. Der Grund sind die „Freiheitsgrade". Bilden wir bei einer Stichprobe den Durchschnitt, dann sind von *n* Beobachtungen nur *(n-1)* unabhängig. Die *n-te* Beobachtung kann über den Durchschnitt und die *(n-1)*-Beobachtungen ermittelt werden.

[11] Normalverteilungen sind symmetrisch. Modalwert, Median und Erwartungswert fallen zusammen. Die besondere Bedeutung der Normalverteilung beruht auf dem zentralen Grenzwertsatz. Er besagt, dass eine Summe von *n* unabhängigen, identisch verteilten Zufallsvariablen im Grenzwert $n \to \infty$ normalverteilt ist. Damit eignet sich die Normalverteilung für viele Anwendungen.

[12] Genaugenommen sind dies ja nur 66,66 %, aber als Daumenregel kann man sich ⅔ gut einprägen. Falls wir ein Intervall nehmen, das zweimal (dreimal) der Standardabweichung entspricht, dann liegen die tatsächlichen Ausprägungen bereits mit 95,45 % (99,73 %) in diesem Intervall.

3 Risiko und Risikoberechnung

> **Übung:** In den letzten 10 Jahren betrug die Temperatur in einem alternativen Urlaubsland im Mai jeweils 25 °C, 26 °C, 27 °C, 23 °C, 27,6 °C, 25,1 °C, 22,3 °C, 27 °C, 22,0 °C und 25 °C. Ermitteln Sie Durchschnitt und Volatilität der Temperatur. In welchem Intervall liegt die tatsächliche Temperatur im nächsten Jahr mit einer Wahrscheinlichkeit von 68,27 %?
>
> **Antwort:** Der Mittelwert liegt wiederum bei 25 °C. Die Schwankungsbreite ist allerdings geringer. Die Volatilität beträgt gemäß Formel A-1 nur 2,0 °C. Damit liegt das gesuchte Intervall im Bereich 23 °C bis 27 °C, wenn wir für die Temperaturverteilung eine Normalverteilung annehmen können.

In der Abbildung A.5 haben wir eine Normalverteilung mit einem Erwartungswert von 25 °C bei einer Volatilität von 2 °C eingetragen. Wir können erkennen, dass sich die Wahrscheinlichkeitsverteilung viel enger an den Mittelwert anschmiegt. Damit liegt das 68,27 %-Intervall ebenfalls sehr viel enger am Erwartungswert.

Das hier vorgestellte Risikomaß „Volatilität" ist eine Maßeinheit, mit der insbesondere die Marktpreisrisiken erfasst und quantifiziert werden können. Setzen Sie einfach an die Stelle der Temperaturverteilung eines Landes die Renditen von Aktien, Anleihen oder Rohstoffen, dann erhalten Sie mit den daraus ableitbaren Volatilitäten exakte Risikomaße für deren Marktpreisrisiken.

3.3 Volatilität und Betrachtungsdauer

Die Abweichungen vom Mittelwert ändern sich fast immer, wenn wir den Beobachtungszeitraum ändern. Wenn wir in unserem Temperaturbeispiel etwa 15 statt der zu Grunde gelegten 10 Jahre verwenden, dann wird sich wahrscheinlich sowohl der beobachtete Durchschnitt als auch die Volatilität ändern. Es ist daher sehr wichtig, dass wir den Zeitraum exakt benennen, für den wir die Werte ermitteln.

Ein weiteres Problem ist, dass sich Preise von Vermögensgegenständen fast immer im Zeitablauf ändern. Stellen Sie sich die Änderungen der Börsenkurse einer Aktie vor: Die möglichen Tagesschwankungen sind naturgemäß viel geringer als die Schwankungen, die die Aktie während eines Monats oder gar während eines Jahres aufweist. Je länger der Zeitraum ist, in dem der Aktienkurs schwanken kann, desto mehr kann er sich von seinem Durchschnittswert entfernen. Damit spielt die Zeit selbst eine wichtige Rolle für die Höhe der Volatilität.[13] Doch wie können wir Kursschwankungen und damit Risiken vergleichen, die in unterschiedlichen Zeiträumen ermittelt wurden? Wie können wir z.B. die Jahresschwankungen einer Aktie auf einen Tageswert herunter rechnen und umgekehrt? Möchten wir die Volatilitäten für unterschiedliche Zeiträume vergleichbar machen, geschieht dies auf Basis des folgenden Zusammenhangs.

$$Vol_T = Vol_{T=1} \cdot \sqrt{T}$$

Formel A-2: Volatilität für T

Dabei bezeichnet T das Vielfache oder den Anteil eines Jahres und $Vol_{T=1}$ die Jahresvolatilität.

---

[13] Weitere Ausführungen finden Sie im Anhang G.1, *Zufallsprozesse*.

3.3 Volatilität und Betrachtungsdauer   19

> **Übung:** Die Jahresvolatilität der prozentualen Schwankungen der VW-Aktie in den letzten 10 Jahren betrug 35 %. Wie hoch sind die zu erwartenden Tagesschwankungen der VW-Aktie?
>
> **Antwort:** T beträgt einen Tag, d.h. 1/365. Wir erhalten eine Tagesvolatilität von 1,83 % des Aktienkurses.

$\sqrt{\frac{1}{4}} = 0{,}5 \qquad \sqrt{1} = 1$

Die Umrechnung der Volatilitäten erfolgt nicht linear, sondern in Form einer Wurzelfunktion. Umfasst T drei Monate, d.h. ein viertel Jahr, dann beträgt die Dreimonatsvolatilität die Hälfte der Jahresvolatilität. Umfasst der Zeitraum T zwei Jahre, dann liegt die Zweijahresvolatilität um √2 über der Jahresvolatilität. Dieses Ergebnis erklärt, warum man sagt, dass die Unsicherheit proportional mit der Quadratwurzel der Zeit steigt.

Ü S. 18 $E(x) = 250/10 = 25$

$V(x) = \left(0^2 + 1^2 + 2^2 + (-2)^2 + 2{,}6^2 + 0{,}1^2 + (-2{,}7)^2 + 2^2 + (-3)^2 + 0^2\right)\frac{1}{9}$

$= (0 + 1 + 4 + 4 + 6{,}76 + 0{,}01 + 7{,}29 + 4 + 9)\frac{1}{9}$

$\sigma^2 = 36{,}06 \cdot \frac{1}{9}$

$\sigma^2 = 4{,}00$

$\Rightarrow \sigma = 2$

A: Mit einer Wkeit von 68,27 % liegt die Temperatur im Intervall 23° – 27°.

Ü S. 19

$\mathrm{Vol}_T = 0{,}35 \cdot \sqrt{\frac{1}{365}} = 0{,}0138 \approx 1{,}38\%$

4 Zinsen

4.1 Zinsrechnung und Kassazinssätze

Ein Zinssatz r legt den Prozentsatz fest, zu dem Kreditgeber bereit sind, Kreditnehmern Kapital für einen vereinbarten Zeitraum zu überlassen. r wird dabei als Jahresgröße verstanden. Wir können r als Prozentgröße oder als Dezimalgröße angeben. 4,0% entsprechen 4,0/100 und damit 0,040. Da Zinssätze oft in Formeln „verarbeitet" werden, ist die Schreibweise in Dezimalgrößen vorteilhafter, da dann auf die Division durch 100 verzichtet werden kann. Auch wir werden Zinssätze, zumindest in Formeln, vorwiegend als Dezimalgröße verstehen.

Ein Anleger, der heute den Geldbetrag Z_0 für ein Jahr zum Zinssatz r anlegt, erhält nach Ablauf des Jahres Zinsen in Höhe von $r \cdot Z_0$, falls die Zinsen am Ende des Jahres ausbezahlt werden. Zinsen plus Anlagebetrag betragen daher nach Ablauf eines Jahres $Z_1 = Z_0 \cdot (1+r)$. Der Ausdruck $(1+r)$ wird Zinsfaktor genannt. Werden keine Zinsen entnommen und wird der Betrag nochmals für ein Jahr angelegt, verfügt der Anleger in zwei Jahren über einen Betrag in Höhe von

$$Z_2 = (1+r) \cdot Z_1 = (1+r) \cdot (1+r) \cdot Z_0 = Z_0 \cdot (1+r)^2 = Z_0 \cdot (1+2r+r^2).$$

Z_2 beinhaltet die ursprüngliche Zahlung Z_0, zweimal die Zinsen $r \cdot Z_0$ sowie die Zinsen auf die Zinsen (Zinseszinsen) $r^2 \cdot Z_0$. Bezeichnet T das Vielfache[14] eines Jahres, gilt allgemein:

$$Z_T = Z_0 \cdot (1+r)^T$$

Bei dieser Formulierung müssen wir unterstellen, dass der Zinssatz r unabhängig von der Dauer des Anlagezeitraums ist. Häufig aber ändert sich der Zinssatz mit der Laufzeit der Geldanlage. Je länger die Dauer einer Geldanlage, desto höher ist üblicherweise der Zinssatz. Wir müssen daher den Zinssatz ebenfalls mit einem Index versehen. r_T steht damit für den vereinbarten Zinssatz für den Anlagezeitraum T.

$$Z_T = Z_0 \cdot (1+r_T)^T$$

Formel A-3: Zukünftiger Wert

> **Übung:** Welchen Betrag erhält ein Anleger, der 1.000 € für 5 Jahre und sechs Monate anlegt, wenn der Zinssatz 4,0% beträgt?
> **Antwort:** T beträgt 5 Jahre und sechs Monate, d.h. $T=5{,}5$. r_T beträgt 4,0%. Wir erhalten:
> $Z_T = Z_0 \cdot (1+0{,}04)^{5,5} = 1.240{,}75$ €.

Die bisherige Betrachtung des Zinssatzes erfolgte aus Sicht eines Anlegers. Wenn Sie bei einer Bank Geld anlegen, sind Sie Kreditgeber der Bank und die Bank selbst ist Kreditnehmer. Die Bank schuldet Ihnen den Anlagebetrag plus Zinsen. Aus Anlegersicht stellt r den Anlagezins dar, aus Sicht des Kreditnehmers ist r der vereinbarte Kreditzinssatz. Es ist daher einerlei, ob wir von Anlagezinsen oder Kreditzinsen sprechen. Es ändert sich dabei nur das Vorzeichen, d.h. Zinsen erhalten versus Zinsen zahlen.

---

[14] Wir werden im nächsten Abschnitt zeigen, dass wir den Ausdruck auch verwenden können, wenn T kleiner als eins ist, d.h. im Falle einer unterjährigen Verzinsung.

Kassazinssätze

Die Zinssätze r_T werden Kassazinssätze oder auch Zerobondsätze genannt. Vereinzelt nutzt man auch den englischen Begriff Spotrates oder Spotzinssätze. Die Besonderheit dieser Zinssätze liegt darin, dass während der gesamten Anlagedauer keine Zinszahlungen erfolgen, sondern der Anleger die Zinsen und den Anlagebetrag erst am Ende der vereinbarten Laufzeit erhält. Damit gleichen sie dem Anlageprofil von Zerobonds. Dies erklärt auch die Namensgebung für r_T.

Wenn wir die Laufzeit einer Geldanlage auf der x-Achse und die dafür relevanten Zinssätze r_T auf der y-Achse aufzeichnen, erhalten wir die Zinsstrukturkurve, die manchmal auch einfach nur als Zinskurve bezeichnet wird. Ist r_T unabhängig von der Laufzeit, spricht man von einer „flachen" Zinsstrukturkurve. Steigt r_T mit der vereinbarten Laufzeit, liegt eine „normale" Zinsstrukturkurve vor. Fällt r_T, dann handelt es sich um eine „inverse" Zinsstrukturkurve.

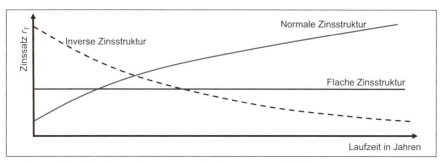

Abbildung A.6: Zinsstrukturkurven auf Basis von Kassazinsätzen

Kassazinssätze sind nicht die einzigen Zinssätze, die wir auf den Finanzmärkten beobachten können. Wir finden sogar viel häufiger Anlageformen und damit Zinssätze, bei denen der Anleger während der Laufzeit Zinszahlungen erhält. Denken Sie dabei an Festzinsanleihen, bei denen der Anleger regelmäßig Kuponzahlungen erhält. Da üblicherweise auch die Rendite von Anleihen laufzeitabhängig ist, könnten wir auch eine Zinsstrukturkurve auf Basis von Anleiherendite zeichnen. Wir müssen daher immer genau spezifizieren, welche Zinssätze der Zinsstrukturkurve zugrunde liegen.

Kassazinssätze haben eine wichtige Eigenschaft: Die Laufzeit einer Anlage und die Kapitalbindungsdauer stimmen überein, da nur einmal, am Ende der Laufzeit, die Auszahlung des Anlagebetrags und der Zinsen erfolgt. Erfolgen hingegen wie bei Anleihen jährlich Zinszahlungen (Kuponzahlungen) während des Anlagezeitraums, ist die tatsächliche Kapitalbindungsdauer des Anlagebetrags eine Mischung aus den jährlichen Zinszahlungen und dem Tilgungsbetrag am Laufzeitende. Die tatsächliche Kapitalbindungsdauer ist damit immer kürzer als die Laufzeit der Anleihe.

Die Berechnung der Kapitalbindung von Anleihen, die Berechnung von Anleiherenditen sowie der Zusammenhang zwischen Anleiherenditen und Kassazinssätze sind nur für einige der nachfolgenden Kapitel relevant. Die Zusammenhänge können aber ausführlich im Kapitel G.2, Anleihebewertung, Seite 263 ff. nachgelesen werden. Auf sie wird im Bedarfsfall bei den entsprechenden Kapiteln verwiesen.

4 Zinsen

Barwertermittlung durch Diskontierung

Wir können mit Hilfe der Formel A-3 aufzeigen, wie sich der Wert einer Geldanlage Z_0 durch den Zinssatz r_T im Zeitraum T erhöht. Genauso können wir aber auch angeben, wie hoch der Wert eines zukünftigen Geldbetrags Z_T aus heutiger Sicht ist. Wir stellen hierzu lediglich die Formel um und lösen nach Z_0 auf. Den Wert eines zukünftigen Geldbetrags Z_T aus heutiger Sicht bezeichnen wir als Barwert. Es gilt:

$$\text{Barwert} = Z_0 = \frac{Z_T}{(1+r_T)^T}$$

Der Ausdruck $1/(1+r_T)^T$ wird als Diskontierungsfaktor bezeichnet. T bezeichnet wiederum das Vielfache[15] eines Jahres. Manchmal verwendet man auch den saloppen Begriff „abzinsen".

> **Übung:** In 540 Tagen wird Ihre Lebensversicherung fällig. Sie werden 10.000 € erhalten. Welchen Wert stellt dieser Betrag heute aus Sicht der Lebensversicherung dar, falls der Zinssatz r_T 5,0 % beträgt und das Jahr 365 Tage hat?
> **Antwort:** Der Diskontierungsfaktor beträgt $1/(1+0{,}05)^{540/365}$, der Barwert entsprechend 9.303,61 €.

Kapitalwert

In der Finanzwirtschaft spielt oft nicht nur der Barwert einer einzelnen Zahlung eine große Rolle, sondern häufig auch die Summe der Barwerte von mehreren, aufeinanderfolgenden Zahlungen. Um den Barwert einer Einzelzahlung sprachlich vom Barwert einer Einzahlungsreihe unterscheiden zu können, bezeichnen wir letztere als Kapitalwert KW. Der Kapitalwert[16] einer Zahlungsreihe stellt somit die Summe der Einzelbarwerte dar. Beginnt die erste Zahlung in $t=1$ können wir schreiben:

$$\text{Kapitalwert} = KW = \sum_{t=1}^{t=T} \frac{Z_t}{(1+r_t)^t}$$

Formel A-4: Kapitalwertformel

4.2 Zinsrechenmethoden und unterjährige Verzinsung

Bei Kredit- bzw. Anlagezeiträumen, die nicht exakt einem Jahr oder dem Vielfachen eines Jahres entsprechen, müssen wir bei der Ermittlung der Zinsen festlegen, wie wir die Zinstage zählen wollen. Die Konvention der Tagzählung wird gewöhnlich mit x/y formuliert. Dabei bezeichnet x die Methode, wie wir die Tage zwischen zwei Zinszahlungszeitpunkten zählen und y beschreibt, wie wir die Gesamtzahl der Tage im Jahr festlegen.

$$\text{Zinsertrag} = \text{Anlagebetrag} \cdot \text{Zinssatz} \cdot \frac{\text{Anzahl der Zinstage}(x)}{\text{Jahr in Tagen}(y)}$$

Die actual/actual-Methode wird als taggenaue Zinsmethode bezeichnet. Sie setzt die tatsächliche Anzahl der Anlagetage ins Verhältnis zu den tatsächlichen Tagen

---

[15] Wir werden im nächsten Abschnitt zeigen, dass wir den Ausdruck auch verwenden können, wenn T kleiner als eins ist, d.h. im Falle einer unterjährigen Verzinsung.

[16] In der Literatur finden Sie eine Reihe von alternativen Bezeichnungen wie Present Value oder Gegenwartswert.

4.2 Zinsrechenmethoden und unterjährige Verzinsung

eines Jahres. Diese Methode wird z.B. bei Anleihen auf dem europäischen Kapitalmarkt verwendet. Eine weitere Methode ist die 30/360-Methode, auch deutsche kaufmännische Zinsmethode genannt. Jeder volle Monat wird, unabhängig von der tatsächlichen Tagesanzahl, pauschal mit 30 Tagen berechnet. Dies hat zur Folge, dass das Gesamtjahr mit 360 Tagen festgesetzt werden muss. Die 30/360-Methode wird in Deutschland bei Ratenkrediten oder bei Spareinlagen verwendet.

Eine dritte Zinsrechenmethode ist die Eurozinsmethode, die actual/360-Methode. Hier werden einerseits die tatsächlichen Zinstage herangezogen, andererseits wird das Jahr pauschal mit 360 Tagen festgelegt. Diese Zinsrechenmethode wird üblicherweise auf dem Geldmarkt des Euroraums verwendet oder bei Bundesanleihen mit variabler Verzinsung. Auch wir werden im Laufe des Buchs häufig mit dieser Methode arbeiten, da die für uns relevanten Anlagezeiträume typischerweise unter einem Jahr liegen und damit geldmarktrelevant sind.

> **Übung A-1:** Sie legen 1.000 € vom 2.2.2011 bis zum 6.4.2011 an. Der vereinbarte Zinssatz beträgt 5,0 %. Wie viel Zinsen erhalten Sie nach der actual/actual-Methode, der actual/360 bzw. der 30/360-Methode?

Methode	actual/actual	actual/360	30/360
Zinstage (Feb., März, April)	63 (26; 31; 6)	63	64 (28; 30; 6)
x/y	63/365	63/360	64/360
Zinsertrag in €	5 % · 63/365 = 8,63	5 % · 63/360 = 8,75	5 % · 63/360 = 8,89

Tabelle A-1: Vergleich der Zinsmethoden

Der Unterschied mag klein erscheinen, doch wenn der Anlagebetrag hoch genug ist, spielen diese kleinen Unterschiede in absoluten Zahlen eine große Rolle.

Unterjährige Zinszahlungen

Die Aussage „ich erhalte einen Zinssatz von 4 % für einen Anlagezeitraum von einem Jahr" klingt einfach und klar. Tatsächlich hängt das genaue Ergebnis davon ab, wie der Zinssatz berechnet wird. Bei einem Zinssatz von r^* wächst ein Anlagebetrag Z_0 nach einem Jahr auf $(1+r^*) \cdot Z_0$. Falls die Zinsen hingegen halbjährlich bezahlt werden, ist der verwendete Zinssatz auch nur halb so groß, d.h. $r^*/2$. Anlagebetrag Z_0 plus Zinsen nach einem halben Jahr belaufen sich auf $Z_0 \cdot (1+r^*/2)$. Da dieser Betrag nun wieder für ein halbes Jahr angelegt wird, erhalten wir nach Ablauf eines vollen Jahres einen Geldbetrag von $Z_0 \cdot (1+r^*/2)^2$. Für $Z_0 = 100$ € und $r^* = 4,0$ % errechnen wir einen Wert von 104,04 €. Dieser Betrag ist höher als der Betrag bei jährlicher Verzinsung, da die Zinsen des ersten halben Jahres den Anlagebetrag in der zweiten Jahreshälfte erhöhen. Bezeichnet m die Verzinsungshäufigkeit während eines Jahres, dann beträgt der Endwert der Geldanlage nach einem Jahr

$$Z_1 = Z_0 \cdot (1+\frac{r^*}{m})^m$$

Die Tabelle zeigt für $r^* = 4,0$ % das Ergebnis für fünf Verzinsungshäufigkeiten m.

4 Zinsen

Verzinsungshäufigkeit	Wert nach einem Jahr	Äquivalenter Jahreszins r
Jährliche Verzinsung (m=1)	104,000	4,000
halbjährliche Verzinsung (m=2)	104,040	4,040
monatliche Verzinsung (m=12)	104,074	4,074
tägliche Verzinsung (m=365)	104,081	4,081
Kontinuierliche Verzinsung[17] (m → ∞)	104,081	4,081

In allen Fällen können wir den vereinbarten Jahreszinssatz r^* einfach in einen äquivalenten Jahreszins r umrechnen.[17]

$$(1+\frac{r^*}{m})^m = (1+r)$$

Formel A-5: Zinsumrechnungsformel

Die Tabelle zeigt, dass eine Geldanlage mit einer vereinbarten Verzinsung von 4,0 % bei monatlichen Zinszahlungen einem äquivalenten Jahreszins von r = 4,074 % entspricht. Sie erhalten diesen Wert durch Einsetzen in die Zinsumrechnungsformel.

Wir können die Fragestellung auch umdrehen und uns fragen, wie hoch bei gegebenem äquivalenten Jahreszins r die vereinbarte Jahresverzinsung r^* sein muss, wenn eine unterjährige Verzinsung mit einer Verzinsungshäufigkeit von m erfolgt. Hierzu lösen wir die Zinsumrechnungsformel einfach nach r^* auf. Wir erhalten:

$$r^* = \left[(1+r)^{\frac{1}{m}} - 1\right] \cdot m$$

Sollte der äquivalente Jahreszins r bei monatlichen Zinszahlungen 4,0 % betragen, müsste der vereinbarte Jahreszins r^* demnach bei 3,93 % liegen (r^* = [(1,04)$^{1/12}$ - 1] · 12).[18]

Die Verzinsungshäufigkeit m ergibt sich aus der Dauer der unterjährigen Geldanlage. Bei einer Geldanlage für 90 Tage erhalten wir auf Basis der actual/360-Methode einen Wert von 90/360 = 0,25 für T. Da dieser Geldbetrag viermal im Jahr angelegt werden könnte, beträgt die angenommene Verzinsungshäufigkeit vier, d.h. m = 1/T.

Im Folgenden arbeiten wir stets mit dem Zinssatz r, den wir als äquivalenten Jahreszins interpretieren. Abhängig von der Anlagedauer und damit der Verzinsungshäufigkeit der Geldanlage können wir r stets in einen vereinbarten Jahreszins r^* umrechnen. Die Interpretation von r als äquivalenten Jahreszins hat den großen Vorteil, dass wir den zukünftigen Wert einer Geldanlage mit der Formel

$$Z_T = Z_0 \cdot (1+r_T)^T$$

Formel A-6: Zukünftiger Wert einer Zahlung

---

[17] Wir könnten die Zinsperioden immer kleiner machen. Im Extremfall wird der Zinssatz unendlich oft ausbezahlt, d.h. m geht gegen unendlich. Damit erhalten wir die bekannte e-Funktion für kontinuierliches Wachstum, d.h. $(1+r^*/m)^m = e^{r^*}$ für $m \to \infty$

[18] Eine Umrechnung bei kontinuierlicher Verzinsung ist ebenfalls möglich, wenn die Gleichung $(1+r) = e^{r^*}$ nach r^* aufgelöst wird. Wir erhalten $r^* = ln(1+r)$.

angeben können, ohne unterscheiden zu müssen, ob T größer oder kleiner als eins ist. So umgehen wir das Problem, dass bei Laufzeiten über einem Jahr exponentielle Zinsfaktoren verwendet werden, während im Geldmarktbereich, d.h. bei unterjähriger Geldanlage mit linearen Zinsfaktoren gerechnet wird. T können wir daher im Folgenden für alle Werte größer null verwenden. Gleiches gilt für den Barwert einer Zahlung Z_T, den wir im Folgenden stets für alle Werte $T > 0$ wie folgt angeben können.

$$\text{Barwert} = BW = Z_0 = \frac{Z_T}{(1+r_T)^T}$$

Formel A-7: Barwert einer Zahlung

4.3 Zinssatz, Laufzeit und Ausfallwahrscheinlichkeit

Bisher sind wir davon ausgegangen, dass wir den angelegten Geldbetrag mit Sicherheit zurückbekommen, d.h. dass der Schuldner keinerlei Ausfallrisiko hat. Dies können wir aber nur bei den allerwenigsten Schuldnern voraussetzen. Sobald wir die Möglichkeit eines Kreditausfalls in Betracht ziehen, werden wir einen Zinsaufschlag verlangen, der das Ausfallrisiko mit berücksichtigt. Wir werden diesen Zinssatz i_T nennen, um ihn inhaltlich von r_T unterscheiden zu können. Die Höhe von i_T setzt sich dabei aus zwei Komponenten zusammen: Einerseits spiegelt sie die Höhe des Zinssatzes r_T wieder, der für vergleichbare Kredite an einen Kreditnehmer für die Laufzeit T bezahlt werden muss, der aufgrund seiner hohen Bonität kein Ausfallrisiko aufweist. Oft werden Kredite an Staaten wie der Bundesrepublik Deutschland als ausfallsicher angesehen.[19] Wir bezeichnen diesen Zinssatz als risikolosen Zinssatz. Andererseits beinhaltet der vereinbarte Zinssatz i_T aber auch eine Kreditrisikoprämie für die Möglichkeit, dass der Kreditnehmer „ausfällt" und somit die vertraglichen Zinszahlungen und Tilgung des Kredits nicht leistet. Diese Kreditrisikoprämie wird auch als Credit Spread bezeichnet und muss vom Schuldner in Form eines Zinsaufschlags r_{RA} getragen werden, der ebenfalls laufzeitabhängig sein kann und damit mit dem Index T versehen wird. Den Zinssatz i^A für einen Schuldner A können wir damit schreiben als:

$$i_T^A = r_T + \text{Kreditrisikoprämie}^A = r_T + r_{RA,T}^A$$

Formel A-8: Komponenten des Zinssatzes i

Die nachfolgende Abbildung fasst die Überlegungen für den Fall einer normalen Zinsstruktur zusammen: Durch den Schuldner ohne Ausfallrisiko wird der risikolose Zinssatz r_T für die jeweilige Laufzeit festgelegt. In der Abbildung handelt es sich um eine Laufzeit von 10 Jahren, weswegen wir r mit dem Index r_{10} versehen. Jeder andere Schuldner muss im Vergleich dazu einen Zinsaufschlag in Höhe von r_{RA} zahlen, da die Kreditvergabe an ihn mit einem Ausfallrisiko verbunden ist.

Kreditnehmer mit Ausfallrisiko können die Kreditrisikoprämie vermeiden, falls sie dem Kreditgeber ausreichend Sicherheiten stellen, die er ohne Kosten sofort verwerten kann. Die Sicherheiten verhindern, dass ein Gläubiger bei Zahlungsunfähigkeit des Schuldners einen Teil des Kreditbetrags oder einen Teil der ausstehenden Zin-

---

[19] Ein Staat hat das Monopol Steuern zu erheben. Damit kann er sich in der Landeswährung jederzeit die Finanzmittel beschaffen, um die Kreditgeber zu befriedigen. Die Eurokrise hat allerdings deutlich gemacht, dass auch Staaten durchaus ein Ausfallrisiko aufweisen können.

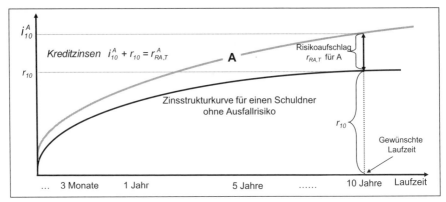

Abbildung A.7: Zinsstrukturkurve und Kreditrisikoprämien

sen verliert. In diesem Fall kann der Kreditnehmer faktisch wie ein ausfallsicherer Schuldner behandelt werden und bezahlt nur noch den risikolosen Zinssatz r. Banken fordern als Sicherheit hierzu meistens Anleihen.[20]

Da wir im Laufe des Buchs vermeiden wollen für unterschiedliche Marktteilnehmer unterschiedliche Zinssätze heranziehen zu müssen, betrachten wir für viele Fragestellungen nur den risikolosen Zinssatz r. Wir gehen damit von der Annahme aus, dass jede Kreditaufnahme und jede Geldanlage zum risikolosen Zinssatz erfolgt. Mögliche Bonitätsunterschiede zwischen den betrachteten Marktteilnehmer können annahmegemäß durch die Stellung von entsprechenden Sicherheiten kompensiert werden.

Der Zinssatz, der von den Akteuren am Geldmarkt faktisch am häufigsten als „risikoloser Zins" genutzt wird, sind die Zinssätze im Interbankenhandel, etwa der LIBOR oder der EURIBOR im Euroraum. LIBOR steht für **L**ondon **I**nterbank **O**ffered **R**ate. Er wird täglich auf Basis der Zinssätze ermittelt, zu denen sich die wichtigsten international tätigen Banken der British Banker's Association in London untereinander in den entsprechenden Währungen Geld leihen. Der LIBOR auf den US-Dollar wird damit zum USD-LIBOR. Die einbezogenen Banken müssen dabei bestimmte Mindestanforderungen hinsichtlich ihrer Bonität erfüllen. Zum LIBOR-Satz können Banken kurzfristige Kredite aufnehmen.

Eine Alternative im Euroraum stellt der EURIBOR dar (**Eur**o **I**nterbank **O**ffered **R**ate) dar. Er ist die durchschnittliche Zinshöhe, zu denen sich europäische Banken im Interbankenhandel untereinander Geld leihen. Derzeit beteiligen sich bei der Ermittlung über 57 europäische Großbanken mit bester Bonität, unter anderem auch 11 deutsche Banken. Die Sätze werden um 11.00 Uhr mitteleuropäischer Zeit ermittelt und täglich veröffentlicht.[21]

Der LIBOR bzw. der EURIBOR sind häufig genutzte Referenzzinssätze, an dem sich andere Zinssätze orientieren. Wir werden später einige davon kennenlernen.

---

[20] Natürlich dürfen die Schuldner der Anleihen ihrerseits nicht ausfallgefährdet sein. Deswegen werden meistens Bundesanleihen verwendet.

[21] 47 der 57 Banken des Panels stammen aus der Eurozone, vier aus sonstigen EU-Ländern und sechs außerhalb Europas. Die jeweils 13 höchsten und tiefsten Sätze werden eliminiert, um Zinsausreißer zu eliminieren. EURIBOR-Sätze gibt es für unterschiedliche Laufzeiten bis hin zu einem Jahr.

5 Was Sie unbedingt wissen und verstanden haben sollten

Kapitel 1 und 2: Finanzmarkt und Akteure

- Bei Derivaten handelt es sich um *heute* getroffene Vereinbarungen, zu welchen Konditionen ein bestimmter Gegenstand, Basiswert genannt, zu einem *späteren Termin* erworben, verkauft oder getauscht werden kann. Derivate werden deshalb häufig auch als Termingeschäfte bezeichnet.

  Die zentrale Funktion des klassischen Finanzmarkts ist der Transfer von Finanzmittel zwischen den beteiligten Marktteilnehmern. Die zentrale Funktion der Derivate hingegen ist der Transfer von Risiken zwischen Marktteilnehmern. Die einzelnen Derivate unterscheiden sich dabei darin, welche Risiken auf welche Weise transferiert werden.

  Marktteilnehmer handeln mit Derivaten aus spekulativen Gründen oder aber um ihre bestehenden Risiken zu verringern (Hedger). Investmentbanken stellen dabei Ankaufs- und Verkaufskurse für die Derivate (Market Maker).

  Werden Derivate an eigens dafür geschaffenen Terminbörsen gehandelt, spricht man von einem Börsengeschäft. Viele Derivate werden allerdings direkt zwischen den Marktteilnehmern gehandelt. Man spricht dann von einem Over-The-Counter-Geschäft (OTC). Die Abwicklung und die Erfüllungsrisiken von OTC- und Börsengeschäften sind sehr unterschiedlich.

Kapitel 3 und 4: Risiko und Zinssatz

- Die Risiken, die mit Hilfe von Derivaten handelbar gemacht werden, sind vor allem Marktpreisrisiken für alle Arten von Basiswerten (Rohstoffe, Anleihen, Aktien, Währungen usw.) und Ausfallrisiken von Krediten. Die Höhe des Ausfallrisikos messen wir dabei mit Hilfe der Ausfallwahrscheinlichkeit, die Höhe des Marktpreisrisikos mit Hilfe der Volatilität, die der statistischen Größe Standardabweichung entspricht. Volatilitäten unterschiedlicher Zeiträume können dabei einfach umgerechnet werden.

  Standardabweichung $= \sigma = Vol(x) = \sqrt{Var(x)}$ und $Vol_T = \sqrt{T} \cdot Vol_{T=1}$

  Wenn wir heute einen Geldbetrag Z_0 für einen Zeitraum T anlegen, erhalten wir einen zukünftigen Wert Z_T. Der Zinssatz r_T wird dabei Kassazinssatz oder auch Spotzinssatz genannt.

  $Z_T = Z_0 \cdot (1 + r_T)^T$

  Um Zahlungen bzw. Geldbeträge zu unterschiedlichen Zeitpunkten vergleichbar zu machen, können wir sie mit Hilfe der Kassazinssätze auf die Gegenwart diskontieren und so den Barwert bestimmen.

  Barwert $= Z_0 = \dfrac{Z_T}{(1+r_T)^T}$

Bei unterjährigen Zeiträumen kann ein Anlagebetrag mehrmals im Jahr angelegt werden. Der vereinbarte Jahreszins r^* wird sich deshalb vom tatsächlich erzielten Zinssatz r (äquivalenter Jahreszins) unterscheiden. Wir können r^* aber immer in r umrechnen. Solange wir r_T als äquivalenten Jahreszins interpretieren, können wir die Formeln für den Barwert und den zukünftigen Wert Z_T für alle Werte von $T > 0$ verwenden. Damit haben wir eine einheitliche Zinsberechnungsmethode für Laufzeiten unter und über einem Jahr.

Bei der Ermittlung der Kredit- bzw. Anlagezinsen muss festgelegt werden, wie die Zinstage und wie die Gesamtzahl der Tage eines Jahrs gezählt werden

$$Zinsertrag = Anlagebetrag \cdot Zinssatz \cdot \frac{Anzahl\ der\ Zinstage(x)}{Jahr\ in\ Tagen(y)}$$

Die taggenaue Zinsmethode (actual/actual) bzw. die Eurozinsmethode (actual/360) sind die gebräuchlichsten Methoden.

- Bei einer Kreditvergabe besteht fast immer auch ein Ausfallrisiko. Kreditgeber werden deshalb neben dem Zinssatz r_T für ausfallsichere Schuldner (= risikoloser Zinssatz) auch eine Kreditrisikoprämie fordern, die sich in einem Zinsaufschlag niederschlägt. Den Kreditzinssatz i für einen Schuldner A können wir daher wie folgt darstellen:

$$i_T^A = r_T + Kreditrisikoprämie^A = r_T + r_{RA,T}^A$$

Der geforderte Kreditzins i steigt dabei üblicherweise mit der Laufzeit T des Kredits (normale Zinsstrukturkurve).

6 Aufgaben zum Abschnitt A

1. Eine Aktie hat in den Jahren 2007 bis 2011 folgende Jahresrenditen erzielt: +1%, +3%, +7%, -5% und +10%.
   a. Ermitteln Sie die Volatilität der Aktienrendite.
   b. Welche Renditeschwankungen sind während eines Monats zu erwarten?
2. Was sind die „Kernkompetenzen" eines Spekulanten, eines Händlers und eines Arbitrageurs?
3. In welchem Sinne ist ein börslich gehandeltes Termingeschäft „sicherer" als ein OTC-Geschäft?
4. Ermitteln Sie den äquivalenten Jahreszins der Übung A-1 auf Seite 23 mit Hilfe der Zinsumrechnung-Formel A-5 und zeigen Sie, dass die Verwendung der Formel A-6 zum gleichen Zinsertrag führt wie in der Übung.
5. Was sind die Bestimmungsgrößen für den Kreditzins eines Schuldners?

TEIL B
Optionen

Das lernen Sie

- Was sind bedingte und unbedingte Termingeschäfte?
- Was sind die wesentlichen Merkmale von Optionen?
- Wie läuft ein Optionsgeschäft konkret ab?
- Was sind Kaufoptionen (Calls) und Verkaufsoptionen (Puts), welches Risikoprofil haben sie und welche Chancen und Risiken sind mit ihrem Einsatz verbunden?
- Wie können wir Calls und Puts sinnvoll mit dem Basiswert kombinieren, um das Preisänderungsrisiko des Basiswerts zu reduzieren?
- Was sind die Einflussfaktoren auf die Höhe des Optionspreises und wie wirken sie sich auf die Höhe der Optionsprämie aus? Gibt es Preisuntergrenzen?
- Wie können wir mit Hilfe des Black-Scholes-Modells die einzelnen Einflussfaktoren quantitativ bestimmen?
- In welcher Abhängigkeit stehen Basiswert, Put und Call hinsichtlich ihrer Preise und hinsichtlich ihres Risikos (Put-Call-Parität)?
- Wie können wir von Preissteigerungen einer Finanzanlage profitieren und gleichzeitig den Kapitalerhalt des Anlagebetrags garantieren?
- Wie können wir Optionen kombinieren, um unsere Optionsstrategie optimal an unsere Markterwartung anzupassen?
- Wie können wir Optionen einsetzen, um nicht realisierte Kursgewinne abzusichern, ohne die Position zu schließen (Gewinnsicherungsstrategien)?
- Wie können wir Optionen einsetzen, um eingetretene Kursverluste zu „reparieren", ohne dabei das Verlustpotenzial der Finanzanlage zu erhöhen (Reparaturstrategien)?
- Was ist der besondere Vorteil von Aktienindexoptionen und wie können Währungsoptionen eingesetzt werden?
- Was unterscheidet Optionen von Optionsscheinen und was sind Aktienanleihen?

1 Grundlagen

1.1 Bedingte und unbedingte Termingeschäfte

Wie bereits eingangs erwähnt, sind Termingeschäfte heute abgeschlossene Geschäfte, die zu einem zukünftigen Termin erfüllt werden. Wir können die Termingeschäfte und damit auch die Derivate in zwei große Gruppen einteilen. Von unbedingten Termingeschäften sprechen wir immer dann, wenn jede Vertragsseite zum vereinbarten Termin das Geschäft zu den vereinbarten Konditionen auf jeden Fall (unbedingt) erfüllen muss. Wesentliche Vertreter von unbedingten Termingeschäften sind Futures, Forwards und Swaps, die wir alle in späteren Kapiteln noch ausführlich behandeln werden. Bedingte Termingeschäfte hingegen räumen *einer* Vertragspartei das Wahlrecht ein, zum vereinbarten Erfüllungstermin das Geschäft zu den vereinbarten Konditionen zu erfüllen.

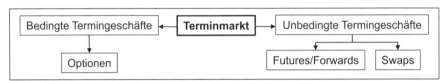

Abbildung B.1: Bedingte und unbedingte Termingeschäfte

Vertreter von bedingten Termingeschäften sind Optionen, die wir im Folgenden genauer betrachten werden.

1.2 Terminologie bei Optionen

Wenn jemand das Recht hat, zwischen verschiedenen Alternativen wählen zu dürfen, spricht man umgangssprachlich von einer „Option". Der Kern einer Option ist demnach das Auswahlrecht. Dieser Kerngedanke findet sich auch bei den „Optionen" wieder, die am Markt für Derivate gehandelt werden. Eine Option ist dabei ein Vertrag zwischen zwei Parteien, bei denen der Inhaber (= Käufer) einer Option bestimmte Wahlrechte erwirbt, die er immer dann wahrnehmen wird, falls es für ihn vorteilhaft ist. Er muss hierfür seine Option „ausüben".

Die in einer Option beschriebenen Rechte sind nicht kostenlos. Der Käufer zahlt an den Verkäufer der Option einen Preis, der Optionsprämie oder auch Optionspreis genannt wird. Der Verkäufer verpflichtet sich im Gegenzug, die Rechte des Käufers zu erfüllen. Da er abwarten muss, wie der Käufer der Option entscheidet, wird er auch Stillhalter der Option genannt.

Wir unterscheiden zwischen zwei Grundtypen von Rechten.

Eine *Kaufoption* (= Call) räumt dem Inhaber das Wahlrecht ein,
- einen zugrundeliegenden Wert (Basiswert oder auch Underlying genannt)
- in einer bestimmten Menge (Kontraktgröße)
- zu oder bis zu einem bestimmten Zeitpunkt (Fälligkeit)
- zu einem bestimmten Preis (Ausübungspreis oder auch Basispreis genannt)
- *kaufen* zu dürfen.

1.2 Terminologie bei Optionen

Analog räumt eine *Verkaufsoption* (= Put) dem Inhaber das Wahlrecht ein,
- einen zugrundeliegenden Wert (Basiswert, Underlying)
- in einer bestimmten Menge (Kontraktgröße)
- zu oder bis zu einem bestimmten Zeitpunkt (Fälligkeit)
- zu einem bestimmten Preis (Ausübungspreis, Basispreis)
- *verkaufen* zu dürfen.[22]

Der konkrete Basiswert ist häufig der Namensgeber für eine Option. Ist der Basiswert z.B. eine Aktie, dann spricht man von einer Aktienoption. Währungsoptionen, Goldoptionen, Zinsoptionen, Getreideoptionen usw. sind demnach Optionen, deren Basiswerte sich auf eine Währung, auf Gold, auf einen Zinssatz, auf Getreide usw. beziehen.

Der festgelegte Zeitpunkt heißt Verfalldatum oder auch Fälligkeit der Option. Eine Option, die bis zum Verfalldatum jederzeit ausgeübt werden kann, wird als amerikanische Option bezeichnet. Kann die Option nur am Verfalldatum ausgeübt werden, spricht man von einer europäischen Option. Die Adjektive „amerikanisch" und „europäisch" bezeichnen dabei weder den Handelsort der Option noch die Herkunft, sondern nur die Ausübungsmodalität. Jede Option lässt sich durch die in der Abbildung aufgeführten Merkmale beschreiben.

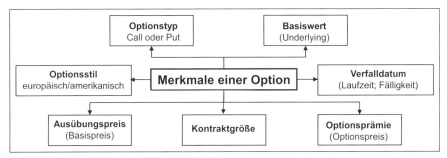

Abbildung B.2: Merkmale einer Option

Übung B-1: Charakterisieren Sie einen amerikanischen Call auf den Basiswert „Allianzaktie" mit dem Basispreis von 100 €, einer Kontraktgröße von 50 und dem Fälligkeitsdatum 9.12.2012. Die Optionsprämie je Aktie betrage am 10 €.

Antwort: Der Kauf des Call berechtigt Sie, bis zum 9.12.2012 zu jedem gewünschten Zeitpunkt 50 Allianzaktien zum Preis von je 100 € vom Stillhalter zu kaufen. Für dieses Recht bezahlen Sie an ihn einen Preis von 500 € (= 50 · 10 €). Falls Sie den Call hingegen verkaufen, verpflichten Sie sich, bis zum 9.12.2012 jederzeit Allianzaktien zum Preis von je 100 € an den Inhaber des Calls auf sein Verlangen hin zu verkaufen. Für das Eingehen dieser Verpflichtung erhalten Sie die Optionsprämie im Gesamtwert von 500 €.

---

[22] Die Begriffe Call und Put kann man sich leicht herleiten. Eine Übersetzung des englischen Verbs „to call" lautet „abrufen", nämlich den Basiswert zum vereinbarten Preis. Das englische Verb „to put" lässt sich unter anderem mit „(ab)legen" übersetzen, nämlich den Basiswert zum vereinbarten Preis.

1.3 Ablauf eines Optionsgeschäfts

Die nachfolgende Abbildung spiegelt den zeitlichen Ablauf von Optionsgeschäften wider: Bei Vertragsabschluss zahlt der Käufer der Option die vereinbarte Optionsprämie. Bei börsennotierten Optionen muss der Optionspreis am nächsten Börsenarbeitstag an den Stillhalter entrichtet werden. Bis zum Fälligkeitstag kann der Käufer seine Option jederzeit an Dritte zum dann gültigen Optionspreis weiterverkaufen. Verkauft er die Option, hat er keine Verpflichtungen oder Rechte mehr.[23] Man sagt dazu, dass der Käufer seine offene Position schließt bzw. glattstellt.

Diese Möglichkeit hat auch der Stillhalter. Kauft er bis zum Fälligkeitszeitpunkt eine Option mit gleichen Ausstattungsmerkmalen zum dann gültigen Optionspreis, ist er glatt und hat seine ursprüngliche Verkaufsposition geschlossen. Damit bestehen auch für ihn keinerlei Verpflichtungen oder Rechte mehr.

> *Beispiel: Sie verkaufen den in der Übung B-1 beschriebenen Call mit Fälligkeit 9.12.2012 zum Preis von 10 €. In den Tagen danach sinkt der Callpreis und Sie kaufen am 13.2.2012 einen Call mit gleichen Ausstattungsmerkmalen zum Preis von 5,5 €. Dadurch schließen Sie ihr Ausgangsgeschäft und Sie sind glatt. Ihr Gewinn beträgt 4,5 € pro Call. Bei einer Kontraktgröße von 50 beträgt Ihr Gesamtgewinn 225 €.*

Wird eine Kaufoption nicht bis zum Fälligkeitstag geschlossen, kann sie vom Käufer ausgeübt werden, sofern es für ihn vorteilhaft ist. Der Ausübungszeitpunkt ist bei europäischen Optionen vereinbarungsgemäß immer der Fälligkeitstag, aber auch amerikanische Optionen werden üblicherweise erst am Fälligkeitstag ausgeübt. Wird eine Kaufoption ausgeübt, muss der Basiswert gegen Zahlung des vereinbarten Basispreises vom Verkäufer geliefert werden.

Der Fälligkeitstag ist zugleich der letzte Handelstag einer Option. Die Börse legt dabei auch die exakte Uhrzeit für den Handelsschluss fest. Die Zeitspanne zwischen dem letztem Handelstag und dem Liefertag orientiert sich dabei an den Lieferusancen für ein entsprechendes Kassamarktgeschäft. Dadurch erhalten die Stillhalter von Calls am letzten Handelstag noch die Möglichkeit, durch einen Kauf des Basiswerts am Kassamarkt ihre eingegangenen Lieferverpflichtungen erfüllen zu können.[24]

> *Beispiel: Am 9.12.2012 betrage der Kurs der Allianzaktie 120 €. Der in der Übung B-1 beschriebene Call mit einer Kontraktgröße von 50 Aktien wird daher am Fälligkeitstag vom Inhaber ausgeübt, da er nun 50 Allianzaktien zum vereinbarten Basispreis von je 100 € vom Stillhalter des Calls kaufen kann und damit weniger zahlen muss als den aktuellen Marktpreis von 120 €. Zwei Tage nach dem Ausübungszeitpunkt müssen die Aktien im Depot des Käufers eingetroffen sein und der Gesamtbetrag von 5.000 € (= 100 € · 50) muss dem Konto des Verkäufers gutgeschrieben worden sein.*

---

[23] Beim Verkaufsauftrag muss er explizit mitteilen, dass dieser Verkauf die bestehende Position schließt. Anderenfalls hat er zwei offene Positionen, den Kauf und den Verkauf der Option. Für den Begriff Glattstellung wird auch häufig der englische Begriff „Closing" genutzt.

[24] Die häufigste Zeitspanne sind zwei Börsentage bei Optionen auf Wertpapiere.

1.3 Ablauf eines Optionsgeschäfts

Abbildung B.3: Zeitlicher Ablauf von Optionsgeschäften

Die Abbildung fasst den zeitlichen Ablauf eines Optionsgeschäfts zusammen.

Betrachten wir nun die Optionstypen detaillierter: Wir können im Optionsgeschäft vier Grundpositionen unterscheiden: den Kauf eines Calls, den Kauf eines Puts und den jeweils entsprechenden Verkauf. Der Kauf einer Option wird häufig auch als „Long-Position" bezeichnet, der Verkauf einer Option als „Short-Position". Die damit verbundenen Vorteile, Risiken und Einsatzmöglichkeiten sind sehr unterschiedlich. Wir werden sie nun in den nachfolgenden Abschnitten genauer betrachten.

	Kauf (Inhaber; Long-Position)	**Verkauf** (Stillhalter; Short-Position)
Kaufoption (Call)	Recht zum Kauf	Pflicht zum Verkauf
Verkaufsoption (Put)	Recht zum Verkauf	Pflicht zum Kauf

Um einen unmittelbaren Vergleich zwischen Basiswert und Option herstellen zu können, gehen wir, sofern nicht anders erwähnt, im Folgenden stets von einer Kontraktgröße von eins aus, d.h. wir betrachten Optionen auf eine Mengeneinheit des Basiswerts.

2 Kaufoption (Call)

2.1 GuV-Profil eines Calls

Als Basiswert für den Call nehmen wir wieder eine Aktie. Die mit dem Kauf eines Calls verbundenen Chancen und Risiken können wir uns am besten klarmachen, wenn wir zunächst das Gewinn- und Verlustprofil (GuV-Profil bzw. Risikoprofil) des Basiswerts selbst betrachten:

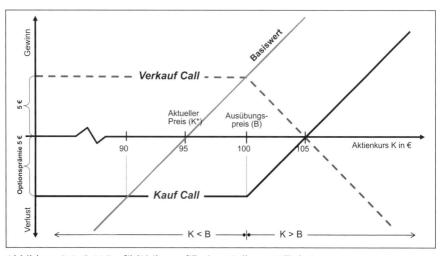

Abbildung B.4: GuV-Profil (Risikoprofil) eines Calls am Fälligkeitstag

Der aktuelle Aktienkurs K^* betrage 95 €. Jeder Kursanstieg der Aktie um einen Euro bedeutet einen Gewinn von einem Euro für den Aktieninhaber, jeder Kursrückgang um einen Euro einen gleich hohen Verlust. Das GuV-Profil der Aktie entspricht in der Abbildung B.4 daher einer Geraden mit einer Steigung von eins, die die x-Achse bei 95 € schneidet. Im schlimmsten Fall fällt der Aktienkurs auf null und der Aktionär verliert 95 €.

Betrachten wir im Vergleich dazu das Risikoprofil „Kauf Call" auf diese Aktie mit einem Ausübungspreis von 100 € bei einem Optionspreis von 5 €. Abbildung B.4 spiegelt die Situation am Fälligkeitstag wider: Angenommen der Aktienkurs K notiert an diesem Tag *unter* dem Ausübungspreis[25] von 100 €. Der Inhaber des Calls wird in diesem Fall von seinem Kaufrecht *keinen* Gebrauch machen, da die Aktie an diesem Tag am Markt billiger zu kaufen ist als über den vereinbarten Ausübungspreis. Er wird deshalb die Option „verfallen lassen" und den Call *nicht* ausüben. Das Optionsrecht ist wertlos. Da der Käufer zum Kaufzeitpunkt des Calls die Optionsprämie bezahlt hat, macht er folglich einen Verlust von 5 €. Mehr als die Optionsprä-

---

[25] Statt Ausübungspreis wird häufig auch der Begriff Ausübungskurs genutzt. Von Kurs spricht man meistens dann, wenn der Basiswert börsennotiert ist. Preis ist der allgemeinere Begriff. Wir nutzen Ausübungspreis und Ausübungskurs im Folgenden als Synonyme.

2.1 GuV-Profil eines Calls

mie kann der Käufer allerdings nicht verlieren. Sie stellt seinen maximalen Verlust dar, selbst wenn der Aktienkurs am Fälligkeitstag weit unter dem Ausübungspreis notieren sollte. Das GuV-Profil eines gekauften Calls in der Abbildung bei Aktienkursen kleiner als dem **B**asispreises B, stellt damit eine gerade Linie dar, deren y-Wert der Höhe der bezahlten Optionsprämie entspricht.

Betrachten wir nun den Fall, dass der Aktienkurs am Fälligkeitstag *über* dem vereinbarten Ausübungspreis von 100 € liegt. Für den Inhaber des Calls wird es nun vorteilhaft sein den Call auszuüben, da der Aktienkurs am Markt höher ist als der vereinbarte Ausübungspreis. Jeder Euro über dem Ausübungspreis reduziert zunächst den Verlust, den der Käufer durch die bereits gezahlte Optionsprämie erleidet. Das GuV-Profil von Optionen hat damit stets einen charakteristischen „Knick" beim Ausübungspreis B wie die Abbildung verdeutlicht und steigt bei Aktienkursen über dem Ausübungspreis mit einer Steigung von eins an. Bei einem Aktienkurs von 105 € ist der finanzielle Vorteil durch den vereinbarten Ausübungspreis genauso hoch wie die ursprünglich bezahlte Optionsprämie. Der Break-even-Punkt wird daher immer dann erreicht, wenn der Aktienkurs am Fälligkeitstag in Höhe der bezahlten Optionsprämie über dem Ausübungspreis liegt. Jeder Euro darüber bedeutet einen Gewinn für den Käufer des Calls.

Den finanziellen Vorteil, der durch eine Ausübung entsteht, nennen wir Ausübungsertrag. Er wird von der Differenz zwischen dem Kurs des Basiswerts K am Fälligkeitstag und dem vereinbarten Ausübungspreis B bestimmt. Ein Ausübungsertrag kann nur entstehen, falls $K \geq B$.

Den Gewinn bzw. den Verlust aus dem Kauf eines Calls am Fälligkeitstag ermitteln wir, indem wir von einem möglichen Ausübungsertrag die gezahlte Optionsprämie abziehen. Lohnt es sich für den Käufer nicht seine Option auszuüben, gibt es keinen Ausübungsertrag und der Verlust entspricht der gezahlten Optionsprämie.

Aufgrund der Beschränkung des Verlusts auf die bezahlte Optionsprämie und eines nach oben offenen Gewinnpotenzials spricht man von einem asymmetrischen Risiko bei Optionen. Die Tabelle fasst zusammen.

Maximaler Verlust	Break-even	Ausübungsertrag	Gewinn/Verlust
Optionsprämie für $K \leq B$	$K = B +$ Optionsprämie	$K - B$ für $K \geq B$	$K - B -$ Optionsprämie für $K \geq B$

Tabelle B-1: Charakteristika eines Calls aus Käufersicht am Fälligkeitstag

> **Übung B-2:** *Wie hoch ist der Gewinn bzw. Verlust in Abbildung B.4, wenn am Fälligkeitstag der Aktienkurs bei 75 € bzw. bei 120 € liegt?*
>
> **Antwort:**
> *$K = 75$ €: Da der Käufer nicht mehr als die Optionsprämie verlieren kann, beträgt der Verlust 5 €.*
>
> *$K = 120$ €: Da der Inhaber des Calls die Aktie zum Ausübungspreis von 100 € kaufen kann, beträgt der Ausübungsertrag 20 €. Davon ziehen wir die bezahlte Optionsprämie von 5 € ab. Damit verbleibt ein Gewinn von 15 €.*

2 Kaufoption (Call)

2.2 Vorteile und Risiken aus Käufersicht

Gewinn bei steigenden Kursen: Der Inhaber eines Calls kann am Fälligkeitstag nur dann einen Gewinn erzielen, wenn der Aktienkurs mindestens in Höhe der Optionsprämie über dem Ausübungspreis liegt. Da er von steigenden Kursen profitiert, spekuliert er auf einen steigenden Preis des Basiswerts. Je stärker der Anstieg, desto höher der Gewinn.

Kalkulierbarer Kapitaleinsatz trotz möglichem Totalverlust: Sollte er sich täuschen und der Aktienkurs sinkt, dann ist sein Verlust auf die bezahlte Optionsprämie „beschränkt". In diesem Sinne können wir sagen, dass das Kapitalrisiko durch den Einsatz von Calls kalkuliert und gesteuert werden kann. Bezogen auf die eingesetzte Optionsprämie bedeutet der „beschränkte Verlust" dennoch einen Totalverlust.

Verzögerter Liquiditätsbedarf: Durch den Einsatz einer Kaufoption wird der Kaufzeitpunkt des Basiswerts auf den Ausübungszeitpunkt verschoben. Damit werden, im Vergleich zum unmittelbaren Kauf der Aktie, Finanzmittel frei, die bis zum Ausübungszeitpunkt am Geldmarkt angelegt werden könnten. In unserem Beispiel beträgt der Optionspreis 5 € verglichen mit einem Aktienkurs von 95 €. Damit könnten 90 € angelegt werden und einen entsprechenden Zinsertrag erbringen.

Große Hebelwirkung: Mit einem geringen Kapitaleinsatz lassen sich hohe prozentuale Gewinne erzielen. Betrachten Sie hierzu nochmals die letzte Übung B-2. Steigt der Aktienkurs von 95 € auf 120 €, d.h. um 25 €, steigt die Optionsprämie von 5 € auf 20 €, d.h. um 15 €. Drücken wir die Veränderungen als Prozentwerte aus und setzen wir sie ins Verhältnis zueinander, erhalten wir den Hebel einer Option.

$$\text{Hebel} = \frac{\text{Änderung Optionspreis (in \%)}}{\text{Preisänderung Basiswert (in \%)}} = \frac{\frac{\text{Änderung Optionspreis}}{\text{Optionspreis}}}{\frac{\text{Preisänderung Basiswert}}{\text{Preis Basiswert}}} = \frac{15/5}{25/95} = 11{,}4$$

Formel B-1: Hebel einer Option

Im Beispiel beträgt der Hebel 11,4, d.h. die prozentuale Veränderung der Optionsprämie ist 11,4-mal so stark wie die prozentuale Preisänderung des Basiswerts.

Die Zeit ist ein Gegner: Nicht nur fallende Kurse des Basiswerts stellen ein Risiko für den Käufer eines Calls dar, sondern auch die Zeit. Da die Option eine begrenzte Laufzeit hat, ist auch die Chance zeitlich begrenzt von steigenden Kursen zu profitieren. Jeden Tag sinkt die Restlaufzeit der Option. Kurssteigerungen jenseits des Fälligkeitstermins sind ohne Bedeutung und Nutzen. Der Käufer des Calls muss damit nicht nur Kurssteigerungen richtig vorhersehen, sondern auch der erwartete Eintrittszeitpunkt muss stimmen.

Feintuning durch die Wahl des Ausübungspreises: Die Wahl des Ausübungspreises hat einen entscheidenden Einfluss auf die Höhe der Optionsprämie. Wir werden uns an späterer Stelle des Buchs noch ausführlich mit der Preisbestimmung von Optionen beschäftigen. Es sollte aber unmittelbar plausibel sein, dass die Callprämie sinkt, wenn der vereinbarte Ausübungspreis höher angesetzt wird. Je höher der vereinbarte Ausübungspreis, desto mehr muss der Inhaber des Calls an den Stillhalter im Ausübungsfall zahlen, desto geringer wird aber auch die Optionsprämie sein.

2.3 Vorteile und Risiken aus Verkäufersicht

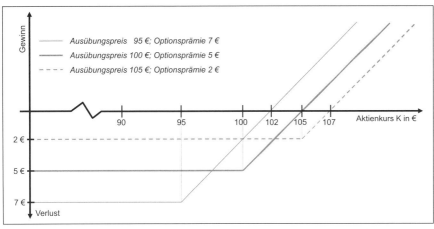

Abbildung B.5: GuV-Profil von Calls in Abhängigkeit vom gewählten Ausübungspreis

Die Abbildung zeigt die GuV-Profile von drei Calls mit den Ausübungspreisen von 95 €, 100 € und 105 €. Die angenommenen Optionsprämien betragen jeweils 7 €, 5 € und 2 €.

Wir können beim Vergleich der drei Calls erkennen, dass die Optionsprämie mit dem Ausübungspreis steigt, d.h. es wird billiger sich einen höheren Kaufpreis zu sichern. Die Abbildung zeigt aber auch, dass mit dem Ausübungspreis der Break-even-Punkt steigt, d.h. der Kursanstieg muss entsprechend stark ausfallen. Der Käufer eines Calls trifft mit der Wahl des Ausübungspreises einerseits eine Entscheidung über seinen maximalen Verlust, andererseits wird damit aber auch das Ausmaß des erforderlichen Kursanstiegs bis zum Erreichen der Gewinnschwelle festgelegt. Je höher der Ausübungspreis, desto geringer die Optionsprämie, desto geringer der maximale Verlust, desto höher allerdings auch der Break-even-Punkt. Der Kauf eines Calls mit hohem Ausübungspreis hat zwar einen geringeren maximalen Verlust, doch muss der Kursanstieg entsprechend ausgeprägt sein, um dem Käufer einen Gewinn zu ermöglichen.

2.3 Vorteile und Risiken aus Verkäufersicht

Der Verkäufer einer Kaufoption verpflichtet sich, den Basiswert zum vereinbarten Ausübungspreis zu liefern. Er muss „stillhalten" und die Entscheidung des Käufers der Option akzeptieren. Für die Übernahme dieses Risikos erhält er die Optionsprämie. Wenn wir die Situation des Verkäufers des Calls in Abbildung B.4 auf Seite 36 mit der des Käufers vergleichen, erkennen wir ein spiegelbildliches GuV-Profil in Form der gestrichelten Linie. Gewinnt der Käufer, entsteht automatisch ein Verlust beim Verkäufer in gleicher Höhe. Der Stillhalter kann maximal die erhaltene Optionsprämie verdienen, falls der Aktienkurs am Fälligkeitstag unter dem vereinbarten Ausübungspreis liegt. Steigt der Aktienkurs hingegen über 100 €, wird der Käufer seine Option ausüben und der Stillhalter muss die Aktie zu einem Preis liefern, der unter dem aktuellen Marktwert am Fälligkeitstag liegt. Die Optionsprämie von 5 € plus dem Ausübungspreis von 100 € bilden wieder den Break-even-Punkt.

2 Kaufoption (Call)

Während sein Gewinn auf die Optionsprämie begrenzt ist, gibt es keine Obergrenze für seinen möglichen Verlust.

Die Vorteile und Risiken sind aus Sicht des Stillhalters spiegelbildlich zur Situation des Käufers zu sehen:

- Er profitiert von Kursen unterhalb des Ausübungspreises.
- Sein Gewinnpotenzial ist auf die erhaltene Optionsprämie beschränkt.
- Der Break-even-Punkt ist erreicht, wenn der Aktienkurs so hoch ist wie der vereinbarte Ausübungspreis plus erhaltene Optionsprämie. Jeder höhere Wert führt zu einem Verlust. Das Verlustpotenzial ist unbegrenzt, da der Aktienkurs theoretisch unbegrenzt steigen kann.
- Die Zeit arbeitet für den Stillhalter, da das Kaufrecht des Käufers zeitlich beschränkt ist. Kurssteigerungen jenseits des Fälligkeitszeitpunkts sind für den Verkäufer des Calls ohne Bedeutung.
- Der Verkäufer kann durch die Wahl des Ausübungspreises teilweise auf das Ausmaß seines Risikos Einfluss nehmen. Je höher der Ausübungspreis, desto höher ist der vereinbarte Preis, zu dem der Stillhalter den Basiswert verkaufen muss. Die Wahrscheinlichkeit eines Verlusts sinkt folglich bei einem höheren Ausübungspreis. Allerdings erhält er dann aber auch eine geringere Optionsprämie.

Da wir unsere Betrachtung auf den Fälligkeitszeitpunkt beziehen, gelten die Überlegungen unabhängig davon, ob es sich um europäische oder amerikanische Optionen handelt.

Maximaler Gewinn	Break-even	Ausübungsverlust	Gewinn/Verlust
Optionsprämie für K ≤ B	K = B + Optionsprämie	B − K für K ≥ B	B − K + Optionsprämie für K ≥ B

Tabelle B-2: Charakteristika eines Calls aus Stillhaltersicht am Fälligkeitstag

Wie wir gesehen haben, hat der Verkäufer eines Calls bei steigenden Kursen des Basiswerts ein hohes Verlustrisiko. Um sich gegen einen möglichen Ausfall zu schützen, verlangen die Terminbörsen daher vom Stillhalter Sicherheiten (Margins). Wir werden später in einem eigenen Kapitel (B.10.1) die Berechnung der erforderlichen Margins aufzeigen.

Häufig findet man in der Finanzsprache für „eine Option verkaufen" den alternativen Begriff „eine Option schreiben". Der Verkäufer eines Calls wird daher zum Schreiber eines Calls. Wir werden diese Begriffe noch häufig nutzen.

Wir kennen nun das GuV-Profil eines Calls aus Sicht des Käufers und aus Sicht des Verkäufers. In den beiden folgenden Kapiteln wollen wir jeweils eine Strategie vorstellen, wie wir Calls geschickt einsetzen können, um Preisrisiken des Basiswerts zu reduzieren. Beginnen wir mit dem Kauf eines Calls.

2.4 Gewinnchance mit Kapitalgarantie

Kehren wir zu unserem Ausgangsbeispiel zurück, in dem wir das Risikoprofil eines Calls aus Käufersicht mit dem Risikoprofil eines Aktienkaufs verglichen hatten. Nicht nur die Risikoprofile unterscheiden sich deutlich, sondern auch der erforderliche Kapitaleinsatz. Der direkte Kauf der Aktie bindet Finanzmittel in Höhe des Kaufpreises von 95 €. Wenn wir hingegen einen Call auf die Aktie erwerben, müssen wir lediglich die Optionsprämie in Höhe von 5 € einsetzen, da wir den möglichen Kauf der Aktie auf den Fälligkeitszeitpunkt verschieben. Der unmittelbare Finanzmittelbedarf beim Kauf des Calls ist damit bis zum Fälligkeitszeitpunkt um 90 € niedriger. Wir hatten diesen liquiditätsschonenden Aspekt ja auch als einen wichtigen Vorteil von Calls im Kapitel 2.2 identifiziert. Wir können diesen Vorteil quantifizieren und in einen Eurobetrag umrechnen. Beträgt die Laufzeit des Calls z.B. ein Jahr und der Zinssatz für Geldanlagen für diesen Zeitraum 5,56 %, dann erhalten wir nach Ablauf eines Jahres einen Zinsertrag von 5 €, wenn wir die freien Mittel von 90 € anlegen. Ausgestattet mit diesen Zahlen, können wir nun eine Strategie beschreiben, bei der einerseits Chancen auf Aktienkurssteigerungen bestehen und andererseits ein Kapitalrisiko ausgeschlossen wird. Hierzu kaufen wir statt einer Aktie einen Call. Die dadurch frei werdenden Finanzmittel werden zinsbringend angelegt. Der Zinsertrag von 5 € reicht gerade aus, um die Callprämie zu finanzieren. Notiert die Aktie über dem vereinbarten Ausübungspreis von 100 €, profitieren wir von den steigenden Aktienkursen. Liegt der Aktienkurs darunter, erhält man die eingesetzte Optionsprämie in Form des Zinsertrags wieder zurück. Wir haben damit den Kapitalerhalt des Anlagebetrags gewährleistet.

Fassen wir den Kern der Strategie „Gewinnchance mit Kapitalgarantie" zusammen: Die Zinserträge, die durch den finanzmittelreduzierenden Einsatz von Calls anfallen, werden für den Kauf von Calls verwendet. Da die Zinserträge so hoch sind wie die eingesetzte Optionsprämie, bleibt das eingesetzte Kapital selbst bei einem Verfall der gekauften Calls unangetastet. Steigen die Aktienkurse hingegen, partizipiert der Anleger im Rahmen seiner Callposition.

Unser letztes Beispiel war so konstruiert, dass der Zinsertrag genau dem Wert der Optionsprämie entsprach. Damit konnten wir statt einer Aktie genau einen Call finanzieren. Das Prinzip funktioniert aber auch, wenn der Zinsertrag größer oder kleiner ist als der Preis eines Calls. Wir erhalten in diesem Fall nur eine über- oder unterproportionale Teilnahme an Aktienkurssteigerungen.[26]

2.5 Covered Call (gedeckte Stillhalterposition)

Auf den ersten Blick ist es erstaunlich, dass jemand das Risiko einer Stillhalterposition eingehen will, da der Gewinn auf die erhaltene Optionsprämie beschränkt ist, während das Verlustpotenzial sehr hoch ist. Da jedem Käufer eines Calls aber ein Verkäufer gegenübersteht, muss es zwangsläufig Akteure geben, die Calls verkaufen und die damit verbundenen Risiken eingehen wollen. Die nachfolgende Strategie, die als „Covered Call" bzw. als „gedeckte Stillhalterposition eines Calls" bekannt ist, wird uns aber zeigen, dass nicht nur Spekulanten, sondern auch konservative Anleger als Verkäufer auftreten können.

Wir wissen, dass das zentrale Verlustrisiko für den Stillhalter darin besteht, den Basiswert zum vereinbarten Preis liefern zu müssen. Falls er aber den Basiswert *bereits besitzt*, besteht dieses Risiko nicht. Zur Illustration der Strategie betrachten wir die Situation eines Aktionärs, dessen Aktie aktuell bei 95 € notiert. Der Aktionär ver-

---

[26] Weitergehende Ausführungen zu diesem Thema finden Sie im Kapitel B.8.

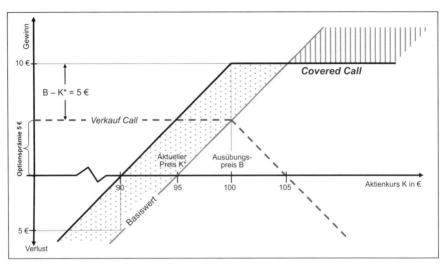

Abbildung B.6: GuV-Profil eines Covered Call am Fälligkeitstag

kauft (schreibt) nun einen Call mit dem Ausübungspreis von 100 €. Bei Aktienkursen über 100 € wird er am Fälligkeitstag seine Aktie zum vereinbarten Ausübungspreis liefern müssen. Damit verzichtet er faktisch auf Kurssteigerungen über 100 €. Im Gegenzug erhält er die Optionsprämie in Höhe von 5 €. Diese Situation wird in Abbildung B.6 dargestellt. Wenn Sie das GuV-Profil des Basiswerts zum Profil des verkaufen Calls addieren, erhalten Sie das GuV-Profil der Covered Call Strategie.

Der maximale Gewinn von 10 € wird dann erreicht, wenn der Aktienkurs am oder über dem vereinbarten Ausübungspreis liegt. Er setzt sich zusammen aus der erhaltenen Optionsprämie von 5 € plus der Aktienkurssteigerung von 5 € bis zum Ausübungspreis $(B - K^*)$.[27] Der Gewinn sinkt mit rückläufigem Aktienkurs unter den Ausübungspreis von 100 €. Sollte die Aktie bei Fälligkeit unverändert bei 95 € notieren, verbleibt aber immer noch ein Gewinn von 5 € in Höhe der erhaltenen Optionsprämie. Der Break-even-Punkt liegt bei 90 €, da der Aktienkursrückgang von 5 € genau durch die erhaltene Optionsprämie ausgeglichen wird. Man spricht in diesem Zusammenhang von einem *Schutz* vor Aktienkursrückgängen in Höhe der Optionsprämie.

Ein Covered Call stellt eine risikoärmere Strategie dar als der einfache Kauf des Basiswerts. Wenn Sie in der Abbildung das Risikoprofil des Basiswerts mit dem Risikoprofil des Covered Calls vergleichen, stellen Sie fest, dass die Covered Call Strategie dem Kauf des Basiswerts stets in Höhe der Optionsprämie überlegen ist, sofern der Aktienkurs bei Fälligkeitstag am oder unter dem Ausübungspreis liegt. Danach nimmt der Vorteil ab. Der Gewinn beider Strategien ist beim Aktienkurs von 105 € (= B + Optionsprämie) gleich hoch, darüber ist der einfache Aktienkauf vorteilhafter. Der finanzielle Vorteil der Covered Call Strategie im Vergleich zum

---

[27] Selbstverständlich kann der tatsächliche Gewinn des Investors höher sein, etwa wenn er die Aktie bereits vor einigen Monaten zu einem tieferen Preis als 95 € gekauft hat. Wir gehen bei unseren Überlegungen aber nie vom Einstandskurs der Aktie aus, sondern stets vom aktuellen Marktkurs.

2.5 Covered Call (gedeckte Stillhalterposition)

direkten Aktienkauf wird in der gepunkteten Fläche zum Ausdruck gebracht. Ermöglicht wird dieser Vorteil durch einen Verzicht auf mögliche Aktienkurssteigerungen über 105 €, ausgedrückt in der gestrichelten Fläche.

Die Covered Call Strategie ist eine konservativere Strategie als ein einfacher Kauf des Basiswerts, da der Investor auf potenziell hohe Gewinne verzichtet und dafür im Gegenzug einen „Schutz" in Form der Optionsprämie erhält. Durch die Wahl des Ausübungspreises kann der Investor das Ausmaß des Schutzes und damit seine maximale Gewinnchance festlegen. Je höher der gewählte Ausübungspreis, desto geringer die erzielte Optionsprämie, desto geringer der Schutz, desto höher aber auch das Gewinnpotenzial. Die Tabelle fasst zusammen.

	Kauf Basiswert	Covered Call Strategie
Aktienkurssteigerungen	Volle Teilnahme	Volle Teilnahme bis zum Ausübungspreis
Aktienkursrückgang	Volle Teilnahme	Volle Teilnahme, aber „Schutz" in Höhe der Optionsprämie
Einflussnahme auf Risiko	Nicht möglich	Je höher der gewählte Ausübungspreis, desto geringer der Schutz, desto höher das Gewinnpotenzial

Tabelle B-3: Kauf des Basiswerts im Vergleich zur Covered Call Strategie

> **Übung:** Der aktuelle Preis K^* einer Aktie liegt bei 31 €. Folgende Callpreise liegen vor: $C_{33} = 2{,}0$ €, $C_{35} = 1{,}3$ €. „C" steht dabei für Call und der Index für den jeweiligen Ausübungspreis. Die Laufzeit betrage jeweils ein Jahr. Ein Investor wählt eine Covered Call Strategie.
> Wie hoch ist der maximale Gewinn beim jeweiligen Einsatz der beiden Calls? Wie tief kann der Aktienkurs am Fälligkeitstag sinken, ohne dass der Investor einen Verlust erleidet (Break-even-Punkt)? Welche Rendite erzielt ein Investor bei jeder der beiden Optionen, falls der Aktienkurs K am Fälligkeitstag bei 30 € liegt?

	Gewinnmaximum in €	Break-even in €	Rendite in % für Laufzeit
	Optionsprämie + (B − K*) für K* ≤ B bzw. Optionsprämie für K* > B	K* − Optionsprämie	[Optionsprämie + (K − K*)]/K*
C_{33}	4,0 = 2,0 + (33 − 31)	29,0 = 31 − 2,0	3,23 % = (2,0 + 30 − 31)/31
C_{35}	5,3 = 1,3 + (35 − 31)	29,7 = 31 − 1,3	0,97 % = (1,3 + 30 − 31)/31

Tabelle B-4: Charakteristika der Covered Call Strategie (bei Fälligkeit)

3 Verkaufsoption (Put)

Betrachten wir nun in den nächsten Kapiteln die Wirkungsweise, die Chancen, Risiken und Anwendungsfelder von Putoptionen.

3.1 GuV-Profil

Eine Verkaufsoption räumt dem Inhaber das Recht ein, einen zugrundeliegenden Basiswert zum vereinbarten Ausübungspreis jederzeit bis zu einem bestimmten Zeitpunkt (amerikanische Putoption) oder zu einem bestimmten Zeitpunkt (europäische Putoption) *verkaufen* zu dürfen. Betrachten wir zur Illustration wieder eine Aktie als Basiswert. Ihr aktueller Kurs betrage 105 €. Die Put-Optionsprämie für den Ausübungspreis von 100 € betrage 5 €.

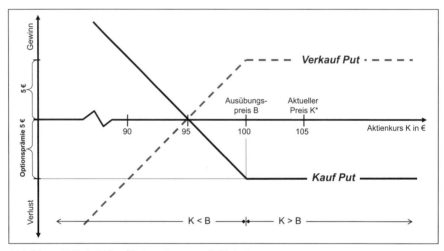

Abbildung B.7: GuV-Profil eines Puts am Fälligkeitstag

Die Abbildung spiegelt die Situation am Fälligkeitstag wider. Falls der Aktienkurs K zu diesem Zeitpunkt über dem Ausübungspreis B von 100 € notiert, wird der Inhaber des Puts von seinem Verkaufsrecht *keinen* Gebrauch machen, da er die Aktie an diesem Tag am Markt teurer verkaufen kann als zum vereinbarten Ausübungspreis. Er wird deshalb seine Option „verfallen lassen" und den Put *nicht* ausüben. Die bezahlte Optionsprämie stellt dabei seinen maximalen Verlust dar, unabhängig davon, wie hoch der Aktienkurs über dem Ausübungspreis liegt. Notiert der Aktienkurs hingegen am Fälligkeitstag unter dem vereinbarten Ausübungspreis, ist die Ausübung des Puts vorteilhaft, da am Markt der Aktienkurs tiefer liegt. Daher wird der Inhaber sein Recht wahrnehmen und die Aktien zum vereinbarten Ausübungskurs an den Stillhalter verkaufen.[28] Der Ausübungsertrag wird dabei von der Differenz zwischen dem Ausübungspreis und dem tieferen aktuellen Kurs bestimmt.

---

[28] Hierzu sagt man auch manchmal, dass der Basiswert „angediehnt" wird.

Sinkt K unter B, reduziert sich zunächst der Verlust, den der Käufer durch die Optionsprämie erleidet. Das asymmetrische GuV-Profil des Puts hat damit wieder den charakteristischen „Knick" beim vereinbarten Ausübungspreis B. Bei 95 € liegt der Break-even-Punkt, weil der Ausübungsertrag dann gerade so hoch ist wie die bezahlte Optionsprämie. Die Tabelle fasst zusammen.

Maximaler Verlust	Break-even	Ausübungsertrag	Gewinn/Verlust
Optionsprämie für K ≥ B	K = B – Optionsprämie	B – K für K ≤ B	B – K – Optionsprämie für K ≤ B

Tabelle B-5: Charakteristika eines Puts aus Käufersicht

Übung B-3: Wie hoch ist der Gewinn bzw. Verlust für den Put der Abbildung B.7, wenn am Fälligkeitstag der Aktienkurs bei 75 € bzw. bei 120 € liegt?

Antwort: K = 75 €. Der Inhaber des Puts kann die Aktie 25 € über dem aktuellen Kurs zum vereinbarten Ausübungspreis von 100 € verkaufen. Damit beträgt der Ausübungsertrag 25 €. Ziehen wir davon die bezahlte Optionsprämie von 5 € ab, verbleibt ein Gewinn von 20 €.

K = 120 €: Der Inhaber wird von seinem Verkaufsrecht keinen Gebrauch machen und die Option verfällt. Da der Käufer nicht mehr als die Optionsprämie verlieren kann, beträgt der Verlust 5 €.

Risikoprofil aus Verkäufersicht

Wenn wir die Situation des Put-Verkäufers betrachten, erhalten wir in Form der gestrichelten Linie der Abbildung B.7 ein spiegelbildliches GuV-Profil. Der Gewinn des Käufers ist der Verlust des Verkäufer und umgekehrt. Der Stillhalter kann daher maximal die Optionsprämie gewinnen, falls der Aktienkurs am Fälligkeitstag über dem vereinbarten Ausübungspreis liegt und die Option wertlos verfällt. Liegt K hingegen unter B, muss er die Aktie zum Ausübungspreis von 100 € kaufen, da der Inhaber des Puts sein Verkaufsrecht wahrnehmen wird.

Der Ausübungspreis von 100 € abzüglich der erhaltenen Optionsprämie von 5 € bilden den Break-even-Punkt. Der höchstmögliche Verlust tritt dann ein, wenn der Aktienkurs auf null fällt. Die Tabelle fasst zusammen.

Maximaler Gewinn	Break-even	Ausübungsverlust	Gewinn/Verlust
Optionsprämie für K ≥ B	K = B – Optionsprämie	K – B für K ≤ B	K – B + Optionsprämie für K ≤ B

Tabelle B-6: Charakteristika eines Puts aus Stillhaltersicht

3.2 Vorteile und Risiken

Sicht des Käufers

Gewinn bei rückläufigen Kursen des Basiswerts: Mit Puts kann man von fallenden Kursen des Basiswerts profitieren. Am Kassamarkt selbst ist dies nicht oder nur sehr erschwert möglich.[29] Put stellen daher ein sehr wichtiges Instrument dar, um in Phasen fallender Kurse Gewinne zu erzielen.

Große Hebelwirkung: Mit einem geringen Kapitaleinsatz lassen sich hohe prozentuale Gewinne erzielen. Betrachten Sie hierzu nochmals die letzte Übung B-3. Sinkt der Aktienkurs von 105 € auf 75 €, d.h. um 28,57 %, steigt die Optionsprämie von 5 € auf 25 €, d.h. um 400 %. Der Hebel beträgt damit –14,0. Das Minuszeichen drückt dabei aus, dass die Preisänderung des Basiswerts und die Änderung des Optionspreises entgegengesetzt verlaufen. Selbstverständlich können wir die bereits vorgestellte Formel B-1 auf Seite 38 auch für den Hebel einer Putoption nutzen. Wir erhalten:

$$\text{Hebel} = \frac{\text{Änderung Optionspreis (in \%)}}{\text{Preisänderung Basiswert (in \%)}} = \frac{\frac{\text{Änderung Optionspreis}}{\text{Optionspreis}}}{\frac{\text{Preisänderung Basiswert}}{\text{Preis Basiswert}}} = -\frac{20/5}{30/105} = -14,0$$

Kalkulierbarer Kapitaleinsatz trotz Totalverlust: Sollte sich der Putkäufer täuschen und die Preise entgegen seinen Erwartungen steigen, dann ist sein Verlust auf die bezahlte Optionsprämie „beschränkt". In diesem Sinne können wir sagen, dass das Kapitalrisiko kalkuliert und gesteuert werden kann. Bezogen auf die eingesetzte Optionsprämie bedeutet der „beschränkte Verlust" aber dennoch einen Totalverlust.

Die Zeit ist ein Gegner: Wie bereits beim Käufer eines Calls ist auch für den Käufer eines Puts die Zeit ein Gegner, da sich von Tag zu Tag die Restlaufzeit der Option verkürzt. Der Käufer des Puts muss damit nicht nur Kursrückgänge richtig prognostizieren, sondern auch der Eintrittszeitpunkt des Kursrückgangs muss stimmen. Kursrückgänge jenseits des Fälligkeitstermins des Puts sind bedeutungslos.

Feintuning durch die Wahl des Ausübungspreises: Der Käufer eines Puts kann über die Höhe des vereinbarten Ausübungspreises Einfluss auf die Höhe der Optionsprämie nehmen. Je tiefer der vereinbarte Ausübungspreis, desto geringer die Options-

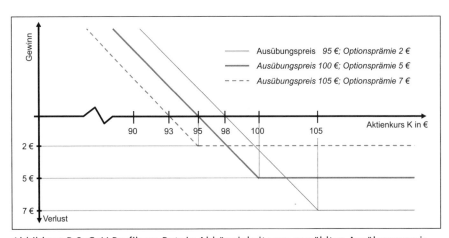

Abbildung B.8: GuV-Profil von Puts in Abhängigkeit vom gewählten Ausübungspreis

---

[29] Institutionelle Kunde können zwar grundsätzlich Leerverkäufe tätigen, doch ist dies mit einem hohen organisatorischen Aufwand verbunden. Leerverkäufe werden in C.2.4 kurz erläutert.

prämie, da der Inhaber des Puts im Ausübungsfall den Basiswert ja nur zu einem tieferen Preis verkaufen kann. Die Abbildung zeigt die GuV-Profile von drei Puts mit den Ausübungspreisen 95 €, 100 € und 105 €. Die Optionsprämien betragen entsprechend 2 €, 5 € und 7 €.

Wir können beim Vergleich der drei Puts erkennen, dass die Optionsprämie mit dem Ausübungspreis sinkt, d.h. es wird billiger sich einen tieferen Verkaufspreis zu sichern. Die Abbildung zeigt aber auch, dass mit dem Ausübungspreis der Break-even-Punkt sinkt, d.h. der Kursrückgang muss entsprechend stark ausfallen. Der Käufer eines Puts trifft mit der Wahl des Ausübungspreises einerseits eine Entscheidung über seinen maximalen Verlust, andererseits wird damit aber auch das Ausmaß des erforderlichen Kursrückgangs bis zum Erreichen der Gewinnschwelle festgelegt. Je tiefer der Ausübungspreis, desto geringer die Optionsprämie, desto geringer der maximale Verlust, desto tiefer allerdings auch der Break-even-Punkt. Der Kauf eines Puts mit tiefem Ausübungspreis hat zwar einen geringeren maximalen Verlust, doch muss der Kursrückgang entsprechend ausgeprägt sein, um dem Käufer einen Gewinn zu ermöglichen.

Sicht des Verkäufers

Die Situation des Stillhalters ist spiegelbildlich zur Situation des Käufers. Er profitiert von steigenden Kursen, sein Gewinnpotenzial ist auf die erhaltene Optionsprämie beschränkt, sein Verlustrisiko ist sehr hoch, da der Preis des Basiswerts stark sinken kann. Allerdings arbeitet die Zeit für den Stillhalter, denn das Verkaufsrecht des Inhabers des Puts ist zeitlich beschränkt. Ferner kann der Stillhalter durch die Wahl des Ausübungspreises Einfluss auf sein Verlustrisiko nehmen. Je höher der gewählte Ausübungspreis, desto höher ist der vereinbarte Preis, zu dem der Stillhalter den Basiswert kaufen muss. Die Wahrscheinlichkeit eines Verlusts steigt daher mit dem Ausübungspreis. Allerdings erhält er dadurch auch eine höhere Optionsprämie.

3.3 Protective Put (Put mit Schutzfunktion)

Der einfache Kauf eines Puts ist eine Strategie, um von rückläufigen Kursen zu profitieren. Da ein Put aber das Recht beinhaltet den Basiswert zu einem vereinbarten Preis zu verkaufen, wird er häufig auch als Instrument genutzt, um den bereits im Besitz befindlichen Basiswert vor Kursrückgängen zu schützen. Diese klassische Absicherungsstrategie nennt man „Protective Put"[30]. Die Grundidee ist einfach: Der Verlust durch rückläufige Preise des Basiswerts wird teilweise durch Gewinne ausgeglichen, die durch den Kauf eines Puts auf diesen Basiswert entstehen. Am vertrauten Aktienbeispiel illustrieren wir das Vorgehen. Wir unterstellen einen aktuellen Aktienkurs K^* von 106 €. Der Inhaber der Aktie kauft einen Put mit einem Ausübungspreis von 105 €. Die Optionsprämie betrage 7 €. Abbildung B.9 zeigt das Ergebnis am Fälligkeitstag.

Vom aktuellen Kurs bis zum vereinbarten Ausübungspreis ist der Basiswert „ohne Schutz". In unserem Fall beträgt diese Spanne 1 €. Danach greift der „Schutz" durch den gekauften Put, da die Aktie über die Ausübung des Puts stets zum Preis von

---

[30] Es gibt keinen griffigen deutschen Begriff dazu. Wir nennen diese Strategie deshalb alternativ „Put mit Schutzfunktion".

3 Verkaufsoption (Put)

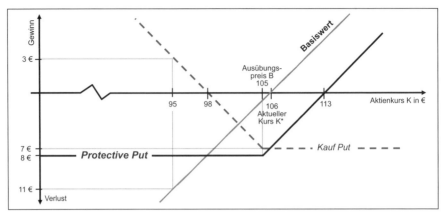

Abbildung B.9: GuV-Profil eines Protective Put am Fälligkeitstag

105 € verkauft werden kann. Für diesen Schutz muss eine Optionsprämie in Höhe von 7 € gezahlt werden. Zusammen mit einem möglichen Kursrückgang bis zum Ausübungspreis ($K^* - B$) errechnen wir damit einen möglichen Maximalverlust von 8 €, der selbst bei starken Preisrückgängen des Basiswerts nicht überschritten wird. Betrachten wir in der Abbildung einen Kursrückgang auf 95 €. Der Put erbringt einen Gewinn von 3 €, während die Aktie um 11 € fällt. In Summe entsteht ein Gesamtverlust von 8 €.

Es stellt sich die Frage, warum der Akteur nicht einfach den Basiswert verkauft, da er doch offenkundig einen Kursrückgang befürchtet. Da die Absicherung über einen Put mit einer Optionsprämie von 7 € verbunden ist, ist die Protective Put-Strategie doch schlechter als der unmittelbare Verkauf des Basiswerts? Dieser Einwand ist richtig, doch was passiert, wenn sich der Akteur irrt und der Aktienkurs gegen seine Erwartungen steigt? Falls er die Aktie verkauft, dann profitiert er nicht von steigenden Kursen. Bei einer Absicherung über einen gekauften Put hingegen kann sich der Akteur weiterhin über steigende Kurse freuen. Die Abbildung zeigt, dass sein Break-even-Punkt bei 113 € liegt (= K^* + Optionsprämie). Er nimmt weiterhin an Kurssteigerungen teil, verzichtet in Höhe der Optionsprämie auf einen Teil der möglichen Kurssteigerungen und sichert sich gleichzeitig gegen starke Kursrückgänge ab.

Maximaler Verlust	Break-even-Punkt
($K^* - B$) + Optionsprämie für $K^* \geq B$ bzw. Optionsprämie für $K^* \leq B$	$K = K^*$ + Optionsprämie

Tabelle B-7: Charakteristika eines Protective Put

Dabei bezeichnet K^* den aktuellen Aktienkurs beim Verkauf des Puts und K den Aktienkurs am Fälligkeitstag.

> **Übung:** Der aktuelle Aktienkurs K^* beträgt 106 €. Wie hoch ist der Break-even-Punkt und der maximale Verlust, wenn sich der Akteur für einen Put mit einem Ausübungspreis von 100 € zum Preis von 5 € entscheidet?
> **Antwort:** Der Break-even-Punkt liegt bei 111 € (K^* + Optionsprämie), der maximale Verlust bei 11 € (106 € – 100 € + 5 €).

3.4 Aktienkauf mit Preisabschlag

Durch die Wahl des Ausübungspreises kann der Akteur selbst festlegen, wie viel er für den Schutz zu zahlen bereit ist. Je tiefer der Ausübungspreis, desto später greift die Schutzfunktion des Puts. Da mit dem Ausübungspreis aber auch der Putpreis sinkt, fällt der Verzicht auf mögliche Kurssteigerungen geringer aus.

Die Eigenschaft von Puts einen Basiswert vor Kursrückgängen zu schützen wird oft mit einer Versicherung verglichen. Die Optionsprämie stellt gedanklich die Versicherungsprämie dar. Je tiefer der vereinbarte Ausübungspreis, desto geringer ist die Prämie, desto höher ist aber auch der „Selbstbehalt" des Versicherungsnehmers.

Um zu verdeutlichen, wie teuer die Absicherung ist, wird der Putpreis häufig ins Verhältnis zum aktuellen Aktienkurs gesetzt. In unserem Beispiel beträgt die Putprämie 6,60 % (7 €/106 €), um den Basiswert für die Laufzeit der Option auf einem Niveau von 105 € abzusichern. Damit wird deutlich, dass ein Aktionär auf eine Kurssteigerung von 6,60 % verzichtet, um sich gegen Kursrückgänge unter 105 € abzusichern.

3.4 Aktienkauf mit Preisabschlag

Warum sollte ein Akteur Puts schreiben? Warum sollte er das hohe Risiko bei sinkenden Aktienkursen eingehen? Die beste Erklärung dafür gibt Abbildung B.10, die das Risikoprofil eines verkauften Puts mit dem Risikoprofil eines direkten Aktienkaufs vergleicht.

Unterstellen wir folgende Ausgangssituation: Sie erwarten mittelfristig steigende Kurse und wollen deshalb durch einen Aktienkauf von dieser Entwicklung profitieren. Zum aktuellen Kursniveau wollen Sie aber noch nicht kaufen, da Sie auf etwas günstigere Einstiegskurse hoffen. Der Verkauf eines Puts stellt hierzu eine interessante Alternative dar.

Die Abbildung illustriert eine Situation, in der Sie einen Put mit einem Ausübungspreis B von 100 € schreiben. Liegt der Aktienkurs K am Fälligkeitstag unter B, müssen Sie die Aktien zum Preis von B kaufen, ist K > B verfällt die Option und Sie erhalten die Optionsprämie. Im Vergleich zu einem direkten Aktienkauf hat ein geschriebener Put damit drei Vorteile:

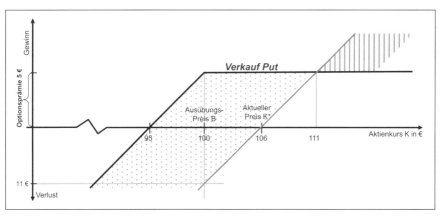

Abbildung B.10: Verkauf Put im Vergleich zum Aktienkauf am Fälligkeitstag

3 Verkaufsoption (Put)

Kauf unter Marktpreis: Sie legen über die Wahl des Ausübungspreises selbst das Aktienkursniveau fest, zu dem Sie bereit sind zu kaufen. In unserem Beispiel müssen Sie die Aktien zu 100 € kaufen und damit 6 € unter dem aktuellen Marktpreis von 106 €.

Zusätzlicher Sicherheitspuffer durch Optionsprämie: Da dem Stillhalter die Optionsprämie in Höhe von 5 € zufließt, verbilligt sich entsprechend der Einstiegspreis. Der Kaufpreis liegt im Beispiel folglich 5 € unter dem Ausübungspreis, d.h. bei 95 €. Faktisch erwerben Sie damit die Aktie zum Preis von 95 € bei einem aktuellen Aktienkurs von 106 €.

Vergleichen wir das Risikoprofil des Aktienkaufs mit dem Profil des verkauften Puts, erkennen wir, dass bei Aktienkursen unterhalb des Ausübungspreises von 100 € der verkaufte Put stets um 11 € besser ist. Die 11 € setzen sich aus der Optionsprämie von 5 € plus der Differenz zwischen aktuellen Aktienkurs und gewählten Ausübungspreis ($K^* - B$) zusammen. Im Beispiel beträgt sie 6 €.

Zusätzlicher Zinsertrag: Sie müssen die Aktien erst zum Ausübungszeitpunkt bezahlen. Die bis zu diesem Zeitpunkt nicht gebundenen Finanzmittel können Sie zwischenzeitlich am Geldmarkt anlegen und damit Zinserträge generieren. Dieser Vorteil wird in der Abbildung nicht erfasst und nicht dargestellt.

Nachteil: Den drei Vorteilen steht allerdings ein gravierender Nachteil gegenüber: Sie können nicht sicher sein, dass Sie die Aktie tatsächlich erhalten. Falls der Aktienkurs zum Fälligkeitszeitpunkt nämlich *über* dem gewählten Ausübungspreis liegt, verfällt der Put. Sie haben damit zwar die Optionsprämie verdient, doch können Sie keine Aktie kaufen. Damit profitiert der Putverkäufer nur sehr eingeschränkt von steigenden Kursen bis zum Fälligkeitszeitpunkt der Option. Bei Kursen über 111 € (K^* + Optionsprämie) wäre der direkte Aktienkauf besser gewesen (ohne Berücksichtigung der Zinserträge). Ein Putverkäufer gibt damit, verglichen mit einem direkten Aktienkauf, Gewinnpotenziale im Umfang der gestrichelten Fläche auf, um „Einkaufsvorteile" im Umfang der gepunkteten Fläche zu erhalten.

	Kauf Basiswert	Kauf Basiswert über den Verkauf eines Puts
Aktienkurssteigerungen	Volle Teilnahme	Nur nach Fälligkeit, falls Put ausgeübt wurde. Erhalt der Optionsprämie
Aktienkursrückgang	Volle Teilnahme	Volle Teilnahme für K < B mit „Schutz" in Höhe der Optionsprämie
Einflussnahme auf Risiko	Nicht möglich	Je höher der gewählte Ausübungspreis, desto geringer der Schutz, desto höher das Gewinnpotenzial
Gleiche Performance	Falls K = K^* + Optionsprämie	

Tabelle B-8: Kauf Basiswert im Vergleich zu Verkauf Put bis zum Fälligkeitstag

Das Idealszenario beim Schreiben eines Puts tritt dann ein, wenn der Aktienkurs am Fälligkeitstag unter B (= 100 €) liegt, die Aktie damit zum Preis von B – Optionsprämie (= 95 €) gekauft werden kann und anschließend nach dem Fälligkeitstag stark ansteigt.

3.4 Aktienkauf mit Preisabschlag

> **Übung:** Eine Aktie kostet aktuell 50 €. Ein Put mit dem Ausübungspreis von 50 € mit einer Laufzeit von einem Jahr kostet 3 €.
> a. Zu welchem Preis können Sie die Aktie faktisch kaufen, falls es zur Ausübung kommt?
> b. Ab welchem Aktienkurs bei Fälligkeit wäre der direkte Kauf der Aktie vorteilhafter gewesen als das Schreiben des Puts?
> c. Beantworten Sie a. und b. unter Berücksichtigung eines Zinsertrags (Zinssatz r = 5,0 %).
>
> **Antworten:**
> a. In Höhe der Optionsprämie unter dem Ausübungspreis, d.h. B − Optionsprämie = 47 €.
> b. In Höhe der Optionsprämie über dem aktuellen Kurs, d.h. K* + Optionsprämie = 53 €.
> c. Im Vergleich zum Aktienkauf verfügen Sie beim Verkauf eines Puts über Finanzmittel in Höhe von 53 € bis zum Fälligkeitstag in einem Jahr. (50 € aktueller Aktienkurs plus 3 € erhaltene Optionsprämie). Daraus resultiert ein Zinsertrag von 2,65 €. Sie erhalten daher für a. einen Wert von 44,35 € und für b. einen Wert von 55,65 €.

Die „Kunst" beim Einsatz der Strategie „Aktienkauf mit Preisabschlag" durch das Schreiben eines Puts besteht in der Wahl des richtigen Ausübungspreises. Wird er zu tief angesetzt, erhält der Akteur nicht wie gewünscht die Aktie, wenngleich er dann zumindest die Optionsprämie einstreichen kann. Wird er zu hoch angesetzt, erwirbt er die Aktie zu einem relativ hohen Preis, der sich allerdings um die erhaltene Optionsprämie reduziert.

Die hier vorgestellte Strategie findet ihren Niederschlag in Aktienanleihen.[31] Der Emittent einer Aktienanleihe verspricht Ihnen eine Verzinsung, die weit über dem Marktzinsniveau liegt. Dafür akzeptieren Sie, dass die Tilgung der Anleihe in Form von Aktien erfolgt, falls der Aktienkurs ein bestimmtes Niveau unterschreitet. Mit dem Kauf der Aktienanleihe schreiben Sie somit faktisch einen Put auf die entsprechende Aktie. Die Putprämie erhalten Sie dabei in Form der hohen Verzinsung.

---

[31] Siehe hierzu die Ausführungen in B.10.5, *Aktien- und Indexanleihen*

4 Zwischenfazit

4.1 Richtige Anwendung von Optionen

Optionen dienen keiner langfristigen Kapitalanlage, sondern stellen ein Instrument dar, um Preisrisiken des Basiswerts gegen Zahlung einer Optionsprämie einzuschränken oder um bewusst Preisrisiken gegen Erhalt einer Prämie zu übernehmen. Den Spekulanten am Markt steht dabei durch die Auswahl der richtigen Option hinsichtlich Optionstyp, Ausübungspreis und Laufzeit ein breit gefächertes Spektrum zur Verfügung, um passgenau ihre Erwartungen hinsichtlich der zukünftigen Preisentwicklung des Basiswerts in eine entsprechende Optionsstrategie umzusetzen.

Optionen eignen sich aber auch für Investoren, die bereits den Basiswert besitzen. In Kombination mit Optionen kann das Risikoprofil des Basiswerts markant verändert werden, wie die Covered Call Strategie oder der Protective Put gezeigt haben. In beiden Fällen verzichtet der Investor auf Kurschancen, um sie gegen einen Schutz vor Kursrückgängen „einzutauschen". Der hier vorgestellte Einsatz von Optionen reduziert damit die Preisrisiken des Basiswerts.

Ein wesentliches Element von Optionen ist ihre zeitliche Beschränkung. Die Optionsstrategie eines Anlegers muss sich daher nicht nur auf den *richtigen* Kursverlauf des Basiswerts beziehen, sondern auch den *zeitlichen* Verlauf der Kursänderung berücksichtigen. Der Kauf eines Puts ist zwar ein geeignetes Instrument, um von Kursrückgängen zu profitieren, doch muss der Kursrückgang auch während der Laufzeit des Puts stattfinden. Gleichfalls sind Kurssprünge für den Inhaber eines Calls nutzlos, wenn die Kursveränderung zeitlich jenseits des Fälligkeitsdatums stattfindet. Das Timing hinsichtlich Optionslaufzeit und Handelszeitpunkt ist bei Optionen von herausragender Bedeutung. Betrachten Sie hierfür Abbildung B.11. Der eingezeichnete Zeitpunkt für den Kauf eines Calls ist nahezu ideal, weil unmittelbar danach der Preis des Basiswerts steigt und der Call somit noch günstig erworben werden kann. Idealerweise verkauft der Inhaber seinen Call zum Zeitpunkt X und schließt seine Long-Position. Wartet er aber bis zum Fälligkeitszeitpunkt Y, wird der Preis des Calls wieder deutlich an Wert verlieren. Der Call wird keinen Gewinn abwerfen, obwohl während der Laufzeit der Option wie erwartet ein Kursanstieg erfolgt ist.

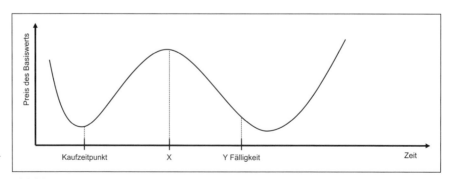

Abbildung B.11: Timing bei Optionen

4.2 Grundlegende Optionsstrategien und erwartete Kursbewegung

Abbildung B.12 versucht, eine erwartete Kursbewegung des Basiswerts in eine dazu passende Optionsstrategie umzusetzen. Dabei stoßen wir auf zwei Unschärfebereiche: Die erste Unschärfe betrifft die verbale Erfassung einer Kursänderung auf der x-Achse. Was ist ein leichter oder ein mittlerer Kursanstieg oder -rückgang? Die zweite Unschärfe betrifft die Beschreibung der Option. Die Eigenschaften eines Calls oder Puts variieren stark mit dem gewählten Ausübungspreis oder der gewählten Laufzeit. Trotz dieser Schwierigkeiten versucht die Abbildung eine Visualisierung von erwarteter Kursbewegung und dazu passender Optionsstrategie.

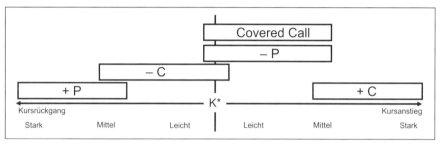

Abbildung B.12: Optionsstrategien und erwartete Kursentwicklung

„C" steht dabei für Call, „P" für Put, „+" für Kauf und „–" für Verkauf.

Ein gekaufter Call eignet sich nur bei einem ausreichend starken Kursanstieg des Basiswerts. Der Kursanstieg muss dabei so hoch sein, dass der Break-even-Punkt (B + Optionsprämie) übertroffen wird. Je höher der gewählte Ausübungspreis, desto stärker muss der Kursanstieg sein. Werden hingegen leicht steigende, stabile oder sogar leicht fallende Kurse erwartet, können mit einem verkauften Put die besten Ergebnisse erzielt werden. Das breite Spektrum erklärt sich wiederum aus den möglichen zur Verfügung stehenden Ausübungspreisen. Wir erinnern uns: Der Break-even-Punkt eines geschriebenen Puts ergibt sich aus dem gewählten Ausübungspreis abzüglich der erhaltenen Optionsprämie. Sofern der Ausübungspreis im Vergleich zum aktuellen Kurs nur tief genug angesetzt wird, kann ein geschriebener Put auch bei leicht rückgängigen Kursen noch profitabel sein.

Eine analoge Argumentation erhalten wir im Falle von Kursrückgängen. Gekaufte Puts erreichen nur bei ausreichend starken Kursrückgängen den Break-even-Punkt (B – Optionsprämie). Bei leichteren Kursrückgängen bietet sich hingegen der Einsatz von geschriebenen Calls an. Mit der Wahl des entsprechenden Ausübungspreises entsteht wiederum ein breites Handlungsspektrum. Wenn der Ausübungspreis nur hoch genug angesetzt wird, kann auch bei leicht steigenden Kursen der Verkauf eines Calls noch profitabel sein.

Die Covered Call Strategie unterscheidet sich von den vier bisher dargestellten Strategien dahingehend, dass der Akteur bereits den Basiswert besitzt. Durch die Wahl des Ausübungspreises entsteht aber wiederum ein breites Spektrum. Je stärker der Kursanstieg erwartet wird, desto höher sollte der gewählte Ausübungspreis sein und umgekehrt.

4 Zwischenfazit

Einige der Leser werden den Protective Put in der Abbildung vermissen. Er wurde aus einem einfachen Grunde nicht aufgenommen: Sein Einsatz ist defensiv und immer dann sinnvoll, wenn einerseits ein starker Kursrückgang befürchtet wird und sich der Inhaber des Basiswerts andererseits die Chance auf Kurssteigerungen offen lassen möchte. Damit kann er aber keiner eindeutigen Kurserwartung zugeordnet werden.

5 Grundlagen der Preisbestimmung

5.1 Terminologie

In diesem Kapitel wenden wir uns den Grundlagen der Preisbestimmung von Optionen zu. Wir führen zur sprachlichen Vereinfachung eine Reihe von weiteren Begriffen ein: Eine Option kann „im Geld", „am Geld" oder „aus dem Geld" sein. Eine Option „im Geld" würde dem Inhaber bei sofortiger Ausübung einen positiven Ausübungsertrag erbringen. Bei einem Call muss hierfür der Preis des Basiswerts K *über* dem Ausübungspreis B liegen, bei einem Put liegt K entsprechend *unter* B. Eine Option ist „am Geld", wenn K und B übereinstimmen. „Aus dem Geld" sind hingegen solche Optionen, die ihrem Inhaber im Falle einer Ausübung einen Ausübungsverlust bereiten würden. Selbstverständlich ist es nur sinnvoll Optionen im Geld auszuüben.

Ein weiterer wichtiger Begriff ist der „innere Wert" einer Option. Er ist definiert als der Wert, den die Option hätte, wenn sie augenblicklich ausgeübt werden würde. Er entspricht damit der Größe, die wir bisher als Ausübungsertrag bezeichnet haben. Optionen im Geld haben einen positiven inneren Wert. Da der Optionspreis nie negativ sein kann, wird der innere Wert von Optionen am Geld und aus dem Geld mit null festgelegt. Die Tabelle fasst zusammen.

Optionstyp	Call	Call	Put	Put
Optionsstil	amerikanisch	europäisch	amerikanisch	europäisch
Innerer Wert	$K - B$ für $K > B$; 0 für $K \leq B$		$B - K$ für $B > K$ 0 für $B \leq K$	
Option im Geld	$K > B$ innerer Wert ist positiv		$K < B$ innerer Wert ist positiv	
Option am Geld	$K = B$		$K = B$	
Option aus dem Geld	$K < B$		$K > B$	

Tabelle B-9: Der innere Wert von Optionen

Übung: Welche der folgenden Optionen[32] C_{45}, C_{50}, C_{53} sowie P_{47}, P_{50}, P_{53} sind im Geld, am Geld und aus dem Geld, wenn der aktuelle Preis des Basiswerts 50 € beträgt? Wie hoch ist jeweils der innere Wert? Müssen Sie den Optionsstil kennen, um die Frage beantworten zu können?

Antworten:

	C_{45}	C_{50}	C_{53}	P_{47}	P_{50}	P_{53}
Option	im Geld	am Geld	aus dem Geld	aus dem Geld	am Geld	im Geld
Innerer Wert	5	0	0	0	0	3

Diese Definitionen gelten sowohl für amerikanische als auch für europäische Optionen und sind daher unabhängig vom Optionsstil.

---

[32] Der Index bezeichnet dabei den Basispreis.

5.2 Preisgrenzen von Optionen zum Fälligkeitszeitpunkt

In unseren bisherigen Betrachtungen ermittelten wir den Gewinn bzw. den Verlust aus einem Optionsgeschäft jeweils am Fälligkeitstag. Wir subtrahierten hierzu von einem möglichen Ausübungsertrag die gezahlte Optionsprämie. Lohnte es sich für den Käufer nicht seine Option auszuüben, gab es keinen Ausübungsertrag, d.h. die Option hatte keinen inneren Wert und der Verlust entsprach der gezahlten Optionsprämie.

Gewinn/Verlust einer Option = möglicher Ausübungsertrag – gezahlte Optionsprämie

Konzentrieren wir uns im Folgenden auf den Ausübungsertrag und damit auf den inneren Wert der Option zum Fälligkeitszeitpunkt, d.h. es interessiert uns nicht mehr, zu welchem Preis die Option ursprünglich gekauft wurde.

Wir können zeigen, dass der Wert und damit der Preis einer Option *am Fälligkeitstag* ihrem inneren Wert entspricht. Für alle Optionen im Geld stimmt somit der Optionspreis mit ihrem positiven inneren Wert überein. Falls die Option am Geld oder aus dem Geld ist, fällt kein Ausübungsertrag an. Die Option ist wertlos, ihr Preis damit null. Wir können daher sagen, dass der Optionspreis zum Fälligkeitszeitpunkt dem höheren der beiden Werte „innerer Wert" oder „null" entspricht. Hierfür schreiben wir *Max(innerer Wert; 0)*.

	Call	Call	Put	Put
Optionsstil	amerikanisch	europäisch	amerikanisch	europäisch
Innerer Wert	K – B für K > B; 0 für K ≤ B	K – B für K > B; 0 für K ≤ B	B – K für B > K; 0 für B ≤ K	B – K für B > K; 0 für B ≤ K
Optionspreis bei Fälligkeit	Max(innerer Wert; 0)	Max(innerer Wert; 0)	Max(innerer Wert; 0)	Max(innerer Wert; 0)

Tabelle B-10: Innerer Wert und Optionspreis bei Fälligkeit

Der Mechanismus, der eine Übereinstimmung zwischen Optionspreis und innerem Wert zum Fälligkeitszeitpunkt erzwingt, sind Arbitragegeschäfte. Jede Abweichung vom inneren Wert führt zu Arbitragemöglichkeiten, d.h. zu einem Gewinn ohne Einsatz von Kapital und Risiko. Betrachten wir hierzu die folgenden zwei Beispiele.

> **Ausgangssituation:** Der Fälligkeitstag ist der 21.10.2011 um 12.00 Uhr. Der aktuelle Preis der Aktie am Fälligkeitstag um 11.59 Uhr, d.h. eine Minute vor Handelsschluss, betrage 95 €.
>
> **Beispiel B-1 Put:** Ein Put mit einem Ausübungspreis von 100 € hat beim aktuellen Aktienkurs einen inneren Wert von 5 €. Ist es möglich, dass der Put um 11.59 Uhr einen Preis von 4 € hat? Nehmen wir an, dass der Optionspreis tatsächlich nur 4 € beträgt. In diesem Fall ist ein Arbitragegeschäft möglich: Wir kaufen die Aktie zum Preis von 95 € und gleichzeitig den Put für 4 €. Die gesamte Transaktion kostet 99 €. Über den gekauften Put haben wir aber das Recht, die Aktie unmittelbar danach zum garantierten Preis von 100 € zu verkaufen. Unser risikoloser, garantierter Gewinn beträgt damit 1 € pro Aktie. Sollte in der letzten Minute der Aktienkurs über 100 € springen, dann ist der Gewinn sogar noch höher.

5.3 Preisuntergrenzen von Optionen während der Laufzeit

> **Beispiel B-2 Call:** Wir betrachten nun einen Call auf die Aktie mit einem Ausübungspreis von 91 €. Beim aktuellen Aktienkurs von 95 € beträgt der innere Wert des Calls 4 €. Ist es möglich, dass der Call einen Preis von 3 € hat? Nein, denn auch hier würden sofort Arbitragegeschäfte einsetzen. Wir würden den Call für 3 € kaufen und gleichzeitig die Aktie zu 95 € verkaufen. Die gesamte Transaktion führt zu Einnahmen von 92 €. Unmittelbar danach würden wir den Call ausüben und die Aktie zum vereinbarten Ausübungspreis von 91 € erhalten. Der Zahlung von 91 € stehen Einnahmen von 92 € gegenüber, ein risikoloser Gewinn von einem Euro.

Im Zuge der hier beschriebenen Arbitragegeschäfte werden die zu billigen Calls und Puts solange von Arbitrageuren gekauft, bis der Optionspreis mit dem inneren Wert der Option übereinstimmt.

Sollten die Calls bzw. die Puts zu teuer sein, d.h. über ihrem inneren Wert liegen, sind ebenfalls Arbitragegeschäfte möglich.[33] In allen Fällen werden Arbitrageure dafür sorgen, dass der Optionspreis bei Fälligkeit jeweils seinem inneren Wert entspricht.

5.3 Preisuntergrenzen von Optionen während der Laufzeit

Die Preisbestimmung von Optionen zum *Fälligkeitszeitpunkt* ist einfach. Der Optionspreis entspricht dem inneren Wert der Option. Doch wie hoch ist ein Optionspreis *während* der Laufzeit, d.h. *vor* der Fälligkeit der Option? Bevor wir die einzelnen Einflussfaktoren näher betrachten, leiten wir zunächst die Preisuntergrenze von Optionen während der Laufzeit ab. Hierbei müssen wir zwischen amerikanischen und europäischen Optionen differenzieren.

Bei *amerikanischen* Optionen stellt der innere Wert der Option während der gesamten Laufzeit die Preisuntergrenze dar. Da amerikanische Optionen während der gesamten Laufzeit zu jedem Zeitpunkt ausgeübt werden können, führen Optionspreise unter ihrem inneren Wert wie eben gezeigt zu Arbitragegeschäften. Der innere Wert stellt damit eine Untergrenze für den Preis einer amerikanischen Option während der gesamten Laufzeit dar.

Wir können daher sagen:

$c^a \geq K - B$ für $K > B$

$p^a \geq B - K$ für $K < B$

Dabei bezeichnet c^a den Preis eines amerikanischen Calls und p^a den Preis eines amerikanischen Puts.

Anders bei *europäischen* Optionen: Stellen wir uns vor, dass ein europäischer Put im Geld während der Laufzeit unter seinem inneren Wert notiert. Arbitrageure würden wie im Beispiel B-1 den Put kaufen und gleichzeitig die Aktie erwerben. Da die Aktie allerdings erst *am Fälligkeitstag* zum vereinbarten Ausübungspreis verkauft werden kann und damit der Zahlungseingang aus dem Verkauf der Aktie später erfolgt als der Kauf der Aktie selbst, müssen wir den Barwert des Verkaufserlöses betrachten. Die Preisuntergrenze für einen europäischen Put muss daher den unterschiedlichen Fälligkeitszeitpunkt zwischen Kauf und Verkauf der Aktie berück-

---

[33] Im Aufgabenteil finden Sie hierzu eine Übung.

sichtigen. Wir können daher die *Preisuntergrenze* für einen europäischen Put wie folgt formulieren:

$$p \geq \frac{B}{(1+r)^T} - K, \text{ für } K < B$$

Dabei bezeichnet p den Preis des europäischen Puts, T die Laufzeit der Option in Jahren und r den risikolosen Zins für diese Laufzeit. Die Gültigkeit dieser Preisuntergrenze setzt voraus, dass während der Laufzeit der Option keine Dividendenzahlung erfolgt.

> ***Übung:*** *Wir betrachten einen europäischen Put im Geld auf eine dividendenlose Aktie mit einer Laufzeit von einem halben Jahr und einem Ausübungspreis von 55 €. Wie viel muss der Put mindestens kosten, wenn der aktuelle Aktienkurs 50 € und der risikolose Zinssatz für ein halbes Jahr 5,0 % beträgt? Wie viel würde ein amerikanischer Put mindestens kosten? Was passiert, wenn diese Bedingungen verletzt werden?*
>
> ***Antwort:*** *Preisuntergrenze europäischer Put = 55 €/(1 + 0,05)^{0,5} – 50 € = 3,67 €. Ein amerikanischer Put hingegen würde bei mindestens 5 € (= innerer Wert) notieren. Werden diese Preisuntergrenzen unterschritten, sind Arbitragegeschäfte möglich, bei denen die zu billigen Puts gekauft werden.*

Der Preis eines amerikanischen Puts wird nie unter seinem inneren Wert notieren. Ein europäischer Put hingegen kann darunter liegen, weil bei einer Arbitrage der Kaufzeitpunkt der Aktie und der Verkaufszeitpunkt der Aktie über den Put zeitlich auseinanderfallen.

Ein analoger Zusammenhang gilt für einen europäischen Call. Bei einem zu niedrigen Callpreis kauft ein Arbitrageur wie im Beispiel B-2 den Call und verkauft parallel die Aktie. Da der Kaufpreis der Aktie in Höhe des Basispreises erst am Fälligkeitstag entrichtet werden muss, lautet die Bedingung für die Preisuntergrenze eines europäischen Calls:

$$c \geq K - \frac{B}{(1+r)^T} \text{ für } K > B.$$

Dabei bezeichnet c den Preis eines europäischen Calls. Wir müssen wieder unterstellen, dass während der Laufzeit der Option keine Dividendenzahlung erfolgt. Die Tabelle fasst die Ergebnisse zusammen.

Optionstyp	Call	Call	Put	Put
Optionsstil	amerikanisch	europäisch	amerikanisch	europäisch
Innerer Wert	K – B für K > B; 0 für K ≤ B	K – B für K > B; 0 für K ≤ B	B – K für B > K; 0 für B ≤ K	B – K für B > K; 0 für B ≤ K
Preisuntergrenze	innerer Wert	$c \geq K - \frac{B}{(1+r)^T}$	innerer Wert	$p \geq \frac{B}{(1+r)^T} - K$

Tabelle B-11: Preisuntergrenze von Optionen

6 Einflussfaktoren auf den Optionspreis

6.1 Überblick

Optionen haben *während* ihrer Laufzeit meistens einen Preis, der deutlich über ihrem inneren Wert liegt. Selbst Optionen ohne inneren Wert, d.h. Optionen aus dem Geld oder am Geld sind nicht kostenlos, sondern haben einen Preis über null.

In der nachfolgenden Tabelle sehen Sie die tatsächlichen Callpreise auf Allianzaktien an der EUREX am 27.7.2010 um 16.53 Uhr für verschiedene Basispreise. Die Calls hatten zu diesem Zeitpunkt eine Laufzeit bis zum 17.9.2010. Zu diesem Zeitpunkt notierte die Allianzaktie bei 87 €.

Basispreis	80	82	84	86	88	90	92	94	96	98	100
Callpreis =	8,96	7,34	5,83	4,56	3,28	2,34	1,59	1,04	0,65	0,39	0,23
Innerer Wert	7,00	5,00	3,00	1,00	0,00	0,00	0,00	0,00	0,00	0,00	0,00
+ Zeitwert	1,96	2,34	2,83	3,56	3,28	2,34	1,59	1,04	0,65	0,39	0,23

Tabelle B-12: Callpreise auf Allianzaktien; $K = 87$ €

Bei einem Basispreis von z.B. 86 € beträgt der innere Wert 1,0 €. Da wir aber laut Tabelle einen Optionspreis von 4,56 € am Markt vorfinden, liegt der tatsächliche Optionspreis 3,56 € über dem inneren Wert. Diese Differenz zwischen Optionspreis und innerem Wert bezeichnen wir als Zeitwert der Option. Gedanklich können wir den Preis einer Option daher aus zwei Komponenten zusammensetzen: dem inneren Wert plus dem Zeitwert.

Zum Fälligkeitszeitpunkt reduziert sich der Wert der Option auf ihren inneren Wert, wohingegen *während* der Laufzeit die Optionspreise zusätzlich einen Zeitwert beinhalten. Wir können den Zeitwert als die in der Option steckende Chance verstehen, von heute bis zum Fälligkeitszeitpunkt einen positiven inneren Wert zu erreichen (bei Optionen aus dem Geld) bzw. den bereits erreichten inneren Wert noch weiter zu erhöhen (bei Optionen im Geld).

Nachfolgende Abbildung B.13 zeigt die sechs entscheidenden Einflussfaktoren auf die Höhe des Optionspreises. Die beiden ersten Faktoren bestimmen die Höhe des inneren Werts, die verbleibenden vier Faktoren erklären die Höhe des Zeitwerts.

Die hier aufgeführten Größen beeinflussen den Optionspreis auf nahezu alle Basiswerte. Optionen auf Rohstoffe oder Edelmetalle sind davon ebenso betroffen wie auf Getreide, Anleihen usw. Allerdings haben einige Basiswerte ihre Besonderheiten. Basiswerte wie Rohstoffe oder Lebensmittel etwa werfen während der Laufzeit von Optionen keine positiven Erträge ab, sondern sind mit negativen Erträgen in Form von Lagerhaltungskosten verbunden. Wir können daher nicht alle Basiswerte gleich behandeln. Sprachlich und inhaltlich werden wir uns im Folgenden auf Aktienoptionen beschränken. Allerdings können Sie die nachfolgenden Ausführungen fast vollständig auf andere Basiswerte übertragen.

In der nachfolgenden Tabelle fassen wir zunächst die Wirkungen der jeweiligen Einflussfaktoren zusammen. Ein „+" bedeutet, dass ein höherer Wert des Einfluss-

6 Einflussfaktoren auf den Optionspreis

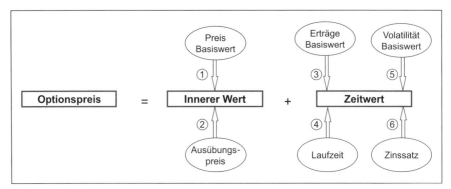

Abbildung B.13: Komponenten und Einflussfaktoren auf den Optionspreis

faktors ceteris paribus[34] zu einem höheren Optionspreis führt und umgekehrt. Ein „–" hingegen bedeutet, dass ein höherer Wert des Einflussfaktors c.p. zu einem sinkenden Optionspreis führt und umgekehrt.

	Messgröße	Call	Put	Call	Put
		amerikanisch		europäisch	
Preis des Basiswerts	Delta (Δ)	+	–	+	–
Ausübungspreis		–	+	–	+
Erwartete Dividende		–	+	–	+
Laufzeit	Theta (θ)	+	+	Dividendenabhängig	
Volatilität	Vega (λ)	+	+	+	+
Risikoloser Zinssatz	Rho (ρ)	+	–	+	–

Tabelle B-13: Einflussfaktoren auf die Höhe des Optionspreises

Betrachten wir nun in den nachfolgenden Kapiteln jeden der sechs Einflussfaktoren im Detail:

6.2 Optionspreis, Preis des Basiswerts und Ausübungspreis

Aktienkurs und Callpreis

Preisänderungen des Basiswerts haben eine starke Wirkung auf den Optionspreis. Steigt der Aktienkurs bei einem Call, der aus dem Geld ist, dann steigt mit dem Aktienkurs die Wahrscheinlichkeit, dass die Option bei Fälligkeit über dem vereinbarten Ausübungspreis liegt. Ist der Call bereits im Geld, dann steigt mit dem Aktienkurs der innere Wert der Option. In beiden Fällen erhöht sich der Wert der

---

[34] Ceteris paribus ist ein lateinischer Ausdruck und heißt übersetzt „unter sonst gleichen Umständen". Damit soll klar gemacht werden, dass alle anderen relevanten Einflussfaktoren – mit Ausnahme der gerade diskutierten – konstant gehalten werden. Oft wird ceteris paribus abgekürzt mit c.p.

6.2 Optionspreis, Preis des Basiswerts und Ausübungspreis

Option. Das Ausmaß, wie stark der Optionspreis auf den Aktienkurs reagiert, wird als „Delta" der Option bezeichnet und mit dem griechischen Buchstaben Delta (Δ) abgekürzt. Bei Calls ist das Delta positiv.

$$\text{Delta einer Option} = \Delta = \frac{\text{Änderung des Optionspreises}}{\text{Preisänderung des Basiswerts}}$$

Betrachten wir zum besseren Verständnis des Optionsdeltas die Abbildung B.14. Die dunkelgraue Linie zeigt den Optionspreis *zum Fälligkeitszeitpunkt* in Abhängigkeit vom Aktienkurs. Ist der Call aus dem Geld, ist die Option wertlos und verfällt. Ist die Option hingegen zum Fälligkeitszeitpunkt im Geld, stimmt der Optionspreis mit dem inneren Wert überein. Zum Fälligkeitszeitpunkt hat die Option keinen Zeitwert.

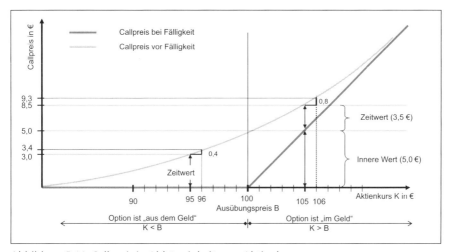

Abbildung B.14: Callpreis in Abhängigkeit vom Aktienkurs

Die hellgraue Linie zeigt den Optionspreis *zu einem bestimmten Zeitpunkt während der Laufzeit*. Um diese Linie richtig interpretieren zu können, stellen wir uns einen Call mit einer Restlaufzeit von sechs Monaten vor, den wir zum Preis von 8,5 € kaufen. Der Aktienkurs beträgt zu diesem Zeitpunkt 105 €. Diese Laufzeit „frieren wir ein" und variieren den Aktienkurs, d.h. wir stellen uns die Frage, wie der Optionspreis reagiert, wenn sich der Aktienkurs augenblicklich verändert. Das Ergebnis zeigt die hellgraue Linie. Wir können folgendes erkennen:

- Der Optionspreis setzt sich aus dem Zeitwert und dem inneren Wert zusammen. Beim Aktienkurs von 105 € setzt sich der Optionspreis von 8,5 € aus einem inneren Wert von 5,0 € und einem Zeitwert von 3,5 € zusammen. Fällt der Aktienkurs hingegen unter *B*, dann ist der innere Wert null und die Optionsprämie besteht nur aus ihrem Zeitwert. Bei 95 € etwa besteht der Optionspreis aus einem reinen Zeitwert von 3,0 €.
- Der Callpreis steigt mit dem Aktienkurs und fällt mit ihm.
- Das Delta der Option, d.h. die Veränderung des Optionspreises bei einer Veränderung des Aktienkurses verläuft nicht linear. Steigt der Aktienkurs z.B. von 95 €

auf 96 €, steigt der Optionspreis um 0,4 €. Das Delta beträgt 0,4 (Δ = 0,4 €/1,0 €). Steigt der Aktienkurs hingegen von einem Ausgangsniveau von 105 € um einen Euro auf 106 €, dann erhöht sich der Optionspreis von 8,5 € auf 9,3 €. Das Delta des Calls bei einem Aktienkurs von 105 € beträgt somit 0,8 (Δ = 0,8 €/1,0 €).

- Je tiefer ein Call im Geld ist, desto stärker reagiert der Optionspreis auf Veränderungen des Aktienkurses, d.h. desto höher ist das Delta. Höher als eins wird das Delta allerdings nie sein, da der Optionspreis c.p. nie um mehr ansteigt als der Preis des Basiswerts. Umgekehrt reagiert der Optionspreis umso schwächer auf Änderungen des Aktienkurses, je mehr die Option aus dem Geld ist, d.h. je weiter der Aktienkurs vom Ausübungspreis entfernt ist. Null stellt das Minimum für das Delta dar. Wir können für das Delta eines Calls daher schreiben: $0 \leq \Delta \leq 1$. Am Geld haben Calls ein Delta von rund 0,55.

Das Delta einer Option ist eng mit dem Hebel der Option verknüpft. Während das Delta die absolute Veränderung des Optionspreises bei einer absoluten Preisänderung des Basiswerts anzeigt, gibt der Hebel die Änderungen in Prozent wider.[35] Beide Größen hängen damit eng zusammen, wie man leicht zeigen kann:

$$\text{Hebel} = \frac{\text{Änderung Optionspreis (in \%)}}{\text{Preisänderung Basiswert (in \%)}} = \frac{\frac{\text{Änderung Optionspreis}}{\text{Optionspreis}}}{\frac{\text{Preisänderung Basiswert}}{\text{Preis Basiswert}}} = \frac{\text{Preis Basiswert}}{\text{Optionspreis}} \cdot \Delta$$

Formel B-2: Hebel und Delta (Δ) einer Option

Da sich das Delta der Option nicht linear verändert, ändert sich logischerweise auch der Hebel nicht linear. Je tiefer eine Option im Geld ist, desto mehr gleichen sich die prozentualen Preisveränderungen von Option und Basiswert an. Da bei Optionen weit aus dem Geld der absolute Optionspreis sehr niedrig ist, führen Preisänderungen des Basiswerts zu hohen prozentualen Ausschlägen. Vereinzelt wird der Hebel einer Option auch als Omega bezeichnet.

Ausübungspreis und Callpreis

Sinkt der gewählte Ausübungspreis bei einem Call, kann der Inhaber den Basiswert zu einem tieferen Preis erwerben, weshalb der Optionspreis steigt.

Aktienkurs und Putpreis

Die Veränderungen von Put-Optionspreisen in Folge von Preisänderungen des Basiswerts können wir analog zu Calls darstellen. Bei Fälligkeit fällt der Wert eines Puts mit seinem inneren Wert zusammen, d.h. die Option hat keinen Zeitwert. Das Ergebnis zeigt die dunkelgraue Linie in Abbildung B.15.

Betrachten wir nun den Putpreis *vor Fälligkeit*. Hierzu frieren wir wieder die Restlaufzeit ein und variieren den Aktienkurs. Das Ergebnis zeigt die hellgraue Linie. Wir können folgendes erkennen:

- Der Optionspreis setzt sich aus dem Zeitwert und dem inneren Wert zusammen. Bei Puts im Geld, d.h. K < B ist der innere Wert positiv. Liegt der Aktienkurs bei 95 €, beträgt der Optionspreis im Beispiel 7,5 €. Er setzt sich aus einem inneren

---

[35] Das Verhältnis von zwei prozentualen Veränderungen wird auch als Elastizität bezeichnet. Den Hebel können wir daher auch als Optionspreiselastizität bezeichnen.

6.2 Optionspreis, Preis des Basiswerts und Ausübungspreis

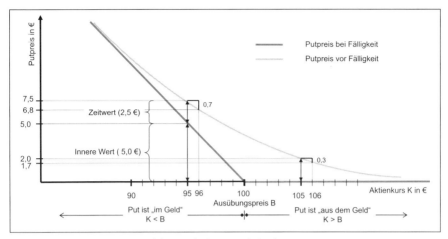

Abbildung B.15: Putpreis in Abhängigkeit vom Aktienkurs

Wert von 5,0 € und einem Zeitwert von 2,5 € zusammen. Steigt der Aktienkurs auf 105 €, sinkt der Optionspreis auf einen reinen Zeitwert von 2,0 €.
- Der Putpreis steigt mit sinkendem Aktienkurs und sinkt mit steigendem Aktienkurs.
- Das Delta einer Putoption ist negativ und nicht linear. Steigt der Aktienkurs z.B. von 95 € auf 96 € sinkt der Optionspreis um 0,7 €. Das Delta des Puts beträgt – 0,7. Steigt der Aktienkurs von einem Ausgangsniveau von 105 € um einen Euro auf 106 €, dann sinkt der Optionspreis von 2,0 € auf 1,7 €. Das Delta des Puts bei einem Aktienkurs von 105 € beträgt somit – 0,3.
- Je tiefer ein Put im Geld ist, desto stärker reagiert der Optionspreis auf Veränderungen des Aktienkurses, d.h. desto negativer ist das Delta. Unter –1 wird das Delta allerdings nie fallen. Umgekehrt reagiert der Optionspreis umso schwächer auf Änderungen des Aktienkurses, je mehr die Option aus dem Geld ist. Null stellt die Obergrenze dar. Wir können für das Delta eines Puts daher schreiben: $-1 \leq \Delta \leq 0$. Am Geld haben Puts üblicherweise ein Delta von ca. –0,45.

Der Hebel eines Puts ergibt sich aus der uns bekannten Formel B-2 auf Seite 62. Da steigende Optionspreise nur bei sinkenden Preisen des Basiswerts eintreten, ist der rechnerische Hebel allerdings negativ.

Ausübungspreis und Putpreis

Steigt der gewählte Ausübungspreis eines Puts, kann der Inhaber den vereinbarten Basiswert zu einem höheren Preis verkaufen. Dies führt zu steigenden Optionspreisen.

6.3 Optionspreis und Dividenden

Dividendenzahlungen reduzieren den Aktienkurs. Die Reduktion des Aktienkurses ist am Ausschüttungstag c.p. so hoch wie die Dividendenzahlung je Aktie.[36] Kaufoptionen auf Unternehmungen mit Dividendenzahlungen bis zum Fälligkeitszeitpunkt kosten deshalb c.p. weniger als Kaufoptionen ohne Dividendenzahlung. Bei Puts verhält es sich genau umgekehrt.

Zum Kaufzeitpunkt einer Option liegt die Dividendenzahlung noch in der Zukunft. Die Marktteilnehmer wissen aber, an welchem Tag die Unternehmung ihre Dividende ausschüttet.[37] Die erwartete, ausschüttungsbedingte Reduktion des Aktienkurses während der Laufzeit ist daher bereits im Optionspreis zum Vertragsabschluss berücksichtigt. Solange die tatsächliche Dividendenzahlung nicht von der erwarteten abweicht, führt die Dividendenzahlung bei europäischen Optionen am Ausschüttungstag nicht zu einer Änderung des Optionspreises. Anders bei amerikanischen Optionen. Da sie im Gegensatz zu europäischen Optionen jederzeit ausgeübt werden können, entspricht ihr Wert zu jedem Zeitpunkt mindestens ihrem inneren Wert. Da Dividendenzahlungen aber zum Auszahlungszeitpunkt c.p. zu einem sinkenden Aktienkurs in Höhe der Dividendenzahlung führen, reduzieren sie bei Calls im Geld den inneren Wert und führen zu sinkenden Callpreisen. Sind die Calls tief im Geld und ist die Dividendenzahlung hoch genug, kann es sich sogar lohnen, eine amerikanische Kaufoption vor Fälligkeit auszuüben.

6.4 Optionspreis und Laufzeit

Vergleichen Sie zwei *amerikanische* Optionen mit unterschiedlicher Laufzeit: Der Käufer der länger laufenden Option erhält einerseits die Gewinnchancen der kürzer laufenden Option und andererseits eine zeitlich darüber hinausgehende Gewinnchance. Bei amerikanischen Optionen steigt mit der Laufzeit deshalb immer der Optionspreis.

Üblicherweise gilt der positive Zusammenhang zwischen Laufzeit und Optionspreis auch bei europäischen Optionen. Da europäischen Optionen jedoch nur an den Fälligkeitstagen und nicht zu jedem Zeitpunkt ausgeübt werden können, sind durchaus Situationen vorstellbar, in denen eine Option mit längerer Laufzeit einen geringeren Preis hat. Stellen Sie sich hierzu zwei Calls vor. Der erste Call hat eine Restlaufzeit von drei Monaten, der zweite Call von vier Monaten. Wenn kurz nach Ablauf der drei Monate eine Dividendenzahlung mit einer entsprechenden Reduktion des Aktienkurses erwartet wird, dann kann der Call mit der Restlaufzeit von vier Monaten billiger sein als der kürzer laufende Call.

Den Zusammenhang zwischen Optionspreis und Laufzeit messen wir mit einer Größe, die nach dem griechischen Buchstaben Theta (θ) benannt ist. Theta misst den Zeitwertverfall einer Option und gibt an, wie sich der Optionspreis ändert, wenn sich die Restlaufzeit der Option um einen Tag verkürzt. Bitte beachten Sie, dass sich der Wertverlust einer Option nur auf den *Zeitwert* beziehen kann, da der innere Wert von einer sich verkürzenden Restlaufzeit der Option nicht berührt wird.

---

[36] Vergleiche hierzu Bösch, Finanzwirtschaft (2009), S. 116 ff.
[37] Auf der Hauptversammlung wird die Dividendenhöhe festgelegt und am Folgetag ausgeschüttet.

6.4 Optionspreis und Laufzeit

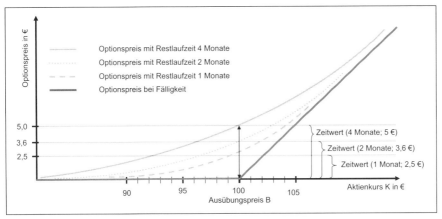

Abbildung B.16: Zeitwertverfall einer Calloption

$$\text{Theta einer Option} = \theta = \frac{\text{Änderung des Optionspreises}}{\text{Verkürzung der Laufzeit um einen Tag}}$$

Das Theta ist für Puts und Calls gleichermaßen negativ, d.h. jede Option verliert Tag für Tag an Zeitwert.

Die Abbildung zeigt den Zeitwertverfall eines Calls. Bei einer Laufzeit von vier Monaten hat die Option bei einem Aktienkurs von 100 € einen Preis von 5,0 €. Verstreichen zwei Monate und steht der Aktienkurs weiterhin bei 100 €, ist der Call nur noch 3,6 € wert. Nach einem weiteren Monat sinkt er auf 2,5 €. Der Zeitwertverfall einer Option verläuft dabei nicht linear. Im Beispiel beträgt der Optionspreis nach einem Monat noch die Hälfte des ursprünglichen Preises, obwohl bereits ¾ der Laufzeit vergangen ist. Tatsächlich verlieren Optionen gegen Ende der Laufzeit sehr viel schneller an Wert als zu Beginn. Als **Faustregel** können wir sagen: Vervierfacht sich die Laufzeit, dann verdoppelt sich der Zeitwert der Option. Der Grund für diesen Zusammenhang liegt in der Formel, mit der wir die Volatilität eines Basiswerts für verschiedene Zeiträume vergleichbar machen können.[38]

$$Vol_T = Vol_{T=1} \cdot \sqrt{T}$$

T bezeichnet dabei den Teil bzw. das Vielfache eines Jahres. Demnach verändert sich die mögliche Schwankung des Basiswerts nicht linear mit der Zeit, sondern in Form einer Wurzelfunktion. Vervierfacht sich die Laufzeit, verdoppeln sich die möglichen Schwankungen und entsprechend verdoppelt sich der Zeitwert.

> **Übung:** Bei einem Aktienkurs von 68 € kostet der C_{65} mit einer Laufzeit von einem Jahr 6,8 €. Wie teuer ist auf Basis der dargestellten Faustregel rechnerisch ein C_{65} mit einer Laufzeit von sechs Monaten?
>
> **Antwort:** Der innere Wert beträgt 3 €, der Zeitwert des Calls folglich 3,8 €. Halbiert sich die Laufzeit, sinkt die Volatilität um $\sqrt{T} = \sqrt{0,5} = 0,7071$. Entsprechend beträgt der Zeitwert bei einer Laufzeit von einem halben Jahr 0,7071 · 3,8 € = 2,69 €. Zusammen mit einem inneren Wert von 3 € erhalten wir damit einen Optionspreis von 5,69 €.

---

[38] Siehe hierzu die Ausführungen zur Formel A-2 auf Seite 18.

6 Einflussfaktoren auf den Optionspreis

6.5 Optionspreis und Volatilität

Vergleichen wir zwei Aktien A und B, die jeweils 50 € kosten. Die Volatilität der A-Aktie sei aber höher als die von B. Wir kaufen nun jeweils einen Call mit einem Ausübungspreis von 55 € auf A und B mit gleicher Laufzeit. Welcher Call wird teurer sein?

Betrachten wir hierzu die Gewinnchancen der beiden Calls: Da A die höhere Volatilität hat, sind die Schwankungen und Kursausschläge um den aktuellen Aktienkurs von 50 € bei A größer als bei B. Damit ist aber auch die Wahrscheinlichkeit höher, dass der Aktienkurs von A über den Ausübungspreis von 55 € steigt. Zwar steigt bei A auch die Wahrscheinlichkeit hoher Kursausschläge nach unten, doch diese volatilitätsbedingten möglichen Kursrückgänge lassen den Inhaber des Calls auf A unberührt, da sein Verlustrisiko ja auf die Optionsprämie beschränkt ist (asymmetrisches Risiko). Die Gewinnchancen eines Calls auf A liegen damit höher als die eines Calls auf B. Wenn die Gewinnchancen höher liegen, muss aber auch die Callprämie auf A höher sein. Der höhere Callpreis gleicht damit die volatilitätsbedingte höhere Gewinnchance aus.

Dieses Argument können wir analog auf einen Put anwenden. Wir stellen fest: Der Käufer eines Puts auf A profitiert von volatilitätsbedingten stärkeren Kursrückgängen, weshalb der Put auf A teurer sein muss als der auf B.

Im Ergebnis können wir festhalten, dass Calls und Puts jeweils im Preis steigen, wenn die Volatilität des Basiswerts zunimmt. Die Messgröße für den Einfluss der Volatilität des Basiswerts auf den Optionspreis wird „Vega"[39] genannt.

$$\text{Vega} = \lambda = \frac{\text{Änderung des Optionspreises}}{\text{Änderung der Volatilität (in \%-Punkten)}}$$

6.6 Optionspreis und Zinssatz

Die Käufer eines Calls müssen den vereinbarten Ausübungspreis für den Basiswert erst zum Ausübungszeitpunkt bezahlen und können damit die Auszahlung in die Zukunft verschieben. Dieser Vorteil von Kaufoptionen ist umso wertvoller, je höher der aktuelle Zinssatz ist. Ein steigender Zinssatz erhöht damit den Callpreis.

Anders bei Puts: Hier erwirbt der Käufer das Recht, einen Basiswert zu einem zukünftigen Zeitpunkt zu verkaufen. Damit wird eine Einzahlung in die Zukunft verschoben. Da der Barwert einer zukünftigen Einzahlung aber mit dem Diskontierungszins sinkt, sinkt auch der Wert eines Puts mit steigendem Zinssatz.

Der Einfluss des Zinssatzes auf die Optionsprämie wird mit Hilfe des griechischen Buchstabens „Rho" (ρ) ausgedrückt.

$$\text{Rho} = \rho = \frac{\text{Veränderung des Optionspreises}}{\text{Veränderung des Zinssatzes (in \%-Punkten)}}$$

---

[39] Da Vega kein griechischer Buchstabe ist, wird die Messgröße manchmal auch mit Lambda (λ) bezeichnet.

6.7 Ableitung und Anwendung des Black-Scholes-Modells

Wir können die Wirkung der hier aufgeführten Einflussfaktoren nicht nur vom Vorzeichen her bestimmen, sondern mit Hilfe sogenannter Optionspreismodelle auch numerisch ermitteln. Ein weit verbreitetes Modell, das sich insbesondere für amerikanische Optionen gut eignet, ist das von Cox, Ross und Rubinstein entwickelte und auch nach ihnen benannte Binomialmodell, bei dem über einen binomischen Baum ein Optionspreis ermittelt wird.[40] Es wurde Ende der 1970er Jahre entwickelt.

Das zeitlich erste und wohl populärste Modell ist das Black-Scholes-Modell aus dem Jahre 1973, mit dem den Wissenschaftlern Fischer Black, Myron Scholes und Robert Merton der entscheidende Durchbruch zur numerischen Bewertung von Optionen gelang. Ihr Ansatz wurde später als Black-Scholes-Modell[41] bzw. als Black-Scholes-Merton Modell bekannt und war maßgeblich für den Durchbruch von Optionen an den Finanzmärkten verantwortlich. 1997 wurde die Bedeutung ihrer Arbeiten in Form des Nobelpreises gewürdigt. Fischer Black war zwei Jahre zuvor gestorben.

Da das Modell einige mathematische Kenntnisse voraussetzt, beschränken wir uns im Folgenden auf das Ergebnis und zeigen, wie die Formeln angewendet werden können.

Ziel des Modells ist die Bestimmung arbitragefreier europäischer Call- und Putpreise auf Aktien. Das Modell setzt einen perfekten Kapitalmarkt voraus, an dem jeder Teilnehmer ohne Transaktionskosten zum gleichen Zinssatz Kredite aufnehmen und Geld anlegen kann. Entscheidend ist die Annahme, dass die *relativen* Änderungen der Aktienkurse normalverteilt sind. Durch den Zusatz „relativ" wird sichergestellt, dass die Preisänderung einer Aktie von 100 € dem gleichen Änderungsrisiko unterliegt wie eine Aktie zum Preis von 5 €. 10 € Kursänderung bei einem Aktienkurs von 100 € ist zwar absolut doppelt so hoch wie 5 € beim Kurs von 50 €, doch relativ ist die Preisänderung mit je 10 % gleich hoch. Mit dieser Annahme können wir die Wahrscheinlichkeit der normalverteilten Aktienrenditen und damit auch die Wahrscheinlichkeit der Aktienkurse zu jedem Zeitpunkt angeben.[42]

Falls wir wüssten, wie hoch der Aktienkurs K am Fälligkeitstag wäre, könnten wir den aktuellen Preis c eines Calls und eines Puts p mit Basispreis B angeben[43] mit

$$c = max\left[0; K - B \cdot (1+r)^{-T}\right]$$
$$p = max\left[0; B \cdot (1+r)^{-T} - K\right].$$

---

[40] Eine sehr ausführliche Darstellung finden Sie in Hull, Optionen, Futures und andere Derivate (2009), S. 506 ff.
[41] Black, Scholes (1973), The Pricing of Options and Corporate Liabilities, in: Journal of Political Economy, 81, S. 637–659. Merton (1973), Theory of Rational Option Pricing, in: Bell Journal of Economics and Management Science, 4, S. 141–183.
[42] Normalverteilte relative Aktienkursänderungen bedeuten, dass die Aktienkurse selbst lognormalverteilt sind. Eine Zufallsvariable ist lognormalverteilt, wenn ihr natürlicher Logarithmus normalverteilt ist.
[43] Vergleiche hierzu die Formeln für c und p in B.5.3.
 Das Black-Scholes-Modell wurde auf Basis stetiger Verzinsung abgeleitet. Der Diskontierungsfaktor $(1+r)^{-T}$ lautet in den meisten Darstellungen daher e^{-rT}. Da wir aber im gesamten Buch mit diskreter Verzinsung gearbeitet haben, bleiben wir beim Ausdruck $(1+r)^{-T}$.

6 Einflussfaktoren auf den Optionspreis

Tatsächlich kennen wir bei gegebener Volatilität nur die Wahrscheinlichkeitsverteilung der Aktienkurse. Im Kern versucht die Black-Scholes-Formel den Callpreis so festzusetzen, dass die Höhe der Optionsprämie dem erwarteten Ausübungsertrag der Option bei Fälligkeit entspricht. Formal ergibt sich folgender Wert für den Callpreis c und den Putpreis p:

$$c = K \cdot N(d_1) - B \cdot N(d_2) \cdot (1+r)^{-T}$$
$$p = B \cdot N(-d_2) \cdot (1+r)^{-T} - K \cdot N(-d_1).$$

Vergleichen wir die beiden Ausdrücke, erkennen wir, dass K und B nun mit Wahrscheinlichkeiten $N(x)$ gewichtet werden. $N(x)$ ist dabei die kumulierte Verteilungsfunktion einer Standardnormalverteilung und gibt damit die Wahrscheinlichkeit an, dass eine Variable mit einer Standardnormalverteilung $\leq x$ ist.[44]

Die Werte für d_1 und d_2 lauten dabei:

$$d_1 = \frac{\ln\left(\frac{K}{B}\right) + \left(r + 0{,}5 \cdot \sigma^2\right) \cdot T}{\sigma \cdot \sqrt{T}}$$

$$d_2 = \frac{\ln\left(\frac{K}{B}\right) + \left(r - 0{,}5 \cdot \sigma^2\right) \cdot T}{\sigma \cdot \sqrt{T}} = d_1 - \sigma \cdot \sqrt{T}$$

Dabei steht r für den risikolosen Zinssatz, T für die Restlaufzeit der Option in Teilen eines Jahres und δ für die annualisierte Standardabweichung (Volatilität) der relativen Aktienkursänderungen.

Beim Black-Scholes-Modell müssen wir keine Annahmen über den Investor treffen, weder über seine Risikopräferenzen noch über seine Renditeerwartungen. Dies hat stark zu seiner Popularisierung beigetragen. Wenden wir die Formel auf einen konkreten Fall an:

> **Übung B-4:** Gegeben sind: $K = 100$ €; $B = 105$ €; $T = 0{,}5$; der risikolose Zins r für sechs Monate beträgt 4 % und die Jahresvolatilität 25 %. Wie viel kostet ein Call und ein Put mit dem gewünschten Basispreis von 105 € und einer Laufzeit T von sechs Monaten, falls während der Laufzeit keine Dividende gezahlt wird?
>
> **Antwort:** Zunächst berechnen wir den Callpreis mit der Black-Scholes-Formel. Auf Basis der gegebenen Daten ergibt sich für d_1 und d_2:
>
> $$d_1 = \frac{\ln\left(\frac{100}{105}\right) + \left(0{,}04 + 0{,}5 \cdot 0{,}25^2\right) \cdot 0{,}5}{0{,}25 \cdot \sqrt{0{,}5}} = -0{,}07447341$$
>
> $$d_2 = d_1 - \sigma \cdot \sqrt{T} = -0{,}07447341 - 0{,}25 \cdot \sqrt{0{,}5} = -0{,}25125011$$
>
> $N(d_1)$ und $N(d_2)$ erhalten wir, wenn wir die Werte von d_1 und d_2 in die kumulierte Standardnormalverteilung[45] eingeben: $N(d_1) = 0{,}4703169$; $N(d_2) = 0{,}4008104$.

---

[44] Eine Standardnormalverteilung ist eine Normalverteilung mit einem Erwartungswert von 0 und einer Standardabweichung von 1.

[45] Die Werte für die Standardnormalverteilung können Sie am schnellsten in Excel ermitteln, wenn Sie mit der Formel STANDNORMVERT(Wert) arbeiten.

Setzen wir die Werte in die Formel für c ein, erhalten wir c = 5,76 €.

$$c = K \cdot N(d_1) - B \cdot N(d_2) \cdot (1+r)^{-T}$$
$$= 100\ € \cdot 0{,}4703169 - 105\ € \cdot 0{,}4008104 \cdot 1{,}04^{-0{,}5}$$
$$= 5{,}76\ €$$

Den Putpreis von erhalten wir analog: Da N(-d₁) = 1 − N(d₁) und N(-d₂) = 1 − N(d₂) gilt:

$$p = B \cdot N(-d_2) \cdot (1+r)^{-T} - K \cdot N(-d_1)$$
$$= 105\ € \cdot 0{,}599190 \cdot (1{,}04)^{-0{,}5} - 100\ € \cdot 0{,}52968$$
$$= 8{,}72\ €$$

Black-Scholes bei Aktien mit Dividendenzahlung

Wenn wir eine Aktie mit einer Dividendenzahlung während der Laufzeit des Calls haben, müssen wir unsere Formel nur leicht anpassen: Wir wissen, dass durch die Dividendenzahlung c.p. am ex-Tag der Aktienkurs in Höhe der Dividende sinkt. Wir müssen daher nur den aktuellen Aktienkurs K um den Barwert der erwarteten Dividendenzahlung D reduzieren. Alles Übrige bleibt unverändert.[46]

Mit dem Black-Scholes-Modell verfügen wir über eine Formel, die die Wirkung der von uns identifizierten Einflussfaktoren Volatilität (δ), Laufzeit T, aktueller Kurs K, Basispreis B, Zinssatz r_T und Dividendenzahlung numerisch aufzeigt. In der Excel-Datei „Ergänzungen und Übungen" finden Sie die relevanten Formeln. Damit können Sie den Einfluss der hier aufgezeigten Einflussgrößen selber einfach testen und nachvollziehen.

---

[46] Sie finden hierzu eine passende Übung im Aufgabenteil.

7 Zusammenhang zwischen Option und Basiswert

7.1 Risikoprofil für Kauf Put plus Verkauf Call

Bisher haben wir Call- und Putpreise isoliert betrachtet. Wir können aber zeigen, dass es einen zwingenden Zusammenhang zwischen dem Callpreis, dem Putpreis und dem Preis des Basiswerts gibt. Dieser Zusammenhang wird als Put-Call-Parität bezeichnet. Zum besseren Verständnis betrachten Sie folgende Aufgabe:

Der Aktienkurs beträgt 100 €. Am Markt finden wir folgende Optionspreise: C_{95} = 8,5 €; P_{95} = 2,0 €. Es handelt sich annahmegemäß um europäische Optionen mit einer Restlaufzeit von jeweils drei Monaten. Der risikolose Zinssatz für drei Monate betrage 4,0 %. Sie kaufen nun den Put (+P) und *verkaufen gleichzeitig* den Call (–C). Wir wollen im Folgenden drei Sachverhalte näher betrachten:

1. Welches Risikoprofil entsteht durch +P in Kombination mit –C?
2. Wie ändert sich das Risikoprofil, wenn Sie zusätzlich den Basiswert kaufen?
3. Welcher Gewinn entsteht durch 1. und 2. bei welchem Risiko?

Zu 1. +P plus –C entspricht Aktienverkauf zum Laufzeitende: Der Verkauf des C_{95} und der gleichzeitige Kauf des P_{95} ergibt ein Risikoprofil, wie es beim Verkauf des Basiswerts zum Fälligkeitszeitpunkt entsteht. Sie können nämlich sicher sein, dass Sie die Aktie zum vereinbarten Preis von 95 € zum Fälligkeitszeitpunkt verkaufen können bzw. verkaufen müssen. Notiert die Aktie am Laufzeitende *über* dem Ausübungspreis, werden Sie über den geschriebenen Call gezwungen, die Aktie zum vereinbarten Ausübungspreis an den Inhaber zu verkaufen. Liegt der Aktienkurs hingegen am Laufzeitende *unter* dem Ausübungspreis, dann werden Sie über den gekauften Put Ihr Recht wahrnehmen, die Aktie zum Preis von 95 € zu verkaufen. Unabhängig vom tatsächlichen Preis können Sie damit sicher sein, dass Sie die Aktie zum vereinbarten Basispreis am Fälligkeitstermin verkaufen können (unter 95 €) bzw. müssen (über 95 €).

Zu 2. +P plus –C plus Aktienkauf ist risikolos: Wir gehen nun davon aus, dass Sie zusätzlich den Basiswert kaufen. Da Sie über den gekauften Put und den verkauften Call Ihre Aktie zum Basispreis am Laufzeitende der Optionen verkaufen können, sind Sie keinem Kursänderungsrisiko ausgesetzt. Ihre Gesamtposition ist „geschlossen" in dem Sinne, dass dem Kauf des Basiswerts der Verkauf des Basiswerts über die beiden Optionen gegenübersteht.

Zu 3. Arbitragegewinn: Da die Gesamtposition „Kauf Aktie, Kauf Put, Verkauf Call" risikolos ist, haben Sie ein Arbitragegeschäft abgeschlossen. Sie müssen 100 € für die Aktien bezahlen und 2,0 € für den Put. Gleichzeitig erhalten Sie 8,5 € für den geschriebenen Call. Der Verkauf der Aktien erfolgt zum Ausübungspreis von 95 €. Da Sie die Aktien allerdings erst zum Fälligkeitstermin der Optionen verkaufen können, müssen wir den zukünftigen Verkaufserlös mit dem risikolosen Zinssatz r abdiskontieren, um alle Zahlungen vergleichbar zu machen. Der Barwert beträgt 94,07 €.[47] Die Tabelle fasst die Zahlungen zusammen und zeigt die Entstehung des Arbitragegewinns.

---

[47] Barwert = 95 €/$(1+r)^T$ = 95 €/$(1+0,04)^{90/360}$ = 94,07 €.

7.2 Put-Call-Parität bei europäischen Optionen

Position	Ein- und Auszahlungen
Kauf Basiswert zum Preis K	– 100,0 €
Kauf Put P zum Preis p_B	– 2,0 €
Verkauf Call C zum Preis c_B	+ 8,5 €
Barwert Aktienverkauf zum Basispreis B	+ 94,07 €
Risikoloser Gewinn	+ 0,57 €

Tabelle B-14: Entstehung eines Arbitragegewinns

Der Gewinn in Höhe von 0,57 € je Aktie ist risikolos, da der Kauf des Basiswerts und der über die beiden Optionen gesicherte Verkauf des Basiswerts zum Fälligkeitszeitpunkt gleichzeitig abgeschlossen werden.

7.2 Put-Call-Parität bei europäischen Optionen

Risikolose Arbitragegewinne sind, falls überhaupt, immer nur kurzfristig möglich. In unserem Fall würden die Marktteilnehmer versuchen, möglichst viele dieser Geschäfte abzuschließen. Damit steigen der Preis des Basiswerts und des Puts, während der Callpreis sinkt. Dieser Anpassungsprozess ist erst dann abgeschlossen, wenn keine Arbitragegewinne mehr möglich sind. Wenn wir unterstellen, dass keine Arbitragemöglichkeiten existieren, können wir einen Preiszusammenhang zwischen dem Basiswert und den beiden Optionen formulieren. Hierzu müssen die in der Tabelle B-14 erfassten Barwerte der Ein- und Auszahlungen null ergeben.

$$c_B - p_B + \frac{B}{(1+r)^T} - K = 0$$

Dabei bezeichnet B den Basispreis, c_B den Preis eines europäischen Calls mit Basispreis B, p_B den entsprechenden Putpreis und K den aktuellen Kurs des Basiswerts. T stellt die Restlaufzeit der beiden Optionen dar, ausgedrückt als Teil oder als Vielfaches eines Jahres. Die ersten drei Größen geben den Barwert der Zahlungen wieder, der beim Verkauf des Basiswerts mit Hilfe der beiden Optionen entsteht. Er muss betragsmäßig mit dem Preis K des Basiswerts übereinstimmen. Die Gleichung drückt somit die Forderung aus, dass der Kauf des Basiswerts zum Preis von K und der über Optionen erfolgte Verkauf des Basiswerts zum Preis von B zu keinem Arbitragegewinn führen dürfen.

Die Gleichung zeigt uns, dass sich Callpreis, Putpreis und der Preis des Basiswerts nicht unabhängig voneinander bewegen können. Wir können deshalb mit Hilfe der Gleichung jeden beliebigen Preis ermitteln, sofern alle anderen Größen bekannt sind.

Übung B-5: Wir können auf dem Markt folgende Preise beobachten: Die Aktie kostet aktuell 90 €. Der europäische Call auf die Aktie mit einem Basispreis von 105 € kostet bei einer Laufzeit von sechs Monaten 5,0 €. Der risikolose Zinssatz für sechs Monate beträgt 4,0 %. Welchen Preis muss ein europäischer Put mit gleichem Basispreis und Laufzeit haben, damit keine Arbitragegewinne möglich sind?

> Lösen wir die o.g. Bedingung nach p_B auf und setzen die gegebenen Werte ein, erhalten wir einen Putpreis von 17,96 €.
>
> $$c_B + \frac{B}{(1+r)^T} - K = p_B = 5,0\ € + \frac{105\ €}{(1+0,04)^{180/360}} - 90\ € = 17,96\ €$$

Erweiterung um Dividendenzahlungen

Bisher sind wir davon ausgegangen, dass während der Laufzeit der Optionen keine Dividendenzahlung anfällt. Da der Käufer des Basiswerts jedoch von einer möglichen Dividendenzahlung profitiert, müssen wir die Bedingung für arbitragefreie Preise leicht modifizieren und mögliche Erträge des Basiswerts während der Laufzeit berücksichtigen.

$$c_B - p_B + D + \frac{B}{(1+r)^T} - K = 0$$

Formel B-3: Put-Call-Parität (für europäische Optionen)

Dabei bezeichnet D den Barwert der Dividendenzahlung. Demnach muss der aktuelle Preis K des Basiswerts so hoch sein, wie der Barwert des Verkaufserlöses, der beim Verkauf des Basiswerts mit Hilfe der beiden Optionen erzielt wird, zuzüglich des Barwerts der Dividendenzahlung, die während der Optionslaufzeit anfällt.

7.3 Put-Call-Parität als Risikoprofilgleichung

Wir können die Put-Call-Parität nicht nur im Sinne einer Preisgleichung verstehen, sondern auch um das Risiko von Kombinationen aus Calls, Puts und dem Basiswert zu erkennen. Hierzu interpretieren wir die Einzelgrößen nicht als Preise, sondern als „Position". Ein Pluszeichen steht für Kauf, ein Minuszeichen für Verkauf. Unter Vernachlässigung von möglichen Dividendenzahlungen schreiben wir die Put-Call-Parität wie folgt um:

$$+c_B - p_B + \frac{B}{(1+r)^T} = +K$$

Formel B-4: Put-Call-Parität als Risikoprofilgleichung

Kauf des Basiswerts über Optionen

Die Gleichung besagt, dass der Kauf eines Calls und der gleichzeitige Verkauf eines Puts plus eine Geldanlage in Höhe von $B/(1+r)^T$ dem gleichen Risiko entsprechen, wie der Kauf des Basiswerts. Wir können dieses Ergebnis einfach nachvollziehen: Sie werden die Aktie über die beiden Optionen am Laufzeitende zum Basispreis erhalten, egal wie hoch oder wie tief der Aktienkurs an diesem Tag sein wird. Entweder wollen Sie die Aktie über den gekauften Call freiwillig kaufen (falls $K>B$) oder Sie müssen sie über den geschriebenen Put abnehmen *(K<B)*. Da Sie die Aktie allerdings erst zum Fälligkeitszeitpunkt zum vereinbarten Basispreis bezahlen müssen, können Sie die heute noch nicht benötigten Zahlungsmittel zum Zinssatz r für den Zeitraum T anlegen. Da Ihnen aus der Geldanlage zum Fälligkeitszeitpunkt ein Geldbetrag in Höhe von B zum Kauf der Aktie zur Verfügung stehen muss, können Sie folglich heute einen Betrag von $B/(1+r)^T$ anlegen.

7.3 Put-Call-Parität als Risikoprofilgleichung

Verkauf des Basiswerts über Optionen

Wir können die Risikoprofilgleichung beliebig umstellen. Multiplizieren wir beide Seite mit -1, erhalten wir:

$$-C_B + P_B - \frac{B}{(1+r)^T} = -K$$

Die Gleichung besagt: Wenn Sie einen Call schreiben, einen Put kaufen und einen Kredit in Höhe des mit r abdiskontieren Werts des Basispreises aufnehmen, gehen Sie das gleiche Risiko ein, als würden Sie den Basiswert am Kassamarkt verkaufen. Unabhängig vom tatsächlichen Aktienkurs werden Sie nämlich die Aktie am Fälligkeitstag über eine der beiden Optionen zum Basispreis B verkaufen. Da Sie den Verkaufserlös allerdings erst am Fälligkeitstag erhalten, müssen Sie gedanklich heute einen Kredit in Höhe von $B/(1+r)^T$ aufnehmen. Den Verkaufserlös verwenden Sie, um den Kredit plus anfallende Zinsen in Höhe von B zurückzahlen zu können.

Covered Call

Die Risikoprofilgleichung ist sehr hilfreich, weil wir mit einfachen Umstellungen den Risikozusammenhang zwischen einem Call, einem Put und dem Basiswert klar machen können.

Subtrahieren wir etwa in der Gleichung auf beiden Seiten $+ C$, erhalten wir

$$-P_B + \frac{B}{(1+r)^T} = +K - C_B$$

Den Kauf des Basiswerts mit dem gleichzeitigen Verkauf eines Calls $(+K - C)$ haben wir bereits als Covered Call Strategie kennengelernt. Demnach entspricht diese Strategie vom Risikoprofil aus betrachtet dem einfachen Verkauf eines Puts mit gleicher Laufzeit und gleichem Basispreis plus einer entsprechenden Geldanlage. Wenn wir das Risikoprofil eines Covered Calls in der Abbildung B.6 auf S. 42 betrachten, erkennen wir auch unschwer das Profil eines geschriebenen Puts. Beide Positionen haben demnach das gleiche Risiko: Bei einem Covered Call limitieren Sie das Gewinnpotenzial ihres Basiswerts durch den geschriebenen Call und erhalten im Gegenzug einen „Kursschutz ihres Basiswerts" in Höhe der Optionsprämie. Sinkt der Basiswert stärker, nehmen Sie an den Kursrückgängen voll teil. Das gleiche Risiko entsteht bei einem geschriebenen Put. Da Sie allerdings, verglichen mit der Covered Call Strategie, keine Aktien kaufen und finanzieren müssen, können Sie die Zahlungsmittel zum Zinssatz r für den Zeitraum T anlegen.

Protective Put

Einen Protective Put $(+K + P)$ erhalten wir, wenn wir auf beiden Seiten der Risikoprofilgleichung $+P$ addieren:

$$+C_B + \frac{B}{(1+r)^T} = +K + P_B$$

Das Risikoprofil eines Protective Put $(K + P)$ entspricht dem einfachen Kauf eines Calls plus einer entsprechenden Geldanlage. Auch hier können wir mit einem Blick auf Abbildung B.9 auf S. 48 schnell das Profil eines einfachen Calls erkennen. Beide Positionen sind demnach äquivalent: Bei einem Protective Put wird das Kursrisiko des Basiswerts durch den Kauf des Puts limitiert, während man sich die Chance auf Kurssteigerungen offen hält. Gleiches trifft für den Kauf eines Calls zu. Da auch

7 Zusammenhang zwischen Option und Basiswert

hier keine Aktien finanziert werden müssen, können die Finanzmittel zum Zinssatz r im Zeitraum T angelegt werden.[48]

Arbitragebeziehung

Wir können die Gleichung auch so umstellen, dass eine Position ohne Preisänderungsrisiko entsteht wie bei einer Arbitrage.

$$+C_B - P_B - K + \frac{B}{(1+r)^T} = 0$$

bzw. mit -1 multipliziert:

$$-C_B + P_B + K - \frac{B}{(1+r)^T} = 0$$

Die Kombination dieser Positionen in jeder der beiden Gleichungen ist risikolos. Wenn Sie z.B. einen Put verkaufen, weil sein Preis höher ist als sein rechnerischer Wert (erste Gleichung), müssen Sie gleichzeitig einen Call kaufen, den Basiswert verkaufen und den Nettoverkaufserlös anlegen.[49] Sollte der Put zu billig sein (zweite Gleichung), kaufen Sie den zu billigen Put und neutralisieren das Preisänderungsrisiko mit dem Kauf des Basiswerts und dem Verkauf des entsprechenden Calls. Den Nettofinanzbedarf finanzieren Sie über eine Kreditaufnahme.

7.4 Put-Call-Parität bei amerikanischen Optionen

Es gibt zwei Gründe, warum wir die Put-Call-Parität für amerikanische Optionen umformulieren müssen: Erstens ist der Preis amerikanischer Optionen stets mindestens so hoch wie der Preis europäischer Optionen, da sie ihrem Käufer mehr Ausübungsrechte einräumen. Zweitens besteht bei ihnen die Gefahr, dass sie bereits während der Laufzeit ausgeübt werden. Denken Sie z.B. an einen Call auf eine Aktie, die während der Laufzeit eine hohe Dividende zahlt. Damit kann ein Arbitrageur aber nicht mehr sicher sein, dass er seine Aktie über Optionen erst am Fälligkeitstag verkaufen kann. Wir können deshalb nur einen Bereich angeben, innerhalb dessen sich die Optionspreise im Verhältnis zum Kurs des Basiswerts bewegen müssen.

$$K - B - D \leq c_B^a - p_B^a \leq K - \frac{B}{(1+r)^T}$$

Formel B-5: Put-Call-Parität für amerikanische Optionen

> **Übung:** Betrachten Sie die letzte Übung B-5 auf Seite 71 und ermitteln Sie den Putpreis unter der Annahme, dass es sich um amerikanische Optionen handelt.
>
> **Antwort:** Wir lösen die Ungleichung nach p^a auf, setzen die Werte ein und erhalten:
>
> $$-K + B + c_B^a \geq p_B^a \geq -K + \frac{B}{(1+r)^T} + c_B^a.$$
>
> Wir erhalten folgenden Bereich: 20 € ≥ p^a ≥ 17,96 €. Der amerikanische Putpreis muss damit mindestens so hoch sein wie der europäische (17,96 €), kann aber höchstens 20,0 € betragen.

---

[48] Die Put-Call-Parität wird nicht nur zur Bewertung von Optionen herangezogen. Ein wichtiges weiteres Einsatzfeld ist die Modellierung von Kreditrisiken. Details hierzu finden Sie unter B.10.6.

[49] Im Aufgabenteil finden Sie hierzu eine Übung.

8 Weitergehende Optionsstrategien

Im Zentrum der nächsten beiden Kapitel stehen Optionsstrategien, die über die bisher dargestellten Grundformen Call und Put hinausgehen.

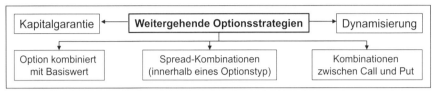

Abbildung B.17: Weitergehende Optionsstrategien

Am bedeutsamsten sind Kombinationen zwischen Optionen und ihrem zugrundeliegenden Basiswert. Da wir die wichtigsten in Form des Protective Put und Covered Call bereits kennen gelernt haben, führen wir diesen Punkt nicht weiter aus.

Sehr ausführlich stellen wir die sogenannten Spread-Kombinationen dar, die Optionen des gleichen Typs kombinieren, etwa den Kauf eines Calls und den gleichzeitigen Verkauf eines Calls mit höherem Basispreis. Anschließend werden Kombinationen zwischen Calls und Puts dargestellt.

Die Analyse der Spreads und der Kombinationen erfolgt jeweils zum Fälligkeitszeitpunkt der Optionen. Im Kapitel neun werden wir die Betrachtung dynamisieren und lernen, wie wir die hier dargestellten Kombinationsmöglichkeiten geschickt während der Laufzeit der Optionen einsetzen können.

Beginnen werden wir das Kapitel allerdings mit einer Frage, die Anleger oft beschäftigt: Wie kann ich an Preissteigerungen des Basiswerts teilnehmen und gleichzeitig den Kapitalerhalt meines Anlagebetrags garantieren? Sprachlich werden wir uns im Folgenden wiederum auf Aktien als Basiswert beschränken.

8.1 Gewinnchance mit Kapitalgarantie

Bei der Darstellung der Vorteile von Kaufoptionen hatten wir in Kapitel 2.4 kurz eine Strategie vorgestellt, bei der man einerseits eine Kapitalgarantie auf den Anlagebetrag erhält, andererseits aber auch von möglichen Kursteigerungen des Basiswerts profitiert. Der Kern der Strategie „Gewinnchance mit Kapitalgarantie" lautet: Die Zinserträge, die durch den finanzmittelreduzierenden Einsatz von Calls anfallen, werden in gleicher Höhe für den Kauf von Calls verwendet. Da die Zinserträge so hoch sind wie die eingesetzte Optionsprämie, bleibt das eingesetzte Kapital selbst bei einem Verfall der gekauften Calls unangetastet. Steigen die Aktienkurse, partizipiert der Anleger über die gekauften Calls an den Kurssteigerungen.

Die Implementierung der Strategie erfolgt in drei Schritten:

1. Wir ermitteln den Zinsertrag, der bei der Geldanlage des Betrags entsteht, der alternativ in den Kauf der Aktien geflossen wäre. Der Geldanlagezeitraum entspricht der gewählten Laufzeit der Option.
2. Wir ermitteln den Barwert dieses Zinsertrags.

8 Weitergehende Optionsstrategien

3. Wir kaufen Calls im Umfang des Ergebnisses von 2., d.h. im Umfang des Barwerts des Zinsertrags.

Der zweite Schritt ist notwendig, da der Zinsertrag zum Fälligkeitszeitpunkt anfällt, während die Calls bereits am Handelstag gekauft werden müssen.

Nur selten erlaubt das Ergebnis in 3. eine Situation, in der exakt so viele Calls gekauft werden können, wie es dem möglichen Aktienkauf selbst entspricht. Das Prinzip funktioniert aber auch, wenn der Zinsertrag größer oder kleiner ist. Wir erhalten in diesem Fall nur eine über- oder unterproportionale Teilnahme an Aktienkurssteigerungen. Das folgende Beispiel soll den Sachverhalt verdeutlichen:

> *Übung: Ihnen steht ein Anlagebetrag von 9.500 € zur Verfügung, den Sie zum Kauf von 100 Aktien mit einem Kurs von je 95 € verwenden können. Alternativ prüfen Sie die Strategie „Gewinnchance mit Kapitalgarantie". Ein Call mit dem Basiswert von 95 € kostet 10 € bei einer Laufzeit von 14 Monaten. Der Zinssatz für eine Geldanlage für 14 Monate beträgt 4,75 %. Vergleichen Sie den direkten Aktienkauf mit der o.g. Strategie bei einem angenommenen Aktienkurs von 80 € bzw. 120 € zum Fälligkeitszeitpunkt.*
>
> *Antwort: Verfahren wir nach den drei dargestellten Schritten:*
> 1. *Es steht ein Zinsertrag zur Verfügung von 528,52 € = 9.500 € · $(1{,}0475)^{14/12}$ – 1).*
> 2. *Der Barwert des Zinsertrags entspricht 500,66 € = 528,52 €/$(1{,}0475)^{14/12}$.*
> 3. *Mit diesem Betrag können 50 Calls für je 10 € gekauft werden.*
>
> *Da 100 Aktien nur 50 Calls gegenüberstehen, erfolgt die Teilhabe an Aktienkurssteigerungen nur unterproportional. Steht der Aktienkurs am Fälligkeitstag bei 120 €, fließen dem Anleger 1.278,52 € zu. Dieser Wert setzt sich zusammen aus einem Optionsgewinn von 750 € (= 15 € pro Call · 50 Calls) plus dem Zinsertrag in Höhe von 528,52 €. Ein direkter Kauf von 100 Aktien hätte einen Gewinn von 2.500 € bedeutet.*
>
> *Beträgt der Aktienkurs am Fälligkeitstag 80 €, verfallen die Calls, doch bleibt das Kapital unangetastet, da der Verlust der Optionsprämie durch den Zinsertrag ausgeglichen wird. Ein direkter Kauf von 100 Aktien hätte hingegen einen Verlust von 1.500 € zur Folge.*

Je höher der Zinssatz und je länger der Zinsanlagezeitraum ist, desto höher ist der Zinsertrag, der zum Kauf von Calls verwendet werden kann. Die Strategie „Aktienchance mit Kapitalgarantie" wird daher bei höherem Zinssatz immer attraktiver und wird meistens mit länger laufenden Calls umgesetzt.

Eine „Daumenregel-Variante" der vorgestellten Strategie ist die 90/10-Regel. Die 90/10-Regel will eine Orientierung dafür geben will, wie viel Optionsprämie ein Anleger „riskieren" sollte, falls er Calls an Stelle des Basiswerts kauft. Demnach ist eine Alternative zum direkten Aktienkauf der Kauf von Calls im Prämienumfang von 10 % des geplanten Aktienkaufs. Statt z.B. 10.000 € direkt in Aktien anzulegen, könnten Sie nach dieser Regel 9.000 € am Geldmarkt anlegen und Calls für 1.000 € kaufen. Die 90/10-Regel ist der Strategie „Gewinnchance mit Kapitalgarantie" deutlich unterlegen. Sie gibt weder Orientierung, welche Laufzeit oder welcher Basispreis gewählt werden sollte und stellt auch keinen direkten Zusammenhang zwischen dem Zinsertrag und dem Umfang der gekauften Calls dar. Darüber hinaus ist bei der 90/10-Daumenregel der Kapitalerhalt nicht gewährleistet.

8.2 Spread-Kombinationen

Von allen Optionskombinationen werden Spreads am häufigsten verwendet. Bei Spreads werden Optionen des gleichen Typs (Calls bzw. Puts) gleichzeitig gekauft und verkauft. Unterscheiden sich die Optionen hinsichtlich der gewählten Laufzeit, spricht man von einem Time-Spread oder auch Kalender-Spread. Unterschiede im Ausübungspreis führen zu einem Preis-Spread, der auch Vertical Spread genannt wird. Falls sich die Optionen in beiden Merkmalen gleichzeitig unterscheiden, liegt ein Diagonal-Spread vor.

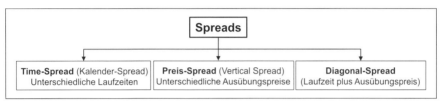

Abbildung B.18: Klassifikation der Spreads

Bevor wir nun die Preis-Spreads und ihre Untervarianten genauer betrachten, möchte ich eine wichtige Vorbemerkung vorausschicken: Der Kauf und Verkauf von Optionen ist nicht kostenlos, sondern mit Transaktionskosten in Form von Bankspesen verbunden. Diese können, je nach Bank und Kontraktzahl, recht hoch sein. Da Banken üblicherweise Mindestgebühren erheben, sind Transaktionen mit geringem Volumen bezogen auf die Optionsprämie relativ hoch.[50] Da bei Spreads stets mehrere Optionen kombiniert werden, ist die Berücksichtigung von Bankspesen noch bedeutsamer als bei einem einfachen Kauf oder Verkauf. Die nachfolgenden Überlegungen gelten daher nur, wenn Sie die Optionspreise unter Berücksichtigung von Bankspesen interpretieren.

Bull-Spread (B_1; B_2)

Vor der Frankfurter Börse stehen ein Stier (Bulle) und ein Bär. Der Bär ist ein Symbol für fallende und der Bulle ein Symbol für steigende Kurse. Der Bull-Spread steht daher für eine Strategie, bei der der Kurs des Basiswerts steigen muss, um Gewinne abzuwerfen. Der englische Begriff Spread heißt übersetzt „Spanne" und tatsächlich legen Sie beim Bull-Spread eine Spanne höherer Kurse fest, bei der Sie einen Gewinn erzielen können. Bei einem Bull-Spread kauft man einen Call und verkauft gleichzeitig einen Call mit *höherem* Ausübungspreis. Die Laufzeit der beiden Calls ist dabei identisch. Abbildung B.19 erläutert das Prinzip an einem Beispiel.

Sie kaufen einen Call mit dem Ausübungspreis B_1 von 100 € zum Preis von 5 € und verkaufen parallel einen Call mit dem höheren Ausübungspreis B_2 von 110 € zum

---

[50] Eine bestimmte deutsche Direktbank verlangt z.B. für den Handel an der EUREX für Aktienoptionen 14 € Mindestgebühr plus 3 € pro Kontrakt (entspricht üblicherweise 100 Aktien). Bei einer Optionsprämie von z.B. 2,5 € erhält der Stillhalter für einen Kontrakt eine Optionsprämie von 250 €. Bezogen auf diese Summe stellen 17 € Bankgebühren immerhin 6,8 % der Optionsprämie dar. Bei 10 Kontrakten hingegen beträgt die Optionsprämie 2.500 € und die Bankgebühren mit 44 € nur noch 1,8 % der Optionsprämie.

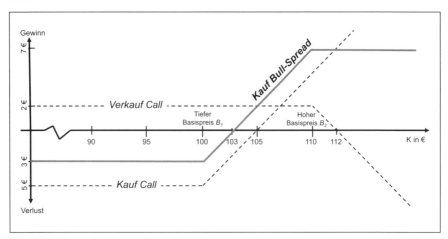

Abbildung B.19: Bull-Spread (B_1; B_2) bei Fälligkeit

Preis von 2 €. Das Ergebnis der beiden Optionspositionen ist ein Bull-Spread in Form der grauen Linie. Wir können folgende Unterschiede zu einem einfachen Call erkennen:

Reduzierter Kapitaleinsatz: Der gezahlten Callprämie von 5 € steht die erhaltene Optionsprämie von 2 € gegenüber. Saldiert werden damit nur 3 € eingesetzt. Verglichen mit einer einfachen Kauf Call Strategie reduzieren wir bei einem Bull-Spread den Kapitaleinsatz und damit das Verlustpotenzial. Die Abbildung zeigt daher auch, dass bei allen Aktienkursen unterhalb des tieferen Basispreises B_1 der maximale Verlust 3 € beträgt.

Reduzierter Break-even-Punkt: Der reduzierte Kapitaleinsatz hat zur Folge, dass der Break-even-Punkt von 105 € auf 103 € sinkt.

Begrenzung des Gewinnpotenzials: Den beiden Vorteilen steht der Nachteil gegenüber, dass das Gewinnpotenzial durch den geschriebenen Call begrenzt wird. Das Gewinnmaximum wird beim Ausübungspreis B_2 des geschriebenen Calls erreicht. Jeder Kursanstieg darüber ist ohne Bedeutung, da dem Gewinn aus dem gekauften Call ein gleich hoher Verlust aus dem geschriebenen Call gegenübersteht. Der maximale Gewinn ist daher leicht ermittelt: Ihnen fließt bei einem Bull-Spread die Differenz aus dem höheren Basispreis B_2 (110 €) und dem tieferen Basispreis B_1 (100 €) zu. Davon müssen wir die saldierte Optionsprämie von 3 € abziehen. Im Beispiel erhalten wir daher ein Gewinnmaximum von 7 €.

Liegt der Aktienkurs K zwischen den beiden Basispreisen, resultiert aus dem gekauften Call bei Fälligkeit eine Zahlung von $(K - B_1)$. Der Break-even-Punkt ist also dann erreicht, wenn der Aktienkurs in Höhe der saldierten Optionsprämien über B_1 steigt. Bei Aktienkursen unterhalb des tieferen Basispreises B_1 hingegen verfallen beide Optionen und es verbleibt ein Verlust in Höhe der saldierten Optionsprämien.

Die Tabelle fasst das Zahlungsprofil eines Bull-Spread zusammen.

8.2 Spread-Kombinationen

	Einzahlung durch Kauf Call (B_1)	Auszahlung durch Verkauf Call (B_2)	Gesamtzahlung (ohne saldierte Optionsprämie)
$K > B_2$	$K - B_1$	$-(K - B_2)$	$B_2 - B_1$
$B_1 < K < B_2$	$K - B_1$	0	$K - B_1$
$K < B_1$	0	0	0

Tabelle B-15: Zahlungsprofil eines Bull-Spread bei Fälligkeit (ohne Optionsprämie)

Durch die Wahl der Basispreise können Sie den Kapitaleinsatz und die Begrenzung des Gewinnpotenzials selbst festlegen. Wir können dabei drei Varianten unterscheiden:

1. Beide Calls sind aus dem Geld.
2. Der gekaufte Call ist im Geld, der verkaufte Call aus dem Geld.
3. Beide Calls sind im Geld.

Die erste Konstellation stellt die aggressivste Variante dar. Das Eingehen dieses Bull-Spread kostet wenig Geld, setzt aber voraus, dass der Aktienkurs stark steigen muss. Beim Übergang auf Variante 2 und 3 wird die Wahrscheinlichkeit immer größer, dass der Aktienkurs K bei Fälligkeit zwischen den beiden Basispreisen liegt. Dadurch werden die Bull-Spreads aber auch zunehmend teurer.

Unabhängig davon, ob Sie sich für Variante 1, 2 oder 3 entscheiden: Idealerweise legen Sie die Höhe des höheren Basispreis B_2 so fest, dass er dem tatsächlichen Kursanstieg entspricht. Legen Sie ihn zu tief, verzichten Sie auf mögliche Gewinne, legen Sie ihn zu hoch, verzichten Sie auf eine mögliche Optionsprämie.

> *Übung:* Der Preis des Basiswerts betrage 34 €. Folgende Callpreise liegen vor: $C_{34} = 3{,}0$ €; $C_{36} = 2$ €; $C_{38} = 1{,}0$ €; $C_{40} = 0{,}5$ €. Die Laufzeit betrage jeweils ein Jahr. Ein Anleger glaubt, dass der tatsächliche Aktienkurs in einem Jahr bei 38 € liegt? Was ist der gewinnmaximale Bull-Spread, falls sich die Erwartungen erfüllen?
> *Antwort:* Die Tabelle zeigt, dass die Ergebnisse. $C_{34/38}$ steht dabei für einen Bull-Spread mit $B_1 = 34$ und $B_2 = 38$. Die Variante $C_{34/38}$ ist der Bull-Spread mit dem höchsten Gewinn.

in €	$C_{34/36}$	$C_{34/38}$	$C_{34/40}$	$C_{36/38}$	$C_{36/40}$	$C_{38/40}$
Optionsprämie	−1,0	−2,0	−2,5	−1,0	−1,5	−0,5
Gewinn/Verlust	2 − 1 = 1	4 − 2 = 2	4 − 2,5 = 1,5	2 − 1 = 1	2 − 1,5 = 0,5	−0,5

Bear-Spread (B_2; B_1)

Das Gegenstück zu einem Bull-Spread ist ein Bear-Spread, bei dem ein Anleger von *rückläufigen* Kursen profitieren will. Hierzu wird ein Put mit einem Basispreis B_2 gekauft und gleichzeitig ein Put mit *tieferem* Basispreis B_1 und gleicher Laufzeit verkauft. Analog zum Bull-Spread legen Sie mit den beiden Basispreisen eine Span-

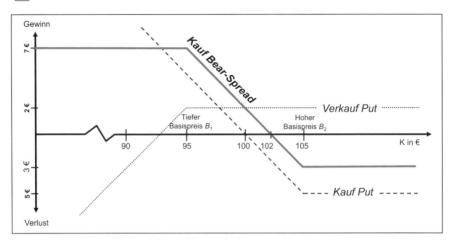

Abbildung B.20: Bear-Spread (B_2; B_1) bei Fälligkeit

ne tieferer Kurse fest, in der Sie einen Gewinn erzielen. Abbildung B.20 zeigt ein Beispiel:

In der Abbildung wird ein Put mit Basispreis $B_2 = 105$ € für 5 € gekauft und ein Put mit einem Basispreis $B_1 = 95$ € für 2 € geschrieben. Das Ergebnis ist ein Bear-Spread in Form der grauen Linie mit folgenden Eigenschaften:

Reduzierter Kapitaleinsatz: Der gezahlten Putprämie von 5 € steht die erhaltene Optionsprämie von 2 € gegenüber. Saldiert setzen Sie damit nur noch 3 € ein. Verglichen mit einer einfachen Putposition reduzieren Sie den Kapitaleinsatz und damit das Verlustpotenzial bei einem Bear-Spread. Die Abbildung zeigt, dass bei allen Kursen über B_2 der maximale Verlust nur 3 € beträgt.

Reduzierter Break-even-Punkt: Durch den reduzierten Kapitaleinsatz steigt der Break-even-Kurs von 100 € bei einem einfachen Put auf 102 € beim Bear-Spread. Der erwartete Kursrückgang kann geringer ausfallen, um noch in die Gewinnzone zu gelangen.

Begrenzung des Gewinnpotenzials: Diesen beiden Vorteilen steht jedoch der Nachteil gegenüber, dass das Gewinnpotenzial durch den geschriebenen Put begrenzt wird. Das Gewinnmaximum wird beim Ausübungspreis B_1 des geschriebenen Puts erreicht. Jeder darüber hinausgehende Kursrückgang ist ohne Bedeutung, da dem Gewinn aus dem gekauften Put ein gleich hoher Verlust aus dem geschriebenen Put gegenübersteht. Das Gewinnmaximum ist damit leicht ermittelt: Höherer Basispreis B_2 (105 €) abzüglich tieferer Basispreis B_1 (95 €) abzüglich der saldierten Optionsprämie von 3 €. Im Beispiel erhalten wir ein Gewinnmaximum von 7 €.

Liegt der Aktienkurs K zwischen den beiden gewählten Basispreisen, erhalten Sie zum Fälligkeitszeitpunkt eine Zahlung von ($B_2 - K$) aus dem gekauften Put. Der Break-even-Punkt ist dann erreicht, wenn der Aktienkurs in Höhe der saldierten Optionsprämien unter B_2 fällt. Bei Aktienkursen über B_2 verfallen beide Optionen und es verbleibt ein Verlust in Höhe der saldierten Optionsprämien.

Die Tabelle fasst das Zahlungsprofil eines Bear-Spread zusammen.

	Einzahlung durch Kauf Put (B_2)	Auszahlung durch Verkauf Put (B_1)	Gesamtzahlung (ohne saldierte Optionsprämie)
$K < B_1$	$B_2 - K$	$-(B_1 - K)$	$B_2 - B_1$
$B_1 < K < B_2$	$B_2 - K$	0	$B_2 - K$
$K > B_2$	0	0	0

Tabelle B-16: Zahlungsprofil eines Bear-Spread bei Fälligkeit (ohne Optionsprämie)

Durch die Wahl der Basispreise können Sie analog zum Bull-Spread den Kapitaleinsatz und die Begrenzung des Gewinnpotenzials selbst festlegen. Die aggressivste Variante liegt dann vor, wenn beide Basispreise aus dem Geld sind. Das Eingehen dieses Bear-Spread kostet wenig Geld, erbringt aber nur dann einen Gewinn, wenn der Aktienkurs entsprechend stark sinkt.

Die bisher beschriebenen Bull-Spreads und Bear-Spreads waren aus Käufersicht mit einem Nettoaufwand in Höhe der saldierten Optionsprämien verbunden. Wir können die *Käuferposition* aber auch so aufbauen, dass sie eine Nettoprämien*einnahme* erzeugen.

Verkauf eines Bear-Spread ergibt einen Bull-Spread mit Nettoeinnahme

Betrachten Sie dazu nochmals die letzte Abbildung B.20. Sie zeigt die Position eines Bear-Spread aus Sicht des Käufers, der bei rückläufigen Kursen Geld verdienen will. Jedem Käufer steht aber ein Verkäufer gegenüber. Stellen Sie sich nun das *nicht eingezeichnete* Bild des Verkäufers vor. Seine Position ist, wie wir wissen, spiegelbildlich zum Käufer zu sehen. Er hat daher einen maximalen Verlust von 7 € unterhalb des Basispreises B_1 und einen maximalen Gewinn von 3 € in Höhe der Nettoprämie oberhalb des Basispreises B_2. Das dabei entstehende Risikoprofil entspricht dem Risikoprofil eines Bull-Spread. Der Verkäufer des Bear-Spread profitiert von höheren Kursen und macht einen Verlust bei fallenden Kursen. Wir können demnach einen Bull-Spread nicht nur mit Calls konstruieren, sondern auch mit Puts. Hierzu verkaufen wir einen Put mit höherem Basispreis B_2 und kaufen simultan einen Put mit niedrigerem Basispreis B_1. Die saldierte Optionsprämie stellt den maximalen Gewinn dar, der maximale Verlust die Differenz zwischen B_2 und B_1, reduziert um die saldierte Optionsprämie.

Verkauf eines Bull-Spread ergibt einen Bear-Spread mit Nettoeinnahme

Wie Sie unschwer erraten können, verändert auch der Bull-Spread sein Risikoprofil in einen Bear-Spread, wenn wir ihn aus Sicht des Verkäufers interpretieren. Betrachten Sie hierfür nochmals Abbildung B.19 auf Seite 78 und stellen Sie sich das *nicht eingezeichnete* Risikoprofil des Verkäufers des Bull-Spread vor, indem Sie die Kaufposition an der x-Achse spiegeln. Unschwer können Sie das Profil eines Bull-Spread „erkennen". Der Verkauf des Calls mit dem niedrigeren Basispreis B_1 und der Kauf mit höherem Basispreis B_2 führen zu einem Bear-Spread mit einer Nettoprämieneinnahme in Höhe von 3 €. Sie stellt den maximalen Gewinn dar.

Ratio-Spread

Wie bei allen Spread-Kombinationen werden auch bei einem Ratio-Spread simultan Optionen gekauft und verkauft. Das besondere bei Ratio-Spreads besteht darin, dass das Verhältnis[51] zwischen verkauften und gekauften Optionen nicht mehr eins ist, sondern einen anderen Wert annimmt. Nehmen wir als Ausgangspunkt wieder den bekannten Bull-Spread in der Abbildung B.19 auf Seite 78. Dem gekauften Call mit einem Basispreis B_1 von 100 € zum Preis 5 € steht ein verkaufter Call mit Basispreis B_2 von 110 € mit gleicher Laufzeit zum Preis von 2 € gegenüber. Der Nettoprämienaufwand beträgt damit 3 €. Wir könnten nun das Kauf-Verkaufsverhältnis ändern und z.B. für jeden gekauften Call *zwei* Calls verkaufen. Damit bilden wir einen 2:1-Bull-Spread. Der Vorteil dieser Kombination im Vergleich zum einfachen Bull-Spread liegt darin, dass das Nettoprämienaufkommen nur noch 1 € beträgt. Jedem gekauften Call für 5 € stehen 2 · 2 € aus den verkauften Calls gegenüber. Der Vorteil des verringerten Prämieneinsatzes wird allerdings mit dem Nachteil erkauft, dass bei Aktienkursen über B_2 ein Verlustpotenzial entsteht. Das Auszahlungsprofil des 2:1-Bull-Spread ergibt folgendes Bild:

	Einzahlung durch Kauf 1 Call (B_1)	Auszahlung durch Verkauf 2 Calls (B_2)	Gesamtzahlung (ohne saldierte Optionsprämie)
$K > B_2$	$K - B_1$	$-2 \cdot (K - B_2)$	$B_2 - B_1 - (K - B_2)$
$B_1 < K < B_2$	$K - B_1$	0	$K - B_1$
$K < B_1$	0	0	0

Tabelle B-17: Zahlungsprofil eines 2:1-Bull-Spread (ohne Optionsprämie)

Steht der Aktienkurs K höher als B_2, fließt dem Käufer des 2:1-Bull-Spread zum Fälligkeitszeitpunkt einerseits der aus dem Bull-Spread bekannte Betrag von $B_2 - B_1$ zu. Aus dem zweiten geschriebenen Call resultiert jedoch eine Auszahlungsverpflichtung in Höhe von $K - B_2$. Der Break-even-Punkt von 119 € im Beispiel ist dann erreicht, wenn der Verlust aus dem zweiten geschriebenen Call ($K - B_2$) so hoch ist, wie der Gewinn aus dem einfachen Bull-Spread ($B_2 - B_1 = 10$ €) abzüglich der saldierten Optionsprämie von einem Euro.

Das Gewinnmaximum liegt immer bei B_2, im Beispiel bei 110 €. Beide geschriebenen Calls verfallen und es entsteht eine Zahlung in Höhe von $B_2 - B_1$. Ziehen wir davon die gezahlte saldierte Optionsprämie von einem Euro ab, ergibt sich ein Gewinnmaximum von 9 €.

Liegt K zwischen den beiden Basispreisen, verfallen die zwei verkauften Calls und dem Inhaber des 2:1-Bull-Spread fließt ein Betrag von $K - B_1$ zu. Da die saldierte Optionsprämie nur einen Euro beträgt, muss der Aktienkurs auch nur noch um einen Euro über B_1 steigen, um den tieferen Break-even-Punkt zu erreichen. Bei Aktienkursen unterhalb von B_1 verfallen alle Calls und es verbleibt ein Verlust in Höhe der saldierten Optionsprämie von einem Euro. Die Abbildung stellt das Ergebnis grafisch dar.

---

[51] Da das Verhältnis im Englischen als „ratio" bezeichnet wird, erklärt sich der Begriff Ratio-Spread.

8.2 Spread-Kombinationen

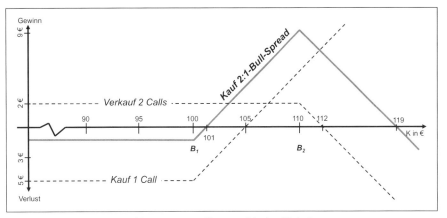

Abbildung B.21: Risikoprofil eines 2:1-Bull-Spread bei Fälligkeit

Sie lässt deutlich den Kursbereich erkennen, auf den der Käufer eines 2:1-Bull-Spread setzt. Idealerweise bewegt sich der tatsächliche Kurs bei Fälligkeit in einem engen Bereich um den höheren Basispreis B_2. Starke Abweichungen davon hält der Käufer offenkundig für unwahrscheinlich.

Selbstverständlich sind beliebig andere Verhältnisse (ratios) zwischen gekauften und verkauften Optionen möglich, bei denen sich dann auch das Risikoprofil und die Break-even-Punkte entsprechend ändern.

> **Übung:** Ermitteln Sie auf Basis des letzten Beispiels das Gewinnmaximum und den Break-even-Punkt für einen 3:1 Bull-Spread.
>
> **Antwort:** Ein 3:1-Bull-Spread generiert eine positive Nettoprämie von einem Euro, da dem gekauften Call für 5 € Prämieneinnahmen von 6 € für die drei verkauften Calls mit dem höheren Basispreis gegenüberstehen. Das Gewinnmaximum von 11 € wird bei $B_2 = 110 €$ erreicht. Für jeden Euro, den K über 110 € liegt, entsteht ein Verlust von 2 €.[52] Die 11 € sind damit bei einem Aktienkurs „aufgebraucht", der um 5,5 € über dem Basispreis von B_2 liegt, d.h. bei 125,5 €.

Wir können naheliegender Weise Ratio-Spreads nicht nur mit Calls, sondern auch mit Puts konstruieren. Die Ermittlung der Break-even-Punkte bzw. des Gewinnmaximums verläuft analog zum ausführlich dargestellten 2:1-Bull-Spread.[53]

Butterfly-Spread (B_1; B_2; B_3)

Butterfly heißt übersetzt „Schmetterling". Wir können einen Butterfly mit Calls unmittelbar aus einem 2:1-Bull-Spread ableiten. Betrachten Sie hierfür nochmals die letzte Abbildung B.21. Falls der Käufer des 2:1-Bull-Sread sein Verlustrisiko bei steigenden Aktienkursen eliminieren will, muss er einen Call mit einem Basispreis höher als B_2 kaufen. Nennen wir diesen Basispreis B_3 und legen wir ihn im Beispiel auf 120 € mit einem Preis von 0,5 € fest. Damit haben wir den 2:1-Bull-Spread in

---

[52] Der „erste" der drei geschriebenen Calls wird durch den gekaufen Call neutralisiert.
[53] Im Aufgabenteil finden Sie hierzu eine Übung.

einen sogenannten Butterfly verwandelt. Bei einem Butterfly mit Calls wird demnach eine Kaufoption mit dem Basispreis B_1 gekauft, beim Basispreis B_2 zwei Calls verkauft und beim Basispreis B_3 wiederum ein Call gekauft.

Wie viel kostet die Gesamtposition? Hierzu addieren wir die einzelnen Größen: Ausgaben von 5 € für den gekauften C_{100} und den gekauften C_{120} von 0,5 € stehen Einnahmen von 4 € für die zwei geschriebenen C_{110} für je 2 € gegenüber. Die saldierten Nettoprämienausgaben betragen somit 1,5 €. Die Ein- und Auszahlungen zum Fälligkeitszeitpunkt ohne saldierte Optionsprämie fasst die Tabelle zusammen.

	Einzahlung Kauf 1 Call (B_1)	Auszahlung Verkauf 2 Calls (B_2)	Einzahlung Kauf 1 Call (B_3)	Gesamtzahlung (ohne Optionsprämie)
$K < B_1$	0	0	0	0
$B_1 < K < B_2$	$K - B_1$	0	0	$K - B_1$
$B_2 < K < B_3$	$K - B_1$	$-2 \cdot (K - B_2)$	0	$B_2 - B_1 - (K - B_2)$
$K < B_3$	$K - B_1$	$-2 \cdot (K - B_2)$	$K - B_3$	$B_2 - B_1 - (B_3 - B_2)$

Tabelle B-18: Zahlungsprofil Butterfly (ohne Optionsprämie)

Bei $K < B_1$ verfallen alle Calls und es verbleibt ein Verlust in Höhe der Nettoprämie von 1,5 €. Das Gewinnmaximum von 8,5 € wird beim Basispreis der geschriebenen Calls B_2 erreicht. Die Gesamtzahlung von 10 € ($B_2 - B_1$) reduziert sich um die saldierte Prämie von 1,5 €.

Bei Aktienkursen über B_2 sinkt der Gewinn bis zum Erreichen des Basispreises B_3. Die Gesamtzahlung setzt sich dabei aus dem Gewinn des gekauften Bull-Spread in Höhe von $B_2 - B_1$ abzüglich des Verlusts aus dem verkauften zweiten Call in Höhe von $B_3 - B_2$ zusammen. Im Beispiel neutralisieren sich Gewinn und Verlust, da sie jeweils 10 € betragen. Der maximale Verlust bei Aktienkursen über dem Wert von B_3 ist daher im Beispiel wieder so hoch wie die bezahlte Nettoprämie von 1,5 €. Grafisch erhalten wir folgendes Bild und mit ein wenig Phantasie erkennen wir im Risikoprofil eines Butterflys tatsächlich den Flügelschlag eines Schmetterlings.

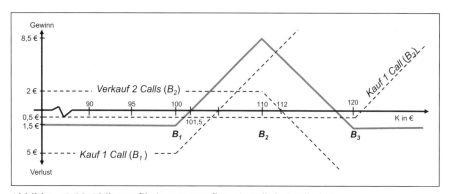

Abbildung B.22: Risikoprofil eines Butterflys mit Calls bei Fälligkeit

Wir können Butterflys natürlich auch einsetzen, wenn wir auf niedrigere Kurse setzen. Hierzu kaufen wir einen Put mit dem höchsten Basispreis B_3, verkaufen zwei Puts mit einem tieferen Basispreis von B_2 und kaufen einen Put mit dem Basispreis B_1. Das Gewinnmaximum wird dann erreicht, wenn der Aktienkurs auf das Niveau von B_2 fällt.[54]

Time-Spread (Kauf Laufzeit 1; Verkauf kürzere Laufzeit 2)

Ein Time-Spread, auch Kalender-Spread oder Horizontal-Spread genannt, ist ebenfalls eine Kombination aus einer gekauften und einer geschriebenen Option. Allerdings unterscheiden sich dabei nicht die Basispreise, sondern die Laufzeiten der Optionen. Beim Kauf eines Time-Spread wird eine Option gekauft und simultan eine Option mit gleichem Basispreis aber kürzerer Laufzeit verkauft.

> **Beispiel:** Sie kaufen einen Call auf die ABC-Aktie mit einem Basispreis von 50 € bei einer Laufzeit von 12 Monaten zum Preis von 6 €. Parallel verkaufen Sie einen Call mit gleichem Basispreis bei einer Laufzeit von 3 Monaten zum Preis von 3 €. Der aktuelle Kurs der ABC-Aktie betrage 49 €.

Die Option mit längerer Laufzeit ist teurer als die Option mit kürzerer Laufzeit. Der Käufer eines Time-Spread hat damit einen Nettoprämienaufwand, der gleichzeitig seinen maximalen Verlust darstellt. Was aber ist das Kalkül bei einem Time-Spread und welches Risiko steckt in ihm?

Das Kalkül von Time-Spreads ist, dass der Zeitwertverfall von Optionen mit kurzer Laufzeit schneller erfolgt als von länger laufenden Optionen. Da der Zeitwertverfall annäherungsweise einer Wurzelfunktion folgt, ist in unserem Beispiel der Zeitwert der Jahresoption nur doppelt so hoch wie der Zeitwert der Dreimonats-Option, obwohl ihre Laufzeit viermal so lang ist.[55] Das Idealszenario für den Käufer des Time-Spread im Beispiel bestünde darin, dass der Aktienkurs in drei Monaten weiterhin knapp unter dem Basispreis von 50 € notiert. Der geschriebene Call mit kürzerer Laufzeit würde wertlos verfallen und der Käufer könnte erneut einen Call mit einer Laufzeit von dann noch drei Monaten schreiben. Die dabei erzielte Prämie hängt davon ab, wie nahe der Aktienkurs zu diesem Zeitpunkt unter dem Basispreis von 50 € liegt. Unterstellen wir weiterhin einen Aktienkurs von 49 €, dann würde der Käufer c.p. durch das erneute Schreiben einer Dreimonats-Option wieder eine Optionsprämie von 3 € erhalten. Damit hätte er bereits 6 € für die zwei geschriebenen Calls eingenommen. Das Spiel setzt sich fort. Notiert in sechs Monaten der Preis der ABC-Aktie wieder unter dem Basispreis von 50 €, könnte er zum dritten Mal einen Call mit einer Laufzeit von drei Monaten schreiben und wiederum die Prämie aus dem geschriebenen Call einstreichen. Insgesamt lässt sich auf diese Art und Weise die Jahresoption in vier Dreimonatsoptionen „zerlegen" und viermal Prämie durch das Schreiben von Optionen generieren.

Das klingt wie eine Geldmaschine. Worin besteht das Risiko? Das Risiko besteht darin, dass sich der Aktienkurs schnell und stark vom gewählten Basispreis entfernt und damit die Zeitwertdifferenz zwischen den beiden Optionen verschwin-

---

[54] Eine Übung zum Butterfly mit Puts finden Sie im Aufgabenteil.
[55] Siehe hierzu Kapitel B.6.4.

det. Nehmen wir an, dass der Aktienkurs nach drei Monaten auf einen Kurs von 20 € fällt. In diesem Fall wird das Schreiben eines Calls mit einer Laufzeit von drei Monaten und einem Basispreis von 50 € nur noch eine sehr geringe Optionsprämie von sagen wir 0,3 € ergeben. Verharrt der Aktienkurs auf diesem Niveau, generieren der dritte und vierte geschriebene „kurze" Call jeweils auch nur eine geringe Prämieneinnahme. In Summe wird daher der Käufer des Time-Spread den größten Teil der ursprünglich eingesetzten Nettooptionsprämie verlieren. Ähnlich schlecht ist einer schneller und ausgeprägter Anstieg des Aktienkurses. Nehmen wir hierzu einen Kurs von 90 € nach drei Monaten an. Sie kaufen nun den geschriebenen Call zurück und schreiben erneut einen Call mit dem Basispreis von drei Monaten. Da der Call tief im Geld ist, ist der Zeitwert aber nahezu null. Sie können deshalb nicht vom schnelleren Zeitwertverfall des „kurzen" Calls profitieren.

Da der Zeitwert einer Option am Geld sein Maximum erreicht, werden Time-Spreads häufig mit Optionen aufgebaut, die nahe am Geld sind. Falls Sie allerdings erwarten, dass der Aktienkurs zum Fälligkeitszeitpunkt der kurzen Option deutlich vom aktuellen Aktienkurs abweicht, sollten Sie den Basispreis wählen, der Ihrer Ansicht nach dem Aktienkurs zum Verfallzeitpunkt der kurzen Option am nächsten kommt. Folglich lässt sich der erwartete Kursverlauf durch die Wahl des Basispreises in die dafür passende Strategie umsetzen.

> *Übung:* Folgende Preise sind gegeben: Der aktuelle Aktienkurs steht bei 50 €. Ferner liegen folgende Callpreise vor: Laufzeit sechs Monate: $C_{50} = 4,0$ €; $C_{55} = 1,5$ €. Laufzeit drei Monate: $C_{50} = 2,9$ €; $C_{55} = 1,1$ €. Sie glauben, dass der Aktienkurs in drei Monaten bei 55 € steht? Welcher Time-Spread eignet sich hierfür am besten?
>
> *Antwort:* Sie kaufen den C_{55} mit Laufzeit 6 Monate für 1,5 € und verkaufen gleichzeitig den C_{55} Laufzeit 3 Monate für 1,1 €. Falls der Aktienkurs in drei Monaten tatsächlich bei 55 € notiert, können Sie einen C_{55} c.p. erneut für 1,1 € verkaufen.

Time-Spreads werden von Anlegern nach dem Verfall der kurzen Option häufig in andere Kombinationen verändert. Wenn der Anleger in der letzten Übung z.B. nach drei Monaten glaubt, dass der Aktienkurs von 55 € auf 60 € steigt, dann wird er nach drei Monaten nicht an seinem Time-Spread festhalten und erneut einen Call mit einem Basispreis von 55 € schreiben. Besser wäre, wenn er dann bei der angenommenen Aktienkursentwicklung vollständig auf das Schreiben eines Calls verzichtet und nur an seinem gekauften Call festhält. Eine Alternative wäre der Umbau in einen Bull-Spread, etwa durch das Schreiben eines Calls mit einem Basispreis von 60 €. Dadurch wird zusätzlich Prämie generiert.

Diagonal-Spread

Bei einem Diagonal-Spread wird ein Time-Spread mit einem Bull- oder Bear-Spread kombiniert. Beim Bull-Time-Spread etwa kaufen Sie einen Bull-Spread, wählen allerdings für den geschriebenen Call eine kürzere Laufzeit. Das Idealszenario wäre, wenn der Aktienkurs bis zum Fälligkeitszeitpunkt des kurzen Calls bis zum Basispreis des geschriebenen Calls steigt. Sie könnten dann erneut einen Call schreiben und somit erneut Prämieneinnahmen generieren.

8.3 Kombinationen aus Calls und Puts

Straddle

Beim Straddle werden gleichzeitig ein Call und ein Put mit gleicher Laufzeit und gleichem Basispreis gekauft. Ein Anleger wird dann einen Gewinn mit dieser Strategie erzielen, wenn sich der Aktienkurs ausreichend stark vom gewählten Basispreis entfernt. Die Richtung ist dabei ohne Bedeutung. Entscheidend ist das Ausmaß der Kursbewegung. Dies erklärt auch den englischen Begriff „Straddle", den wir am besten mit „Grätsche" übersetzen können. Das maximale Verlustrisiko aus Käufersicht sind die beiden Optionsprämien für den Call und den Put. Der Break-even-Punkt bei Fälligkeit ist dann erreicht, wenn der Aktienkurs vom gewählten Basispreis stärker gestiegen bzw. gefallen ist als die Summe der beiden Optionsprämien. Abbildung B.23 zeigt das Risikoprofil eines Straddles. Hierzu wird jeweils ein Call und ein Put mit dem Basispreis von 100 € gekauft. Die Fälligkeit betrage drei Monate. Da der Putpreis im Beispiel bei 4 € und der Callpreis bei 5 € liegt, werden die Break-even-Punkte bei 109 € bzw. 91 € erreicht.

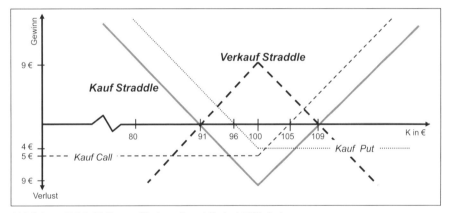

Abbildung B.23: Risikoprofil eines Straddle bei Fälligkeit

Während der Laufzeit eines Straddles ist aus Käufersicht die Zeit der größte Gegner, da beide Optionen täglich an Wert verlieren. Positiv auf den Wert eines Straddles während der Laufzeit wirkt sich hingegen ein Anstieg der Volatilität aus, da eine höhere Volatilität sowohl den Preis des Calls als auch den Preis des Puts erhöht.

Die Sicht des Verkäufers eines Straddles zeigt die gestrichelte Linie. Sie ist das an der x-Achse gespiegelte Bild des Risikoprofils aus Käufersicht.

Viele Anleger vermuten im Kauf eines Straddles eine gute Strategie, um spekulativ Geld zu verdienen, da sie von Aktienbewegungen in beide Richtungen profitieren. Bitte bedenken Sie jedoch, dass die Kursbewegung sehr stark und sehr schnell erfolgen muss, um den täglichen Werteverfall der Optionen auszugleichen.

Einige Anleger setzen dann auf Straddles, wenn ein wichtiges Ereignis für die entsprechende Aktie bevorsteht. Dies kann die Bekanntgabe von neuen Unternehmenszahlen sein, ein erwartetes Übernahmeangebot, die Veränderung von politischen Rahmenbedingungen für diese Unternehmung usw. Allerdings werden sie dabei häufig Geld verlieren, weil diese Unsicherheit bereits in die Call- und Putpreise eingeflossen sind und bereits im Vorfeld zu einer entsprechenden Erhöhung der Optionspreise geführt haben. Eine Straddle-Strategie wird nur dann erfolgreich sein, wenn die Preisreaktionen am Markt nach Bekanntgabe der Informationen stärker als allgemein erwartet ausfallen.

Das Risikoprofil eines Straddle kann variiert werden, wenn das Verhältnis zwischen gekauften Calls und Puts verändert wird. Wird der Preisanstieg des Basiswerts für wahrscheinlicher gehalten wird als ein Rückgang, dann werden mehr Calls als Puts gekauft. Wir sprechen dann von einem „Strap". Gehen Sie den umgekehrten Weg und kaufen mehr Puts als Calls liegt ein „Strip" vor.

Strangle

Eine weitere Variation eines Straddles erhalten wir, wenn wir für den Call und den Put bei gleicher Laufzeit unterschiedliche Basispreise wählen. Wir sprechen dann von einem Strangle. Die Basispreise werden dabei häufig so gewählt, dass beide Optionen aus dem Geld sind. Dies macht die Optionen billiger.

Betrachten wir Abbildung B.24. Der aktuelle Aktienkurs betrage 97 €. Der für den Strangle gewählte Putpreis hat einen Basispreis von 90 € und kostet 2 €, dargestellt in der punktierten Linie. Der gestrichelt dargestellte Call hat einen Basispreis von 110 € und kostet 1 €. Addiert man beide Positionen, erhält man das Risikoprofil eines Strangles in Form der dicken grauen Linie.

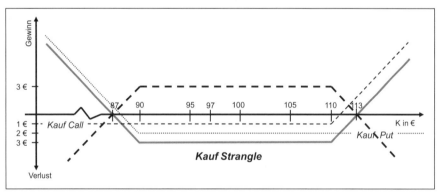

Abbildung B.24: Risikoprofil eines Strangle bei Fälligkeit

Durch das Auseinanderziehen der Basispreise entsteht ein relativ breites Verlustband in Höhe der addierten Optionsprämien. Der Aktienkurs muss sich damit deutlich von seinem jetzigen Niveau entfernen, um einen Gewinn für den Anleger zu bewirken. Bei sinkenden Kursen liegt der Break-even in Höhe der addierten Optionsprämie unterhalb des gewählten Basispreises des Puts. Bei steigenden Kursen erreicht der Anleger die Gewinnzone, wenn der Aktienkurs in Höhe der addierten Optionsprämie über dem gewählten Basispreis des Calls liegt. Für unser gewähltes Beispiel errechnen wir daher Werte von 87 € respektive 113 €.

Der Vorteil des Strangles im Vergleich zum Straddle besteht in der geringeren addierten Optionsprämie und damit im geringeren absoluten Verlustrisiko. Dem steht der Nachteil gegenüber, dass die zukünftige Aktienkursbewegung noch stärker ausfallen muss.

Während der Laufzeit ist für den Käufer eines Strangles die Zeit sein größter Gegner, da der Call und der Put täglich an Zeitwert verlieren. Preissteigernd hingegen wirkt sich ein Anstieg der Volatilität aus, da eine höhere Volatilität den Preis beider Optionen steigen lässt.

Der Verkauf eines Strangles wird in der gestrichelten schwarzen Linie dargestellt. Dem breiten Aktienkursspektrum mit Gewinn stehen hohe Verlustpotenziale bei stark schwankenden Aktienkursen gegenüber.

9 Dynamisches Aktien- und Optionsmanagement

Bei unseren bisherigen Überlegungen betrachteten wir stets das Risikoprofil von Optionsstrategien zum Fälligkeitszeitpunkt. Wir versetzten uns in die Lage eines Marktteilnehmers, der eine Optionsstrategie vor dem Hintergrund seiner Markterwartung aufsetzt und dann bis zum Fälligkeitszeitpunkt abwartet. Dieses Bild entspricht aber nicht dem Normalfall. Der Normalfall ist vielmehr, dass Marktteilnehmer ihre Optionsstrategie in Abhängigkeit von der tatsächlichen Preisentwicklung anpassen und ändern. Wenn anfänglich Gewinne oder Verluste eintreten, werden sie mit Gewinnsicherungsstrategien bzw. Reparaturstrategien agieren und nicht tatenlos bis zum Fälligkeitstag verharren. Wir wollen in den folgenden Kapiteln dieser Dynamik des Handelns genauer nachspüren.

9.1 Gewinnsicherungsstrategien beim Kauf eines Calls

Der Ausgangspunkt ist der Kauf eines Calls auf eine Aktie, die derzeit bei 49 € notiert. Der Call hat eine Laufzeit von sechs Monaten, einen Basispreis von 50 € und kostet 2,7 €.[56] Unmittelbar nach dem Kaufzeitpunkt steigt der Aktienkurs auf 55 €. Dadurch erhöht sich Wert des C_{50} auf 6,8 €. Wie können Sie sich in dieser Situation verhalten?

Gewinne realisieren: Sie können die Position schließen und den C_{50} zu 6,8 € verkaufen. Damit realisieren Sie einen Gewinn in Höhe von 4,1 €.

Beibehalten der Position: Sie können Ihre Callposition unverändert belassen und hoffen, dass der Aktienkurs bis zum Fälligkeitszeitpunkt noch weiter steigt. Dabei wird Ihr Call allerdings jeden Tag an Zeitwert verlieren. Ferner laufen Sie Gefahr, den Gewinn wieder zu verlieren oder gar einen Verlust zu erleiden, falls der Aktienkurs sinken sollte.

Neben dem „entweder – oder" steht Ihnen eine Reihe zusätzlicher Handlungsmöglichkeiten zur Verfügung, falls Sie Ihre Callposition nach dem Kursanstieg in eine kombinierte Optionsstrategie überführen. Dabei unterstellen wir die folgenden Optionspreise:

	C_{50}	C_{55}	C_{60}	C_{65}	Laufzeit
K = 55	6,8 €	3,6 €	1,6 €	0,5 €	6 Monate
K = 55		2,6 €	1,1 €	0,2 €	3 Monate

Tabelle B-19: Optionspreise nach dem Kursanstieg

Überführen in einen Bull-Spread: Sie können nach dem Kursanstieg Ihren Call in einen Bull-Spread überführen, indem Sie Ihren ursprünglichen C_{50} beibehalten und zusätzlich einen Call mit höherem Basispreis schreiben. Wählen Sie z.B. den C_{55}, erzielen Sie eine Prämie von 3,6 €. Da Sie den C_{50} für 2,7 € gekauft hatten, erhalten

---

[56] Die nachfolgenden Callpreise wurden auf Basis des Black-Scholes-Modells berechnet. Die Volatilität wurden mit 20 %, der risikofreie Zinssatz mit 4 % und die Laufzeit mit 180 Tagen festgelegt. Während der Laufzeit der Optionen findet keine Dividendenzahlung statt.

9.1 Gewinnsicherungsstrategien beim Kauf eines Calls

Sie für den $C_{50/55}$ Bull-Spread[57] eine Nettoprämie von 0,9 € (3,6 € – 2,7 €). Ihr Mindestgewinn beträgt daher 0,9 €, selbst wenn der Aktienkurs bei Fälligkeit wieder unter den Basispreis von 50 € fallen sollte. Andererseits haben Sie weiterhin ein Gewinnpotential bis 5,9 €, das Sie immer dann erreichen, wenn der Aktienkurs bei Fälligkeit über dem Basispreis des geschriebenen Calls von 55 € liegt.

Sollten Sie nach dem Kursanstieg von einem fortgesetzten Anstieg des Aktienkurses ausgehen, werden Sie sinnvollerweise einen höheren Basispreis wählen, z.B. 60 €. Der Verkauf des C_{60} führt zu einer Prämieneinnahme von 1,6 €. Daher kostet Sie der Bull-Spread $C_{50/60}$ faktisch nur 1,1 € (1,6 € – 2,7 €). Diese gezahlte Nettoprämie stellt Ihren maximalen Verlust dar. Gleichzeitig steigern Sie durch den höheren Basispreis Ihr Gewinnpotenzial auf 8,9 €.

Wir können erkennen, dass die Überführung eines Calls in einen Bull-Spread eine Mischung zwischen den beiden Alternativen „Gewinne realisieren" und „Beibehalten der Position" ist. Je höher der gewählte Basispreis für den geschriebenen Call ist, desto mehr nähert sich der gewählte Bull-Spread der Strategie „Position beibehalten".

Überführen in einen Bull-Time-Spread: Eine weitere Variante erhalten wir, wenn wir nach dem Kursanstieg einen Bull-Time-Spread[58] eröffnen. Sollten Sie von einer Seitwärtsbewegung des Aktienmarkts ausgehen, könnten Sie den ursprünglichen C_{50} beibehalten und den C_{55} mit einer Laufzeit von *drei Monaten* zum Preis von 2,6 € verkaufen. Unser Bull-Time-Spread kostet damit faktisch nur 0,1 €, da Sie für den C_{50} ursprünglich 2,7 € bezahlt hatten. Liegt der Aktienkurs in drei Monaten weiterhin bei 55 €, können Sie ein zweites Mal einen C_{55} mit einer Laufzeit von drei Monaten schreiben und so ein zweites Mal Prämieneinnahmen generieren. Gehen Sie hingegen von einem fortgesetzten Kursanstieg aus, dann überführen Sie den ursprünglichen C_{50} in einen Bull-Time-Spread auf Basis eines verkauften C_{60} mit drei Monaten Laufzeit. Diese Position kostet 1,6 € (+1,1 € – 2,7 €), eröffnet ein Gewinnpotenzial bis 8,4 € und gibt Ihnen zusätzlich die Chance, ein zweites Mal einen Call zu schreiben.

Überführen in einen Butterfly: Eine dritte Alternative ist der nachträgliche Aufbau einer Butterfly-Position. Hierzu würden Sie den ursprünglichen C_{50} beibehalten, zwei Calls mit dem Basispreis von 60 € zum Preis von je 1,6 € schreiben und einen C_{65} für 0,5 € kaufen, um gegen unerwartet hohe Kurssteigerungen abgesichert zu sein. Der Butterfly ist für Sie kostenlos (–2,7 € + 2 · 1,6 € – 0,5 €) und eröffnet bei $K = 60$ € ein maximales Gewinnpotenzial von 5,0 €.

Gewinn realisieren und in höheren Basispreis rollen: Sie verkaufen den C_{50} für 6,8 € und realisieren zunächst Ihren Gewinn in Höhe von 4,1 €. Mit diesem Gewinn kaufen Sie Calls mit einem höheren Basispreis. Je nach gewählter Laufzeit und gewählten Basispreis können Sie damit unterschiedlich viele Calls kaufen. Der Reiz dieses Vorgehens ist, dass Sie, unabhängig von der zukünftigen Aktienkursentwicklung, keinen Verlust befürchten müssen und dennoch von weiteren Kurssteigerungen des Basiswerts profitieren können.

Diese Strategie können Sie variieren, etwa indem Sie nur für einen Teil des Gewinns Calls mit höherem Basispreis kaufen. Sie könnten den gesamten Gewinn oder Teile

---

[57] Zur Erinnerung: $C_{50/55}$ steht für einen Bull-Spread mit Kauf C_{50} und Verkauf C_{55}.
[58] Zur Erinnerung: Ein Bull-Time-Spread ist ein Bull-Spread, bei dem der geschriebene Call eine kürzere Laufzeit hat als der gekaufte Call.

des Gewinns aber auch einsetzen, um Bull-Spreads mit einem höheren Basispreis zu kaufen, etwa den $C_{55/60}$ für je 2 €.

Wir sehen, dass Marktteilnehmer nach einem Kursanstieg sehr differenziert reagieren können, ein großes Handlungsspektrum haben und ihre Optionsstrategie sehr passgenau an die neue Markteinschätzung ausrichten können.

Die hier aufgeführten Gewinnsicherungsstrategien lassen sich selbstverständlich auch auf den Kauf eines Puts übertragen. Wenn nach dem Kauf des Puts der Kurs des Basiswerts fällt und der Putpreis steigt, haben Marktteilnehmer mehr Handlungsspielräume als nur „Gewinne realisieren" oder „Beibehalten der Position". Im Aufgabenteil finden Sie hierfür eine Übungsaufgabe.

9.2 Gewinnsicherungsstrategien beim Kauf einer Aktie

Der Ausgangspunkt ist ein Anleger, der eine Aktie zum Preis von 49 € kauft. Kurz nach dem Kauf steigt der Kurs auf 55 €. Die Handlungsmöglichkeiten aus Aktionärssicht sind vom Grundsatz denen sehr ähnlich, die wir im Zusammenhang mit dem Kauf eines Calls betrachtet haben: Der Anleger kann einerseits Gewinne in Höhe von 6 € je Aktie realisieren oder seine Aktienposition beibehalten. Optionen geben einem Anleger jedoch eine Reihe von zusätzlichen Handlungsmöglichkeiten.

Gewinn realisieren und in Optionsposition überführen: Sie könnten den Gewinn in Höhe von 6 € realisieren. Diesen Gewinn oder Teile davon verwenden Sie, um Calls zu kaufen. Sie schließen damit einerseits jeglichen Verlust aus und profitieren dennoch von weiteren Kurssteigerungen der Aktie. Je nach Laufzeit und Basispreis erhalten Sie für den Gewinn von 6 € unterschiedlich viele Call. Sollten Sie von einem moderaten weiteren Anstieg des Aktienkurses ausgehen, sind Bull-Spreads oder Bull-Time-Spreads einfachen Calls überlegen.

Überführen in eine Covered Call Position: Nach dem Kursanstieg der Aktie kann das Schreiben eines Calls eine sinnvolle Alternative sein. Je nach gewähltem Basispreis entsteht dadurch eine entsprechende Mischung zwischen noch vorhandenem Gewinnpotenzial und erzieltem Kursschutz in Höhe der erzielten Prämie. Schreibt der Anleger z.B. einen C_{55} mit 3,6 €, begrenzt er seine Gewinne auf 9,6 €.[59] Die eingenommene Optionsprämie hat eine Schutzwirkung für die Aktie, denn er erleidet jetzt erst dann einen Verlust, wenn der Aktienkurs unter 45,4 € fällt (49 € – 3,6 €).

Je höher der gewählte Basispreis, desto höher ist das Gewinnpotenzial, desto geringer ist jedoch auch die Schutzwirkung der Optionsprämie. Wählt er z.B. einen C_{60} für 1,6 €, verbleibt ein Gewinnpotenzial von 12,6 €. Gleichzeitig tritt der Verlustfall nun aber bereits bei einem Aktienkurs von 47,4 € ein.

Weitere Möglichkeiten: Analog zum Bull-Time-Spread könnten Sie einen Call mit einer kürzeren Laufzeit schreiben, um so möglicherweise mehrere Male vom Verkauf eines Calls profitieren zu können.

Alternativ könnten Sie analog zu einem Butterfly zwei Calls je Aktie schreiben und so Ihre Prämieneinnahme erhöhen. Gegen das Risiko von Aktienkurssteigerungen

---

[59] Die für 49 € gekaufte Aktie muss im Ausübungsfall zum Basispreis von 55 € geliefert werden. Addieren wir zu diesem Gewinn von sechs Euro die Optionsprämie von 3,6 €, erhalten wir einen maximalen Gewinn von 9,6 €.

jenseits der gewählten Basispreise kaufen Sie zusätzlich einen Call mit noch höherem Basispreis.

9.3 Reparaturstrategien beim Kauf einer Aktie

Die nachfolgende Ausgangssituation ist Anlegern leider häufig allzu vertraut. Man kauft Aktien und der Preis der Aktie sinkt nach dem Kauf. Wählen wir ein konkretes Beispiel: Sie kaufen heute 100 Aktien zum Preis von 60 € und der Kurs der Aktie liegt nach einer Woche bei 55 €. Welche Möglichkeiten hat ein Anleger in einer solchen Lage? Ohne den Einsatz von Optionen stehen dem Anleger drei Alternativen zur Verfügung:

Verluste realisieren: Gemäß dem Motto „die ersten Verlusten sind die geringsten" kann ein Ausstieg aus der Position und die Realisierung eines Verlusts in Höhe von 500 € eine sehr kluge Herangehensweise sein, wenn zu befürchten ist, dass der Aktienkurs weiter deutlich sinken wird.

Abwarten und hoffen: Viele Anleger versuchen den „Verlust auszusitzen" in der Hoffnung, dass irgendwann der Aktienkurs wieder über den Einstandskurs klettert. Bei dieser passiven „Strategie" wird an der Aktienposition festgehalten.

Einstandskurs reduzieren: Bei dieser populären Strategie kauft der Anleger zusätzliche Aktien zum gesunkenen Preis und reduziert so den Einstandskurs. Werden wiederum 100 Aktien zum Preis von 55 € nachgekauft, sinkt der Break-even-Kurs der Gesamtposition auf 57,5 €. Nun reicht ein geringerer Kursanstieg, um den Anleger zurück in die Gewinnzone zu bringen. Allerdings steigt mit dem Kauf von 100 zusätzlichen Aktien im Volumen von 5.500 € der Kapitalbedarf und führt fast zu einer Verdoppelung des Verlustrisikos.

Der Einsatz von Optionen erweitert die Handlungsmöglichkeiten des Anlegers. Bei den nachfolgenden Maßnahmen nutzen wir wiederum die Calls der Tabelle B-19 auf Seite 90 mit einer Laufzeit von sechs Monaten. Zur Vereinfachung führen wir die Preise nochmals auf.

	C_{50}	C_{55}	C_{60}	C_{65}	Laufzeit
$K = 55$	6,8 €	3,6 €	1,6 €	0,5 €	6 Monate

Kauf eines 2:1-Ratio-Spreads: Wir kaufen nach dem eingetretenen Kursrückgang 100 C_{55} zum Preis von je 3,6 € und verkaufen 200 C_{60} zum Preis von je 1,6 €. Wir können deshalb doppelt so viel Calls schreiben wie kaufen, weil wir ja bereits 100 Aktien besitzen. Der Aufbau des Ratio-Spreads kostet den Anleger nur 40 € (200 · 1,6 € – 100 · 3,6 €). Trotz dieses geringen zusätzlichen finanziellen Einsatzes, sinkt der Break-even-Punkt der Gesamtposition auf 57,7 €. Machen wir die Probe:

Gewinn durch 100 C_{55} (bei Fälligkeit; K = 57,7 €):	+ 100 · 2,7 € = + 270 €
Saldierte Optionsprämie für 100 2:1-Ratio-Spread:	– 40 €
Verlust je Aktie 2,3 € (60 € – 57,7 €); Gesamtverlust:	– 100 · 2,3 € = – 230 €
Summe	0 €

9 Dynamisches Aktien- und Optionsmanagement

Der 2:1-Ratio-Spread hat auf den Break-even-Kurs der Gesamtposition fast den gleichen Effekt wie die riskante Strategie „Einstandskurs reduzieren". Doch statt das finanzielle Engagement durch ein Nachkaufen von 100 weiteren Aktien um 5.500 € auszuweiten, reicht hier eine geringe zusätzliche Ausgabe von lediglich 40 €.

Den Break-even-Kurs können Sie einfach berechnen: Nehmen Sie den Durchschnitt des aktuellen Aktienkurses (55 €) und des Basispreises der geschriebenen Calls (60 €), d.h. 57,5 €. Dazu addieren Sie die saldierte Optionsprämie des 2:1-Ratio-Spreads pro Aktie und gekauften Call (40 €/200 = 0,2 €). Sie erhalten 57,7 €.

Selbstverständlich kann der Anleger durch die Wahl der Basispreise das Mischungsverhältnis zwischen reduziertem Einstandskurs und dem gewünschten Gewinnpotenzial der Gesamtposition steuern.

Die 2:1-Ratio-Spread-Strategie hat zwei Nachteile: Erstens ist das Gewinnpotenzial der Gesamtposition auf Aktienkurssteigerungen bis zum Basispreis der geschriebenen Calls limitiert. Ihr möglicher Gesamtgewinn im Beispiel ist daher auf 460 € (100 · 5 € – 40 €) begrenzt. In der beschriebenen Ausgangsposition von bereits eingetretenen Kursverlusten geht es aber häufig nur noch darum, den Verlust möglichst gut ohne zusätzliche Risiken zu reduzieren. Der zweite Nachteil ist die zeitliche Begrenztheit des neuen Break-even-Kurses auf die Laufzeit der gewählten Option.

Kauf eines Bull-Spread: Die Wahl eines Bull-Spread bietet sich an, wenn der Anleger weiterhin von einem deutlichen Kursanstieg überzeugt ist. Wählen wir z.B. einen Bull-Spread $C_{55/60}$ zum saldierten Optionspreis von 2,0 € (–3,6 € + 1,6 €), reduziert sich der Break-even-Kurs der Gesamtposition auf 58,5 €.[60] Bei einem Bull-Spread auf 100 Aktien kostet die Strategie lediglich 200 €. Dies ist zwar höher als beim 2:1-Ratio-Spread, doch im Gegenzug profitiert der Anleger nun von Aktienkursen über 60 €, da die ursprünglich gekauften Aktien nicht mehr zum Preis von 60 € geliefert werden müssen.

Selbstverständlich kann der Anleger auch beim Bull-Spread durch die Wahl der Basispreise ein Feintuning zwischen Break-even-Punkt und Gewinnpotenzial betreiben.

9.4 Reparaturstrategien beim Kauf eines Calls

Um die Qualität alternativer Handlungsstrategien besser vergleichen zu können, wählen wir die gleiche Ausgangslage: Der Aktienkurs steht bei 60 € und Sie kaufen 100 C_{60} mit einer Laufzeit sechs Monaten zum Preis von je 4,0 €. Unmittelbar nach dem Kauf sinkt der Aktienkurs auf 55 € und Sie finden die in der Tabelle B-19 genannten Preise, die hier nochmals aufgeführt werden. Der Preis des C_{60} sinkt demnach auf 1,6 €.

	C_{50}	C_{55}	C_{60}	C_{65}	Laufzeit
$K = 55$	6,8 €	3,6 €	1,6 €	0,5 €	6 Monate

---

[60] Dem Verlust von 150 € aus der Aktienposition stehen beim Aktienkurs von 58,5 € Gewinne aus dem Bull-Spread von 150 € gegenüber.

9.4 Reparaturstrategien beim Kauf eines Calls

Die im Zusammenhang mit einem Aktienkauf aufgeführten Reparaturstrategien lassen sich auf den Kauf eines Calls übertragen. Sie können erstens Ihre Verluste in Höhe von 2,4 € je Call realisieren. Sie können zweitens durch den Kauf von 100 weiteren C_{60} zu je 1,6 € Ihren Einstandskurs auf 2,8 € reduzieren, wodurch Sie jedoch gleichzeitig Ihr Verlustrisiko erhöhen. Ferner müssen wir dabei bedenken, dass der Aktienkurs in der Restlaufzeit der Optionen nun kräftig ansteigen muss, um den Break-even-Aktienkurs von 62,8 € zu erreichen. Die dritte Alternative, abwarten und hoffen, ist beim Kauf von Optionen schwieriger als beim Kauf von Aktien, weil die Laufzeit der Option begrenzt ist und der Zeitwert des Calls jeden Tag sinkt.

Die Grundidee der beiden nachfolgend dargestellten Reparaturstrategien besteht darin, den Break-even-Kurs abzusenken, ohne gleichzeitig das finanzielle Engagement wesentlich zu erhöhen. Häufig geht es in der beschriebenen misslichen Ausgangssituation nicht mehr darum hohe Gewinne zu erzielen, sondern die Chancen zu erhöhen, halbwegs unbeschadet aus den eingetretenen Verlusten herauszukommen.

Prämienneutral in einen tieferen Basiswert rollen: Wir verkaufen die 100 gekauften C_{60} zum Preis von 1,6 € und kaufen in Höhe der Prämieneinnahme von 160 € eine entsprechende Anzahl von Calls mit tieferem Basispreis. Da das Rollen in die neue Position kostenneutral erfolgt, erhöht sich das Verlustpotenzial der Position nicht. Im Beispiel können wir für 160 € exakt 44,4 Calls C_{55} zum Preis von je 3,6 € erwerben.[61] Der Break-even-Punkt der neuen Position liegt bei 64 €.[62] Allerdings reduziert sich der Verlust nun bereits bei Aktienkursen über 55 €, während bei den ursprünglichen gekauften Calls C_{60} erst Aktienkurse über 60 € den Verlust reduziert hätten. Läge der Aktienkurs bei Fälligkeit bei 60 €, würde ein Beibehalten der ursprünglichen Position von 100 C_{60} zu einem Totalverlust führen. Das prämienneutrale Rollen in 44,4 C_{55} hingegen erbringt immerhin noch einen Ausübungsertrag von 222 € (44,4 · 5 €).

Mit der Wahl des Basispreises legt der Anleger den Aktienkurs fest, ab dem eine Verlustreduktion beginnt und damit indirekt den neuen Break-even-Kurs.

Prämienneutraler Umbau in einen Bull-Spread mit tieferem Basispreis: Eine weitere Absenkung des Break-even-Punkts erreichen wir, wenn wir die ursprüngliche Position nicht in einen einfachen Call mit tieferem Basispreis rollen, sondern in den prämienneutralen Kauf eines Bull-Spread $C_{55/60}$. Hierzu verkaufen wir die 100 C_{60} für 160 € und kaufen uns für den Erlös eine entsprechende Anzahl Bull-Spreads $C_{55/60}$. Da die Nettoprämie je Bull-Spread $C_{55/60}$ 2,0 € beträgt (–3,6 € + 1,6 €), können wir 80 Bull-Spreads kaufen.[63] Der Break-even-Aktienkurs sinkt auf 60 € ab.[64] Allerdings werden wir keinen Gewinn mehr erzielen können, selbst wenn der Aktienkurs zum Fälligkeitszeitpunkt über 60 € liegen sollte.

---

[61] Selbstverständlich können wir keine Bruchteile eines Calls kaufen. Um die Berechnung aber von Rundungsdifferenzen zu befreien, wählen wir diese Vorgehensweise.
[62] Der Kauf von 100 Calls C_{60} kostete ursprünglich 400 €. 44,44 C_{55} führen bei einem Aktienkurs von 64 € zu einem Gewinn von 9 € · 44,44 = 400 €.
[63] Um die Transaktionskosten möglichst gering zu halten, entspricht der Basispreis des verkauften Calls häufig dem Basispreis der ursprünglich gekauften Calls. Der Börsenauftrag lautet in unserem Beispiel daher: Kaufe 80 C_{55} und verkaufe 180 C_{60}.
[64] Die ursprünglich eingesetzte Optionsprämie liegt bei 400 €. Teilen wir 400 € durch 80 Bull-Spreads erhalten wir einen notwendigen Preisanstieg von 5 €, um einen Ausübungsertrag von 400 € zu ermöglichen.

9 Dynamisches Aktien- und Optionsmanagement

Grundsätzlich wäre auch ein Umbau der Callposition in einen Bull-Spread $C_{60/65}$ möglich. Allerdings erbringt der geschriebene C_{65} wegen des gesunkenen Aktienkurses kaum noch Prämieneinnahmen und senkt daher den Break-even-Wert kaum ab.

Die beiden nächsten Strategien zielen darauf ab, mehr Zeit zu gewinnen und das Zeitfenster für die notwendigen Aktienkurssteigerungen zu vergrößern. Die relevanten Optionspreise lauten:

	C_{50}	C_{55}	C_{60}	C_{65}	Laufzeit
K = 55	5,9 €	2,6 €	1,1 €	0,2 €	3 Monate
K = 55	6,8 €	3,6 €	1,6 €	0,5 €	6 Monate
K = 55	7,7 €	4,6 €	2,5 €	1,2 €	9 Monate

In längere Laufzeit rollen: Wir verkaufen die ursprüngliche Position von 100 C_{60} mit einer Laufzeit von sechs Monaten zum Preis von 1,6 € und kaufen gleichzeitig 100 C_{60} mit einer Laufzeit von 9 Monaten. Damit gewinnen wir drei Monate Zeit. Allerdings müssen wir 90 € zusätzliche Finanzmittel zur Verfügung stellen, da Optionen mit einer längeren Laufzeit teurer sind (100 · 1,6 € – 100 · 2,5 € = –90 €). Falls wir das Rollen in eine längere Laufzeit prämienneutral gestalten wollen, kaufen wir entsprechend weniger Calls. Im Beispiel könnten wir prämienneutral 64 C_{60} mit einer Restlaufzeit von neun Monaten kaufen (160 €/2,5 €). Damit steigt allerdings auch der Break-even-Aktienkurs auf 66,25 €.

Prämienneutraler Umbau in einen Time-Spread: Falls wir nicht von einer deutlichen Erholung des Aktienkurses in den nächsten sechs Monaten ausgehen, können wir die Position in einen Time-Spread mit dem Basispreis von 60 € umbauen (Kauf C_{60}, 9 Monate; Verkauf C_{60}, 6 Monate). Hierzu verkaufen wir 100 C_{60} zum Preis von 160 € und kaufen uns eine entsprechend große Anzahl an Time-Spreads. Ein Time-Spread mit den Laufzeiten von 9 und 6 Monaten kostet 0,9 € (–2,5 € + 1,6 €). Demnach könnten wir 177,8 Time-Spreads kaufen. Alternativ können wir die bestehende Position auch prämienneutral in einen Time-Spread mit den Laufzeiten 3 und 6 Monaten umbauen, falls wir von einer schnelleren Kurserholung ausgehen. Da jeder Time-Spread 0,5 € kostet, könnten wir 320 Time-Spreads kaufen.

Eine naheliegende weitere Möglichkeit besteht darin, die bestehende Position von 100 C_{60} mit der Laufzeit von sechs Monaten aufrechtzuerhalten und 100 C_{60} mit einer Laufzeit von 3 Monaten zu verkaufen. In diesem Fall erfolgt der Umbau nicht prämienneutral, sondern generiert Prämieneinnahmen von 110 €.

10 Weitere Einzelthemen zu Optionen

10.1 Kontraktspezifikation und Margins für Optionen an der EUREX

Aktienoptionen werden üblicherweise als Börsengeschäft abgeschlossen. Dabei müssen die Handelsteilnehmer die Optionen in der von der Börse vorgegebenen „Verpackung" hinsichtlich des Erfüllungszeitpunkts, der handelbaren Größeneinheiten und hinsichtlich der Zahlungs- und Liefermodalitäten akzeptieren.

Eine der weltweit größten Terminbörsen ist die EUREX mit Sitz in Frankfurt. Dort können Optionen auf die meisten der 600 Aktien gehandelt werden, die im STOXX Europa 600 Index vertreten sind. Hinzu kommen Optionen auf ausgewählte russische Aktien.[65] Die Kontraktspezifikationen an der EUREX variieren teilweise mit der Heimatbörse der Aktien, d.h. belgische Aktien haben teilweise andere Kontraktspezifikationen als z.B. italienische Aktien. Die Unterschiede betreffen insbesondere die Höhe eines Kontrakts sowie die Tage zwischen Ausübungszeitpunkt und Erfüllung des Geschäfts. Die selbsterklärende Tabelle fasst die Kontraktspezifikationen für Optionen auf *deutsche* Aktien zusammen.

Basiswert	Die jeweiligen Aktien
Kontraktgröße	Standardmäßig umfasst ein Kontrakt 100 Aktien, vereinzelt aber auch 10 (Münchner Rück, Allianz) oder 50 (SAP, Beiersdorf)
Optionsprämie	Die Prämie muss in voller Höhe in der Währung des jeweiligen Kontraktes am Börsentag gezahlt werden, der dem Handelstag folgt
Erfüllung	Je nach Aktie physische Lieferung/Abnahme von 10, 50 oder 100 Aktien zwei Börsentage nach Ausübung
Handelszeiten	9.00 Uhr bis 17.30 Uhr MEZ
Laufzeit	**Bis zu 12 Monate:** Die drei nächsten aufeinander folgenden Kalendermonate und die drei darauf folgenden Quartalsmonate aus dem Zyklus März, Juni, September und Dezember. **Bis zu 24 Monate:** Wie zuvor. Zusätzlich die zwei darauf folgenden Halbjahresmonate aus dem Zyklus Juni und Dezember. **Bis zu 60 Monate:** Wie zuvor. Zusätzlich die vier darauf folgenden Halbjahresmonate aus dem Zyklus Juni und Dezember sowie die zwei darauf folgenden Jahresmonate aus dem Zyklus Dezember.

---

[65] Unter www.eurexchange.com>Handel>Produkte finden Sie eine jeweils aktuelle Übersicht über die verfügbaren Aktienoptionen. Ferner können Sie dort auch die Broschüre EUREX Produkte 2011 abrufen, die alle verfügbaren Derivate der EUREX sowie deren Kontraktspezifikationen zusammenfasst.

10 Weitere Einzelthemen zu Optionen

Anzahl der Basispreise	Bei Einführung der Optionen stehen für jeden Call und Put für jede Fälligkeit mit Laufzeiten von bis zu 24 Monaten (über 24) mindestens sieben (fünf) Ausübungspreise für den Handel zur Verfügung. Davon sind drei (zwei) Ausübungspreise im Geld, ein Ausübungspreis am Geld und drei (zwei) Ausübungspreise aus dem Geld
Ausübungspreise in EUR	Ausübungspreisintervalle in EUR für Verfallmonate mit Restlaufzeit

Ausübungspreise in EUR	≤ drei Monate	4–12 Monate	> 12 Monate
≤ 2	0,10	0,10	0,20
2 – 4	0,20	0,20	0,40
4 – 8	0,50	0,40	0,80
8 – 20	1,00	1,00	2,00
20 – 52	2,0	2,0	4,0
52 – 100	5,00	4,00	800
100 – 200	10,00	0,00	20,00
200 – 400	20,00	20,00	40,00
> 400			

Ausübungstag	Es handelt sich um amerikanische Optionen. Ausübungen sind daher an jedem Börsentag während der Laufzeit bis 20.00 Uhr MEZ möglich. Lediglich am Tag des Dividendenbeschlusses (Hauptversammlung) ist eine Ausübung ausgeschlossen.
Letzter Handelstag	Letzter Handelstag ist der Schlussabrechnungstag. Schlussabrechnungstag ist der dritte Freitag eines jeweiligen Verfallmonats, sofern dieser ein Börsentag ist, andernfalls der davor liegende Börsentag.
Schlussabrechnungspreis	DAX-Indexwert auf Grundlage der im Handelssystem Xetra für die im jeweiligen Index enthaltenen Aktienwerte gegen 13.00 Uhr ermittelten Auktionspreise

Tabelle B-20: Kontraktspezifikationen für Optionen auf deutsche Aktien (EUREX)

Margins für Aktienoptionen

Wir hatten bereits erwähnt, dass die Börse (Clearinghaus) als zentraler Kontrahent bei Börsengeschäften eintritt und sich deshalb die Ansprüche der Käufer und Verkäufer einer Option gegen die Börse richten.[66] Dadurch wird ein mögliches Kontrahentenrisiko der Handelsteilnehmer auf die Börse übertragen. Um sich selbst gegen einen möglichen Ausfall zu schützen, fordert die Börse von den Handelsteilnehmer ausreichend Sicherheiten (Margins), die in bar oder in Form von Wertpapieren hinterlegt werden können.

Käufer von Optionen sind von Sicherheitsleistungen befreit, da sie mit der Optionsprämie bereits ihren maximal möglichen Verlust bezahlt haben. Damit besteht kein Kontrahentenrisiko für die Börse. Sicherheiten werden aber von Stillhaltern verlangt. Die einzige Ausnahme sind gedeckte Stillhalterpositionen, da in diesem Fall der zu liefernde Basiswert bereits im Bestand des Callverkäufers ist.

Die Höhe der geforderten Sicherheiten für Stilhalter folgt einer simplen Logik: Sie muss stets so hoch sein, dass die Börse am nächsten Handelstag die Position eines

---

[66] Siehe hierzu die Ausführungen in A.2.5.

10.1 Kontraktspezifikation und Margins für Optionen an der EUREX

Handelsteilnehmers glattstellen könnte und die dabei auftretenden Verluste durch Margins gedeckt sind. Die Margins setzen sich daher aus zwei Größen zusammen:

Premium Margin: Sie ist der Geldbetrag, der *heute* durch die Glattstellung der Option entstehen würde. In der Praxis handelt es sich dabei um die Höhe der Optionsprämie, die die Börse am Tagesende feststellt.

Additional Margin:[67] Sie dient dazu, die bis zum Ende des *nächsten* Börsentags *möglichen* Glattstellungsverluste abzudecken. Da diese Verluste von der Marktentwicklung des Basiswerts bestimmt werden, unterstellt die Börse dabei einen Worst-Case-Verlust, der maßgeblich von der Volatilität des Basiswerts geprägt wird.

Die Summe der beiden Größen wird Gesamt-Margin genannt und bildet die Höhe der erforderlichen Sicherheiten, die tagtäglich neu berechnet wird. Sollten sie nicht mehr ausreichen, wird von der Börse ein Nachschuss (Margin Call) gefordert.

> *Beispiel:* Wir ermitteln die Gesamt-Margin für vier Call-Kontrakte auf die BASF-Aktie, die zum Preis von je 3,5 € verkauft wurden. Die Kontraktgröße beträgt 100 Aktien.[68] Der Abrechnungspreis am Tagesende betrage 4,1 € und der von der Börse festgesetzte Worst-Case-Preis für den Call am nächsten Tag 5,0 €.

Marginart	Allgemein	Beispiel
Premium Margin	Kontraktzahl · Kontraktgröße · Abrechnungspreis	4 · 100 · 4,1 € = 1.640 €
Additional Margin	Kontraktzahl · Kontraktgröße · (Worst-Case-Preis – Abrechnungspreis)	4 · 100 · (5,0 – 4,1) € = 360 €
Gesamt-Margin		2.000 €

> Das Glattstellungsrisiko für die Börse beträgt 2.000 €. Sie verlangt daher Sicherheiten in dieser Höhe, sei es in bar oder in Form von hinterlegten Wertpapieren. Der Betrag setzt sich gedanklich aus zwei Größen zusammen: Aktuell müsste die Börse 1.640 € zahlen, um die Position zu schließen. Ferner könnte – ausgehend vom Abrechnungspreis – schlimmstenfalls am nächsten Tag ein weiterer Verlust von 360 € entstehen.

Die Ermittlung der erforderlichen Margin einer einzelnen Optionsposition ist einfach und übersichtlich. Allerdings wird die Berechnung schnell komplex, wenn ein Marktteilnehmer viele verschiedene Positionen hält. Um die Sicherheitsstellung für die Marktteilnehmer so gering wie möglich zu halten, verrechnet die Börse die

---

[67] International gebräuchlicher ist der Begriff „Initial Margin". Initial Margin und Additional Margin sind zwar Synonyme, doch da die EUREX ausschließlich letzteren Begriff nutzt, verwenden auch wir in diesem Buch den Begriff Additional Margin.

[68] Die aktuellen Kontraktspezifikationen an der EUREX finden Sie auf der Homepage www.eurechchange.com unter Handel/Produkte.

Sicherheitsleistungen einer Margin-Klasse[69] und berücksichtigt dabei auch etwaige Long-Positionen. Die grundsätzliche Herangehensweise und die Ermittlung der Gesamt-Margin durch Addition der Premium Margin und Additional Margin bleibt aber stets erhalten. Eine sehr gute Übersicht zur Marginermittlung bei der EUREX finden Sie in ihrer Broschüre „Clearing – Risk Based Margining".

10.2 Aktienindexoptionen

Allgemeines zu Indexoptionen

Optionen werden nicht nur auf Einzelaktien gehandelt, sondern am häufigsten auf Aktienindizes. Es gibt dabei sehr viele Indizes, auf die Optionen gehandelt werden können. Indizes auf deutsche Aktien sind z.B. der DAX-Index oder der M-DAX. Indizes auf ausländische Aktien sind etwa der Dow-Jones-Index in den USA, der FTSE-Index in Großbritannien oder der Nikkei-225-Index in Japan. Optionen auf Aktienindizes können wir weitgehend wie Optionen auf Einzelaktien behandeln. Wir müssen lediglich den Indexstand als Aktienkurs interpretieren. Der große Unterschied zu Einzeloptionen besteht darin, dass im Ausübungsfall nicht die dem Index zugrunde liegenden Aktien physisch geliefert werden, sondern ein Barausgleich erfolgt. Dies bedeutet, dass im Ausübungsfall die Differenz zwischen dem gewählten Basispreis und dem Indexstand in Geld Aktien ausgeglichen wird. Im Englischen spricht man in diesem Zusammenhang von „Cash-Settlement".

> **Beispiel:** Der DAX-Index steht aktuell bei 6.000 Punkten. Wir kaufen einen sechs-Monats-Call auf den DAX-Index mit einem Basispreis von 6.100 Punkten. Die Optionsprämie beträgt 250 €. Steht der Index bei Fälligkeit unter 6.100 Punkten verfällt die Option. Notiert der Index bei 6.700 Punkten, erhält der Käufer vom Verkäufer 600 € ausbezahlt, d.h. die Differenz zwischen Indexstand und Basispreis. Zieht man davon die bezahlte Prämie von 250 € ab, erhalten wir einen Gewinn von 450 € pro Option.

Indexoptionen werden wie Aktienoptionen üblicherweise an Börsen gehandelt. Dabei legen die jeweiligen Börsen fest, wie hoch die Kontraktgröße ist, d.h. die kleinste handelbare Einheit. Die DAX-Indexoptionen im Beispiel werden an der EUREX gehandelt und haben eine Kontraktgröße von 5. Beim Kauf eines Kontrakts müssten demnach 5 mal 250 € Optionsprämie bezahlt werden und würden zu einem Barausgleich von 5 mal 600 € führen, wenn der Index bei Fälligkeit bei 6.700 Punkten notiert.

Basiswert	DAX-Index
Kontraktgröße	Fünfmal der Index, d.h. pro Indexpunkt fünf Euro
Erfüllung	Erfüllung durch Barausgleich, fällig am ersten Börsentag nach dem Schlussabrechnungstag
Handelszeiten	8:50 Uhr bis 17.30 Uhr MEZ

---

[69] Unter Margin-Klasse versteht man die Zusammenfassung aller Positionen, die sich auf den gleichen Basiswert oder auf nahezu perfekt korrelierte Basiswerte beziehen.

Laufzeit	Bis 12 Monate: Die drei nächsten aufeinanderfolgenden Kalendermonate und die drei darauf folgenden Quartalsmonate aus dem Zyklus März, Juni, September und Dezember. Die längste angebotene Laufzeit beträgt 119 Monate.
Letzter Handelstag	Letzter Handelstag ist der Schlussabrechnungstag. Schlussabrechnungstag ist der dritte Freitag eines jeweiligen Verfallmonats, sofern dieser ein Börsentag ist, andernfalls der davor liegende Börsentag.
Schlussabrechnungspreis	DAX-Indexwert auf Grundlage der im Handelssystem Xetra für die im jeweiligen Index enthaltenen Aktienwerte gegen 13.00 Uhr ermittelten Auktionspreise

Tabelle B-21: Kontraktspezifikation von DAX-Indexoptionen (EUREX)

Spekulieren und hedgen mit Indexoptionen

Indexoptionen werden sowohl von Hedgern als auch von Spekulanten sehr geschätzt. Für Spekulanten eröffnen sie die Möglichkeit, auf die Entwicklung des im jeweiligen Index erfassten Gesamtmarkts mit einer einzigen Transaktion zu setzen.

Viele Anleger kennen das Phänomen, dass sie zwar die Entwicklung des Gesamtmarkts richtig eingeschätzt hatten, aber die konkret gekaufte Aktie eine davon abweichende Kursentwicklung genommen hat. Die abweichende Entwicklung kann sich dabei auf das Ausmaß der Kursänderung, manchmal sogar auf die Richtung beziehen, etwa wenn eine Einzelaktie fällt und der Gesamtmarkt steigt. Die Kennzahl, die ausdrückt, in welchem Verhältnis sich Index und Einzelwert bewegen, wird als „Beta" der Aktie bezeichnet.[70] Zwar ist es für Anleger grundsätzlich möglich, durch den Kauf von vielen Einzelaktien der Entwicklung des Gesamtmarkts sehr nahe zu kommen, doch dieses Vorgehen ist zeit und vor allem mit hohen Transaktionskosten verbunden. Mit Indexoptionen können Akteure unmittelbar auf den Gesamtmarkt setzen und dabei alle mit Optionen verbundenen Anwendungsmöglichkeiten wie Spreads, Kombinationen etc. nutzen.

Auch die Absicherung von Aktien bzw. der Einsatz von Optionsstrategien erreicht mit Indexoptionen eine neue Dimension. Stellen Sie sich hierzu den Aktienfonds einer Investmentgesellschaft vor, die in ihrem Aktienportfolio 150 verschiedene Aktien hält. Will der Investmentmanager seine Aktien mit Hilfe von Puts absichern (Protective Put) oder eine Covered Call Strategie fahren, muss er für 150 Einzelaktien die entsprechende Anzahl an Puts kaufen oder Calls schreiben. Hier gilt ebenfalls: Dieses Vorgehen ist zeitaufwändig und mit hohen Transaktionskosten verbunden. Viel einfacher ist die Nutzung von Indexoptionen. Die konkrete Handhabe wollen wir an einem Beispiel zeigen:

---

[70] Zur Ableitung siehe Bösch, Finanzwirtschaft (2009), S. 63ff. Die Betawerte der im DAX-Index vertretenen Aktien können Sie dem Wirtschaftsteil jeder größeren Zeitung entnehmen.

10 Weitere Einzelthemen zu Optionen

Beispiel: Ein Anleger hält derzeit Aktien auf fünf deutsche Unternehmungen in seinem Bankdepot und möchte sie gegen einen befürchteten starken Kursrückgang auf aktuellem Kursniveau durch den Kauf von Puts auf den DAX-Index für sechs Monate absichern. Das Depot mit den in der Tabelle aufgeführten Aktien hat einen Wert von 100.000 €. Aktuell steht der DAX-Index bei 6.000 Punkten.

	Anzahl	Marktpreis in €	Wert in €	Gewicht im Portfolio	Beta (ß)
Daimler	500	35	17.500	17,5 %	1,5
RWE	800	40	32.000	32,0 %	0,6
Commerzbank	1500	9	13.500	13,5 %	1,8
MAN	300	60	18.000	18,0 %	1,3
Allianz	200	95	19.000	19,0 %	1,4
Gesamtportfolio			100.000	100,0 %	1,20
DAX-Index		6.000 Punkte			

DAX-Puts am Geld mit einem Basispreis von 6.000 Punkten und einer Laufzeit von sechs Monaten kosten annahmegemäß 300 €. Um berechnen zu können, wie viele Put-Kontrakte zur Absicherung gekauft werden müssen, benötigen wir drei Informationen:

1. Wie hoch ist der Gesamtwert der abzusichernden Aktien: Antwort: 100.000 €.

2. Wie sensibel reagieren die im Bestand gehaltenen Aktien auf eine Änderung des DAX-Index? Antwort: Das gewichtete Beta der Einzelaktien zeigt an, wie stark die fünf Aktien auf eine Veränderung des DAX-Index reagieren, d.h.:

$ß(Portfolio) = 1,5 \cdot 17,5\% + 0,6 \cdot 32\% + 1,8 \cdot 13,5\% + 1,3 \cdot 18\% + 1,4 \cdot 19\% = 1,20$

Damit wissen wir, dass sich der Wert der im Depot befindlichen Gesamtaktien um 1,2 % verändert, wenn sich der DAX-Index um 1,0 % verändert.

3. Wie hoch ist der Wert eines einzelnen Indexkontrakts: Antwort: Bei Optionen auf den DAX-Index lautet die von der EUREX festgelegte Kontraktgröße fünfmal der Index.

Mit diesen drei Informationen können wir die Anzahl der benötigten Put-Kontrakte berechnen:

$$\text{Kontraktzahl} = \frac{\text{Portfoliowert}}{\text{Indexstand} \cdot \text{Kontraktgröße}} \cdot ß(\text{Portfolio}) = \frac{100.000}{6.000 \cdot 5} \cdot 1,2 = 4,0$$

Da wir nun wissen, wie viel Kontrakte notwendig sind, können wir die gesamte Optionsprämie bestimmen, die der Absicherungsschutz den Anleger kostet:

Gesamte Optionsprämie = Anzahl Kontrakte · Kontraktgröße · Einzeloptionsprämie

d.h. 6.000 € = 4 · 5 · 300 €.

Was passiert, wenn der Index in einem halben Jahr bei 5.000 Punkten steht? Der Index sinkt um 1.000 Punkte, d.h. um 16,67 %. Da die Aktien mit dem ß-Faktor von 1,2 auf Änderungen des DAX-Index reagieren, sinkt der Depotwert der Aktien um 20 %, d.h. um 20.000 €. Dieser Kursverlust wird aber durch den Barausgleich bei den Puts exakt ausgeglichen. Beim Indexstand von 5.000 Punkten fällt auf jeden Put mit einem Basispreis von 6.000 ein Barausgleich von 1.000 €. Insgesamt beträgt der Barausgleich damit 4 · 5 · 1.000 € = 20.000 €. Selbstverständlich erleidet der Anleger dennoch einen Verlust in Höhe der bezahlten Optionsprämie von 6.000 €.

Der vollständige Ausgleich der Aktienkursverluste durch den gekauften Put kann natürlich nur dann eintreten, wenn der Basispreis so hoch ist wie der aktuelle DAX-Index, d.h. die Put-Option muss „am Geld" sein. Dennoch ist damit nicht sichergestellt, dass sich Kursverluste und Put-Gewinne die Waage halten. Der Grund liegt darin, dass das errechnete Beta einer Aktie ein historischer Wert in einem in der Vergangenheit liegenden Zeitraum ist und wir nicht sicher sein können, dass der historische Zusammenhang zwischen DAX- und Aktienentwicklung auch für die Zukunft gilt. Sollte im Beispiel das tatsächliche Beta des Portfolios im Absicherungszeitraum größer als 1,2 sein, sinken die Aktien stärker im Wert als prognostiziert. Damit wäre die Absicherung zu gering. Im umgekehrten Fall, d.h. falls das tatsächliche Beta des Portfolios im Absicherungszeitraum unter 1,2 liegt, würde der Wertverlust der Aktien geringer ausfallen als der Ausübungsbetrag der gekauften Puts. Die Absicherung würde somit zu einem Gewinn (ohne Berücksichtigung der Optionsprämie) führen.

10.3 Währungsoptionen (Devisenoptionen)

Währungsoptionen, auch Devisenoptionen genannt, spielen eine große Rolle im wirtschaftlichen Leben. Viele Unternehmungen sichern mit Hilfe von Währungsoptionen ihre Export- oder Importgeschäfte ab. Investmentgesellschaften, Banken und Versicherungen nutzen Währungsoptionen spekulativ oder hedgen den Wert ihrer Finanzanlagen in ausländischer Währung gegen mögliche Kursverluste.

Bei einem Währungskurs wird der Wert einer Währung in einer zweiten Währung dargestellt. Da dies teilweise zu Verwirrungen führt, wollen wir kurz einige Anmerkungen zu Währungsnotierungen machen. Betrachten wir folgende Währungsrelation:

1 EUR = 1,40 USD.

Ein Euro kostet damit 1,40 US-Dollar. Üblicherweise wird die Gleichung umgestellt und man schreibt: EUR/USD = 1,40. Ausgesprochen heißt dies: Der Wert eines Euros ausgedrückt in US-Dollar beträgt 1,40.

Selbstverständlich können wir nicht nur den Kurs des Euros in Fremdwährung ausdrücken, sondern auch den Kurs der Fremdwährung in Euro, d.h. in unserem Falle den Wert eines USD in EUR. Hierzu teilen wir die rechte Seite durch den Kurs von 1,40 und erhalten:

1 USD = 1/1,40 EUR = 0,7143 EUR.[71] Für einen US-Dollar müsste man demnach 0,7143 Euro bezahlen.

Die Währung, deren Wert man in Einheiten der zweiten Währung angibt, wird als Basiswährung bezeichnet. Bei 1 EUR = 1,40 USD stellt der Euro die Basiswährung, bei 1 USD = 0,7143 EUR stellt der USD die Basiswährung dar. Beide Aussagen sind aber äquivalent. Wenn der Wert einer Währung steigt, sinkt gleichzeitig der Wert der anderen Währung. Steigt der Euro z.B. von 1,40 USD auf 1,50 USD, sinkt der Wert je USD von 0,7143 EUR auf 0,6667 EUR.

---

[71] Am Devisenmarkt werden Währungen typischerweise mit vier Stellen nach dem Komma angegeben.

10 Weitere Einzelthemen zu Optionen

Spekulieren und hedgen mit Währungsoptionen

Währungsoptionen können weitgehend wie Optionen auf Einzelaktien gehandelt werden. Die nachfolgende Abbildung zeigt einen Call auf die Basiswährung EUR, ausgedrückt in USD.

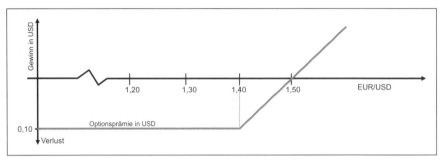

Abbildung B.25: Risikoprofil eines EUR-Call in USD bei Fälligkeit

Der vereinbarte Basispreis beträgt 1,40 USD. Der Käufer hat damit das Recht, einen Euro am Laufzeitende (europäische Option) bzw. während der gesamten Optionslaufzeit (amerikanische Option) gegen Zahlung von 1,40 US-Dollar zu kaufen. Für dieses Recht zahlt er im Beispiel eine Prämie von 0,10 US-Dollar. Der Break-even des EUR-Calls liegt bei 1,50 USD, d.h. beim Basispreis plus Optionsprämie.

EUR-Calls werden immer dann gekauft, wenn ein Anstieg des Euros erwartet wird bzw. ein Wertverlust des US-Dollars. Das nachfolgende Beispiel zeigt die Anwendung aus Sicht eines deutschen Exporteurs:

> *Beispiel für EUR-Call: Eine deutsche Unternehmung erwartet in den nächsten sechs Monaten einen Zahlungseingang von 4,9 Mio. USD durch Exportgeschäfte. Beim aktuellen EUR/USD-Kurs von 1,40 entspricht dies einem Exporterlös von 3,5 Mio. €.[72] Die Unternehmung befürchtet einen Anstieg des Euros. Dadurch hätten die zukünftigen US-Dollar Exporterlöse einen geringeren Euroerlös zur Folge. Sie kauft daher einen europäischen EUR-Call mit einem Basispreis von 1,40 USD zu einem Preis von 0,10 USD. So sichert sie sich bereits heute einen Umtauschkurs von 1,40 USD je Euro und damit Exporterlöse von 3,5 Mio. Euro.*
>
> *Für sich allein betrachtet liegt der Break-even des Calls bei 1,50 USD und der maximale Verlust beträgt 0,10 USD je Call. Die Unternehmung betrachtet ihre Optionsposition jedoch zusammen mit ihrem Grundgeschäft „Export". Sollte der Euro tatsächlich deutlich an Wert gewinnen und über 1,40 USD steigen, kann die Unternehmung die erwarteten US-Dollar Exporterlöse zum Basispreis von 1,40 USD in EUR tauschen. Ihre Exporterlöse von 4,9 Mio. USD kann sie somit zum Fälligkeitszeitpunkt in einen garantierten Eurogegenwert von 3,5 Mio. € tauschen.*
>
> *Sollte der Eurokurs wider Erwarten auf 1,25 USD sinken, verfällt der Call. Dennoch wird sich die Unternehmung freuen, da sie nun ihre 4,9 Mio. USD Exporterlöse zum Marktkurs von 1,25 USD in 3,92 Mio. EUR tauschen kann und somit vom Rückgang des Euros profitiert.*

---

[72] 4,9 Mio. USD / 1,4 USD/EUR = 3,5 Mio. EUR.

> Die Optionsprämie von 0,10 USD pro Euro ist in jedem Fall zu zahlen.[73] Die erforderliche Gesamtprämie zur Absicherung des Grundgeschäfts ist schnell ermittelt: Da 4,9 Mio. USD zum Kurs von 1,40 USD pro Euro abgesichert werden sollen, muss die Unternehmung 3,5 Mio. EUR-Calls[74] zum Preis von je 0,1 USD erwerben und somit eine Optionsprämie von 350.000 USD zahlen.

Der große Vorteil von EUR-Calls besteht darin, einerseits gegen einen befürchteten Euroanstieg abgesichert zu sein, andererseits aber auch vom Rückgang des Euros profitieren zu können.

Calls auf den Euro stellen wie gezeigt eine mögliche Hedgingmaßnahme für deutsche Exporteure dar. Importeure wiederum benötigen einen EUR-Put, um sich gegen einen möglichen Wertverlust des Euros abzusichern.

> Beispiel für EUR-Put: Eine Unternehmung bezieht in den nächsten Monaten Vorleistungen aus dem Ausland, die in US-Dollar bezahlt werden müssen. Der Umfang beträgt 9,8 Mio. USD. Beim aktuellen EUR/USD-Kurs von 1,40 entspricht dies Ausgaben von 7,0 Mio. €. Da der Liefer- und der Zahlungszeitpunkt noch nicht exakt feststehen und die Unternehmung einen Rückgang des Euros befürchtet, erwirbt sie einen amerikanischen EUR-Put zum Preis von 0,08 USD mit einem Basispreis von 1,40 USD und einer Laufzeit von 6 Monaten. Damit erwirbt sie das Recht, Euros innerhalb der nächsten sechs Monate zum vereinbarten Basispreis von je 1,40 USD zu verkaufen. Die Anzahl der erforderlichen Puts ermitteln wir, indem wir den Gesamtumfang des Geschäfts von 9,8 Mio. USD durch den Basispreis von 1,40 USD teilen. Die Unternehmung muss daher 7,0 Mio. EUR-Puts zum Preis von je 0,08 USD erwerben. Folglich sind 560.000 USD für das Optionsgeschäft zu zahlen.
> Die EUR-Puts sichern der Unternehmung eine Obergrenze von 7,0 Mio. € für die Vorleistungen. Sollte der Euro im Wert steigen und über 1,40 USD notieren, dann wird die Unternehmung die Puts wertlos verfallen lassen und die Vorleistungen zum aktuellen Eurokurs bezahlen. Bei einem Anstieg des Euros auf z.B. 1,60 USD kann sie die Vorleistungen von 9,8 Mio. USD zum Preis von 6,125 Mio. € beziehen.

Eine Besonderheit von Währungsoptionen ist, dass der Call auf eine Währung einem Put auf die zweite Währung entspricht. Man kann sich dies schnell klar machen: Bei einem EUR-Call besitzen Sie das Recht, einen Euro gegen Abgabe einer festgelegten Menge von US-Dollar, z.B. 1,40 USD, kaufen zu können. Sie können diesen Sachverhalt aber auch aus der Perspektive des US-Dollars formulieren. Sie haben bei einem EUR-Call das Recht, einen US-Dollar in eine vorab festgelegte Menge von Euros tauschen zu können. Diese festgelegte Menge ist schnell ermittelt: Da 1 EUR = 1,40 USD, gilt: 1 USD = 0,7143 EUR. Ein EUR-Call mit einem Basispreis von 1,40 USD entspricht somit einem USD-Put mit einem Basispreis von 0,7143 EUR.

10.4 Optionen im Vergleich mit Optionsscheinen

Optionsscheine sind inhaltlich eng mit Optionen verwandt. Dem Inhaber eines Optionsscheins wird wie bei Optionen das Recht eingeräumt, einen Basiswert in einer

---

[73] Die Prämie für Währungsoptionen ist üblicherweise zwei Arbeitstage nach Handelsabschluss zu zahlen.
[74] 4,9 Mio. USD/1,40 USD/EUR = 3,5 Mio. EUR.

10 Weitere Einzelthemen zu Optionen

bestimmten Frist (amerikanische Variante) oder zu einem bestimmten Zeitpunkt (europäische Variante) kaufen (Callvariante) bzw. verkaufen (Putvariante) zu können. Der Basiswert kann dabei eine bestimmte Währung, eine bestimmte Aktie, Gold, bestimmte Anleihen, Indizes auf Aktien, Zinssätze usw. sein. Entsprechend spricht man von Währungsoptionsscheinen, Aktienoptionsscheinen, Optionsscheinen auf Gold, Indexoptionsscheinen usw. Sehr häufig sehen die Emissionsbestimmungen einen Barausgleich vor.

Der Käufer eines Optionsscheins nimmt die Kaufseite einer Option ein, während der Emittent wirtschaftlich den Stillhalter der Option darstellt. Sollte der Emittent bereits im Besitz des Basiswerts sein, auf den der Optionsschein lautet, spricht man von einem gedeckten Optionsschein, anderenfalls von einem nackten Optionsschein.[75]

> *Beispiel:* Die Deutsche Bank emittierte am 21.9.2006 500.000 Optionsscheine auf eine Feinunze Gold. Die Optionsscheine werden am 28.9.2016 fällig. Der Basiswert ist demnach eine Unze Gold, der Bezugspreis wurde auf 900 USD und das Bezugsverhältnis auf 10:1 festgelegt. Für je zehn Optionsscheine kann der Inhaber der Optionsscheine damit jederzeit (amerikanisch) eine Unze Gold vom Emittenten zum Preis von 900 USD kaufen. Die Emissionsbedingungen sehen dabei einen Barausgleich vor. Da der Optionsschein auf Euro lautet, hängt der Preis eines Optionsscheins nicht nur von der Wertentwicklung einer Feinunze Gold, sondern auch vom Wechselkurs EUR/USD ab.

Der Käufer eines Optionsscheins spekuliert auf eine für ihn günstige Wertentwicklung des Basiswerts. Der Preis des Optionsscheins entspricht dabei der Optionsprämie. Die Gründe, warum Anleger Optionsscheine häufig „normalen" Optionen vorziehen, sind vielfältig: Die über Optionsscheine handelbaren Basiswerte sind sehr vielfältig und decken mit tausenden von Angeboten alle nur denkbaren nationalen und internationalen Finanzwerte, Indizes, Waren, Metalle usw. ab. Da diese Optionsscheine wie andere Wertpapiere auch an den klassischen Inlandsbörsen wie Frankfurt, Stuttgart usw. gehandelt werden, können deutsche Anleger damit auch Basiswerte handeln, die an der EUREX nicht angeboten werden. Da der Kauf eines Optionsscheins dem Kauf eines Wertpapiers entspricht, ist darüber hinaus dieses Vorgehen den Anlegern vertraut, ebenso wie die Berechnung und die Handhabung der damit verbundenen Gebühren. Da allerdings weder die Wertpapierkennnummer noch die Bezeichnung eines Optionsscheins etwas über das zugrundeliegende Optionsgeschäft aussagen, muss der Käufer die Emissionsbedingungen detailliert nachlesen.

Ein weiterer Vorteil von Optionsscheinen ist ihre lange Laufzeit, die oft die maximale Laufzeit von klassischen Optionen übersteigt.

Optionsscheine stellen aus rechtlicher Sicht Schuldverschreibungen dar, die üblicherweise von einer Bank emittiert werden. Rechtlich gesehen leiht der Käufer eines Optionsscheins dem Emittenten Geld, der sich verpflichtet, die in den Anleihebedingungen festgelegten Leistungen zu erfüllen. Sollte der Emittent zahlungsunfähig werden, besteht die Gefahr, dass der Käufer des Optionsscheins seine darin

---

[75] Optionsscheine werden auf Englisch als „Warrant" bezeichnet. Sollten sie gedeckt sein, spricht man entsprechend von einem Covered Warrant.

festgelegten Rechte nicht wahrnehmen kann. In diesem Sinne besteht für den Käufer ein Emittentenrisiko.

Kennzeichen von Optionsscheinen

Da Optionsscheine Optionsrechte verbriefen, stimmen ihre Kennzeichen mit denen überein, die uns von Optionen her vertraut sind. Im Folgenden werden wir die wichtigsten Kennzahlen kurz darstellen und für den oben aufgeführten Goldoptionsschein der Deutschen Bank berechnen. Wir unterstellen dabei folgende aktuelle Preise: Optionsschein = 48,0 €, Feinunze Gold = 1.360 USD, EUR/USD = 1,39.

Innerer Wert

Die vertraute Berechnung des inneren Werts einer Option gilt auch für Optionsscheine.[76] Wir müssen dabei lediglich das Bezugsverhältnis berücksichtigen, d.h. wie viele Optionsscheine zum Kauf bzw. Verkauf *einer* Einheit des Basiswerts erforderlich sind. Bei klassischen Optionen ist dieses Verhältnis ja immer eins.[77] Für Optionsscheine mit Kaufrechten (Callvariante) erhalten wir:

$$\text{Innerer Wert} = \max\left(0; \frac{\text{Preis Basiswert} - \text{Bezugspreis}}{\text{Bezugsverhältnis}}\right)^{78} = \frac{\frac{(1.360 - 900)\,USD}{1,39\,USD/EUR}}{10} = 33{,}09\,EUR$$

Beim Optionsschein der Deutschen Bank müssen wir berücksichtigen, dass der aktuelle Goldpreis von 1.360 und der Bezugspreis von 900 in USD angegeben sind. Da der Optionsschein aber auf EUR lautet, müssen wir die Differenz von 460 USD in Euro umrechnen. Die Berechnung macht damit klar, dass ein steigender Euro c.p. den Wert des Optionsscheins reduziert.

Selbstverständlich kann der innere Wert auch bei Optionsscheinen nicht negativ sein. Falls der Preis des Basiswerts unter dem Bezugskurs liegen sollte, d.h. bei Optionsscheinen aus dem Geld, erhalten wir einen inneren Wert von null.

Zeitwert

Analog zu klassischen Optionen ergibt sich der Zweitwert aus der Differenz zwischen dem Kurs des Optionsscheins und seinem inneren Wert, d.h.

Zeitwert = Kurs Optionsschein – innerer Wert = 48,0 € – 33,09 = 14,91 €

Da bei Optionsscheinen aus dem Geld der innere Wert null beträgt, stimmen Zeitwert und Kurs des Optionsscheins überein.

Aufgeld

Eine weitere traditionelle Kennzahl von Optionsscheinen ist das Aufgeld. Es drückt aus, um wie viel der Erwerb des Basiswerts über Optionsscheine teurer ist als der direkte Kauf. Wir können das Aufgeld in absoluten Werten, aber auch in Prozentwerten angeben.

---

[76] Vergleiche hierzu für Call- und Putoptionen die Tabelle B-9 auf Seite 55.
[77] Hohe Bezugsverhältnisse werden oft eingeführt, um den Preis eines Optionsscheins tief zu halten. Auf diese Weise wird auch Kleinanlegern der Kauf eines Optionsscheins ermöglicht. Der umgekehrte Fall, d.h. ein Optionsschein berechtigt zum Kauf von mehreren Einheiten des Basiswerts, ist mit Ausnahme von Währungsoptionsscheinen sehr selten.
[78] Bei Optionsscheinen mit Verkaufsrechten (Putvariante) nehmen wir *(Bezugspreis-Preis Basiswert)*.

Absolutes Aufgeld = (Kurs Optionsschein – innerer Wert[79]) · Bezugsverhältnis

Sollte die Option aus dem Geld sein, wird der innere Wert mit null gleichgesetzt, da in diesem Fall die Optionsrechte sinnvollerweise nicht ausgeübt werden. Für unser Beispiel erhalten wir: (48,0 - 33,09) · 10 € = 149,1 €. Demnach kostet der Erwerb einer Feinunze Gold über Optionsscheine 149,1 € mehr als der direkte Erwerb. Machen wir die Probe:

Direkter Kauf einer Feinunze Gold: 1.360/1,39 € = 978,4 €
Kauf über Optionsscheine: 48,0 € · 10 + 900/1,39 € = 1.127,5 €
Differenz = absolutes Aufgeld: 149,1 €

Relativ zum aktuellen Preis des Basiswerts beträgt das Aufgeld

$$\text{Relatives Aufgeld} = \frac{\text{absolutes Aufgeld}}{\text{Preis des Basiswerts}} = \frac{149,1\ €}{978,4\ €} = 0,1524 = 15,24\%$$

Der Goldpreis muss daher in Euro gerechnet bis zum Fälligkeitstag des Optionsscheins um 15,24 % steigen, damit der Käufer der Optionsscheine am Fälligkeitstag keinen Verlust erleidet. Der Break-even-Preis des Basiswerts (in Euro) beträgt folglich 1.127,5 €.

Break-even-Preis Basiswert = aktueller Preis · (1+ relatives Aufgeld)
= 978,4 € · 1,1524.

Wenn wir eine Antwort auf die Frage suchen, um wie viel Prozent der Basiswert jährlich steigen muss, um am Fälligkeitstag den Break-even-Preis zu erreichen, müssen wir nur das relative Aufgeld ins Verhältnis zur Restlaufzeit des Optionsscheins setzen:

$$\text{Relatives Aufgeld pro Jahr} = \frac{\text{relatives Aufgeld}}{\text{Restlaufzeit in Jahren}} = \frac{15,24\%}{5,91^{80}} = 2,58\%$$

In Euro gerechnet muss Gold damit jährlich um 2,58 % steigen, um dem Käufer eines Optionsscheins den Break-even zu ermöglichen. Diese Kennziffer eignet sich insbesondere für den Vergleich von Optionsscheinen mit unterschiedlicher Restlaufzeit.

Hebel

Wir hatten den Hebel von Optionen bereits kennengelernt und in der Formel B-2 auf Seite 62 definiert.[81] Er zeigt an, um wie viel Prozent sich der Optionspreis verändert, wenn sich der Preis des Basiswerts um ein Prozent verändert. Im Zusammenhang mit Optionsscheinen wird allerdings meistens eine stark vereinfachte Hebeldefinition herangezogen:

$$\text{Hebel Optionsschein} = \frac{\text{Preis Basiswert}}{\text{Kurs Optionsschein} \cdot \text{Bezugsverhältnis}} = \frac{978,4\ €}{48 \cdot 10\ €} = 2,04$$

---

[79] Sehr vereinzelt findet man in der Literatur allerdings auch eine Vorgehensweise für Optionsscheine aus dem Geld, bei der auch der notwendige Kursanstieg bis zum Bezugspreis (= negative innerer Wert) als Bestandteil des Aufgelds angesehen wird.

[80] Die Wertbestimmung erfolgte am 1.11.2010. Bis zum Fälligkeitstag am 28.9.2016 liegen 2.158 Tage, d.h. rund 5,91 Jahre.

[81] Hier nochmals die Definition:

$$\text{Hebel} = \frac{\text{Änderung Optionspreis (in\%)}}{\text{Preisänderung Basiswert (in\%)}} = \frac{\text{Preis Basiswert}}{\text{Optionspreis}} \cdot \Delta(\text{Delta})$$

Da bei dieser Definition das Delta der Option faktisch auf eins gesetzt wird, ist diese Definition nur dann eine brauchbare Hebelbeschreibung, wenn der Optionsschein tief im Geld ist. In allen anderen Fällen überzeichnet sie die Reagibilität des Optionsscheins bei Preisänderungen des Basiswerts.

Aktienoptionsscheine

Die Ausübung von klassischen Aktienoptionen an Terminbörsen hat keine Auswirkungen auf die Anzahl der im Umlauf befindlichen Aktien. Der Stillhalter einer Kaufoption muss die sich aus dem Optionsgeschäft zu liefernden Aktien am Aktienmarkt kaufen, falls er die Aktien nicht bereits besitzt. Die Unternehmung, auf die die Aktienoption lautet, ist von den Optionsgeschäften nicht betroffen. Gleiches gilt grundsätzlich auch bei Aktienoptionsscheinen. Banken emittieren dabei Aktienoptionsscheine, die den Käufer des Optionsscheins berechtigen, Aktien zum vereinbarten Basispreis in einem bestimmten Bezugsverhältnis zu erwerben. Die Banken besitzen dabei entweder bereits die Aktien (gedeckte Aktienoptionen) oder müssen sie im Ausübungsfall am Markt erwerben.

Völlig anders ist jedoch die Situation, wenn die Unternehmung, auf die der Aktienoptionsschein lautet, gleichzeitig der Emittent ist und sich im Ausübungsfall die benötigten Aktien durch eine Eigenkapitalerhöhung beschafft oder die Aktien im Eigenbestand hat. Dann nämlich ändert sich im Ausübungsfall die Anzahl der im Umlauf befindlichen Aktien und führt so zu einem Verwässerungseffekt für die Altaktionäre.

Aktienoptionsscheine sind oft das Ergebnis von ausgegebenen Optionsanleihen. Diese gewähren dem Käufer einerseits die üblichen Rechte aus einer Anleihe (Kupon plus Tilgung) und andererseits zusätzlich ein Recht zum Bezug von Aktien der emittierenden Unternehmung in einem bestimmten Verhältnis. Nach der Emission werden die Optionsanleihen fast immer in die zwei Bestandteile „Anleihe" und „Aktienoptionsschein" getrennt und können an der Börse unabhängig voneinander gehandelt werden.

10.5 Aktien- und Indexanleihen

Aktienanleihen sind Anleihen, bei denen der Emittent das Wahlrecht hat, am Laufzeitende entweder den Nominalbetrag der Anleihe zu 100 % zurückzuzahlen oder aber die Anleihe mit einer bestimmten Anzahl von vorab festgelegten Aktien zu tilgen.[82] Die entsprechende Aktie wird Basiswert der Aktienanleihe genannt. Üblicherweise ist die Aktienanleihe mit einem Kuponzins ausgestattet, der deutlich über dem Zinssatz liegt, den der Emittent bei einer klassischen Festzinsanleihe mit gleicher Laufzeit zahlen müsste. Die Kuponzahlung erhält der Käufer in jedem Fall, d.h. unabhängig von der gewählten Tilgungsart. Betrachten wir eine konkrete Aktienanleihe:

---

[82] Aktienanleihen werden auch als Equity Linked Bonds oder Reverse Convertible Bonds bezeichnet.

> **Beispiel:** Am 7.12. 2010 emittierte die HSBC Trinkhaus und Burghardt AG eine Aktienanleihe mit Fälligkeitstag 22.6.2012. Die Anleihe ist mit einem Kupon von 8,5 % ausgestattet. Der Nennbetrag je Anleihe beträgt 1.000 Euro[83]. HSBC Trinkhaus und Burghardt hat das Recht, dem Käufer je Anleihe am Fälligkeitstag den Nennbetrag von 1.000 € zurück zu zahlen oder alternativ 62,5 Aktien der Lufthansa AG zu liefern. Der Tag, an dem HSBC Trinkhaus und Burghardt die Tilgungsart festlegen muss, ist der sogenannte Feststellungstag. Er ist immer einige wenige Tage vor dem Fälligkeitstag, im vorliegenden Fall am 15.6.2012.

Wenn wir den Nominalwert von 1.000 € durch 62,5 Aktien der Lufthansa AG teilen, erhalten wir einen Preis von 16,0 €. HSBC Trinkhaus und Burghardt wird die Anleihe folglich dann durch die Lieferung von Aktien tilgen, wenn am Feststellungstag der Aktienkurs der Lufthansa AG unter 16,0 € liegt.[84] Dann nämlich ist der Rückzahlungsbetrag geringer als der Nominalwert von 1.000 €. Faktisch besitzt der Emittent damit pro 1.000 € Nominalwert einen Put auf Lufthansa Aktien mit einem Ausübungspreis von 16,0 € und einer Kontraktgröße von 62,5 Aktien. Der Käufer der Aktienanleihe ist dabei der Stillhalter des Puts. Seine Pflicht, bei tiefen Aktienkursen die Lufthansa Aktien zum höheren Ausübungspreis kaufen zu müssen, hat er durch Zahlung des Nominalwerts von 1.000 € bereits vollständig abgedeckt. Der Emittent hat folglich kein Risiko, dass der Stillhalter seiner Kaufverpflichtung nicht nachkommen kann.

Doch in welcher Form erhält der Stillhalter seine Putprämie? Er erhält die Putprämie indirekt über die Höhe des festgelegten Kupons. Nehmen wir einmal an, dass HSBC Trinkhaus und Burghardt für eine Festzinsanleihe mit vergleichbarer Laufzeit einen Zinssatz von 2,0 % zahlen müsste. Da der Kupon der Aktienanleihe im Beispiel aber 8,5 % beträgt, können wir die Zinsdifferenz von 6,5 % als Putprämie interpretieren, die am Laufzeitende ausbezahlt wird. Die rechnerische Putprämie beträgt damit 65 € pro Jahr pro 1.000 € nominal. Diese Prämie können wir leicht in eine Putprämie pro Jahr pro Aktie in Höhe von 0,16 € umrechnen (65 €/62,5 Aktien). Mit dem Erwerb einer Aktienanleihe schreibt der Anleger folglich einen Put auf die Lufthansaaktie mit einem Basispreis von 16 € und erhält eine Optionsprämie von 0,16 € pro Jahr.

Eine Aktienanleihe lässt sich aus Sicht des Käufers in zwei Bestandteile zerlegen: Der Käufer erwirbt erstens eine Festzinsanleihe des Emittenten mit einer Laufzeit der Aktienanleihe. Zweitens verkauft er einen Put auf einen bestimmten Basiswert mit festgelegtem Ausübungspreis und Kontraktgröße. Die Höhe der jährlichen Putprämie ergibt sich aus der Differenz zwischen der Kuponhöhe der Aktienanleihe und dem rechnerischen Marktzinssatz der vergleichbaren Festzinsanleihe.

Für welchen Anleger sind Aktienanleihen geeignet? Sie eignen sich für einen Anleger, der ohnehin plant, die entsprechende Aktie ab einem bestimmten Kursniveau zu kaufen. Faktisch erklärt er sich durch den Kauf der Aktienanleihe ja bereit, die Aktien zum festgelegten Ausübungspreis zu kaufen. Die rechnerische Putprämie pro Aktie reduziert dabei seinen Einstandskurs. Der Nachteil besteht allerdings

---

[83] Diese Aktienanleihe hat die WKN TB9NN4.
[84] Die Emissionsbedingungen sehen ein Wahlrecht für HSBC Trinkhaus und Burghardt vor, die Aktien entweder physisch zu liefern oder einen Barausgleich vorzunehmen.

darin, dass er, verglichen mit einem direkten Aktienkauf, an Kurssteigerungen der Aktien vor dem Feststellungstag nicht profitiert.[85]

Aktienanleihen stellen aus rechtlicher Sicht Schuldverschreibungen dar, die üblicherweise von einer Bank emittiert werden. Rechtlich gesehen leiht der Käufer der Aktienanleihe dem Emittenten Geld, der sich verpflichtet, die in den Anleihebedingungen festgelegten Leistungen zu erfüllen. Sollte der Emittent zahlungsunfähig werden, besteht die Gefahr, dass die Anleihe nicht zurückgezahlt wird, weder durch Zahlung des Nominalwerts, noch durch Lieferung des vereinbarten Basiswerts. In diesem Sinne besteht für den Käufer ein Emittentenrisiko.

Es werden am Markt nicht nur Aktienanleihen angeboten, sondern auch „Aktienanleihen" auf Aktienindizes. Man spricht dann naheliegender Weise von Indexanleihen.

Aktien- und Indexanleihen können üblicherweise während ihrer Laufzeit am Markt gehandelt werden. Der Preis der Aktien- und Indexanleihe wird dabei c.p. mit den Kursen des Basiswerts steigen und umgekehrt.

Bei Aktien- und Indexanleihen handelt es sich um strukturierte Finanzprodukte. Von strukturierten Finanzprodukten spricht man dabei immer dann, wenn ein klassisches Finanzprodukt (hier eine Anleihe) mit einem Derivat kombiniert wird.

10.6 Put-Call-Parität und Unternehmenswert

Bereits in den 1970er Jahren haben die Wegbereiter der modernen Optionstheorie, Black, Scholes und Merton, gezeigt, wie Optionen verwendet werden können, um den Wert von Eigen- und Fremdkapital zu bestimmen. Heute wird ihr Ansatz von Banken eingesetzt, um Kreditrisiken zu modellieren.

Wir betrachten eine Unternehmung, die durch Eigen- und Fremdkapital finanziert wird. Um die Berechnung simpel zu halten, gehen wir von Fremdkapital in Form von Zerobonds[86] mit einer Laufzeit von T Jahren aus. Damit fallen die Zins- und Tilgungszahlungen nur am Fälligkeitstag der Zerobonds an. Zur weiteren Vereinfachung gehen wir zunächst davon aus, dass die Unternehmung während der Laufzeit des Kredits keine Dividenden zahlt. Wir werden diese Annahme später aufheben.

Betrachten wir das Ende der Kreditlaufzeit, wenn der Zerobond mit einem Nominalwert in Höhe von FK zurückgezahlt werden muss. Hat die Unternehmung einen Wert, der höher als FK ist, tilgen die Eigenkapitalgeber den Kredit und zahlen FK an die Anleihebesitzer zurück. Sollte der Wert der Unternehmung jedoch unter FK liegen, werden die Eigenkapitalgeber Konkurs anmelden und die Unternehmung geht in den Besitz der Fremdkapitalgeber über. Die Eigenkapitalgeber gehen bei der Insolvenz der Unternehmung zwar leer aus, doch aufgrund der beschränken Haftung der Eigenkapitalgeber auf die Höhe des Firmenvermögens kommen keine weiteren Forderungen auf sie zu.[87] Der Wert des Eigenkapitals am Ende der Kreditlaufzeit ist somit entweder null im Insolvenzfall oder entspricht der positiven Differenz

---

[85] Die Ausführungen im Kapitel B.3.4, *Aktienkauf mit Preisabschlag* beschreiben die Strategie eines Short-Put mit all seinen Vor- und Nachteilen.
[86] Erläuterungen zu Zerobonds finden Sie im Anhang unter G.2.4, *Zerobonds*.
[87] Wir müssen damit die Rechtsform einer Kapitalgesellschaft unterstellen.

zwischen Unternehmenswert und FK. Wir können hierfür kurz schreiben max(UW_T − FK; 0), wobei UW_T den Wert der Unternehmung zum Zeitpunkt T bezeichnet. Faktisch besitzen die Eigenkapitalgeber aufgrund der Haftungsbeschränkung einen europäischen Call mit einer Laufzeit von T Jahren auf den Wert der Unternehmung mit einem Basispreis in Höhe von FK.

Betrachten wir nun die Situation der Fremdkapitalgeber. Am Fälligkeitstag erhalten sie entweder den Nominalwert des Fremdkapitals in Höhe von FK zurück oder aber im Insolvenzfall den verbleibenden Unternehmenswert UW_T. Da darüber die Eigenkapitalgeber befinden, erhalten sie den kleineren der beiden Werte. Faktisch räumen die Kreditgeber den Eigenkapitalgebern bei der Kreditvergabe das Recht ein, ihnen die Unternehmung zum Preis von FK zu verkaufen. Damit schreiben die Kreditgeber einen europäischen Put auf den Wert der Unternehmung mit einer Laufzeit von T Jahren und einem Basispreis von FK. Die Fremdkapitalgeber stellen sich so, als hätten sie einerseits eine Anleihe ohne Ausfallrisiko (mit dem risikolosen Zinssatz) gekauft und zusätzlich einen Put auf den Unternehmenswert mit einem Basispreis in Höhe von FK geschrieben. Die Putprämie wird dabei allerdings erst bei Fälligkeit der Anleihe gezahlt. Fassen wir zusammen:

(1) *Wert des Eigenkapitals* = c_{FK}
= Wert eines europäischen Call auf UW mit Laufzeit T und Basispreis FK.

(2) *Wert des Fremdkapitals* = $FK/(1 + r_T)^T − p_{FK}$
= Barwert FK − Wert eines europäischen Puts auf UW mit Laufzeit T und Basispreis FK.

Dabei bezeichnet r_T den risikolosen Zins für die Laufzeit T.

Da der Unternehmenswert zu jedem Zeitpunkt der Wertsumme aus Eigenkapital und Fremdkapital entsprechen muss, können wir schreiben:

$UW_0 = c_{FK} + FK/(1 + r_T)^T − p_{FK}$

Bringen wir alle Größen auf eine Seite und stellen ein wenig um, erhalten wir die Put-Call-Parität für europäische Optionen (Formel B-3, S. 72).

$c_{FK} − p_{FK} + FK/(1 + r_T)^T − UW_0 = 0$

Der Basispreis entspricht FK und der aktuelle „Kassakurs" des Basispreises ist UW_0.

Wir können das Modell einfach um Dividendenzahlungen erweitern. Erhalten die Eigenkapitalgeber während der Laufzeit Dividenden mit einem Barwert von D, dann beträgt der Wert des Eigenkapitals $c_{FK} + D$ und wir erhalten die um Dividenden erweitere Put-Call-Parität

$c_{FK} + D − p_{FK} + FK/(1 + r_T)^T − UW_0 = 0$

> **Übung:** Eine Unternehmung hat Zerobonds mit einem Nominalwert von 700 Mio. € und einer Restlaufzeit von fünf Jahren emittiert. Das Eigenkapital ist auf 100 Mio. Aktien aufgeteilt. Die Aktien notieren aktuell bei 2,5 €, die Zerobonds bei 48 %. Der risikolose Zinssatz für eine Laufzeit von fünf Jahren betrage 4,0 %. Wie hoch sind der aktuelle Wert und der innere Wert des Puts, falls keine Dividendenzahlungen während der Kreditlaufzeit geplant sind?
>
> **Antwort:** Den Putwert können wir am einfachsten direkt mit Gleichung (2) ermitteln. Der Barwert des Fremdkapitals auf Basis des risikolosen Zinssatzes beträgt $FK/(1+r_T)^T = 700/(1{,}04)^5 = 575{,}35$ Mio. €. Der Wert des Fremdkapitals ist mit

10.6 Put-Call-Parität und Unternehmenswert

> *336 Mio. € (= 0,48 % · 700 Mio. €) deutlich geringer. Der Wert des Puts p_{700} stellt die Differenz der beiden Werte dar, d.h. 239,35 Mio. €. Offenbar ist die Unternehmung stark ausfallgefährdet, da das Fremdkapital verglichen mit einer vergleichbaren, risikolosen Anleihe mit so hohem Abschlag am Markt gehandelt wird.*
>
> *Der innere Wert des Puts beträgt 114 Mio. €, da der Basispreis 700 Mio. € und der aktuelle Unternehmenswert 586 Mio. € (2,5 € · 100 Mio. € + 336 Mio. €) betragen.*

Da wir nun den Putpreis kennen, können wir ihn mit dem ganzen Instrumentarium der Optionspreistheorie untersuchen und in seine Preiskomponenten zerlegen, allen voran die Volatilitäten und damit die Ausfallwahrscheinlichkeiten. Dies erklärt die Verwendung dieses Modells für die Modellierung von Kreditrisiken seitens der Banken.

11 Was Sie unbedingt wissen und verstanden haben sollten

Kapitel 1 – 4: Grundlagen, Kauf- und Verkaufsoption

- Optionen räumen dem Inhaber ein zeitlich begrenztes Wahlrecht ein, den vereinbarten Basiswert zu den vereinbarten Konditionen kaufen (= Calloption) oder verkaufen (= Putoption) zu können. Die vereinbarten Konditionen umfassen dabei den vereinbarten Kauf- bzw. Verkaufspreis sowie die Kontraktgröße. Wird das Wahlrecht für einen Zeitraum (Zeitpunkt) eingeräumt, spricht man von einem amerikanischen (europäischen) Optionstyp. Als Gegenleistung zahlt der Käufer der Option bei Vertragsabschluss eine Prämie an den Verkäufer (= Stillhalter). Der Stillhalter hat kein Wahlrecht, sondern muss die Wahlrechte des Inhabers erfüllen.

  Börsennotierte Optionen können während der Laufzeit täglich gehandelt werden. Käufer und Verkäufer einer Option können daher ihre Position während der Laufzeit jederzeit glattstellen und müssen nicht notwendigerweise bis zum Fälligkeitszeitpunkt ihre Optionsposition behalten.

- Zum Ausübungszeitpunkt bestimmt nur die Differenz zwischen dem Basispreis B und dem Kurs K des Basiswerts den Gewinn bzw. Verlust, der aus dem Optionsgeschäft resultiert.

Maximaler Verlust	Break-even	Ausübungsertrag	Gewinn/Verlust
Calloption aus Sicht des Käufers			
Optionsprämie für $K \leq B$	$K = B +$ Optionsprämie	$K - B$ für $K \geq B$	$K - B -$ Optionsprämie für $K \geq B$
Putoption aus Sicht des Käufers			
Optionsprämie für $K \geq B$	$K = B -$ Optionsprämie	$B - K$ für $K \leq B$	$B - K -$ Optionsprämie für $K \leq B$

Die Gewinnsituation des jeweiligen Stillhalters ist spiegelbildlich zu sehen.

- Ein Charakteristikum von Optionen ist ihre hohe Hebelwirkung. Preisänderungen des Basiswerts führen zu überproportionalen Änderungen des Optionspreises.

$$\text{Hebel} = \frac{\text{Änderung Optionspreis (in \%)}}{\text{Preisänderung Basiswert (in \%)}} = \frac{\frac{\text{Änderung Optionspreis}}{\text{Optionspreis}}}{\frac{\text{Preisänderung Basiswert}}{\text{Preis Basiswert}}}$$

Da das Verlustpotenzial auf die Optionsprämie beschränkt ist, stellt der Kauf von Optionen ein geeignetes Instrument dar, um bei kalkulierbarem Kapitaleinsatz auf steigende (Call) bzw. fallende (Put) Preise des Basiswerts zu spekulieren. Da Optionen immer eine beschränkte Laufzeit haben, ist die Zeit der größte „Gegner".

- Stillhalterpositionen ermöglichen in Kombination mit dem zugrunde liegenden Basiswert auch für Privatanleger eine sinnvolle Strategie:

    Beim Covered Call wird ein Call auf einen Basiswert verkauft, der sich bereits im Besitz des Stillhalters befindet. Im Ergebnis verzichtet man bei dieser Strategie auf Kurssteigerungen des Basiswerts jenseits des vereinbarten Basispreises. Im Gegenzug erhält man einen „Preisschutz" in Höhe der Optionsprämie bzw. eine Renditesteigerung auf die im Bestand befindliche Aktie.

Gewinnmaximum in €	Break-even in €
Optionsprämie + (B – K*) für K* ≤ B bzw. Optionsprämie für K* > B	K* – Optionsprämie

Das Schreiben eines Puts ist eine mögliche Alternative zum direkten Kauf des Basiswerts. Da sich der Stillhalter des Puts verpflichtet, den Basiswert zum vereinbarten Ausübungspreis zu kaufen, kauft er den Basiswert faktisch zum Basispreis abzüglich der erhaltenen Optionsprämie. Dies ist günstiger verglichen mit einem direkten Kauf des Basiswerts. Das Risiko besteht allerdings darin, dass die Option nicht ausgeübt wird. In diesem Fall erhält der Stillhalter zwar die Optionsprämie, aber nicht den Basiswert.

Kapitel 5 – 7: Preisbestimmung von Optionen

- Der innere Wert einer Option ist definiert als der Wert, den die Option hätte, wenn sie augenblicklich ausgeübt werden würde. Optionen im Geld haben einen positiven inneren Wert. Der innere Wert von Optionen am Geld und aus dem Geld wird mit null festgelegt, da der Inhaber in diesem Fall die Option nicht ausüben würde.

Optionstyp	Call	Call	Put	Put
Optionsstil	amerikanisch	europäisch	amerikanisch	europäisch
Innerer Wert	K – B für K > B; 0 für K ≤ B		B – K für K < B 0 für K ≥ B	
Option im Geld	K > B innerer Wert ist positiv		K < B innerer Wert ist positiv	
Option am Geld	K = B		K = B	
Option aus dem Geld	K < B		K > B	

Zum Fälligkeitszeitpunkt entsprechen der Wert und damit der Preis einer Option seinem inneren Wert. Während der Laufzeit hat die Option darüber hinaus einen Zeitwert. Wir können den Zeitwert dabei als die in der Option steckende Chance verstehen, von heute bis zum Fälligkeitszeitpunkt noch einen positiven inneren Wert zu erreichen bzw. den bereits erreichten inneren Wert noch weiter zu steigern. Zu jedem Zeitpunkt gilt:

Optionspreis = innerer Wert + Zeitwert

Die nachfolgende Tabelle fasst die Einflussfaktoren zusammen, die die Höhe des inneren Werts und Zeitwerts beeinflussen.

	Messgröße	Call	Put	Call	Put
		amerikanisch		europäisch	
Preis des Basiswerts	Delta (Δ)	+	−	+	−
Ausübungspreis		−	+	−	+
Laufzeit	Theta (θ)	+	+	dividendenabhängig	
Volatilität	Vega (λ)	+	+	+	+
Risikoloser Zinssatz	Rho (ρ)	+	−	+	−
Erwartete Dividende		−	+	−	+

- Der Preis des Basiswerts K und die darauf basierenden Call- und Putpreise für europäische Optionen können sich nicht unabhängig voneinander bewegen, sondern sind durch Arbitragegeschäfte in Form der sogenannten Put-Call-Parität miteinander verknüpft. D bezeichnet dabei den Barwert der Dividendenzahlung während der Laufzeit der Option.

$$c_B - p_B + D + \frac{B}{(1+r)^T} - K = 0$$

Wir können diese Gleichung beliebig umstellen.

Die Put-Call-Parität lässt sich nicht nur in Form einer Preisgleichung, sondern auch in Form einer Risikoprofilgleichung interpretieren.

$$+C_B - P_B + \frac{B}{(1+r)^T} = +K$$

Diese Gleichung besagt, dass der Kauf eines Calls und das Schreiben eines Puts plus die Geldanlage eines Betrags in Höhe von $B/(1+r)^T$ dem gleichen Risiko entsprechen wie der direkte Kauf des Basiswerts. Auch diese Gleichung können wir beliebig umstellen.

Kapitel 8: Weitergehende Optionsstrategien

- Wir können an Preisentwicklungen eines Basiswerts teilnehmen und gleichzeitig den Erhalt des eingesetzten Kapitals garantieren, wenn wir wie folgt vorgehen: Wir legen den Geldbetrag an, der in den Kauf des Basiswerts fließen würde. In Höhe des Barwerts des daraus resultierenden Zinsbetrags kaufen wir Calls auf den Basiswert.

- Spread-Kombinationen entstehen durch Kombinationen von Optionen des gleichen Typs. Einer der wichtigsten Vertreter ist der Bull-Spread ($B_1;B_2$), bei dem ein Call mit dem Basispreis B_1 gekauft und ein Call mit höherem Basispreis B_2 verkauft wird. Der Käufer eines Bull-Spread nimmt an Kurssteigerungen des Basiswerts nur noch bis zum Basispreis B_2 teil, reduziert aber durch diese Begrenzung des Gewinnpotenzials seinen Kapitaleinsatz (Nettooptionsprämie).

Das Pendant zum Bull-Spread ist der Bear-Spread ($B_2;B_1$) bei dem ein Put gekauft und ein Put mit tieferem Basispreis verkauft wird.

Ratio-Spreads entstehen immer dann, wenn die Anzahl der verkauften Optionen nicht mit der Anzahl der gekauften Optionen übereinstimmt. Ist die Zahl der geschriebenen Calls z.B. dreimal so hoch wie die Zahl der gekauften Calls, erhalten wir einen 3:1 Bull-Spread. Der Vorteil liegt in der weiteren Verringerung des Kapitaleinsatzes. Je nach gewähltem Verhältnis und Basispreisen kann auch ein Nettooptionsprämienzufluss erfolgen. Der Nachteil besteht allerdings darin, dass bei stark steigenden Kursen über die geschriebenen Calls Verluste eintreten.

Wird, ausgehend von einem 2:1-Bull-Spread, ein Call mit einem Basispreis B_3 gekauft, der über B_2 liegt, erhalten wir einen Butterfly. Der Call mit B_3 eliminiert das Verlustpotenzial bei steigenden Kursen des 2:1-Bull-Spreads. Allerdings erhöht sich dadurch die gezahlte Nettooptionsprämie.

Beim Kauf eines Time-Spread wird eine Option gekauft und simultan eine Option mit gleichem Basispreis aber kürzerer Laufzeit verkauft. Der Verkauf reduziert den Prämienaufwand für die gekaufte Option. Die Nettoprämie stellt den maximalen Verlust dar. Die Begründung für das Eingehen eines Time-Spread liegt darin, dass der Zeitwertverfall bei Optionen mit kurzer Laufzeit schneller erfolgt als bei länger laufenden Optionen. Im Idealfall notiert der Preis des Basiswerts am Fälligkeitstag der „kurzen Option" bei ihrem Ausübungspreis.

Diagonal-Spreads sind Kombinationen aus Optionen des gleichen Typs mit unterschiedlichem Basispreis und unterschiedlicher Laufzeit.

- Ein Straddle stellt den Kauf eines Calls und den gleichzeitigen Kauf eines Puts mit gleicher Laufzeit und gleichem Basispreis dar. Ein Anleger wird dann einen Gewinn mit dieser Strategie erzielen, wenn sich der Aktienkurs ausreichend stark vom gewählten Basispreis entfernt. Die Richtung ist dabei ohne Bedeutung.

Eine Variante in Form eines Strangles erhält man, wenn unterschiedliche Basispreise für Call und Put gewählt werden. Der Strangle erfordert weniger Prämienzahlungen verglichen mit einem Straddle, setzt aber eine noch stärkere Kursbewegung des Basiswerts voraus, um den Break-even zu erreichen.

Kapitel 9: Dynamisches Aktien- und Optionsmanagement

- Marktteilnehmer passen ihre Position häufig in Abhängigkeit von der tatsächlich eingetretenen Preisentwicklung an. Falls die Preisentwicklung nach dem Kauf positiv ist, kann der Akteur die Gewinne entweder realisieren oder seine Gewinnposition „weiterlaufen lassen". Mit Hilfe von Optionen stehen den Akteuren aber weitere Gewinnsicherungsstrategien zur Verfügung, die Zwischenpositionen dieser beiden Möglichkeiten darstellen. Ausgehend vom Kauf eines Calls erreicht dies der Marktteilnehmer, wenn er die ursprüngliche Kaufposition in einen Bull-Spread, Bull-Time-Spread oder Butterfly abändert oder die Gewinne realisiert und den Call in einen höheren Basispreis rollt. Analoge Strategien können auch beim Kauf einer Aktie angewandt werden.

- Reparaturstrategien mit Optionen erlauben Abstufungen zwischen den Extremen „Verluste realisieren", „abwarten und hoffen" und „Einstandskurs reduzieren". Ausgehend vom Kauf einer Aktie eignen sich als Reparaturstrategien der Aufbau eines 2:1-Ratio-Spreads oder eines Bull-Spreads.

11 Was Sie unbedingt wissen und verstanden haben sollten

Falls nach dem Kauf eines Calls die Preisentwicklung zu Verlusten führt, kann ein Spekulant folgende Reparaturstrategien anwenden: Prämienneutrales Rollen der Position in einen tieferen Basiswert, prämienneutraler Umbau in einen Bull-Spread oder Time-Spread bzw. Rollen in eine längere Laufzeit. Analoge Reparaturstrategien können selbstverständlich auf die Ausgangssituation Kauf eines Puts bezogen werden.

Kapitel 10: Weitere Einzelthemen

- Da die Börse bzw. das Clearinghaus der zentrale Kontrahent eines Optionsgeschäfts ist, verlangt sie von den Verkäufern einer Option Margins, um ein Ausfallrisiko weitgehend auszuschließen. Die Gesamt-Margin setzt sich dabei aus der Premium Margin und der Additional Margin zusammen.

- Indexoptionen werden von Hedgern und Spekulanten sehr geschätzt. Spekulanten können mit einer einzigen Transaktion auf die Entwicklung des im jeweiligen Aktienindex erfassten Gesamtmarkts setzen und Hedger mit einer einzigen Transaktion ein gesamtes Aktienportfolio absichern. Dieses Vorgehen ist für Hedger schneller und kostengünstiger als die Einzelwerte individuell abzusichern.

Da die Wertentwicklung eines Aktienportfolios fast nie wie der verwendete Aktienindex erfolgt, müssen wir abschätzen, wie sensibel die im Bestand gehaltenen Aktien auf Änderungen des Aktienindex reagieren. Dies erreichen wir mit dem Beta (ß) des Aktienportfolios. Damit können wir die Anzahl der Kontrakte bestimmen, die wir für unsere Optionsstrategie benötigen.

$$Kontraktzahl = \frac{Portfoliowert}{Indexstand \cdot Kontraktgröße} \cdot ß(Portfolio)$$

- Währungsoptionen werden intensiv von Unternehmen zur Absicherung ihrer Import- und Exportaktivitäten eingesetzt. Die Handhabe von Währungsoptionen unterscheidet sich grundsätzlich nicht von der aller anderen Optionen. Verwirrend kann jedoch sein, dass der Preis einer Währung durch den Preis einer anderen Währung ausgedrückt wird. Wir müssen uns deshalb immer klar darüber sein, welche Währung die Basiswährung ist.

- Optionsscheine lassen sich mit den Kennzahlen beurteilen und bewerten, die wir im Zusammenhang mit klassischen Optionen bereits kennen gelernt haben; innerer Wert, Zeitwert, Hebel und Aufgeld. Unterschiede bestehen darin, dass Optionsscheine Schuldverschreibungen darstellen, die in allen Varianten an den traditionellen Börsen gehandelt werden können. Dies erklärt auch die hohe Attraktivität von Optionsscheinen für Privatanleger. Darüber hinaus liegen Optionsscheinen häufig Bezugsverhältnisse zu Grunde, die von eins abweichen.

- Aktien- und Indexanleihen sind strukturierte Finanzprodukte, die sich aus Käufersicht in eine Festzinsanleihe und einen geschriebenen Put auf den Basiswert der Aktien- bzw. Indexanleihe zerlegen lassen. Die Putprämie wird über den Kupon ausgezahlt.

- Optionsmodelle und die Put-Call-Parität können auch auf Fragen der Bewertung von Eigen- und Fremdkapital angewendet werden. Sie finden insbesondere Einsatz bei der Modellierung von Kreditrisiken.

12 Aufgaben zum Abschnitt B

Kapitel 1 – Kapitel 4

1. Was unterscheidet am Fälligkeitstag der Kauf eines Calls vom Verkauf eines Puts?
2. Was unterscheidet am Fälligkeitstag der Kauf eines Puts vom Verkauf eines Calls?
3. Der Aktienkurs der Unternehmung A steht derzeit bei 50,0 €. Ein Investor erwartet steigende Kurse und möchte daher einen Call kaufen. Es stehen folgende Calls zur Auswahl (Laufzeit jeweils 6 Monate): $C_{50} = 5$ €; $C_{55} = 2$ €; $C_{60} = 1$ €.
    a. Zeichnen Sie das GuV-Profil des Calls mit Basispreis 55 € zum Fälligkeitszeitpunkt.
    b. Welchen Gewinn/Verlust erzielt der Investor für jeden der drei Calls, falls der Aktienkurs bei Fälligkeit auf 58 € gestiegen ist?
    c. Welchen Gewinn/Verlust könnte der Investor mit einer Covered Call Strategie mit den Basispreisen von 55 € bzw. 60 € erzielen, falls der Aktienkurs bei Fälligkeit auf 58 € steigt?
4. Welche Marktpreisänderungen sind für die nachfolgenden Positionen vorteilhaft, wo liegt der Break-even-Punkt und bei welchem Preis des Basiswerts (K) liegt der maximale Gewinn?
    a. Käufer eines Calls.
    b. Verkäufer eines Puts.
    c. Covered Call.
5. Der Aktienkurs der Unternehmung A steht derzeit bei 50 €. Ein Investor glaubt, dass der Aktienkurs in den nächsten 6 Monaten auf 40 € fallen wird. Er findet folgende Optionsprämien für Puts und Calls (Laufzeit jeweils 6 Monate) vor:

    $P_{50} = 6$ €; $P_{45} = 3$ €; $P_{40} = 1$ €. $C_{50} = 6$ €; $C_{45} = 8$ €; $C_{40} = 11$ €.

    a. Welchen Verlust in % erleidet der Investor, falls er die Aktie mit 50 € gekauft hat?
    b. Welchen Gewinn/Verlust erzielt der Investor für jede der drei angegebenen *Put-Optionen (ohne Berücksichtigung der Aktie)*, falls der Aktienkurs tatsächlich auf 40 € fällt? Wie hoch ist der Hebel jeder der Strategien?
    c. Welcher Basispreis wäre bei einer Protective Put Strategie am besten, falls der Aktienkurs tatsächlich auf 40 € fällt? Wie hoch ist dabei der Gewinn/Verlust?
    d. Angenommen der Investor wählt eine Covered Call Strategie. Welcher Basispreis ist der beste und wie hoch ist dabei jeweils der Gewinn/Verlust, falls der Aktienkurs tatsächlich auf 40 € fällt?
    e. Wie können wir das Ergebnis erklären, dass die beste Covered Call Strategie besser ist als die beste Put-Strategie?

Kapitel 5 – Kapitel 7

6. Es liegen folgende Preise vor: Aktienkurs $K = 20$ €; $C_{25} = 1,0$ €. Steigt der Aktienkurs auf 21 € steigt der Callpreis auf 1,2 €. Berechnen Sie das Delta und den Hebel der Option.

7. Der Optionspreis einer Calloption mit einer Laufzeit von einem Monat betrage 10 €, der aktuelle Aktienkurs 110 €. Weitere Charakteristika sind: Theta (θ) = -0,2; Delta (Δ) = +0,6; Basispreis (B) = 102 €, Vega (λ) = +0,8. Nach sieben Tagen steht der Aktienkurs bei 113 €, der Optionspreis bei 12,0 €.

    Erläutern und berechnen Sie den jeweiligen Einfluss des Zeitwertverfalls, des Aktienkurses und der Volatilität auf den Optionspreis.

8. Welche Arbitragegeschäfte wären am Fälligkeitstag möglich, falls bei K = 95 €
    a. der Putpreis im Beispiel B-1 (S. 56) 5,5 € beträgt? Zur Erinnerung: B = 100 €.
    b. der Callpreis im Beispiel B-2 bei 5,5 € notiert? Zur Erinnerung: B = 91 €.

9. Ermitteln Sie den Callpreis für die Übung B-4 auf Seite 68, wenn für die Aktie in drei Monaten eine Dividendenzahlung in Höhe von 3,0 € erwartet wird. Der risikolose Zinssatz für drei Monate betrage 3,0 %.[88]

    Aufgabe in der Excel-Datei „Ergänzungen und Übungen".

10. Betrachten Sie die Übung B-5 auf S. 71.
    a. Welches Arbitragegeschäft ergäbe sich, wenn der tatsächliche Putpreis bei 18,4 € liegen würde? (Zur Erinnerung: K = 90 €; C_{105} = 5 €; $r_{0,5}$ = 4 %).
    b. Welche Ein- und Auszahlungen hat das Arbitragegeschäft und wie hoch ist der daraus resultierende risikolose Gewinn? Erstellen Sie hierzu eine Tabelle analog der Übung B-5.

Kapitel 8 – Kapitel 10

11. Sie wollen einen 2:1-Bear-Spread aufbauen. Hierzu kaufen Sie einen Put mit einem Basispreis von 50 € zum Preis von 6 € und verkaufen zwei Puts mit dem Basispreis von 45 € zum Preis von je 3,5 €.
    a. Stellen Sie das Zahlungsprofil des 2:1-Bear-Spread analog zur Tabelle B-17 S. 82 und als Zeichnung dar.
    b. Wo liegen die Break-even-Punkte?
    c. Bei welchem Aktienkurs erreichen Sie das Gewinnmaximum und wie hoch ist es?

12. Der Aktienkurs steht bei 51 €. Sie erwarten sinkende Kurse und möchten einen Butterfly mit Puts auf Basis folgender Optionen kaufen:

    $P_{50} = 6,5$ €; $P_{45} = 3$ €; $P_{42} = 1$ €.

    a. Wie hoch ist der maximale Verlust? Bei welchem Aktienkurs erreichen Sie Ihr Gewinnmaximum und wie hoch ist es? Welchen Gewinn/Verlust haben Sie, wenn der Aktienkurs unter den Basispreis von 42 € fällt?
    b. Zeichnen Sie das Risikoprofil des Butterflys.

---

[88] Sofern die Zinsstrukturkurve nicht flach verläuft, unterscheiden sich die Zinssätze für verschiedene Laufzeiten. Der Zinssatz für die Restlaufzeit der Option T muss daher nicht mit dem Zinssatz für die Laufzeit bis zum Dividendentermin übereinstimmen.

c. Aus welchen zwei Bear-Spread-Kombinationen setzt sich der Butterfly zusammen?

13. Der Aktienkurs steht bei 61 € und Sie kaufen 100 C_{60} mit einer Laufzeit von sechs Monaten. Der Preis betrage 4,0 €. Nach dem Kauf sinkt der Aktienkurs auf 55 € und der Optionspreis sinkt auf 1,8 €. Als Reparaturstrategie entscheiden Sie sich dafür, die Position prämienneutral in einen C_{55} zum Preis von 5,0 € zu rollen.

    a. Ermitteln Sie den neuen Break-even-Punkt.

    b. Vergleichen Sie die ursprüngliche und die neue Position zum Fälligkeitszeitpunkt bei einem Aktienkurs von 60 €.

14. Übertragen Sie die Gewinnsicherungs- und Reparaturstrategien auf den Kauf eines Puts.

15. Eine deutsche Unternehmung bezieht in den nächsten Monaten Vorleistungen im Umfang von 10,0 Mio. USD. Beim aktuellen USD/EUR-Kurs von 0,7000 entspricht dies Ausgaben von 7,0 Mio. €. Da Liefer- und Zahlungszeitpunkt noch offen sind und die Unternehmung einen Anstieg des US-Dollars befürchtet, erwirbt sie einen amerikanischen USD-Call mit einem Basispreis von 0,7100 EUR bei einer Laufzeit von sechs Monaten zum Preis von 5,0 EUR-Cent.

    a. Ermitteln Sie die erforderliche Optionsprämie zur Absicherung des Importgeschäfts.

    b. Welcher Gewinn/Verlust ergibt sich, wenn der USD bei Geschäftsabschluss auf 0,80 zum Euro ansteigt bzw. auf 0,60 fällt? Betrachten Sie hierzu Grundgeschäft und Optionsgeschäft als Einheit.

TEIL C
Forwards und Futures

Das lernen Sie

- Was sind Futures und Forwards und wodurch unterscheiden sie sich?
- In welche Gruppen werden Futures und Forwards eingeteilt und welche Charakteristika haben sie?
- Wie läuft ein Futuregeschäft an einer Terminbörse konkret ab?
- Was versteht man unter „Mark-to-Market-Bewertung" und warum werden unrealisierte Verluste bei offenen Futurepositionen täglich von der Börse eingefordert?
- Warum unterscheidet sich die Preisbestimmung von Forwards auf Finanzaktiva (z.B. Anleihen) von der Preisbestimmung auf Basiswerte mit Konsumcharakter (z.B. Rohöl)?
- Was versteht man unter den „Cost of Carry"? Welche Rolle spielen sie für die Bestimmung von arbitragefreien Forward- und Futurepreisen?
- Warum sind Aktienindexfutures für Marktteilnehmer so bedeutsam? Wie können sie spekulativ oder als Absicherungsinstrument eingesetzt werden?
- Was sind Fixed-Income-Futures und warum stellen sie eines der wichtigsten Absicherungsinstrumente für Versicherungen, Banken und Investmentfonds dar? Wie können sie spekulativ eingesetzt werden? Wie lässt sich ihr Preis bestimmen?
- Welche Schwierigkeiten treten beim Hedgen von Anleiheportfolios auf und wie können wir diese Schwierigkeiten überwinden? Was versteht man in diesem Zusammenhang unter einem Basisrisiko?
- Wie unterscheiden sich Zinsfutures und -forwards im Geldmarktbereich von Fixed-Income-Futures und wie können wir mit ihnen spekulieren und hedgen?
- Was ist ein Forward Rate Agreement und wie bestimmen wir seinen Preis?
- Wie können Devisentermingeschäfte für Export- oder Importgeschäfte eingesetzt werden?
- Was sind Optionen auf Futures und warum werden sie eingesetzt?
- Was sind Warentermingeschäfte und wie bestimmen wir ihren Preis?

1 Überblick und Grundlagen

1.1 Gemeinsamkeiten und Unterschiede von Forwards und Futures

Von der Idee her sind Futures und Forwards einfach zu verstehen. Sie entsprechen einem einfachen Kaufgeschäft, bei dem die Bezahlung und die Lieferung des gehandelten Produkts zu einem späteren Zeitpunkt vollzogen werden. Der zukünftige Preis wird dabei bereits zum Handelszeitpunkt festgelegt. Futures und Forwards sind demnach Termingeschäfte, bei denen

- zwei Handelsparteien heute (Handelstag) eine Vereinbarung treffen,
- einen bestimmten Gegenstand (Basiswert oder Underlying genannt),
- in einer bestimmten Menge (Kontraktgröße)
- zum heute vereinbarten Preis (Future- oder Forwardpreis)
- zu einem festgelegten zukünftigen Zeitpunkt (Fälligkeit) zu liefern bzw. abzunehmen.
- Der Käufer eines Futures bzw. Forwards verpflichtet sich zur Abnahme und Bezahlung des Basiswerts, der Verkäufer verpflichtet sich zur Lieferung.

Die Zeitspanne zwischen Handelstag und Liefertag wird Laufzeit des Futures/Forwards genannt.

Futures und Forwards sind Kaufverträge, bei denen *beide Seiten* eine Verpflichtung zum Kauf bzw. Verkauf des vereinbarten Basiswerts eingehen. Im Gegensatz zu Optionen hat damit keiner der Handelspartner ein Wahlrecht. Man spricht bei Futures und Forwards deshalb auch von *unbedingten* Termingeschäften. Sofern keine Missverständnisse möglich sind, verzichten wir im Folgenden aber aus Vereinfachungsgründen auf den Zusatz „unbedingt" und sprechen nur von Termingeschäften.

Futures und Forwards können inhaltlich völlig identisch sein hinsichtlich Basiswert, Geschäftsumfang und Lieferzeitpunkt. Sie unterscheiden sich nur darin, wie die Basiswerte gehandelt werden.

Futures

Futures sind börsengehandelte Vereinbarungen. Sie sind deshalb standardisiert in Bezug auf die handelbaren Größeneinheiten (Kontraktgröße) und in Bezug auf die Zahlungs- und Lieferbedingungen. Da Futures börsengehandelt sind, tritt die Börse selbst als Vertragspartner für alle Käufer und Verkäufer auf. Dadurch wird das Kontrahentenrisiko des Handelsgeschäfts auf die Börse[89] übertragen. Man spricht in diesem Zusammenhang von der Börse als zentralem Kontrahenten. Um zu jedem Zeitpunkt die zukünftige Erfüllung des abgeschlossenen Geschäfts sicherstellen zu können, verlangt die Börse von den Handelsteilnehmern Sicherheiten (Margins).

Ermittlung der Sicherheiten bei Futures

Der Umfang der geforderten Sicherheiten folgt einer simplen Logik: Sie muss stets so hoch sein, dass die Börse am nächsten Handelstag die Position eines Handels-

---

[89] Wie in A.2.5, *Börsen- und OTC-Geschäfte* erläutert, gibt es dafür sogenannte Clearinghäuser. Bei einigen Terminbörsen sind sie unter einem gemeinsamen Dach mit der Börse, bei anderen sind die Clearinghäuser eigenständige Gesellschaften.

1.1 Gemeinsamkeiten und Unterschiede von Forwards und Futures

teilnehmers schließen (glattstellen) könnte und die dabei auftretenden Verluste durch die Sicherheiten gedeckt sind. Die Margins setzen sich daher aus zwei Größen zusammen:

Variation Margin: Kursänderungen des Futures bedeuten für eine Handelsseite immer einen Gewinn und für die Gegenseite einen gleich hohen Verlust. Da die Börse als zentraler Kontrahent das Kontrahentenrisiko trägt, fordert sie von der Verlustseite täglich den Ausgleich des rechnerischen Verlusts, um eine bedrohliche Kumulierung bis zum Fälligkeitstag zu verhindern. Hierzu ermittelt sie jeden Tag auf Basis des Abrechnungspreises des Futures[90] den rechnerischen Verlust, der vom entsprechenden Konto des Handelsteilnehmers zugunsten der Börse abgebucht wird. Dieser Geldbetrag wird jedoch nicht von der Börse einbehalten, sondern unmittelbar dem Konto des Handelsteilnehmers gutgeschrieben, der an diesem Tag einen rechnerischen Gewinn erzielt hat. Der tägliche Bewertungsvorgang wird „Mark-to-Market-Bewertung", der gebuchte Gewinn bzw. Verlust Variation Margin genannt.

Additional Margin:[91] Neben der Variation Margin fordert die Börse eine Additional Margin. Sie dient dazu, die bis zum Ende des *nächsten* Börsentags möglichen Glattstellungsverluste abzudecken. Da diese Verluste von der Marktentwicklung des Basiswerts bestimmt werden, unterstellt die Börse dabei einen Worst-Case-Verlust, der maßgeblich von der Volatilität des Basiswerts geprägt wird.

Die Additional Margin kann in bar oder in Form von hinterlegten Wertpapieren gestellt werden. Da die Börse nicht weiß, ob der Futurepreis steigen oder fallen wird, wird die Additional Margin vom Käufer und Verkäufer gleichermaßen gefordert.[92]

Variation Margin plus Additional Margin bilden die Gesamt-Margin. Sie soll sicherstellen, dass die Handelsteilnehmer stets ihre Vertragsverpflichtungen einhalten können. Sollten die Sicherheiten zu Beginn eines Börsentags nicht ausreichen, erhält der Handelsteilnehmer einen Aufruf (Margin-Call), umgehend zusätzliche Sicherheiten zu stellen. Falls er dieser Aufforderung nicht nachkommt, wird sein abgeschlossenes Termingeschäft zwangsweise von der Börse glattgestellt, d.h. ein offenes Kaufgeschäft wird zwangsweise verkauft und umgekehrt.

Forwards

Im Gegensatz zu Futures werden *Forwards* auf *OTC-Basis* gehandelt und gestatten den Handelsparteien damit ein weitaus größeres Maß an Flexibilität bei der Vertragsgestaltung. Forwards sind häufig auf die Bedürfnisse der Handelspartner maßgeschneidert hinsichtlich Kontraktgröße, Lieferzeitpunkt usw. Dadurch leidet jedoch die Handelbarkeit der abgeschlossenen Forwardgeschäfte. Während Futures täglich an den entsprechenden Terminbörsen gekauft und verkauft werden können, ist der Handel von abgeschlossenen Forwards meistens auf die beiden ursprünglichen Handelspartner beschränkt.

Ein weiteres Kennzeichen von Forwards ist ihr Erfüllungsrisiko, da keine Börse als zentraler Kontrahent zwischen die Handelspartner dazwischengeschaltet wird. Üb-

---

[90] Als Abrechnungspreis verwenden die Börsen typischerweise den Durchschnitt der letzten festgestellten Futurepreise des Handelstages.
[91] International gebräuchlicher ist der Begriff „Initial Margin". Siehe Fußnote 67.
[92] Die Variation Margin bei Futures entspricht inhaltlich der Premium Margin bei Optionen. Additional Margin zur Abdeckung des Risikos für den nächsten Handelstag wird bei Futures wie bei Optionen gleichermaßen gefordert (siehe hierzu B.10.1).

licherweise verlangen die Handelspartner beim Abschluss von Forwardgeschäften weder die Stellung von Sicherheiten noch einen täglichen Verlustausgleich. Der Umfang der Forwardgeschäfte wird vielmehr von internen Kreditlinien gesteuert. Die innerbetriebliche Überwachung der Einhaltung der internen Kreditlinien ist eine der zentralen Aufgaben im Risikomanagement der betroffenen Handelsteilnehmer.

Die wesentlichen Unterschiede zwischen Forwards und Futures sind in Tabelle C-1 zusammengefasst.[93]

	Futures	Forwards
Handelsart	Börsennotiertes Geschäft	OTC-Geschäft
Vertragspartner	Börse (Clearinghaus) ist Kontrahent	Direkter Kontrahent
Standardisierung	Ja	Nein
Kontrahentenrisiko	Nicht vorhanden	Hoch
Sicherheiten (Margins)	Additional Margin	Interne Linien
Täglicher Verlustausgleich	Ja, durch Variation Margin	Nein
Preise	Im Prinzip kein Preisunterschied[91]	

Tabelle C-1: Forwards und Futures im Vergleich

1.2 Kennzeichen von Futures und Forwards

Abhängig vom vereinbarten Basiswert können wir Futures und Forwards in verschiedene Kategorien einteilen. Beginnen wir mit Futures:

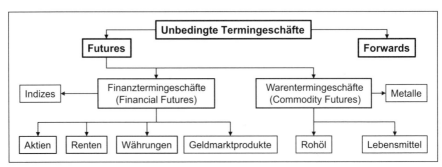

Abbildung C.1: Einteilung von Futures/Forwards über den Basiswert

Von Financial Futures spricht man immer dann, wenn der zugrunde liegende Basiswert ein Finanzmarktprodukt darstellt. Handelt es sich um eine Aktie, spricht man von einem Aktienfuture, handelt es sich um einen Aktienindex, nennt man den zugehörigen Future entsprechend einen Aktienindexfuture. Termingeschäfte

---

[93] Eine mögliche Quelle für Preisunterschiede behandeln wir in C.2.5, *Gib es einen Preisunterschied zwischen Forwardsund Futures?*

auf Rentenpapiere (Anleihen) werden zu Rentenfutures, Geldmarktprodukte zu Geldmarktfutures, Währungen zu Währungsfutures usw. Die Terminologie bei Warentermingeschäften verläuft analog. Bei Metallen finden wir entsprechend Goldfutures, Kupferfutures, Platinfutures, bei Lebensmittel Futures auf Reis, auf verschiedene Fleischsorten, auf Getreide usw.

Entsprechende Formulierungen ergeben sich für die Forwards wie Forwards auf Aktien, Renten, Währungen usw. Aus Darstellungsgründen wurden sie in der Abbildung nicht nochmals aufgeführt.

Waren und Rohstoffe waren die ersten Basiswerte, auf die Termingeschäfte abgeschlossen wurden. Futures und Forwards wurden schnell zu einem wichtigen Instrument der entsprechenden Berufsgruppen, um sich gegen Preisänderungen abzusichern. Bauern verkauften ihre zukünftige Getreideernte am Terminmarkt, Metzger sicherten sich zukünftige Fleischpreise. In den letzten Jahrzehnten haben Termingeschäfte auf Finanzaktiva vom Umfang her die Warentermingeschäfte weit hinter sich gelassen, wenngleich Termingeschäfte auf Rohöl oder Metalle weiterhin eine enorme Bedeutung haben.

Merkmale von Futures und Forwards

Wenn Sie ein Termingeschäft abschließen, sind die in der Abbildung C.2 genannten Merkmale festgelegt. Futures und Forwards unterscheiden sich dabei nur in den kursiv geschriebenen bereits erwähnten Merkmalen Sicherheitsleistungen und Handelbarkeit.

Abbildung C.2 : Merkmale von (unbedingten) Termingeschäften

Der Basiswert ist der Gegenstand, der auf Termin gehandelt wird. Insbesondere bei Waren- und Rohstoffgeschäften ist die exakte Beschreibung der Qualität des zu liefernden Gegenstands von größter Bedeutung. Die Kontraktgröße beschreibt den Umfang des Geschäfts, während die Fälligkeit den Liefer- bzw. Abnahmetermin fixiert. Handelt es sich um ein Futuregeschäft, sind diese Größen fest von der Börse vorgegeben.

Ein weiteres Merkmal ist das Lieferverfahren. Mehrheitlich müssen die Basiswerte zum Fälligkeitszeitpunkt physisch geliefert werden. Bei bestimmten Termingeschäften hingegen erfolgt die Lieferung in Form eines sogenannten Barausgleichs, bei dem die Differenz zwischen dem ursprünglichen Handelspreis und dem Preis zum Fälligkeitszeitpunkt in Geld verrechnet wird.[94] Dieses Verfahren wird häufig bei

---

[94] Häufig wird auch der englischsprachige Begriff "Cash-Settlement" benutzt. Das Wort Settlement lässt sich dabei am besten mit „Zahlung und Lieferung" übersetzen.

Indexfutures angewendet, bei denen die physische Lieferung des Basiswerts schwer möglich ist. Wir werden später beide Verfahren noch im Detail kennenlernen.

Sicherheiten werden bei Forwards nur in seltenen Fällen verlangt. Üblicherweise legen die Handelspartner interne Kreditlinien fest, um den Umfang der Forwardgeschäfte zu steuern. Bei Futures hingegen tritt die Börse als zentraler Kontrahent ein und verlangt Sicherheiten von den am Handel beteiligten Marktteilnehmern. Am Börsenhandel selbst dürfen dabei nur angemeldete Handelshäuser teilnehmen. Dies sind üblicherweise Banken. Da alle anderen Marktteilnehmer wie Privatleute, Versicherungen, Fondsgesellschaften usw. keine Handelszulassung haben, müssen sie ihre Aufträge über diese Handelshäuser leiten. Diese sind verpflichtet, von ihnen Sicherheiten in mindestens der Höhe zu verlangen, die die Handelshäuser der Börse gegenüber leisten müssen.

Die letzten beiden Merkmale eines Termingeschäfts sind der Handelspreis und die Position des Handelsteilnehmers. Beim Kauf eines Futures (auch „Long-Position" genannt) spekuliert man auf steigende Preise, beim Verkauf (auch „Short-Position") entsprechend auf sinkende Preise.

> *Beispiel C-1:* Sie verkaufen am 7.3. 2011 über ihre Bank an der EUREX zwei Kontrakte auf den sog. BUND-Future und wählen dabei das Lieferdatum 10.9.2012. Der Basiswert des BUND-Futures sind bestimmte Anleihen der BUNDesrepublik Deutschland, die wir später noch genauer betrachten werden. Die von der Börse (EUREX) festgelegte Kontraktgröße eines BUND-Futures liegt bei einem Nominalwert von 100.000 €. Der Preis eines BUND-Futures entspricht dabei dem Prozentwert, zu dem diese Anleihen gehandelt werden. Zum Handelszeitpunkt beträgt der BUND-Futurepreis annahmegemäß 119,50 %. Mit dem Verkauf von zwei Kontrakten verpflichten Sie sich demnach, am 10.9. 2012 bestimmte Bundesanleihen im Nominalwert von 200.000 € zu einem Preis von 239.000 € zu liefern. Der Wert einer Futureposition wird folgendermaßen errechnet:
>
> Wert der Position = Futurepreis · Kontraktgröße · Kontraktzahl
>
> *Formel C-1:* Wert einer Future/Forwardposition
>
> In unserem Beispiel ergibt sich: 119,50 % · 100.000 € · 2 = 239.000 €.
>
> Die Bank, die Ihr Geschäft als Kommissionär an der Börse EUREX ausführt, muss bei der EUREX Additional Margin von annahmegemäß 3.000 € in Form von hinterlegten Wertpapieren leisten.[95] Dies hat zur Folge, dass auch Sie bei Ihrer Bank Sicherheiten (Additional Margin) im Umfang von mindestens 3.000 € hinterlegen müssen.

Da Futures an allen Börsen in Kontrakten gezählt werden, spricht man statt von Futures auch häufig von Terminkontrakten.

1.3 Glattstellung, Variation Margin und Lieferung bei Futures

Bis zum Fälligkeitszeitpunkt können Futures täglich während der Handelszeit zum jeweils gültigen Preis an der Börse gehandelt werden. Der Käufer eines Futures kann durch einen späteren Verkauf seine ursprüngliche Position schließen (glatt-

---

[95] Die Zahl von 3.000 € ist zwar fiktiv, zeigt aber in etwa die Größenordnung auf.

1.3 Glattstellung, Variation Margin und Lieferung bei Futures

stellen[96]) und entledigt sich damit aller Abnahmeverpflichtungen zum Fälligkeitszeitpunkt. Gleiches gilt für den Verkäufer, der eine offene Verkaufsposition durch einen Kauf schließen kann und damit keine Lieferverpflichtungen mehr hat. Der entstandene Gewinn wird dabei durch die Differenz zwischen dem ursprünglichem Einstandskurs und späterem Glattstellungskurs bestimmt. Da die Positionen der Teilnehmer allerdings jeden Tag auf Basis der von der Börse festgelegten Abrechnungskurse bewertet und die daraus resultierenden Gewinne oder Verluste täglich auf den Konten der Teilnehmer gebucht werden (Variation Margin), entsteht der Gesamtgewinn bzw. -verlust faktisch durch die Summe der täglichen Buchungen. Ein Beispiel soll den Vorgang verdeutlichen.

Fortsetzung von Beispiel C-1: Am Ende des ersten Handelstags des 7.3. 2011 notiert der BUND-Future bei 120,0 %. In den darauf folgenden Tagen ergeben sich folgende Abrechnungskurse:[97] 120,6 %, 119,7 %, 119,0 %. Am 11.3. 2011 stellen Sie durch einen Kauf von zwei BUND-Futures zum Preis von 118,7 % Ihre Handelsposition glatt.

Der tägliche Gewinn/Verlust Ihrer Position errechnet sich wie folgt:

Gewinn = ± Preisänderung · Kontraktgröße · Kontraktzahl

Formel C-2: Gewinnermittlung bei Futures (Forwards)

Das Pluszeichen steht für eine Kaufposition, das Minuszeichen für einen Verkauf. Ausgehend von einem ursprünglichen Verkaufskurs von 119,5 % erhalten wir die folgenden Werte:

Tag	Handels-preis	Abrech-nungs-preis	Preisänderung	Gewinn/Verlust	Bu-chung
			in Prozent	in Euro	
7.3.2011	119,5	120,0	120,0 – 119,5 = 0,5	– 0,5 % · 100.000 · 2	– 1.000
8.3.2011		120,6	120,6 – 120,0 = 0,6	– 0,6 % · 100.000 · 2	– 1.200
9.3.2011		119,7	119,7 – 120,6 = – 0,9	+ 0,9 % · 100.000 · 2	+ 1.800
10.3.2011		119,0	119,0 – 119,7 = – 0,7	+ 0,7 % · 100.000 · 2	+ 1.400
11.3.2011	118,7		118,7 – 119,0 = – 0,3	+ 0,3 % · 100.000 · 2	+ 600
Summe	0,8		0,8	0,8 % · 100.000 · 2	+ 1.600

Tabelle C-2: Berechnung der Variation Margin

Am ersten Handelstag erleiden Sie einen rechnerischen Verlust von 1.000 €, da Sie zwei BUND-Futures verkauft haben und der Preis am Tagesende auf 120,0 % gestiegen ist. Folglich wird Ihnen von der Börse dieser Betrag abgebucht[98]. Am Ende des zweiten Handelstags ist der Future weiter auf 120,6 % gestiegen und löst so eine weitere Abbuchung von 1.200 € aus. Danach fällt der Futurepreis und

---

[96] Die Glattstellung eines Futures wird auch als Closing bezeichnet.
[97] Als Abrechnungspreis verwenden die Börsen typischerweise den Durchschnitt der letzten Handelspreise des Tages.
[98] Ganz exakt müsste man sagen: Dieser Betrag wird von der Börse der ausführenden Bank abgebucht. Die Bank ihrerseits bucht diesen Betrag von Ihnen ab.

> bewirkt entsprechende Gutschriften auf Ihrem Konto. Da Sie den Future mit 118,7 % glattstellen und der Bewertungskurs des Vortags bei 119,0 % lag, wird Ihnen für den 11.3. ein Betrag von 600 € gutgeschrieben. Addiert man sämtliche Abzüge und Gutschriften ergibt sich ein Gesamtbetrag von +1.600 €. Diesen Gewinn können wir selbstverständlich viel einfacher ermitteln, indem wir nur die Differenz zwischen dem Verkaufskurs von 119,5 % und dem Kaufkurs von 118,7 % betrachten. Die Preisänderung beträgt –0,8 % und führt somit zu einem Gewinn in Höhe von 0,8 % · 100.000 € · 2 = 1.600 €. Allerdings blenden wir bei dieser Betrachtung aus, dass sich die Auszahlung des Gewinns von 1.600 € tatsächlich aus einer Reihe von vorausgegangenen täglichen Gutschriften und Belastungen in Form der Variation Margin zusammensetzt.

Der Fälligkeitstag ist zugleich der letzte Handelstag eines Futures. Die Börse legt dabei auch die exakte Uhrzeit für den Handelsschluss fest. Danach wird der Schlussabrechnungspreis[99] ermittelt, zu dem die Handelsparteien für alle noch offenen Termingeschäfte den Basiswert liefern (abnehmen) müssen. Die Zeitspanne zwischen dem letztem Handelstag und dem Liefertag orientiert sich dabei an den Lieferusancen für ein entsprechendes Kassamarktgeschäft. Dadurch erhalten die Verkäufer von Futures am letzten Handelstag noch die Möglichkeit, durch einen Kauf des Basiswerts am Kassamarkt ihre eingegangenen Lieferverpflichtungen erfüllen zu können, falls sie den Basiswert noch nicht besitzen sollten. Die häufigste Zeitspanne für Financial Futures sind dabei zwei oder drei Börsentage. Da bei Futures mit Barausgleich keine physische Lieferung des Basiswerts erfolgt, wird der Barausgleich üblicherweise bereits am ersten Börsentag nach dem letzten Handelstag gebucht.

Abbildung C.3: Zeitlicher Verlauf eines Futuregeschäfts

Ein weit verbreiteter Irrtum ist die Annahme, dass die Lieferung des Basiswerts zum ursprünglichen Handelskurs des Futures erfolgt. Tatsächlich erfolgt die Lieferung und Bezahlung zum festgestellten Schlussabrechnungskurs am Fälligkeitstag des Futures. Der Gewinn/Verlust aus dem Handelsgeschäft entsteht zwar durch die Differenz zwischen ursprünglichem Handelskurs und Schlussabrechnungskurs, doch wurde dieser Gewinn/Verlust durch die tägliche Bewertung des Futures bereits von der Börse ausgezahlt bzw. eingefordert wie wir in Tabelle C-2 gesehen haben.

---

[99] Statt Schlussabrechnungspreis wird auch häufig der englische Begriff „Settlement-Preis" benutzt.

1.4 Gründe für den Abschluss von Termingeschäften

Die überwiegende Mehrzahl aller gehandelten Futures wird vor Fälligkeit geschlossen. Es geht bei Termingeschäften damit nicht primär um den Erhalt oder die Lieferung des Basiswerts am Fälligkeitstag. Futures werden vielmehr fast immer dazu eingesetzt, um von der Preisentwicklung des Basiswerts am Kassamarkt zu profitieren.

Spekulation auf fallende Preise: Stellen Sie sich vor, Sie erwarten sinkende Preise für Bundesanleihen. Wie im Beispiel C-1 auf Seite 128 gezeigt, erzielen Sie durch den Verkauf von BUND-Futures bei sinkenden Kursen einen Gewinn. Da Futures auf die unterschiedlichsten Basiswerte handelbar sind, können Marktteilnehmer damit auf vielen Märkten von rückläufigen Kursen profitieren. Am Kassamarkt ist dies den meisten Marktteilnehmern nicht möglich.[100]

Hohe Hebelwirkung: Futures erfordern neben der Margin keinen unmittelbaren Einsatz von Kapital. Die Hebelwirkung von Futures ist damit außerordentlich hoch. Nehmen wir wieder unser letztes Beispiel. Der Kauf von zwei BUND-Futures erfordert keine unmittelbare Zahlung. Kaufen Sie hingegen Staatsanleihen der Bundesrepublik im Umfang von zwei Kontrakten, dann müssten Sie Anleihen mit einem Nominalwert von 200.000 € erwerben.

Einfaches Hedging von Aktien- und Anleiheportfolios: Nicht nur für Spekulanten, sondern auch für Hedger sind Futures nicht mehr wegzudenken. Sie machen es möglich, mit einer einzigen Transaktion ganze Aktien- oder Rentenportfolios abzusichern. Diesen Punkt werden wir ausführlich darstellen, wenn wir in späteren Kapiteln konkrete Anwendungen von Futures aufzeigen.

Geringe Gebühren: Die Gebühren, die beim Kauf oder Verkauf von Futures anfallen, sind im Vergleich zur damit eingegangenen Risikoposition sehr gering. Auch diesen Punkt werden wir erst bei den Anwendungsmöglichkeiten von Futures konkretisieren.

---

[100] Dies geht nur über Leerverkäufe, die wir im nächsten Kapitel kennen lernen.

2 Preisbestimmung von Forwards bei Investitionsgüter

In diesem Kapitel erarbeiten wir uns die Grundlagen zur Preisbestimmung von Forwards und Futures. Aus sprachlichen Gründen beschränken wir uns dabei auf den Begriff Forward, statt immer von Forwards/Futures zu sprechen. Futures sind ja nur börsengehandelte Forwards und werden damit automatisch mit einbezogen.

2.1 Investitionsgüter und Konsumgüter

Wenn wir die Preise von Forwards bestimmen wollen, müssen wir zwei Typen von Basiswerten unterscheiden: Basiswerte, die der Geld- oder Kapitalanlage dienen, werden als Investitionsgüter bezeichnet. Es handelt sich dabei im Wesentlichen um Finanzterminprodukte wie Forwards auf Anleihen, Aktien usw. Sie stehen im Zentrum dieses Abschnitts. Wir werden zeigen, wie wir die Terminkurse dieser Basiswerte durch die Forderung nach Arbitragefreiheit einfach ermitteln können.

Schwieriger ist die Forwardpreisbestimmung von all den Basiswerten, die den Charakter eines Konsumgutes haben. Denken Sie an Rohöl, an Lebensmittel oder an Industriemetalle. Diese Basiswerte werden nicht primär zu Anlagezwecken gekauft, sondern weil sie der Käufer unmittelbar verwenden oder in industriellen Produktionsprozessen weiterverarbeiten will. Der Nutzen dieser Basiswerte liegt nicht im erzielbaren Anlageertrag, sondern im Gebrauch des Gegenstands selbst. Wir werden die Terminpreise dieser Basiswerte, die als Konsumgüter bezeichnet werden, später in einem eigenen Kapitel näher untersuchen.[101]

Die Edelmetalle Silber und Gold können wir beiden Gruppen zuordnen. Sie werden einerseits als Anlageobjekt speziell in Krisenzeiten angesehen, finden aber andererseits vielseitige Verwendung in der Industrie. Da jedoch der Anlagecharakter von Gold und Silber stark ausgeprägt ist, folgt ihr Preisbildungsprozess im Wesentlichen dem der Investitionsgüter, auf die wir uns im Folgenden beschränken.

2.2 Cost of Carry

Der einzige Grund, warum sich Kassakurs und Terminkurs unterscheiden, liegt am unterschiedlichen Erfüllungszeitpunkt der abgeschlossenen Geschäfte.

Am Fälligkeitstag müssen der Preis des Forwards und der Kassapreis des zugrunde liegenden Basiswerts gleich sein, da der Liefertag und Zahltag eines Forwards mit dem Liefertag und Zahltag des entsprechenden Kassageschäfts übereinstimmen. Jede noch so kleine Abweichung würde sofort zu Arbitragegeschäften führen. *Vor Fälligkeit* jedoch fallen Forwardpreis und Kassapreis auseinander, da Termingeschäfte gegenüber einem Kassageschäft spezifische Vor- und Nachteile aufweisen. Um den rechnerischen Forwardpreis im Vergleich zum Preis des Basiswerts am Kassamarkt bestimmen zu können, müssen wir nur diese Vor- und Nachteile preislich bewerten:

Finanzierungskosten: Beim Kauf eines Forwards profitiert der Käufer von einem Preisanstieg des zugrunde liegenden Basiswerts in gleicher Weise wie ein Käufer

---

[101] Siehe hierzu C.7.2, *Warentermingeschäfte*.

dieses Basiswerts am Kassamarkt selbst. Der Terminkauf hat allerdings den Vorteil, dass bis zum Fälligkeitszeitpunkt kein Finanzierungsaufwand für den Kauf des Basiswerts anfällt. Der Forwardpreis muss damit c.p. in Höhe der vermiedenen Finanzierungskosten *über* dem Kassapreis des Basiswerts liegen.

Erträge: Ein zweiter Aspekt sind mögliche Erträge des Basiswerts bis zum Fälligkeitszeitpunkt. Denken Sie an die Kuponzahlungen bei Anleihen oder an Dividendenzahlungen bei Aktien. Da der Käufer eines Forwards diese Zahlungen nicht erhält, hat er im Vergleich zum Kauf am Kassamarkt einen Nachteil. Der Forwardpreis muss damit in Höhe der bis zum Fälligkeitszeitpunkt anfallenden Erträge c.p. *unter* dem Kassapreis liegen.

Lagerhaltungskosten: Handelt es sich beim Basiswert um Waren, tritt in Form von Lagerhaltungskosten eine dritte Größe auf, die den Forwardpreis vom Kassamarktpreis des Basiswerts auseinandertreibt. Denken Sie dabei an Gold, Rohöl oder an Lebensmittel, die bis zum Fälligkeitszeitpunkt gelagert werden müssen und entsprechende Kosten verursachen. Lagerhaltungskosten treten bei Finanzaktiva nicht auf, während sie bei Waren und Lebensmittel von größerer Bedeutung sind.

Die Summe der drei aufgeführten Vor- und Nachteile wird als Cost of Carry bezeichnet. Wir können sie als die Kosten betrachten, die entstehen, wenn der Basiswert gekauft und bis zum Fälligkeitstag des Forwards „getragen" wird.

Cost of Carry (€) = Finanzierungskosten – Erträge + Lagerhaltungskosten

Wir können damit einen Preiszusammenhang zwischen dem Forwardpreis und dem Preis des zugrunde liegenden Basiswerts formulieren:

$F_0 = K_0 + \text{Cost of Carry (€)}$

Dabei bezeichnen F_0 den aktuellen Preis des Forwards und K_0 den aktuellen Preis des Basiswerts. Finanzierungskosten und etwaige Lagerhaltungskosten wirken sich erhöhend auf den Forwardpreis aus, während etwaige Erträge des Basiswerts bis zum Fälligkeitszeitpunkt den Preis des Forwards im Vergleich zu K_0 reduzieren.

Wir wollen bereits an dieser Stelle hervorheben, dass der Preis des Forwards F_0 nicht mit den Erwartungen zusammenhängt, wie hoch der Preis des Basiswerts am Fälligkeitstag des Forwards sein wird. Der Preis des Forwards hängt vielmehr ausschließlich vom aktuellen Preis des Basiswerts K_0 plus den Cost of Carry ab. Wir werden später sehen, dass Arbitrage diesen rechnerischen Preis erzwingt.

Konvergenz der Basis

Wenn wir die Gleichung umformulieren, können wir unmittelbar die Differenz der beiden Preise ableiten. Sie wird als Basis bezeichnet.

$K_0 - F_0 = \text{Basis} = -\text{Cost of Carry}$[102]

Die Differenz zwischen dem Kassakurs K_0 und dem Forwardpreis zum gleichen Zeitpunkt wird damit ausschließlich durch den negativen Wert der Cost of Carry erklärt.

Je weiter der Fälligkeitstag eines Forwards entfernt ist, desto stärker wirken die einzelnen Komponenten der Cost of Carry. Da am Fälligkeitstag der Forwardpreis mit

---

[102] Dies ist die häufigste Definition, wie sie etwa auch die EUREX verwendet. Vereinzelt allerdings findet sich in der Literatur auch die Definition $F_0 - K_0 = \text{Basis}$, was zu Verwirrungen führen kann.

dem Kassapreis des Basiswerts übereinstimmt, müssen Forward- und Kassapreis mit kürzer werdender Restlaufzeit des Forwards immer mehr konvergieren. Dieser Sachverhalt wird in Abbildung C.4 zum Ausdruck gebracht. Mit sich verkürzender Restlaufzeit nimmt die Basis immer mehr ab und konvergiert gegen null.

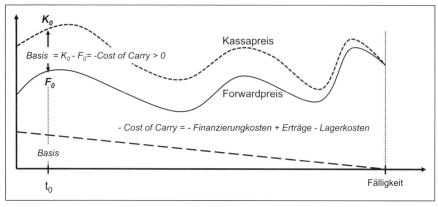

Abbildung C.4: Konvergenz zwischen Kassa- und Futurepreis

In der Abbildung liegt der Forwardpreis stets unter dem Preis des Basiswerts. Die Basis ist somit positiv. Dies wird immer dann der Fall sein, wenn die Cost of Carry negativ sind, d.h. falls die Erträge des Basiswerts über den Finanzierungskosten plus etwaiger Lagerhaltungskosten des Basiswerts liegen.

2.3 Bestimmung des arbitragefreien Forwardpreises

Abbildung C.4 spiegelt optisch die Abhängigkeit des Forwardpreises vom Preis des Basiswerts, dem Umfang der Cost of Carry sowie der Restlaufzeit des Forwards wider. Zur formalen Preisermittlung ist sie allerdings nicht geeignet. Wir müssen bei der numerischen Ermittlung der Cost of Carry nämlich die unterschiedlichen Zeitpunkte für Finanzierungskosten, Lagerhaltungskosten und Erträge berücksichtigen. Abhängig von der Art, wie der Ertrag des Basiswerts anfällt, müssen wir den Preis des Forwards unterschiedlich formulieren:

Bekannter absoluter Ertrag

Am häufigsten fällt der Ertrag des Basiswerts in absoluten Geldeinheiten an einem bestimmten Tag an. Aktien, die während der Laufzeit des Forwards Dividenden zahlen oder Anleihen mit Kuponzahlungen sind Beispiele hierfür. Die allgemeine Formel für den arbitragefreien Forwardpreis lautet in diesem Fall wie folgt:

$$F_0 = (K_0 - E) \cdot (1 + r_T)^T$$

Formel C-3: Forwardpreis, bekannter fester Ertrag

Dabei bezeichnet T die Restlaufzeit eines Forwards in Bruchteilen (oder Vielfachem) eines Jahres, r_T den risikolosen Zinssatz für diesen Zeitraum T und K_0 den aktuellen Preis des Basiswerts am Kassamarkt. Die Größe E interpretieren wir als *Barwert* der

Erträge des Basiswerts, die während der Laufzeit des Forwards anfallen. Etwaige Lagerhaltungskosten können wir als negativen Ertrag interpretieren. Die Interpretation von E als Nettowert zwischen Erträgen und möglichen Lagerhaltungskosten hat den Vorteil, dass wir keine zusätzliche Variable einführen müssen.

Die Formel können wir folgendermaßen interpretieren: Der Käufer des Basiswerts muss einerseits den Kaufpreis in Höhe von K_0 entrichten und erhält andererseits einen Ertrag in Höhe des Barwerts E. Der Nettobetrag für den Kauf des Basiswerts beträgt somit $(K_0 - E)$. Dieser Nettobetrag muss bis zum Laufzeitende finanziert werden, deshalb der Ausdruck $(1+r_T)^T$.

> **Übung C-1:** Wir betrachten den Kauf eines Forwards auf eine Aktie mit einer Laufzeit von einem Jahr. Es wird in einem halben Jahr eine Dividende von 4,0 € je Aktie erwartet. Der aktuelle Aktienkurs am Kassamarkt liegt bei 50 €. Der risikolose Zinssatz für eine Laufzeit von einem halben Jahr $r_{T=0,5}$ betrage 4,5 % und der risikolose Jahreszins $r_{T=1}$ für ein Jahr 5,0 %. Wie hoch ist der rechnerische Preis des Aktien-Forwards?
>
> **Antwort:** Der Ertrag des Basiswerts besteht in der Dividendenzahlung. Sein Barwert E beträgt 3,91 € (= 4€/(1,045)^{0,5}). Damit erhalten wir gemäß unserer Formel:
>
> $$F_0 = (K_0 - E) \cdot (1+r)^T = (50\ € - 3,91\ €) \cdot (1,05)^1 = 48,39\ €$$
>
> Der Terminkurs der Aktie mit einem Liefertermin von einem Jahr müsste bei 48,39 € liegen, wenn der aktuelle Kassakurs bei 50 € liegt.

Bekannte Ertragsrendite

Es gibt einige Basiswerte, die keinen *absoluten* Ertrag, sondern eine Ertrags*rendite* aufweisen. Zinserträge auf einen bestimmten Währungsbetrag sind ein Beispiel dafür. In diesem Fall können wir den Ertrag als Prozentsatz des Kassakurses zum Zahlungszeitpunkt ausdrücken. Die Erträge (=Zinsen) fallen nicht wie bei Dividenden und Kuponzahlungen an einem bestimmten Tag an, sondern ergeben sich zeitanteilig. Bei dieser Konstellation ändert sich der Ausdruck für den arbitragefreien Forwardpreis. Bezeichnet „e" die bekannte Ertragsrendite, können wir schreiben:

$$F_0 = K_0 \cdot \frac{(1+r_T)^T}{(1+e)^t}$$

Formel C-4: Forwardpreis, bekannte Ertragsrendite

Wir werden auf diese Formel später in den Kapiteln C.3.4 und C.6.1 zurückkommen, wenn wir die entsprechenden Basiswerte analysieren.

2.4 Arbitrage und Forwardpreis

Kehren wir zurück zum Fall eines bekannten absoluten Ertrags. Um ein besseres Verständnis für die Preisbildung von Forwards zu erhalten, stellen wir uns vor, dass der tatsächliche Forwardpreis F_0 in der letzten Übung am Markt 49 € beträgt und damit über dem rechnerischen Preis von 48,39 € gemäß Formel C-3 liegt. In diesem Fall sind Arbitragegeschäfte möglich, d.h. risikolose Gewinne ohne eigenen Kapitaleinsatz.

2 Preisbestimmung von Forwards bei Investitionsgüter

Arbitrage bei zu hohem Forwardpreis (Cash und Carry)

Ist der Forwardpreis zu hoch, werden Arbitrageure den Basiswert am Kassamarkt kaufen und gleichzeitig am Terminmarkt verkaufen. Diese Form der Arbitrage wird als „Cash und Carry" bezeichnet, weil der am Kassamarkt gekaufte Basiswert (Cash) bis zum Fälligkeitstag des Forwards gehalten werden muss (Carry).

Bezogen auf unser Beispiel kauft der Arbitrageur den Basiswert am Kassamarkt mit Hilfe eines Kredits in Höhe von 50 €. Gleichzeitig werden die zu teuren Forwards mit einer Laufzeit von einem Jahr verkauft. Der Arbitrageur weiß, dass die Aktie in einem halben Jahr eine Dividende von 4,0 € auszahlen wird. Der Barwert dieser Dividendenzahlung beträgt 3,91 €. Er wird deshalb 3,91 € des benötigten Gesamtkredits mit einer Kreditlaufzeit von einem halben Jahr zu einem Zinssatz von $r_{T=0,5}$ = 4,5 % aufnehmen. Die daraus resultierende Kreditrückzahlung plus Zinsen von insgesamt 4,0 € werden durch die Dividendenzahlung finanziert. Die verbleibende Kreditsumme beträgt 46,09 € und hat eine Laufzeit, die mit der des Forwards übereinstimmt, d.h. ein Jahr. Diese Zahlen können Sie übersichtlich in der Tabelle sehen.

Aktionen	Zahlungen
Heute	
Kauf Basiswert	– 50,00 €
Finanzierung durch Kreditaufnahme	+ 50,00 €
Kreditaufnahme in Höhe Barwert Dividende für $T = 0,5$ zu $r_{T=0,5}$ = 4,5 %	+ 3,91 €
Kreditaufnahme für Restbetrag für $T = 1$ zu $r_{T=1}$ = 5,0 %	+ 46,09 €
Verkauf Basiswert am Terminmarkt zu 49 €	
In einem halben Jahr: Ertrag in Form der Dividende	
Dividendenzahlung	+ 4,0 €
Rückzahlung Kredit inklusive Zinsen	– 4,0 €
In einem Jahr: Fälligkeit des Forwards	
Verkauf Basiswert	+ 49,00 €
Rückzahlung Kredit inklusive Zinsen (46,09 · 1,05)	– 48,39 €
Risikoloser Gewinn	+ 0,61 €

Tabelle C-3: Arbitragemöglichkeiten bei einem Basiswert mit bekanntem Ertrag

Bei einem Zinssatz von $r_{T=1}$ = 5 % sind am Ende des Zeitraums Schulden von 48,39 € aufgelaufen. Da der Arbitrageur aus dem Verkauf des Basiswerts am Fälligkeitstag jedoch einen sicheren Erlös von 49,0 € erzielt, verbleibt ein Gewinn von 0,61 €. Da alle Geschäfte zum gleichen Zeitpunkt abgeschlossen wurden, ist der Gewinn völlig risikolos und erfordert keinen eigenen Kapitaleinsatz.

Die risikolosen Geschäfte werden so lange durchgeführt, bis die Differenz zwischen dem Forwardpreis und dem Preis des Basiswerts um 0,61 € sinkt. Durch diesen Pro-

2.5 Gibt es einen Preisunterschied zwischen Forwards und Futures?

zess wird ein arbitragefreier Forwardpreis von 48,39 € gemäß unserer Preisformel erzwungen.

$$F_0 = (K_0 - E) \cdot (1+r)^T = (50\ € - 3,91\ €) \cdot (1,05)^1 = 48,39\ €$$

Die hier dargestellte Arbitrage setzt folgende Annahmen voraus:

1. Den Marktteilnehmern entstehen keine Transaktionskosten.
2. Alle Marktteilnehmer können zum risikolosen Zinssatz Geld aufnehmen und anlegen.
3. Alle Marktteilnehmer unterliegen dem gleichen Steuersatz.
4. Arbitragemöglichkeiten werden tatsächlich wahrgenommen.

Es ist dabei keineswegs notwendig, dass die hier genannten Voraussetzungen für alle Marktteilnehmer gelten. Es reicht aus, wenn sie für eine ausreichend große Anzahl von wichtigen Teilnehmern zutreffen. Dies können wir insbesondere für Investmentbanken und Handelshäuser unterstellen, die systematisch die Märkte nach Arbitragemöglichkeiten absuchen.

Arbitrage bei zu tiefem Forwardpreis durch Leerverkäufe (Reverse Cash und Carry)

Selbstverständlich gelten die hier aufgezeigten Zusammenhänge auch dann, wenn der Forwardpreis im Verhältnis zum Kassapreis zu niedrig ist. Arbitrageure werden in diesem Fall den Basiswert am Kassamarkt verkaufen und gleichzeitig den Basiswert am zu billigen Terminmarkt kaufen. Diese Form der Arbitrage nennt man „Reverse Cash und Carry".

Idealerweise sind hierzu an den entsprechenden Märkten Leerverkäufe möglich. Bei einem Leerverkauf wird ein Basiswert am Kassamarkt verkauft, den der Verkäufer gar nicht in seinem Besitz hält. Da ein Kassageschäft aber bereits nach wenigen Tagen beliefert werden muss, muss sich der Verkäufer den Basiswert gegen eine Gebühr bis zum Liefertag „leihen".[103] Über den Kauf am Terminmarkt erhält er den Basiswert am Liefertag und kann ihn dann dem Verleiher zurückgeben.

Bei Financial Futures und Forwards sind Leerverkäufe keine zwingende Voraussetzung für die Gültigkeit arbitragefreier Preise. Dies liegt an der ausreichend großen Anzahl an Investoren, die den Basiswert bereits besitzen. Bei zu tiefen Preisen am Terminmarkt werden sie den im Bestand befindlichen Basiswert verkaufen und ihn unter Berücksichtigung von Erträgen und Finanzierungskosten über den Terminmarkt mit einem risikolosen Gewinn zurückkaufen.[104]

2.5 Gibt es einen Preisunterschied zwischen Forwards und Futures?

Die bisher aufgezeigten Zusammenhänge gelten für Futures und für Forwards gleichermaßen. Trotz der vertraglichen Unterschiede zwischen den beiden Formen eines Termingeschäfts lassen sich ihre Preise jeweils nach dem hier dargestellten Verfahren bestimmen.

---

[103] Man spricht in diesem Zusammenhang von einer Wertpapierleihe. Die Leihsätze hängen natürlich vom Basiswert ab. Bei Aktien liegen sie im Bereich von rund 10–20 Basispunkten.
[104] Im Aufgabenteil finden Sie hierzu eine Übung mit Leerverkauf.

2 Preisbestimmung von Forwards bei Investitionsgüter

Der Preis eines Futures auf einen bestimmten Basiswert für einen gegebenen Fälligkeitszeitpunkt stimmt grundsätzlich mit dem Forwardpreis für diesen Basiswert bei gleicher Fälligkeit überein. Falls sich die Zinssätze allerdings unvorhersehbar verändern, dann wird es zu Preisunterschieden bei all den Forwards und Futures kommen, bei denen der Zinssatz selbst maßgeblich den Terminkurs bestimmt. Dies liegt am unterschiedlichen Auszahlungsprofil der beiden Instrumente: Während bei einem Future täglich die Gewinne und Verluste durch die Börse berechnet und gebucht werden, findet bei einem Forward die Verrechnung des Geschäfts erst am Laufzeitende statt.

Stellen wir uns zur Illustration den BUND-Future vor, dessen Preis mit dem Zinssatz sinkt. Da bei steigenden Zinsen die Anleihepreise sinken, wird der Käufer eines BUND-Futures bei steigenden Zinsen einen Verlust erleiden. Da der Verlust bei Futures sofort von der Terminbörse über die Variation Margin ausgeglichen wird, müssen die hier eintretenden Verluste somit bei hohen Zinssätzen finanziert werden. Falls umgekehrt die Zinsen sinken, erzielt der Käufer eines Futures einen Gewinn. Der Gewinn kann allerdings nur zu unterdurchschnittlichen Zinssätzen anlegt werden. Wir werden deshalb feststellen, dass der Futurepreis in diesem Fall weniger attraktiv ist als ein Forward und deshalb mit einem Preisabschlag im Vergleich zum Forward gehandelt wird. Bei kurzen Laufzeiten ist der Effekt vernachlässigbar. Bei Termingeschäften über mehrere Jahre hingegen können wir Futures und Forwards nicht mehr als perfekte Substitute betrachten, falls der Zinssatz selbst maßgeblich den Terminkurs bestimmt.

In den folgenden zwei Kapiteln wenden wir uns nun konkreten Termingeschäften zu und zeigen auf, wie sie für spekulative Zwecke und für Absicherungsmaßnahmen eingesetzt werden können.

3 Futures auf Aktienindizes

3.1 Überblick

Aktienindizes bilden die Wertentwicklung eines vorab definierten Aktienportfolios ab.[105] Die Festlegung der Mitglieder im Index hängt davon ab, was mit dem Index gemessen werden soll. Viele Indizes versuchen die Wertentwicklung eines gesamten Aktienmarkts nachzubilden. Das wohl bekannteste Beispiel stellt der kursgewichtete Dow Jones Industrial Average (DJ) dar, der auf einer Auswahl der 30 bedeutsamsten US-amerikanischen Aktien beruht. In den USA ist der Dow Jones aber keineswegs der einzige Aktienindex. Eine der vielen weiteren Indizes ist etwa der marktkapitalisierungsgewichtete Standard & Poors´s 500 Index (S&P-500), der die 500 wichtigsten US-amerikanischen Aktien umfasst.

Aktienindizes für den Gesamtmarkt finden sich in vielen Varianten in fast jedem Land dieser Welt. Der kursgewichtete Nikkei 225 Index spiegelt die Wertentwicklung von 225 japanischen börsennotierten Unternehmungen wider, der FTSE[106] 100 die Wertentwicklung der hundert bedeutsamsten britischen Aktien und der kursgewichtete CAC 40 die Entwicklung der vierzig größten börsennotieren Unternehmungen in Frankreich.[107] Die Liste ließe sich lange fortsetzen.

Aktienindizes müssen sich nicht zwangsläufig auf einen nationalen Aktienmarkt beschränken. Viele Indizes bilden annäherungsweise die Aktienmarktentwicklung einer Region oder gar der gesamten Welt ab. Beispiele hierfür sind der Dow Jones Euro Stoxx 50 und der fast gleich lautende Dow Jones Stoxx 50. Der *Euro* Stoxx 50 umfasst die fünfzig größten Unternehmungen der Eurozone, der Stoxx 50 hingegen die wichtigsten fünfzig europäischen Unternehmungen außerhalb der Eurozone, allen voran schweizerische und britische Unternehmungen. Ein Weltindex wie der kursgewichtete MSCI-World[108] umfasst gar rund 1.900 Unternehmungen in derzeit 23 Ländern, wohingegen der DJ Global Titans 50 die weltweit fünfzig größten Unternehmungen zusammenfasst.

Eine weitere Variante von Aktienindizes stellen Sektorindizes dar, die Aktien einer bestimmten Branche zusammenfassen, etwa Versicherungen, Banken, Pharmafirmen usw.

Termingeschäfte auf Indizes werden üblicherweise nicht über Forwards abgeschlossen, sondern über die zahlreichen Futures, die von den jeweiligen Terminbörsen angeboten werden. Allein an der EUREX lassen sich derzeit die folgenden Aktienindex-Futures handeln:

---

[105] Das Gewicht jeder einzelnen Aktie entspricht dem Ausmaß, wie stark es im gesamten Portfolio vertreten ist. Das Gewicht hängt maßgeblich davon ab, wie die Gewichte festgelegt werden. Bei einem kursgewichteten Index ergibt sich das Gewicht einer Aktie durch den Kurs, bei einem kapitalisierungsgewichteten Index entsprechend durch den Marktwert der Aktien (Kurs mal Menge).
[106] FTSE steht für Financial Times Stock Exchange.
[107] CAC steht für Cotation Assistée en Continu (fortlaufende Notierung).
[108] MSCI steht für Morgan Stanley Capital International.

3 Futures auf Aktienindizes

Futures auf Aktienindizes	Dow Jones STOXX® 600 Sector Index Produkte
DJ EURO STOXX 50® Index	Automobiles & Parts
DJ EURO STOXX® Select Dividend 30 Index	Banks
DJ STOXX 50® Index	Basic Resources
DJ STOXX® 600 Index	Chemicals
DJ STOXX® Large 200 Index	Construction & Materials
DJ STOXX® Mid 200 Index	Financial Services
DJ STOXX® Small 200 Index	Food & Beverage
DJ Global Titans 50 Index^{SM} (EUR)	Health Care
DJ Global Titans 50 Index^{SM} (USD)	Industrial Goods & Services
DAX®, den Blue Chip-Index der Deutsche Börse AG	Insurance
DivDAX®, den Dividendenindex der Deutsche Börse AG	Media
MDAX®, den Mid Cap-Index der Deutsche Börse AG	Oil & Gas
TecDAX®, den Technologieindex der Deutsche Börse AG	Personal & Household Goods
SMI®, den Blue Chip-Index der SIX Swiss Exchange	Real Estate
SMI® Mid, den Mid Cap-Index der SIX Swiss Exchange	Retail
SLI Swiss Leader Index®, den Blue Chip-Index mit limitierter Titelgewichtung der SIX Swiss Exchange	Technology
	Telecommunications
OMXH25, den finnischen Aktienindex	Travel & Leisure
MSCI Japan und Russia Index	Utilities
Dow Jones Sector Titans Index^{SM} Produkte (in USD)	**Dow Jones EURO STOXX® Sector Index Produkte**[109]
Banks, Insurance, Oil & Gas, Telecommunications, Utilities	

Tabelle C-4: Aktienindexfutures an der EUREX[110]

---

[109] Hier sind wiederum Futures auf alle bereits im DJ Euro Stoxx Sector Index genannten Sektoren handelbar.
[110] Siehe hierzu die Broschüre der EUREX Produkte 2011, die alle verfügbaren Derivate der EUREX sowie deren Kontraktspezifikationen zusammenfasst.

3.2 Spekulieren und Hedgen mit Aktienindexfutures

Aktienindexfutures werden von Spekulanten und Hedgern häufig eingesetzt. Spekulanten eröffnen sie die Möglichkeit, mit einer einzigen Transaktion auf die Entwicklung des im jeweiligen Index erfassten Gesamtmarkts zu setzen. Damit vermeiden sie aktienspezifische Abweichungen von Einzelaktien im Vergleich zum Index. Hedger wiederum können mit Aktienindexfutures sehr einfach große Aktienbestände mit einem einzigen Handelsgeschäft absichern. Da die Handhabe von Indexfutures auf alle Basiswerte in ähnlicher Weise erfolgt, beschränken wir uns im Folgenden auf die Darstellung des DAX-Futures. Betrachten wir hierzu zunächst die Kontraktspezifikationen des DAX-Futures:

Basiswert	Der Wert des Deutschen Aktienindexes DAX
Kontraktgröße	25 € pro Indexpunkt
Notierung	In Indexpunkten
Handelszeiten	8:00 Uhr bis 22.00 Uhr MEZ
Laufzeit	Bis zu neun Monate. Die drei nächsten Quartalsmonate aus dem Zyklus März, Juni, September und Dezember
Erfüllung	Barausgleich, fällig am 1. Börsentag nach Schlussabrechnungstag
Letzter Handelstag	Dritter Freitag des Verfallmonats bis 13.00 MEZ
Schlussabrechnungstag	ist der letzte Handelstag
Schlussabrechnungspreis	auf Basis der im DAX enthaltenen Einzelwerte ab 13.00 MEZ

Tabelle C-5: Kontraktspezifikationen des DAX-Futures

Die von der Börse festgelegten Fälligkeiten sind jeweils die drei nächsten Quartalsmonate aus dem Zyklus März, Juni, September und Dezember. Im Februar eines Jahres werden somit die Monate März, Juni und September angeboten, im April hingegen die Monate Juni, September und Dezember. Die maximale Laufzeit kann damit nur neun Monate betragen. Diese Laufzeitregelung finden wir bei allen Futures der EUREX und üblicherweise auch an anderen Terminbörsen weltweit. Letzter Handelstag und gleichzeitig Schlussabrechnungstag des DAX-Futures ist der dritte Freitag des entsprechenden Verfallmonats.

Eine der bedeutsamsten Informationen über einen Future ist die von der Börse festgelegte Kontraktgröße. Ein DAX-Kontrakt umfasst 25-mal den DAX-Index. Pro Indexpunkt und Kontrakt verändert sich der Wert des DAX-Futures somit um 25 €. Betrachten wir folgende Übung aus Sicht eines Spekulanten:

Übung: Der DAX-Future steht aktuell bei einem Indexstand von 6.120 Punkten. Da ein Marktteilnehmer von rückläufigen Kursen am Aktienmarkt ausgeht, verkauft er fünf Kontrakte. Nach einem Monat ist der DAX-Index auf 5.913 Punkte gefallen und der Marktteilnehmer stellt seine Short-Position durch einen Kauf von fünf Kontrakten glatt. Wie hoch ist das Aktienkursrisiko aus dem Termingeschäft? Wie hoch ist sein Gewinn? Wann wird der Gewinn ausgezahlt?

3 Futures auf Aktienindizes

> *Antworten:*
> Den Wert der Position und damit das Aktienkursrisiko ermitteln wir mit Formel C-1 S. 128.
>
> Wert der Position = Futurepreis · Kontraktgröße · Kontraktzahl
> = 6.120 · 25 € · 5 = 765.000 €.
>
> Die Dax-Futureposition entspricht somit einem Verkaufswert von 765.000 €.
> Den Gewinn ermitteln wir über die Änderung des DAX-Index gemäß Formel C-2, S. 129:
>
> Gewinn = – Preisänderung · 25 € · Kontraktzahl
> = – (Kaufkurs – Verkaufskurs) · 25 € · 5
>
> Das Minuszeichen steht für eine Verkaufsposition. Wir setzen ein und erhalten:
> Gewinn = – (5.913 – 6.120) · 25 € · 5 = 25.875 €.
>
> Die Auszahlung des Gewinns erfolgt durch die täglichen Buchungen der Variation Margin während der Haltedauer des Futures.[111]

Das Beispiel zeigt, wie einfach mit DAX-Futures auf den Gesamtmarkt spekuliert werden kann. Darüber hinaus erfordert die Spekulation auf steigende oder fallende Kurse des DAX-Index keinen unmittelbaren Kapitaleinsatz. Allenfalls bindet die anfängliche Sicherheitenhinterlegung (Additional Margin) einen Bruchteil des insgesamt eingegangenen Aktienkursrisikos, falls sie in bar erfolgen sollte. Bei den meisten Terminbörsen jedoch werden die Additional Margins in Form von hinterlegten Wertpapieren akzeptiert.

Hedging mit Aktienfutures

Aktienfutures werden häufig genutzt, um einfach und schnell größere Aktienbestände abzusichern. Stellen Sie sich hierzu den Aktienbestand einer Investmentgesellschaft oder einer Versicherung vor, die in ihrem Aktienportfolio 100 verschiedene Aktien mit einem Gesamtwert von 100 Mio. € hält. Befürchtet der verantwortliche Fondsmanager fallende Aktienkurse, dann könnte er alle Aktien verkaufen und sie nach dem eingetretenen Kursrückgang wieder billiger am Markt erwerben. Dieses Vorgehen hat allerdings drei gravierende Nachteile:

Zeitaufwand: Es ist zeitaufwändig, hundert verschiedene Aktien am Markt zu handeln. In dieser Zeit können die Kurse weiter fallen.

Einfluss auf Marktpreise: Der Verkauf der Aktien bleibt häufig nicht ohne Folgen auf den Marktkurs. Insbesondere bei weniger liquiden[112] Aktien können zum Teil empfindliche Preisabschläge auftreten. Der befürchtete Preisrückgang muss daher sehr ausgeprägt und länger anhaltend sein, damit es sich für den Fondsmanager lohnt, seine Aktien am Kassamarkt zu verkaufen.

Hohe Transaktionskosten: Banken verlangen von Privatkunden zwischen 0,5 % und 1,0 % für Aktienkäufe und -verkäufe. Bei institutionellen Kunden liegen die Gebühren zwar mit rund 0,15 % deutlich unter denen von Privatkunden, doch das hohe

---

[111] Siehe hierzu Tabelle C-2 auf Seite 129.
[112] Von „liquiden Wertpapieren" spricht man dann, wenn sie während eines Tages häufig gehandelt werden und wenn der Kauf oder Verkauf einer größeren Stückzahl den Marktpreis nur unwesentlich verändert.

3.2 Spekulieren und Hedgen mit Aktienindexfutures

Transaktionsvolumen bewirkt einen hohen absoluten Betrag. 0,15 % auf 100 Mio. € entsprechen Gebühren von 150.000 Euro.

Der Fondsmanager kann durch den Verkauf von Indexfutures den gleichen Effekt wie beim direkten Verkauf der Aktien erzielen und gleichzeitig die drei genannten Nachteile vermeiden. Die Grundidee ist einfach: Die befürchtete negative Wertänderung der Kassaposition sollte idealerweise exakt durch die positive Wertänderung der Futureposition kompensiert werden. Sinken die Aktienkurse, tritt zwar ein Verlust in der Kassaposition ein, doch ein rückläufiger Aktienmarktindex führt zu einem Gewinn über die verkauften Aktienfutures.

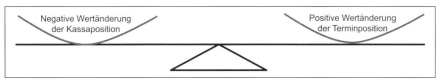

Abbildung C.5: Hedging mit Futures und Forwards

Dabei müssen wir allerdings wissen, wie die im Bestand befindlichen Aktien auf eine Änderung des Aktienindex reagieren. Die Kursänderungen von Einzelaktien verlaufen nämlich nicht immer parallel zur Entwicklung des Gesamtmarkts. Die unterschiedliche Entwicklung kann sich dabei sowohl auf das Ausmaß der Kursänderung, manchmal sogar auf die Richtung beziehen, d.h. eine Einzelaktie fällt im Wert, während der Gesamtmarkt steigt. Die Kennzahl, die ausdrückt, in welchem Verhältnis sich Index und Einzelwert in der Vergangenheit bewegt haben, wird als „Beta" einer Aktie verstanden.[113] Wir wollen im Folgenden die Vorgehensweise an einem DAX-Future-Beispiel aufzeigen. Die hundert verschiedenen Aktienwerte reduzieren wir aus Darstellungsgründen auf fünf.

Beispiel C-2: Ein Fondsmanager verwaltet ein Aktienportfolio von 100 Mio. €, aufgeteilt auf die in der Tabelle aufgeführten fünf Aktienwerte. Aktuell steht der DAX-Index bei 6.000 Punkten. Da der Fondsmanager einen Aktienkursrückgang erwartet, möchte er DAX-Futures verkaufen.

	Anzahl	Marktpreis in Euro	Gesamt-wert	Gewicht im Portfolio	Beta (ß)
Daimler	500.000	35	17.500.000	17,5 %	1,5
RWE	800.000	40	32.000.000	32,0 %	0,6
Commerzbank	1.500.000	9	13.500.000	13,5 %	1,8
MAN	300.000	60	18.000.000	18,0 %	1,3
Allianz	200.000	95	19.000.000	19,0 %	1,4
Gesamtportfolio			100.000.000	100,0 %	1,20
DAX-Index		6.000 Punkte			

---

[113] Zur Ableitung siehe Bösch, Finanzwirtschaft (2009), S. 63 ff. Die Betawerte der im DAX-Index vertretenen Aktien können Sie dem Wirtschaftsteil jeder größeren Zeitung entnehmen. Siehe hierzu auch die Ausführungen zu B.10.2, *Aktienindexoptionen*, S. 100 ff.

> *Um berechnen zu können, wie viele DAX-Futures der Fondsmanager zur Absicherung verkaufen muss, sind zwei Informationen notwendig:*
>
> *1. Wie stark reagieren die fünf Aktien auf eine Veränderung des DAX-Index? Die Antwort gibt uns das gewichtete Beta der im Bestand gehaltenen Einzelaktien, d.h.*
>
> $$\beta(\text{Portfolio}) = 1{,}5 \cdot 17{,}5\,\% + 0{,}6 \cdot 32\,\% + 1{,}8 \cdot 13{,}5\,\% + 1{,}3 \cdot 18\,\% + 1{,}4 \cdot 19\,\% = 1{,}20$$
>
> *Damit wissen wir, dass sich der Wert der im Depot befindlichen Gesamtaktien um 1,2 % verändert, wenn sich der DAX-Index um 1,0 % verändert.*
>
> *2. Wie hoch ist der Kontraktwert eines Indexfutures? Wir kennen bereits die Antwort: Ein DAX-Futurekontrakt entspricht 25-mal dem DAX-Index.*
>
> *Mit diesen Informationen können wir die Anzahl der benötigten Dax-Futures berechnen. Diese Größe wird auch als Hedge-Ratio bezeichnet, weil sie das Verhältnis zwischen Kassaposition und Futureposition angibt.*
>
> $$\text{Kontraktzahl} = \frac{\text{Portfoliowert}}{\text{Indexstand} \cdot \text{Kontraktgröße}} \cdot \beta(\text{Portfolio}) = \frac{100.000.000\,\€}{6.000 \cdot 25\,\€} \cdot 1{,}2 = 800$$
>
> *Der Investmentfondsmanager muss folglich 800 DAX-Futures verkaufen, um das Marktrisiko seines Aktienportfolios abzusichern.*
>
> *Untersuchen wir was passiert, wenn der Index nach einigen Tagen um 300 Punkte, d.h. um 5 % fällt. Da die Aktien mit dem ß-Faktor von 1,2 auf Änderungen des DAX-Index reagieren, sinkt der Depotwert der fünf Aktien um 6,0 %, d.h. um 6,0 Mio. €. Dieser Kursverlust wird durch den Gewinn mit DAX-Futures exakt ausgeglichen. Beim Indexstand von 5.700 Punkten fällt pro Kontrakt ein Gewinn von 300 · 25 € = 7.500 € an. Bei 800 Kontrakten ergibt sich folglich ein Gesamtgewinn von 6,0 Mio. €.*

Selbstverständlich ergibt sich ein spiegelverkehrtes Bild, falls der DAX-Index wider Erwarten steigen sollte. Die fünf im Bestand gehaltenen Aktien steigen im Wert und gleichen den Verlust aus, der durch die Short-Position von 800 DAX-Futures entsteht. Das addierte Marktrisiko der Kassa- und Futureposition ist null und der Fondsmanager stellt sich so, als hätte er seine Aktien verkauft.

Gründe für eine unvollkommene Absicherung

Diese im Beispiel beschriebene vollkommene Absicherung tritt aus drei Gründen nicht immer in dieser perfekten Form ein:

Fixe Kontraktgrößen: Ein naheliegender Grund besteht darin, dass die von der Börse angebotenen Kontraktgrößen nicht mit der Höhe der relevanten Kassaposition übereinstimmen und somit zu nicht ganzzahligen rechnerischen Kontraktwerten führen.

Gegebene Laufzeiten: Ein analoges Argument betrifft die von der Börse angebotenen Laufzeiten des Futures. Sie stimmen nicht notwendigerweise mit dem gewünschten Absicherungszeitraum der Kassaposition überein.

Basisrisiko statt Marktrisiko: Häufig stimmt der Basiswert des Futures nur annäherungsweise mit den Kassawerten überein, die gehedged werden sollen. Dies ist der schwerwiegendste und schwierigste Sachverhalt. Auch in unserem Fall bildet der DAX-Index nur annäherungsweise das Kursänderungsrisiko der Einzelaktien ab. Immer dann, wenn es keine perfekte Übereinstimmung zwischen Future- und Kassawert gibt, spricht man von einem Cross-Hedge. Ein Cross-Hedge liegt immer dann vor, wenn die Korrelation zwischen Kassa- und Futureposition geringer als eins ist. Beträgt sie genau eins, spricht man von einem Perfect-Hedge.

Bei jedem Cross-Hedge kann sich der Futurepreis anders entwickeln als der Wert der Kassaposition. Damit ändert sich die Basis, d.h. die Differenz zwischen Kassawert und Futurepreis. Man spricht daher auch davon, dass durch Cross-Hedging das absolute Preisänderungsrisiko in ein Basisrisiko umgewandelt wird.

Betrachten wir diesen Sachverhalt am letzten Beispiel: Im Vergleich zum direkten Verkauf der Aktien hat der Fondsmanager folgendes Risiko: Das Beta einer Aktie stellt einen historischen Wert dar, der in einem in der Vergangenheit liegenden Zeitraum berechnet wurde. Wir können nicht sicher sein, dass der historische Zusammenhang zwischen den fünf Einzelaktien und dem DAX-Index auch für den Absicherungszeitraum zutrifft. Sollte im Beispiel das *tatsächliche* Beta des Portfolios im Absicherungszeitraum größer als 1,2 sein, sinken die Aktien stärker im Wert als prognostiziert. Damit wäre die Absicherung zu gering und es würde ein Verlust auftreten.[114] Im umgekehrten Fall, d.h. falls das tatsächliche Beta des Portfolios im Absicherungszeitraum unter 1,2 liegt, würde der Wertverlust der Aktien geringer ausfallen als der Gewinn aus der Short-Position der 800 DAX-Futures und so zu einem unerwarteten Gewinn führen. Immer dann, wenn ß ≠ 1,2, entwickelt sich im Beispiel der DAX-Futurepreis anders als der prognostizierte Wert der Kassaposition und die Basis ändert sich unvorhergesehen.

3.3 Vor- und Nachteile von Futures am Beispiel von Aktienindexfutures

Betrachten wir nochmals die drei eingangs erwähnten Nachteile eines direkten Aktienverkaufs am Kassamarkt, den Zeitaufwand, den Einfluss auf Marktpreise und die hohen Transaktionskosten:

Schnelligkeit und Einfluss auf Marktpreise: Das hier beschriebene Indexhedging kann außerordentlich schnell vollzogen werden: Eine einzige Transaktion reicht dafür aus. Da darüber hinaus die im Bestand gehaltenen Aktien nicht verkauft werden, können auch die oben beschriebenen Preisabschläge nicht auftreten. Dies ist ein unschätzbarer Vorteil der Nutzung von Futures.

Man könnte einwenden, dass ein Volumen von 100 Mio. € (800 Kontrakte DAX-Futures im Beispiel) auch nicht folgenlos am Terminmarkt verkauft werden kann. Ein Blick auf das Handelsvolumen belehrt uns allerdings etwas anderes. Im Durchschnitt des Jahres 2010 wurden *täglich* rund 158.000 DAX-Futures gehandelt mit einem rechnerischen Gegenwert von 19,9 Mrd. €. Selbst am umsatzschwächsten Tag des Jahres lag der Gegenwert noch bei 3,3 Mrd. €, das Maximum lag sogar bei 39,9 Mrd. €. Das Handelsvolumen mit DAX-Futures ist ungeheuer groß und übertrifft das Handelsvolumen am Kassamarkt um ein Vielfaches.

Transaktionskosten: Auch die Transaktionskosten sprechen für die Nutzung von Futures: Mit einem DAX-Futurekontrakt wird ein Aktienvolumen von 25-mal dem DAX-Index bewegt. Bei einem Indexstand von 6.000 Punkten entspricht dies 150.000 €. Am Kassamarkt hätte ein Privatanleger mit einem Gebührensatz von 1 % Transaktionskosten von 1.500 €. Beim Kauf eines DAX-Futures hingegen fallen nur

---

[114] Im Aufgabenteil finden Sie hierzu eine Übung.

3 Futures auf Aktienindizes

Gebühren von 15 € – 50 € an, je nach Bank. Institutionelle Anleger[115] bezahlen für einen Kontrakt oft nur zwei, drei Euro. Die Transaktionskosten betragen somit nur einen Bruchteil der Kosten am Kassamarkt.

Diese drei Vorteile zusammengefasst bewirken, dass Absicherungsmaßnahmen auch bereits bei Aktienrückgängen lohnend sind, die nur sehr kurzfristig und schwach ausgeprägt sind.

Gewinnausweis und Liquidität: Zwei Aspekte dürfen beim Indexhedging nicht vergessen werden: Steigen die Aktienkurse, stehen nicht realisierten Gewinnen in der Aktienposition tatsächlich gebuchte Verluste (über die Variation Margin) in der Futureposition gegenüber. Obwohl die Summe aus gebuchten Verlusten und unrealisierten Gewinnen bei einer vollkommenen Absicherung null ist, können dadurch zwei gravierende Probleme auftreten: Falls die Rechnungslegungsvorschriften zwischen unrealisierten und realisierten Gewinnen differenzieren, hat die Unternehmung ein Problem mit ihrem Gewinnausweis. Zweitens können auch Liquiditätsprobleme auftreten, da die gebuchten Verluste in der Futureposition Liquidität binden, während die unrealisierten Gewinne keine Liquiditätswirkung haben.

Basisrisiko: Ein weiterer Aspekt beim Aktienindexhedging ist eine mögliche Veränderung des Betas der Aktien, die, wie gezeigt, zu unerwarteten Absicherungsgewinnen oder -verlusten führen können. Die Tabelle fasst die wesentlichen Punkte zusammen.

Vorteile aus spekulativer Sicht	Spekulation ohne (wesentlichen) Einsatz von Kapital
	Spekulation auf fallende Marktpreise ist möglich
	Geringe Transaktionskosten erlauben Gewinne auch bei minimalen Preisänderungen
Vorteil für Hedging	Hedging ohne Verkauf der Aktien möglich. Dadurch keine negativen Auswirkungen auf Aktienkurse
	Sehr geringe Transaktionskosten
	Hohe Umsetzungsgeschwindigkeit
	Lohnt bereits bei geringen Kursrückgängen
Risiko bei Hedging	Basis verändert sich
	Unrealisierte Größen stehen gebuchten Größen gegenüber
	Liquiditätswirkung der Variation Margin

Tabelle C-6: Vor- und Nachteile von Aktienindexfutures

Die hier aufgezeigten Vor- und Nachteile lassen sich auf alle Arten von Futures übertragen.

---

[115] Darunter versteht man Institutionen, die geschäftsmäßig Geld für Dritte verwalten oder anlegen, d.h. Versicherungen, Pensionskassen, Investmentgesellschaften und Banken.

3.4 Preisbestimmung von Aktienindexfutures

Im Kapitel C.2.3 hatten wir eine allgemeine Formel zur Preisbestimmung von Forwards und Futures abgeleitet.

$$F_0 = (K_0 - E) \cdot (1 + r_T)^T$$

Dabei bezeichnet T die Restlaufzeit eines Futures in Bruchteilen (oder Vielfachem) eines Jahres, r_T den risikolosen Zinssatz für diesen Zeitraum T und K_0 den aktuellen Preis des Basiswerts. Die Größe E interpretieren wir als *Barwert* der Erträge des Basiswerts, die während der Laufzeit anfallen. Wir können diese Formel unmittelbar auf Aktienindexfutures anwenden. Wir müssen die Größe E dabei nur als gewichteten Barwert der Dividenden der im Index vertretenen Aktien interpretieren, die bis zum Fälligkeitstermin des Futures noch Ausschüttungen vornehmen werden.

Häufig findet man bei Aktienfutures eine Formulierung, die nicht den Barwert von Dividenden, sondern die Dividenden*rendite* des entsprechenden Index verwendet. Da in diesem Fall eine Konstellation mit bekannter Ertragsrendite vorliegt, müssen wir mit der Formel C-4, S. 135 arbeiten. Dabei bezeichnet r_D die annualisierte Dividendenrendite.

$$F_0 = K_0 \cdot \frac{(1 + r_T)^T}{(1 + r_D)^T}$$

Formel C-5: Futurepreis bei bekannter Dividendenrendite

Die einem Index zugrunde liegende Dividendenrendite ändert sich praktisch von Woche zu Woche, da die Dividendenzahlungen nicht kontinuierlich erfolgen, sondern ungleich über das Jahr verteilt sind. Der Wert für r_D muss daher der durchschnittlichen, annualisierten Dividendenrendite für die Laufzeit des gewählten Futures entsprechen.

> **Übung:** Die Laufzeit eines Indexfutures beträgt neun Monate. Der risikolose Zinssatz $r_{T=0,75}$ beträgt 3,5 %, die annualisierte Dividendenrendite für diesen Zeitraum 4,0 %. Wie hoch ist der rechnerische Preis des Indexfutures, wenn der entsprechende Index aktuell bei 1.000 liegt?
>
> **Antwort:** Einsetzen der bekannten Werte in Formel C-5 ergibt:
>
> $$F_0 = K_0 \cdot \frac{(1 + r_T)^T}{(1 + r_D)^T} = K_0 \cdot \frac{(1{,}035)^{0{,}75}}{(1{,}04)^{0{,}75}} = 1.000 \cdot 0{,}9964 = 996{,}4$$
>
> Der Futurepreis ist tiefer als der Index, weil die Dividendenrendite höher ist als der risikolose Zins.

4 Futures auf Staatsanleihen (Fixed-Income Futures)

4.1 Zinstermingeschäfte im Überblick

Die Höhe des Zinssatzes i für eine Kapitalüberlassung für den Zeitraum T für den Schuldner A setzt sich gemäß Formel A-8 auf Seite 25 aus dem Zinssatz r_T für einen ausfallsicheren Schuldner plus einem Zinsaufschlag für das Ausfallrisiko für den spezifischen Schuldner A für diesen Zeitraum zusammen.

$$i_T^A = r_T + Kreditrisikoprämie^A = r_T + r_{RA,T}^A$$

Dabei steigen die Zinssätze üblicherweise mit der Laufzeit der Kapitalüberlassung. Da Zinsfutures und Zinsforwards eingesetzt werden, um auf Zinsänderungen zu spekulieren oder um sich gegen Zinsänderungen abzusichern, müssen wir demnach zwei Dinge klären: Welcher Schuldner steckt hinter dem entsprechenden Zinssatz und welche Laufzeit wird zu Grunde gelegt?

Die Zinssätze an den Terminmärkten werden in den allermeisten Fällen auf Schuldner bezogen, bei denen kein oder nur ein geringes Ausfallrisiko besteht. Dies soll sicherstellen, dass sich Zinsänderungen nicht auf eine Änderung des Ausfallrisikos zurückführen lassen, sondern ausschließlich auf Änderungen des allgemeinen Zinsniveaus.

Bei Zinstermingeschäften mit langer Laufzeit beziehen sich die Zinssätze auf staatliche Schuldner, bei Zinstermingeschäften hingegen mit kurzer Laufzeit, d.h. im Geldmarktbereich, beziehen sie sich auf Zinssätze im Interbankengeschäft.

Es gibt noch einen weiteren, bedeutsamen Unterschied zwischen Zinstermingeschäften mit langer und kurzer Laufzeit: Bei Zinstermingeschäften im Geldmarktbereich werden konkrete Zinssätze als Basiswert zwischen den Handelspartnern vereinbart. Geldmarktfutures sind daher unmittelbar in ihrer Konstruktion eingängig und nachvollziehbar. Bei der EUREX stehen hierfür der EONIA-Future für Tagesgeldsätze und der EURIBOR-Future für Dreimonats-Zinssätze zur Verfügung. Im „mittleren" und „langen Bereich" hingegen werden nicht konkrete Zinssätze als Basiswert vereinbart, sondern Staatsanleihen. Dies mag auf den ersten Blick befremdlich erscheinen. Da jedem Anleihepreis jedoch in eindeutiger Weise ein Zinssatz zugeordnet werden kann, werden über die Anleihepreise indirekt doch wiederum Zinssätze vereinbart.

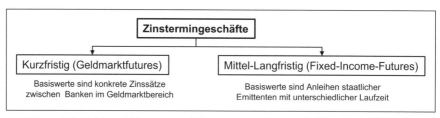

Abbildung C.6: Geldmarktfutures und Fixed-Income-Futures im Vergleich

Fixed-Income-Futures

In den folgenden Kapiteln konzentrieren wir uns zunächst auf börsennotierte Termingeschäfte auf Staatsanleihen, die auch „Fixed-Income-Futures" genannt werden. Die EUREX bietet derzeit sechs verschiedene Fixed-Income-Futures an. Vier betreffen Anleihen auf den Emittenten Bundesrepublik Deutschland. Sie unterscheiden sich in der Laufzeit der Anleihen, die zur Erfüllung des entsprechenden Futuregeschäfts verwendet werden können. Bei dem uns bereits bekannten BUND-Future können Bundesanleihen mit einer Restlaufzeit von 8,5 bis 10,5 Jahren geliefert werden. Eine etwas kürzere Laufzeit hat der BOBL-Future mit 4,5 bis 5,5 Jahren. Der Euro-Schatz-Future legt Anleihen mit einer kurzen Restlaufzeit von 1,75 bis 2,25 Jahren zu Grunde, wohingegen der BUXL-Future sehr lang laufende Bundesanleihen von 24 bis 35 Jahren als Basiswert verwendet.

Mit dem Euro-BTP-Future[116] sind an der EUREX auch Termingeschäfte auf italienische Staatsanleihen und mit dem CONF-Future Termingeschäfte auf Anleihen der Schweizerischen Eidgenossenschaft mit den in der Tabelle angegebenen Restlaufzeiten möglich.

Kontrakt	Restlaufzeit des Basiswert (Jahre)	Emittent der Anleihen	Kupon (in %)	Währung
Euro-Schatz-Futures	1,75 bis 2,25	BUND	6	EUR
Euro-BOBL-Futures	4,5 bis 5,5	BUND	6	EUR
Euro-BUND-Futures	8,5 bis 10,5	BUND	6	EUR
Euro-BUXL-Futures	24,0 bis 35,0	BUND	4	EUR
Euro-BTP-Futures	8,5 bis 11,0	Republik Italien	6	EUR
CONF-Futures	8,0 bis 13,0	Schweizer. Eidgenossenschaft	6	CHF

Tabelle C-7: Handelbare Fixed-Income-Futures an der EUREX[117]

Im Folgenden konzentrieren wir uns auf den BUND-Future, da er weltweit einen der liquidesten und bedeutsamsten Terminkontrakte darstellt. Alle anderen hier aufgeführten Fixed-Income-Futures sowie die, die außerhalb der EUREX handelbar sind, können analog betrachtet werden.

4.2 Spezifikation des BUND-Futures und CTD

Wir hatten im Beispiel C-1 auf S. 128 bereits die Grundzüge des BUND-Futures kennengelernt, der an der EUREX gehandelt wird. Die Tabelle fasst seine Kontraktspezifikationen zusammen.

---

[116] BTP steht für Buoni del Tesoro Poliennali.
[117] Quelle: Produkte 2011, EUREX, Januar 2011.

4 Futures auf Staatsanleihen (Fixed-Income Futures)

Basiswert	Fiktive Bundesanleihe mit einer Laufzeit von 8,5 – 10,5 Jahren
Kontraktgröße	100.000 € Nominalwert
Kupon	6,0 %
Erfüllung	Bundesanleihen mit einer Restlaufzeit von 8,5 – 10,5 Jahre.
Notierung	In Prozent vom Nominalwert
Handelszeiten	8:00 Uhr bis 22.00 Uhr MEZ
Laufzeit	Bis zu neun Monate. Die drei nächsten Quartalsmonate aus dem Zyklus März, Juni, September und Dezember
Liefertag	Der 10. Kalendertag des jeweiligen Liefermonats[118]
Letzter Handelstag	Zwei Börsentage vor dem Liefertag des jeweiligen Liefermonats. Handelsschluss ist 12:30 Uhr MEZ.
Schlussabrechnungspreis	Volumengewichteter Preisdurchschnitt der letzten Handelsminute

Tabelle C-8: Kontraktspezifikationen des BUND-Futures an der EUREX

Der Basiswert des Bund-Futures ist eine fiktive Anleihe des Emittenten Bundesrepublik Deutschland mit einer Kontraktgröße von 100.000 € Nominalwert. Der Kupon der Anleihe beträgt 6,0 %. Die Lieferverpflichtung aus einer Short-Position kann durch alle Bundesanleihen erfüllt werden, deren Restlaufzeit zum Lieferzeitpunkt mindestens 8,5 Jahre und höchstens 10,5 Jahre beträgt. Der Preis eines BUND-Futures entspricht dabei dem Prozentwert, zu dem diese fiktive Anleihe gehandelt wird. Beträgt der BUND-Futurepreis z.B. 110,0 %, dann verpflichtet sich der Verkäufer pro Kontrakt nominal 100.000 € der lieferbaren Anleihen zum Preis von 110.000 € zu liefern. Der Wert einer BUND-Futureposition lautet daher: [118]

Wert der Position = Futurepreis · Kontraktgröße · Kontraktzahl

Am letzten Handelstag wird es eine ganze Reihe von Bundesanleihen mit einer Restlaufzeit von 8,5 bis 10,5 Jahren geben. Sie stammen zwar alle vom selben Emittenten, doch unterscheiden sie sich in der exakten Restlaufzeit und häufig auch in der Höhe des Kupons. Es ist sogar möglich, dass unter den lieferbaren Anleihen keine den geforderten Kupon von 6 % aufweist. Um die verschiedenen lieferbaren Anleihen untereinander vergleichen zu können und um der Forderung eines Kupons von 6 % zu entsprechen, wird jede lieferbare Anleihe mit einem Umrechnungsfaktor (UF) versehen. Der Umrechnungsfaktor stellt den Preis dar, zu dem ein Euro des Nominalwerts der Anleihe bei einer Rendite von 6 % gehandelt werden würde. Anders formuliert: Der Umrechnungsfaktor ist der Preis pro Euro Nominalwert, bei dem die interne Rendite der lieferbaren Anleihe 6,0 % beträgt. Auf diese Weise können alle lieferbaren Anleihen sowohl mit der fiktiven BUND-Future-Anleihe als auch untereinander verglichen werden. Da der Umrechnungsfaktor einer lieferbaren Anleihe von festen Größen wie Kuponsatz und Laufzeit abhängen, ändern sie sich nicht und bleiben jeweils bis zur Fälligkeit des BUND-Futures konstant.[119]

---

[118] Falls es sich dabei um keinen Börsentag handelt, ist es der darauf folgende Börsentag.
[119] Die EUREX veröffentlicht die jeweils gültigen Umrechnungsfaktoren auf ihrer Homepage

4.2 Spezifikation des BUND-Futures und CTD

Den Lieferpreis einer lieferbaren Anleihe am Liefertag können wir wie folgt angeben:

Lieferpreis = Schlussabrechnungspreis BUND-Future · UF Anleihe
+ Stückzinsen Anleihe

Ausgehend vom Schlussabrechnungspreis des BUND-Futures berücksichtigt diese Berechnung die „Werthaltigkeit" der gelieferten Anleihe in Form des Umrechnungsfaktors *UF* sowie die bisher aufgelaufenen Stückzinsen. Wird eine Anleihe mit einem Kupon kleiner als 6,0 % geliefert, ist der Umrechnungsfaktor kleiner als eins. Lieferbare Anleihen mit einem Kupon über 6,0 % haben hingegen einen Umrechnungsfaktor über eins. Alternative Bezeichnungen für den Umrechnungsfaktor sind Preisfaktor oder auch Konvertierungsfaktor.

> **Beispiel:** Sie haben vor einiger Zeit einen BUND-Future-Kontrakt zum Preis von 121,03 % mit Fälligkeit (Liefertag) 10.3. 2011 verkauft. Da Sie den Future nicht vor Fälligkeit geschlossen haben, müssen Sie nun lieferbare Anleihen mit einem Nominalwert von 100.000 € liefern. Der Schlussabrechnungspreis des Futures betrage 120 %. Sie entscheiden sich für die Bundesanleihe mit der Laufzeit 4.1.2020, die mit einem Kupon von 3,25 % ausgestattet ist.[120] Sie hat einen Umrechnungsfaktor von 0,815645. Die aufgelaufenen Stückzinsen am Liefertag betragen 0,578767 % pro 100 € Nominalwert.[121] Sie erhalten damit je 100 € nominal durch die Lieferung einen Preis von 120 % · 0,815645 + 0,578767 % = 98,45617 %.[122] Da der Nominalwert Ihrer Anleihe 100.000 € beträgt, erhalten Sie somit einen Zahlungsbetrag von 98.456,17 € je Kontrakt.
>
> Ihr „Gewinn" besteht darin, dass Sie für Ihre Anleihen faktisch einen Preis von 98.717,51 € (= 121,03 % · 0,815645 ·100.000 €) + Stückzinsen erhalten, da Sie den BUND-Future-Kontrakt zum Preis von 121,03 % verkauft hatten. Die Differenz zum Schlussabrechnungskurs von 120 % wurde Ihnen über die Variation Margin gutgeschrieben.

Die Ermittlung des Umrechnungsfaktors beruht auf der Annahme, dass die Zinsstrukturkurve flach ist und ein Niveau von 6,0 % hat. Da dies jedoch selten der Fall ist, führt die Umrechnungsmethode zu einer Bevorzugung von bestimmten Anleihen. Zu jedem Zeitpunkt wird es deshalb unter allen lieferbaren Bundesanleihen eine bestimmte Anleihe geben, die im Lieferfall am billigsten ist. Sie wird deshalb auch als „Cheapest to Deliver" (CTD) bezeichnet. Es gibt dabei eine schnelle Methode zur Ermittlung der CTD-Anleihe: Am Liefertag des BUND-Futures darf der Kauf von lieferbaren Anleihen am Kassamarkt und der Verkauf dieser Anleihen durch den Verkauf eines BUND-Futures mit keinem Gewinn verbunden sein, da ansonsten sofort Cash- und Carry-Arbitrage einsetzt. Es muss daher gelten:

Kassapreis der lieferbaren Anleihe = Schlussabrechnungspreis BUND-Future · UF

Dividieren wir beide Seiten durch den Umrechnungsfaktor *UF*, erhalten wir eine Größe, die uns angibt, wie eine bestimmte Anleihe in einen Future „getauscht"

---

unter Marktdaten>Clearingdaten>Lieferbare Anleihen und Konvertierungsfaktoren. Zur exakten Berechnung des Umrechnungsfaktors siehe EUREX, Zinsderivate, 2007, S. 100.

[120] Die Wertpapierkennnummer der Anleihe lautet DE0001135390.

[121] Zwischen dem letzten Kupontag (4.1.) und dem Liefertag (10.3.) liegen 65 Zinstage. Damit erhalten wir: Stückzinsen = 100 € · 3,25 % · 65/365 = 0,578767 €.

[122] Der Preis einer Anleihe ohne Stückzinsen wird als „Clean Price" genannt. Inklusive Stückzinsen spricht man von einem „Dirty Price".

werden kann. Die Größe *Kassapreis/UF* jeder lieferbaren Anleihe wird deshalb auch von manchen Autoren als Umtauschverhältnis bezeichnet.[123]

Umtauschverhältnis = Kassapreis der Anleihe/Umrechnungsfaktor

Die lieferbare Anleihe mit dem geringsten Umtauschverhältnis stellt die CTD dar. Da sie aus Sicht des Verkäufers eines BUND-Futures die kostengünstigste Anleihe zur Erfüllung seiner Lieferverpflichtung darstellt, ist sie gleichzeitig auch die attraktivste Anleihe. Der Preis der jeweiligen CTD-Anleihe spielt damit in der Bewertung des BUND-Futures die entscheidende Rolle, weil die CTD bei allen Cash und Carry-Arbitragegeschäften geliefert werden würde.

4.3 Preisbestimmung des BUND-Futures

Die Grundlage der Ermittlung des arbitragefreien BUND-Futurepreises ist die bekannte Formulierung:

$F_0 = K_0 + $ *Cost of Carry* $= K_0 + $ *Finanzierungskosten – Erträge*

Wenn wir diese Formel auf den BUND-Future übertragen, müssen wir vier Dinge berücksichtigen:

1. Da stets ein ganzes Bündel von lieferbaren Anleihen zur Erfüllung der Lieferverpflichtung existiert, wird sich der aktuelle Preis des Basiswerts K_0 am Preis der CTD-Anleihe orientieren. Für K_0 können wir daher schreiben:
$K_0 = $ *Kassapreis der CTD* $= K_{CTD}$.

2. Wenn die CTD-Anleihe gekauft wird, müssen neben dem Kassakurs auch die Stückzinsen entrichtet werden. Die Stückzinsen entsprechen der Kuponzahlung Z der CTD[124] für den Zeitraum T_0 zwischen ihrem letzten Kupontermin und dem Valutatag des Handelsgeschäfts. Bezeichnet T_0 den entsprechenden Zeitraum in Anteilen eines Jahres, dann können wir die Stückzinsen formulieren als $Z \cdot T_0$.

Bei einer Cash-und Carry-Arbitrage muss die CTD-Anleihe inklusive Stückzinsen bis zum Liefertag des Futures finanziert werden. Wenn T den Anteil eines Jahres bis zum Liefertag bezeichnet und r_T den risikolosen Zinssatz für diesen Zeitraum, dann können wir die Finanzierungskosten der CTD schreiben als $(K_{CTD} + Z \cdot T_0) \cdot r_T \cdot T$. Die Zinsrechenmethode entspricht dabei actual/360, da es sich um ein Geldmarktgeschäft handelt.

3. Der Ertrag des Basiswerts entspricht der zeitanteiligen Kuponzahlung der CTD für den Zeitraum T bis zum Liefertag des Futures, d.h. $Z \cdot T$.

Die Abbildung zeigt visualisiert die relevanten Zeiträume sowie die anfallenden Finanzierungskosten und Erträge.

4. Die „Wertigkeit" der CTD stimmt hinsichtlich der geforderten Kuponhöhe von 6 % nicht mit der hypothetischen Anleihe des BUND-Futures überein. Wir müssen deshalb den Futurepreis F_0 mit dem Umrechnungsfaktor multiplizieren.

---

[123] Exakter ist die Bezeichnung „Nullbasis-Futurepreis". Da gilt: *Basis = Kassapreis Anleihe – Futurepreis · UF*, muss demnach bei obiger Formulierung die Basis null sein.
[124] Z in % vom Nominalwert. Die Zinsrechenmethode bei Stückzinsen beträgt actual/actual.

4.4 Spekulieren mit BUND-Futures

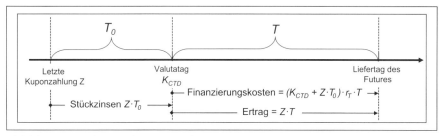

Abbildung C.7: Arbitragefreier Preis des BUND-Futures

Wenn wir alle vier hier aufgeführten Besonderheiten in die Preisbestimmung einfließen lassen, erhalten wir für den arbitragefreien BUND-Futurepreis folgende Formel:

$$F_0 \cdot UF = \left[K_{CTD} + (K_{CTD} + Z \cdot T_0) \cdot r_T \cdot T - Z \cdot T \right] \text{ bzw.}$$

$$F_0 = \frac{1}{UF} \cdot \left[K_{CTD} + (K_{CTD} + Z \cdot T_0) \cdot r_T \cdot T - Z \cdot T \right]$$

Machen wir uns die Formel an einem konkreten Beispiel deutlich:

CTD-Anleihe	3,25 % Bundesanleihe mit Fälligkeit 4.1.2020
Valutatag Kauf CTD	5.4.2010
Stückzinstage und Stückzinsen (in %)	91 Tage; $Z \cdot T_0$ = 3,25 % · 91/365 = 1,06 %
Kassapreis K_{CTD}	101,2 %
Umrechnungsfaktor CTD-Anleihe	0,807685
Liefertag des Futures	10.9.2010
Geldmarktzins r_T	2,0 %
Zeitraum bis Liefertag in Tagen	158

Setzen wir die Werte in unsere Formel ein, erhalten wir:

$$F_0 = \frac{1}{0,807685} \left[101,2\% + \left(101,2\% + 3,25\% \cdot \frac{91}{365}\right) \cdot 2,0\% \cdot \frac{158}{360} - 3,25\% \cdot \frac{158}{365} \right] = 124,66\%$$

Der rechnerische Preis des BUND-Futures auf Basis der CTD-Anleihe 3,25 % Bundesanleihe mit Fälligkeit 4.1.2020 beträgt demnach 124,66 %.

4.4 Spekulieren mit BUND-Futures

So kompliziert die Preisbestimmung eines BUND-Futures auch klingen mag, die Spekulation mit Hilfe des BUND-Futures ist denkbar einfach: Wenn Sie einen BUND-Future kaufen, spekulieren Sie auf steigende Preise von längerfristigen Bundesanleihen. Da die Preise von Bundesanleihen aber nur steigen, wenn die Zinsen für Bundesanleihen sinken, setzt der Käufer von BUND-Futures damit auf sinkende Zinsen.

4 Futures auf Staatsanleihen (Fixed-Income Futures)

Grundsätzlich könnte man auch durch den Kauf von Bundesanleihen am Kassamarkt auf steigende Anleihepreise spekulieren, doch würde dafür viel Kapital benötigt werden. Der große Vorteil eines BUND-Futures ist, dass diese Spekulation ohne Einsatz von Kapital erfolgen kann, wenn man einmal von den hinterlegten Sicherheiten absieht.

Über den Verkauf von BUND-Futures ist auch eine Spekulation auf sinkende Anleihepreise und damit auf steigende Zinsen sehr einfach, eine Spekulation, die am Kassamarkt nicht getätigt werden kann.[125]

Auch Transaktionskosten sprechen für den BUND-Future: Pro Kontrakt wird ein Volumen von nominal 100.000 € bewegt. Je nach Bank fallen hierfür für Privatkunden zwischen 10 € und 50 € Provisionsgebühren an. Institutionelle Anleger zahlen meistens nur einige wenige Euros pro Kontrakt. Der Kauf oder Verkauf von Bundesanleihen im gleichen Umfang hingegen würde Provisionskosten von 200 € bis 500 € nach sich ziehen, wenn wir einen Provisionssatz von 0,2 % – 0,5 % unterstellen.

Die überwiegende Anzahl der Käufer und Verkäufer hat kein Interesse am Basiswert selbst, d.h. an den lieferbaren Anleihen. Sie setzen lediglich auf eine für sie positive Kursentwicklung des BUND-Futures und stellen deshalb ihre Position vor Fälligkeit glatt.

> *Übung:* Eine Versicherung kauft 100 BUND-Futures zum Preis von 120,5 %, weil sie von sinkenden Zinsen am Anleihemarkt ausgeht und damit von steigenden BUND-Futurepreisen. Wie hoch ist das Kursrisiko? Welchen Gewinn/Verlust erzielt die Versicherung, wenn der BUND-Futurepreis nach einer Woche bei 120,0 % steht, die Position aber noch nicht glattgestellt wurde? Ist der Verlust zahlungswirksam?
>
> *Antwort:* Der Wert der Position und damit das Kursrisiko errechnet sich aus
>
> Futurepreis · Kontraktgröße · Kontraktzahl = 120,5 % · 100.000 € · 100
> = 12,05 Mio. €.
>
> Da der BUND-Futurepreis gegen die Erwartungen gesunken ist, tritt ein Verlust von 50.000 € ein.[126]
>
> Gewinn = Preisänderung · Kontraktgröße · Kontraktzahl
> = –0,5 % · 100.000 € · 100 = 50.000 €
>
> Obwohl die Position noch nicht glattgestellt wurde, ist der Verlust in voller Höhe zahlungswirksam, da die EUREX täglich auch die unrealisierten Gewinne und Verluste über die Variation Margin bucht.

4.5 Hedgen mit BUND-Futures

Grundidee und Grundproblem

Stellen wir uns vor, dass ein Fondsmanager ein Anleiheportfolio im Gesamtwert von 100 Mio. € verwaltet, aufgeteilt auf fünf Anleihen unterschiedlicher Schuldner und unterschiedlicher Restlaufzeit. Befürchtet der Fondsmanager einen Zinsanstieg

---

[125] Zwar könnten Leerverkäufe getätigt werden, doch werden die fast immer nur von institutionellen Anlegern durchgeführt. Darüber hinaus ist der organisatorische Aufwand deutlich höher.
[126] Vergleiche hierzu Formel C-1 (S. 128) und Formel C-2 (S. 129).

4.5 Hedgen mit BUND-Futures

und damit einen Kursrückgang der Anleihen, müsste er sein gesamtes Portfolio verkaufen und nach erfolgtem Zinsanstieg die einzelnen Anleihen wieder erwerben. Dies würde einerseits mit sehr hohen Transaktionskosten verbunden sein und andererseits viel Umsetzungszeit in Anspruch nehmen.

Eine kostengünstigere und schnellere Möglichkeit besteht im Verkauf von BUND-Futures. Die Grundidee ist einfach: Verkaufe so viel BUND-Futures, dass der Gewinn bei fallenden BUND-Futurepreisen exakt den Kursverlust im Anleiheportfolio ausgleicht. Damit die Absicherung aufgeht, muss sich bei einer Zinsänderung der Wert des Anleiheportfolios exakt so verändern, wie der Wert der Futureposition. Im vorliegenden Fall ist dies allerdings kaum zu erwarten, weil Kuponhöhe, Laufzeiten und Emittenten der fünf Einzelanleihen nicht mit den Eigenschaften des BUND-Futures (Emittent BUND; Kuponhöhe 6%; Laufzeit 8,5 bis 10,5 Jahre) übereinstimmen. Folglich werden der BUND-Future und die Preise der Einzelanleihen unterschiedlich stark auf den befürchteten Zinsanstieg reagieren. Wenn sich der BUND-Futurepreis aber anders entwickelt als der Wert der Kassaposition, ändert sich die Basis. Man spricht daher auch davon, dass durch Hedging das absolute Preisänderungsrisiko in ein Basisrisiko umgewandelt wird. Je mehr das Anleiheportfolio der hypothetischen Anleihe des BUND-Futures ähnelt, desto geringer wird das Basisrisiko sein. Machen wir uns das Vorgehen beim Hedging und das damit verbundene Basisrisiko an einem Beispiel klar:

Emittent	Laufzeit	Kupon	Preis	Rendite i	Nominal	Marktwert	WKN
				in %	in Mio. €		
BUND	04.01.2017	3,75	106,9	2,60	25,7	27,47	113531
Daimler	19.01.2017	4,13	102,2	3,82	14,0	14,31	A1C9VQ
Commerzbank	24.07.2017	5,00	102,7	4,59	13,0	13,35	802951
Deutsche Bank	24.07.2018	4,50	101,9	4,22	25,3	25,78	DB5DBF
Bayern	24.03.2020	3,25	99,5	3,30	22,0	21,89	105337
Summe					100,0	102,8	

Tabelle C-9: Die Absicherung eines Anleiheportfolios durch BUND-Futures

Die Tabelle zeigt ein Portfolio aus fünf Anleihen mit unterschiedlichen Emittenten, unterschiedlichen Laufzeiten und unterschiedlich hohen Kuponsätzen. Der Nominalwert der fünf Anleihen beträgt in Summe 100 Mio. €, der Marktwert 102,8 Mio. €. Da es sich jeweils um „echte" Anleihen handelt, werden in der letzten Spalte die Wertpapierkennnummern (WKN) mit aufgeführt.[127]

---

[127] Da sich der Preis und die Rendite der Anleihen täglich ändern, sei hier erwähnt, dass die angegebenen Werte vom 5.4.2010 stammen. Mit Hilfe der angegebenen WKN können Sie sehr schnell die aktuellen Werte über die Homepage jeder Bank abrufen.

4 Futures auf Staatsanleihen (Fixed-Income Futures)

Nominalwertmethode

Eine einfache, aber sehr ungenaue Hedging-Methode besteht darin, BUND-Futures im Umfang des Nominalwerts des Anleiheportfolios zu verkaufen. Das Hedge-Ratio, definiert als Anzahl der notwendigen Futures zur Absicherung des Anleiheportfolios, errechnet sich aus dem einfachen Verhältnis der beiden Nominalwerte:

$$Hegde-Ratio = \frac{Nominalwert\ Anleiheportfolio}{Kontraktgröße} = \frac{100.000.000\ €}{100.000\ €} = 1.000$$

Demnach müsste der Fondsmanager 1.000 BUND-Futures verkaufen, um sein Anleiheportfolio von 100 Mio. € gegen einen Kursrückgang zu hedgen. Aus drei Gründen ist es jedoch sehr wahrscheinlich, dass Kursänderungen im Anleiheportfolio von der des BUND-Futures abweichen und damit die Zahl von 1.000 verkaufen BUND-Futures zu hoch oder zu niedrig sein wird:

Ursachen für Basisrisiko

Kapitalbindungsrisiko: Da die Laufzeit und die Kuponhöhe der fünf Einzelanleihen nicht mit der Laufzeit und dem Kupon (6 %) des BUND-Futures übereinstimmen, stimmt auch die Kapitalbindungsdauer beim BUND-Future nicht mit der durchschnittlichen Kapitalbindungsdauer des Anleiheportfolio überein. In diesem Fall werden der BUND-Futurepreis und der Wert des Anleiheportfolios unterschiedlich stark auf Zinsänderungen reagieren.

Zinsstrukturrisiko: Es ist möglich, dass sich die Zinssätze für unterschiedliche Laufzeiten unterschiedlich stark verändern. Damit ändert sich die Zinsstrukturkurve nicht nur im Niveau, sondern auch in der Steigung.[128]

Emittentenrisiko: Im Kapitel A.4.3 hatten wir gezeigt, dass sich der Anleihezins aus dem risikolosen Zins plus einen Zinsaufschlag für das emittentenspezifische Ausfallrisiko zusammensetzt. Zinsänderungen und damit verbundene Kursänderungen bei den Unternehmensanleihen von Deutsche Bank, Commerzbank und Daimler könnten daher das Ergebnis einer veränderten Bonitätseinschätzung dieser Emittenten sein. In diesem Fall würde der BUND-Futurepreis von den Kursänderungen der Unternehmensanleihen völlig unberührt bleiben. Wie ausgeprägt Unternehmensanleihen und Bundesanleihen auseinander laufen können, hat uns auf dramatische Weise die Finanzmarktkrise verdeutlicht.[129]

Im Ergebnis begründen die hier aufgeführten Risiken, warum ein BUND-Future-Hedging mit einem Basisrisiko verbunden ist. Betrachten wir die Risiken im Einzelnen:

Das hier beschriebene Emittentenrisiko kann mit Zinstermingeschäften nicht gehedged werden. Wir werden aber die dafür einsetzbaren Instrumente in Form von Kreditderivaten später kennen lernen.

Das Zinsstrukturrisiko kann zwar nicht vollständig vermieden, doch zumindest stark reduziert werden. Hierzu müssen wir das zu sichernde Anleiheportfolio in möglichst laufzeithomogene Teilportfolios aufteilen, die den handelbaren Fixed-

---

[128] Siehe hierzu die Ausführungen zur Zinsstrukturkurve im Kapitel A.4.3.
[129] Ein Beispiel: Die Thyssen-Anleihe mit Fälligkeit 18.3.2015 rentierte Anfang 2007 rund 80 Basispunkte über einer vergleichbaren Bundesanleihe (Fälligkeit 4.7.2015). Ende 2008 weitete sich die Renditedifferenz auf über 450 Basispunkte aus, um Ende 2010 wieder auf 170 Basispunkte zurückzufallen.

4.5 Hedgen mit BUND-Futures

Income-Futures möglichst nahe kommen. Beim Teilportfolio mit kurzer Restlaufzeit der Anleihen verwenden wir den EURO-Schatz-Futures, beim mittleren Laufzeitenbereich den BOBL-Future, bei langlaufenden Anleihen den BUND-Future und bei Anleihen mit extrem langer Laufzeit den BUXL-Future.[130] Im vorliegenden Fall würden wir z.B. die drei ersten Anleihen mit den Laufzeiten bis 2017 mit Hilfe des BOBL-Futures hedgen, während die beiden letzten Anleihen über den BUND-Future abgesichert werden würden.

Das Kapitalbindungsrisiko können wir ebenfalls stark reduzieren. Hierzu verfeinern wir die Nominalwertmethode, indem wir die unterschiedliche Reagibilität der jeweiligen Anleihen auf Zinsänderungen bei der Ermittlung des Hedge-Ratios mit berücksichtigen. Die dazu geeignete Methode wird als Duration-Hedging bezeichnet.

Duration-Methode

Wir wissen, dass der Preis einer Anleihe umso stärker auf Zinsänderungen reagiert, je höher ihre Kapitalbindungsdauer ist. Je länger die Laufzeit und je geringer die Kuponhöhe, desto länger ist das Geld in der Anleihe „gebunden", desto höher ist folglich die durchschnittliche Kapitalbindungsdauer. Letztere wird auch als „Duration" bezeichnet.[131] Im Anleiheportfolio der nächsten Tabelle finden Sie eine Spalte mit der Duration der jeweiligen Anleihe. Damit können wir eine durchschnittliche Duration von 6,83 Jahren für das Anleiheportfolios bestimmen, indem wir den mit den Marktwerten gewichteten Durchschnitt der Einzelgrößen ermitteln:

$6,83 = (27,47 \cdot 6,06 + 14,31 \cdot 6,02 + 13,35 \cdot 6,11 + 25,78 \cdot 6,92 + 21,89 \cdot 8,66)/102,8$

Die Duration von börsengehandelten Anleihen finden Sie schnell und einfach im Internet,[132] Sie können sie aber auch mit Hilfe von Excel einfach selbst ausrechnen.[133]

Emittent	Laufzeit	Kupon	Preis	Nominal	Marktwert	Duration	i	MD
		in %		in Mio. €			in %	in %
BUND	04.01.2017	3,75	106,9	25,7	27,47	6,06	2,60	5,91
Daimler	19.01.2017	4,13	102,2	14,0	14,31	6,02	3,82	5,80
Commerzbank	24.07.2017	5,00	102,7	13,0	13,35	6,11	4,59	5,84
Deutsche Bank	24.07.2018	4,50	101,9	25,3	25,78	6,92	4,22	6,64
Bayern	24.03.2020	3,25	99,5	22,0	21,89	8,66	3,30	8,39
Gesamt				100,0	102,8	6,83		6,59
CTD-Anleihe[134]	04.01.2020	3,25	101,2	UF: 0,807685		8,45	3,1	8,20

Tabelle C-10: Hedging mit der Duration-Methode

---

[130] Siehe hierzu die Tabelle C-7, Seite 149.
[131] Berechnung und Interpretation der Duration finden Sie im Anhang G.2.3.
[132] Geben Sie hierzu einfach die WKN der Anleihe in die Suchfunktion eines Finanzportals ein und Sie erhalten mit den Anleiheinformationen auch die Duration (z.B. unter dab-bank.de).
[133] Vergleiche hierzu die Excel-Datei „Ergänzungen und Übungen".
[134] Sie hat die WKN 113539.

4 Futures auf Staatsanleihen (Fixed-Income Futures)

Zur Bestimmung des Hedge-Ratios sind folgende Informationen erforderlich:
- Wie hoch sind der Marktwert und die durchschnittliche Duration des Hedgeportfolios?
- Wie hoch ist die Duration der CTD, die dem Preis des BUND-Futures zu Grunde liegt?
- Wie hoch ist der Umrechnungsfaktor der CTD?

Wir erhalten folgendes Hedge-Ratio:

$$Hegde-Ratio = \frac{Marktwert\ Hedgeportfolio}{Preis\ CTD \cdot Kontraktgröße} \cdot UF_{CTD} \cdot \frac{Duration\ Hedgeportfolio}{Duration\ CTD}$$

Formel C-6: Hedge-Ratio bei Fixed-Income-Futures

Setzen wir die Werte der Tabelle C-10 ein, erhalten wir:

$$Hegde-Ratio = \frac{102.800.000}{101,2\% \cdot 100.000} \cdot 0,807685 \cdot \frac{6,829}{8,453} = 663,16$$

Wir sehen, dass im Beispiel mit der Duration-Methode die Anzahl der benötigten BUND-Futures mit 663 Kontrakten deutlich tiefer liegt als mit der Nominalwertmethode. Ein Großteil der Abweichung erklärt sich damit, dass die Duration des Anleiheportfolios mit 6,83 im Vergleich zur Duration des BUND-Futures (in Form der CTD mit 8,45) deutlich niedriger liegt. Deshalb reagiert das Anleiheportfolio weniger stark auf Zinsänderungen als der BUND-Future selbst.

Die hier dargestellte Methode kann noch leicht verbessert werden, wenn an Stelle der Duration die „modifizierten Duration" verwendet wird.

$$Modifizierte\ Duration\ MD = \frac{Duration}{(1+i)}$$

Wir müssen hierzu nur die Duration durch den Renditefaktor *(1+i)* der Anleihe teilen.[135] Setzen wir in die Formel die MD anstelle der einfachen Duration ein, erhalten wir mit 660 Kontrakten eine Zahl, die nur leicht vom bisherigen Ergebnis abweicht.

In der Literatur wird noch häufig die Sensitivitäts- oder auch Basispunktwertmethode erläutert. Da sie ebenfalls auf dem Duration-Konzept aufsetzt und daher seine Stärken und Schwächen teilt, wird sie hier nicht weiter ausgeführt. Details zur Basiswertmethode finden sich im Anhang G.2.3 auf Seite 267 ff. im Zusammenhang mit der Darstellung der Duration einer Anleihe.

---

[135] Da wir die Duration D als Zinselastizität des Anleihepreises *P* interpretieren können, *D = (dP/P) / (di/(1 + i))*, folgt für die Veränderung des Anleihepreises bei einer Änderung des Zinssatzes *i*: *dP/P = D/(1 + i) · di*. Damit müssen wir korrekterweise die modifizierte Duration bei der Berechnung verwenden und nicht die einfache. In der Literatur finden sich allerdings viele Hedgingbeispiele, bei denen nur die einfache Duration verwendet wird.

5 Zinsfutures und Zinsforwards im Geldmarktbereich

5.1 Überblick und Grundlagen

Zinstermingeschäfte im Geldmarktbereich dienen dazu, sich heute einen Zinssatz zu einem späteren Zeitpunkt zu sichern. Stellen Sie sich hierzu eine Unternehmung vor, die in sechs Monaten einen Liquiditätsbedarf von 10 Mio. Euro hat. Sie weiß, dass sie die 10 Mio. Euro über einen kurzen Zeitraum von drei Monaten benötigen wird. Sie befürchtet, dass die Zinssätze für Dreimonatskredite in sechs Monaten höher sein werden als heute. Die Instrumente, die die Unternehmung für ihr Problem einsetzen kann, sind einerseits standardisierte, börsennotierte Geldmarktfutures und andererseits analoge Konstruktionen im OTC-Bereich, die Forward Rate Agreements (FRA) genannt werden. Beide Instrumente dienen demselben Zweck, nämlich der Sicherung eines Zinssatzes zu einem zukünftigen Termin. Je nachdem ob Sie als Käufer oder Verkäufer auftreten, handelt es sich dabei um einen Zinssatz zur Geldanlage oder um einen Zinssatz zur Kreditaufnahme. Betrachten wir zunächst die Wirkungsweise und Handhabe von Geldmarktfutures.

Geldmarktfutures im Vergleich zu Fixed-Income-Futures

Wie wir bereits im Überblickskapitel C.4.1 erwähnten, sind Zinstermingeschäfte im Geldmarktbereich anders konstruiert als die bisher beschriebenen Fixed-Income Futures. Es bestehen drei wesentliche Unterschiede:

Basiswert: Er bezieht sich nicht auf Preise von Staatsanleihen, sondern auf einen vereinbarten Zinssatz für eine bestimmte Laufzeit. Beim EURIBOR-Future an der EUREX etwa ist es der EURIBOR-Zinssatz für Dreimonats-Termingeld.

Notierung: Der Futurepreis spiegelt die Höhe des vereinbarten Zinssatzes wider. Die Notierung erfolgt allerdings in der Form, dass der entsprechende Zinssatz von 100% subtrahiert wird. Liegt der Zinssatz z.B. bei 3,5%, beträgt der Futurepreis 96,5% (= 100% - 3,5%). Je geringer der Zinssatz, desto höher der Futurepreis. Durch diese Notierung wird erreicht, dass der Käufer eines Geldmarktfutures wie bei allen anderen Zinstermingeschäften von steigenden Preisen profitiert, die sich bei rückläufigen Zinssätzen einstellen. Analog gewinnt der Verkäufer eines Geldmarktfutures bei sinkenden Preisen, d.h. bei steigenden Geldmarktzinsen.

Erfüllung: Da keine physische Lieferung möglich ist, werden Zinstermingeschäfte im Geldmarktbereich immer durch einen Barausgleich erfüllt.

Da der Käufer von Geldmarktfutures von rückläufigen Zinssätzen profitiert, können wir aus Käufersicht Geldmarktfutures als eine Vereinbarung interpretieren, ab dem Fälligkeitszeitpunkt eine Geldanlage zu einem vereinbarten Zinssatz mit vereinbarter Laufzeit vornehmen zu können. Aus Verkäufersicht hingegen stellen Geldmarktfutures eine Vereinbarung dar, ab dem Fälligkeitszeitpunkt einen Kredit zu einem vereinbarten Zinssatz mit vereinbarter Laufzeit aufnehmen zu können. Betrachten wir hierzu ein kleines Beispiel.

Beispiel: Am 7. 3. 2011 kaufen Sie zwei Kontrakte des Dreimonats-EURIBOR-Futures mit Fälligkeit 19. 9. 2012 zum Preis von 97,86%. Der zu Grunde liegende vereinbarte Zinssatz beträgt damit 2,14%, d.h. 100% – 97,86%. Die festgelegte Kontraktgröße

> für den Dreimonats-EURIBOR-Future an der EUREX beträgt 1,0 Mio. €. Mit dem Kauf von zwei Futures fixieren Sie somit zum 19.6.2012 eine Termingeldanlage über drei Monate zum Zinssatz von 2,14 % über einen Betrag von 2,0 Mio. €.
> Liegt der tatsächliche Dreimonats-EURIBOR am 19.6.2012 bei 3,00 %, wird der Schlussabrechnungspreis 97,00 % betragen. Sie würden in diesem Fall einen Verlust machen, da Ihr Kaufkurs mit 97,86 % höher lag. Den Verlust können wir einfach erklären: Da Sie für den 19.6. 2012 einen Zinssatz von 2,14 % für Ihre Geldanlage über drei Monate vereinbart hatten und der tatsächliche Zins an diesem Tag mit 3,00 % höher liegt, war die Zinsfixierung für Sie nachteilig. Der Nachteil besteht darin, dass Sie nun Ihre Geldanlage für drei Monate zum niedrigeren Zinssatz von 2,14 % vornehmen müssten. Sie werden allerdings nicht gezwungen, tatsächlich eine Geldanlage über 2,0 Mio. € zum Zinssatz von 2,14 % vorzunehmen. Vielmehr wird der finanzielle Nachteil errechnet und durch einen Barausgleich ausgeglichen.

Der Barausgleich beim Dreimonats-EURIBOR-Future im Beispiel wird wie folgt berechnet: Eine Veränderung des Futurepreises um einen Basispunkt (= 0,01 %),[136] bedeutet, dass sich pro Kontrakt (= 1,0 Mio. €) der Zinsertrag bei einer Laufzeit von drei Monaten um 25 € verändert.

$$\text{Basispunktwert} = 0{,}01\,\% \cdot \frac{90\ \text{Tage}}{360\ \text{Tage}} \cdot 1.000.000\ \text{€} = 25\ \text{€}.$$

Damit können wir den Gewinn/Verlust (= Barausgleich) bei Geldmarktfutures in der folgenden allgemeinen Form schreiben:

Gewinn = ± Preisänderung in Basispunkten · Basispunktwert · Kontraktzahl

Das Pluszeichen steht dabei wieder für einen Kauf, ein Minuszeichen für einen Verkauf. Bezogen auf unser letztes Beispiel würde der Käufer der beiden Kontrakte einen Verlust in Höhe von 4.300 € erleiden. Dieser Betrag ergibt sich durch die Multiplikation von −86 Basispunkten (97,00 % − 97,86 %) · 25 € · zwei Kontrakte, d.h. − 86 · 25 · 2 €.

Bitte beachten Sie, dass der Betrag von 4.300 € nicht erst am Laufzeitende des Futures gebucht wird. Vielmehr wird die Position jeden Tag bewertet („Mark-to-Market-Bewertung") und daraus resultierende Gewinne oder Verluste durch die Variation Margin täglich gebucht.[137]

Die nachfolgende Tabelle zeigt die Kontraktspezifikationen der an der EUREX handelbaren Geldmarktfutures. Der Basiswert des EURIBOR-Futures ist der Dreimonats-EURIBOR-Zinssatz. Seine maximale Laufzeit beträgt 12 Monate. Der EONIA-Future[138] hat eine Kontraktgröße von 3,0 Mio. €, bezieht sich auf den Zinssatz für unbesicherte Tagesgelder in Euro zwischen Banken und kann für einen Zeitraum von maximal 36 Monate gehandelt werden.

---

[136] 100 Basispunkte entsprechen einem Prozentpunkt. Ein Basispunkt entspricht folglich einer Zinsänderung von 0,01 %.
[137] Vergleiche hierzu die Ausführungen zu Kapitel C.1.3, S. 128.
[138] Der EONIA (*Euro OverNight Index Average*) ist der Zinssatz, zu dem auf dem Interbankenmarkt im Euro-Währungsgebiet unbesicherte Ausleihungen in Euro für einen Tag gewährt werden. Er wird von der Europäischen Zentralbank auf drei Nachkommastellen genau nach der actual/360-Methode berechnet.

	EONIA-Future	EURIBOR-Future
Basiswert	Zinssatz für Tagesgelder in Euro für einen Monatszeitraum	Zinssatz für Dreimonats-Termingelder in Euro
Kontraktgröße	3 Mio. Euro	1 Mio. Euro
Notierung	100 % minus gehandelter Zinssatz	
Erfüllung	Erfüllung durch Barausgleich, fällig am ersten Börsentag nach dem Schlussabrechnungstag	
Handelszeiten	8:00 Uhr bis 19.00 Uhr MEZ	
Laufzeit	Bis zu 36 Monate. Die 12 nächsten Quartalsmonate aus dem Zyklus März, Juni, September, Dezember	Bis zu 12 Monate: Die folgenden 12 Kalendermonate
Letzter Handelstag	Letzter Börsentag des jeweiligen Fälligkeitsmonats	Zwei Börsentage vor dem dritten Mittwoch des jeweiligen Fälligkeitsmonats
Schlussabrechnungspreis	Monatsdurchschnitt der EONIA-Zinssätze im Liefermonat	Dreimonats-EURIBOR um 11.00 Uhr am letzten Handelstag

Tabelle C-11: EONIA- und EURIBOR-Future

5.2 Spekulieren und hedgen mit Geldmarktfutures

Geldmarktfutures stellen ein einfaches Instrument dar, um auf fallende oder steigende Zinsen im Geldmarktbereich zu setzen. Da kein Kapitaleinsatz erforderlich ist (sieht man von einer möglichen Additional Margin in bar ab), ist die Hebelwirkung äußerst hoch. Ferner sind die Transaktionskosten in Form von Bank- und Börsengebühren im Verhältnis zur Höhe der eingegangen Risikoposition sehr gering. Sehr kleine Zinsänderungen sind daher bereits ausreichend, um einen Gewinn zu erzielen.

Glaubt ein Akteur, dass die Geldmarktzinsen vom aktuellen Niveau aus betrachtet sinken, wird er Geldmarktfutures kaufen. Erwartet er hingegen steigende Geldmarktzinsen, muss er sie verkaufen. Je mehr Kontrakte gekauft/verkauft werden, je ausgeprägter die eingetretene Zinsänderung und je länger der mit dem Basiswert des Futures festgelegte Zinszeitraum ist, desto höher wird der Gewinn bzw. Verlust der Position sein. Machen wir hierzu eine Übung an Hand des EONIA-Geldmarktfutures:

Übung: Ein Akteur geht von steigenden Tagesgeldzinsen aus. Er verkauft deshalb fünf Kontrakte des EONIA-Futures an der EUREX zum Preis von 98,20 % zum Fälligkeitszeitpunkt 28.2.2011. Dies entspricht einem Zinssatz von 1,80 % (= 100 % − 98,20 %). Die Kontraktspezifikationen des EONIA-Futures können Sie der letzten Tabelle C-11 entnehmen.

> Wie hoch ist der Wert eines Basispunkts beim EONIA-Future und welcher Gewinn entsteht, falls der Schlussabrechnungspreis des EONIA-Futures am 28.2. 2011 bei 96,73 % liegen sollte? Wann wird der Gewinn ausbezahlt?
>
> **Antwort:** Der Wert eines Basispunkts entspricht 25 €: Die Kontraktgröße beträgt 3,0 Mio. €, der Anlagezeitraum einen Monat, d.h. 30 Tage. Damit ändert sich der Wert einer Geldanlage über 3,0 Mio. € um 25 €, wenn sich der Zinssatz um einen Basispunkt verändert.
>
> $$\text{Basispunktwert} = 0{,}01\% \cdot \frac{30 \text{ Tage}}{360 \text{ Tage}} \cdot 3.000.000 \text{ €} = 25 \text{ €}$$
>
> Die Preisänderung beträgt –1,47 %. = 96,73 % – 98,20 %. Die Tagesgeldzinsen sind folglich um 147 Basispunkte gestiegen. Da fünf Kontrakte verkauft wurden, beträgt der Gewinn 18.375 €.
>
> $$\text{Gewinn} = \pm \text{ Preisänderung} \cdot \text{Basispunktwert} \cdot \text{Kontraktzahl}$$
> $$= -(-147) \cdot 25 \text{ €} \cdot 5 = 18.375 \text{ €}$$
>
> Die Börse bewertet den Wert der Position jeden Tag und bucht etwaige Gewinne und Verluste in Form der Variation Margin.

Hedgen des Zinsänderungsrisikos mit Geldmarktfutures

Geldmarktfutures werden häufig eingesetzt, um ein bestehendes Zinsänderungsrisiko zu hedgen. Betrachten wir hierzu nochmals das Eingangsbeispiel unserer Unternehmung, die in sechs Monaten einen Liquiditätsbedarf von 10 Mio. Euro hat. Sie weiß, dass sie die 10 Mio. Euro über einen kurzen Zeitraum von drei Monaten benötigen wird. Sie befürchtet, dass die Zinssätze für Dreimonatskredite in sechs Monaten höher sein werden als heute. Die Unternehmung kann sich gegen den Zinsanstieg absichern, indem sie eine entsprechende Anzahl EURIBOR-Futures verkauft. Der erwartete Gewinn in der Futureposition durch den Zinsanstieg soll dabei genau den finanziellen Nachteil ausgleichen, der später bei der Kreditaufnahme durch die höheren Zinsen entsteht. Damit stellt sich die Unternehmung so, als würde sie den Kredit am Fälligkeitstag tatsächlich zum heute vereinbarten Kreditsatz erhalten.

Da bei Geldmarktfutures der Basiswert einen Zinssatz darstellt, kann das Zinsänderungsrisiko exakt gehedged werden, falls die von der Börse vorgegebene Laufzeit mit der gewünschten Laufzeit des Grundgeschäfts übereinstimmt.

Die Bestimmung der notwendigen Anzahl von Geldmarktfutures für Absicherungsmaßnahmen ist einfach. Wir müssen hierzu nur die Höhe der relevanten Kassaposition durch die Kontraktgröße des Geldmarktfutures teilen:

$$\text{Hedge – Ratio} = \text{Anzahl der Kontrakte} = \frac{\text{Nominalwert Kassaposition}}{\text{Kontraktwert}} = \frac{10.000.000 \text{ €}}{1.000.000 \text{ €}}$$

Im Falle unserer Unternehmung müssen demnach 10 Kontrakte des EURIBOR-Futures zum Fälligkeitstermin in sechs Monaten verkauft werden, da der gewünschte Kredit 10 Mio. € und der Kontraktwert 1,0 Mio. € betragen.

Gehen wir nun davon aus, dass Zinsen für Dreimonatskredite tatsächlich wie befürchtet um x Basispunkte gestiegen sind. Betrachten wir zunächst die Futureposition: Steigt der Dreimonats-EURIBOR-Zins um x Basispunkte, d.h. sinkt der Futurepreis um x Basispunkte, resultiert aus der Futureposition ein Gewinn in Höhe von

$$x \text{ Basispunkte} \cdot \text{Kontraktzahl} \cdot 25 \text{ €} = 250 \text{ €} \cdot x \text{ Basispunkte}.$$

Steigt der Zinssatz z.B. um 100 Basispunkte, d.h. um 1 %, dann entsteht ein Gewinn in Höhe von 25.000 €.

Betrachten wir nun die Kassaposition, d.h. die gewünschte Kreditaufnahme: Der Zinsanstieg verteuert den geplanten Dreimonatskredit um x Basispunkte. Bezogen auf die Kreditlaufzeit von 90 Tagen und ein Kreditvolumen von 10 Mio. € entsteht durch den Zinsanstieg ein finanzieller Nachteil, der exakt dem Gewinn in der Futureposition entspricht.

$$10.000.000 \ € \cdot \frac{90}{360} \cdot 0{,}01\% = 250 \ € \cdot x \ Basispunkte$$

Damit kann die Unternehmung den finanziellen Nachteil bei der Kreditaufnahme in Folge der gestiegenen Kreditzinsen durch einen gleich hohen Gewinn in der Futureposition ausgleichen. Sollte sich die Unternehmung täuschen und die Dreimonatszinsen gegen die Erwartungen sinken, entsteht ein Verlust durch den Verkauf der Geldmarktfutures. Dieser Verlust wird aber exakt so hoch sein wie der finanzielle Vorteil, den die Unternehmung bei der Kreditaufnahme zu den nun gesunkenen Zinsen erzielt.

5.3 Forward Rate Agreement (FRA)

Ein Nachteil von Geldmarktfutures besteht darin, dass die von den Börsen vorgegebenen Kontraktgrößen, die Laufzeiten der Futures und die Laufzeiten der Kredite bzw. Geldeinlagen nicht mit den Bedürfnissen der Hedger übereinstimmen. Diese mangelnde Flexibilität von Börsengeschäften bedingt, dass Termingeschäfte im Geldmarktbereich häufig als OTC-Geschäfte abgeschlossen werden. Sie werden dann als Forward Rate Agreement (FRA) bezeichnet. Übersetzt steht FRA für „Vereinbarung über einen zukünftigen (Zins)Satz". Inhaltlich gleichen sie Geldmarktfutures, doch sind wegen der freien vertraglichen Vereinbarkeit manche Bezeichnungen unterschiedlich.[139]

Eine FRA-Vereinbarung umfasst folgende Komponenten:

– Den Zeitpunkt, ab dem eine Zinssicherung beginnen soll. Die Zeitspanne bis zu diesem Zeitpunkt wird als Vorlaufperiode bezeichnet. Zwischen FRA-Geschäftsabschluss und dem Beginn der Vorlaufzeit liegen üblicherweise zwei Bankarbeitstage.
– Die Zinssicherungsperiode (FRA-Periode).
– Die Höhe des vereinbarten Zinssatzes (FRA-Zins; Forward-Zins) für die FRA-Periode.
– Die Höhe des vereinbarten Geldbetrags.
– Den Referenzzins, über den der Barausgleich (Ausgleichszahlung) ermittelt wird. Im Euroraum ist es meistens der EURO-LIBOR bzw. der EURIBOR.

Der *Käufer* eines FRA sichert sich für die FRA-Periode einen festen Zinssatz zur *Kreditaufnahme*, der Verkäufer hingegen einen Zinssatz zur Geldanlage. Käufer eines FRA befürchten somit einen Anstieg der Zinsen, Verkäufer einen Rückgang.

---

[139] Im Aufgabenteil finden Sie hierzu eine Übung.

5 Zinsfutures und Zinsforwards im Geldmarktbereich

Analog zu Geldmarktfutures müssen Käufer und Verkäufer eines FRA nicht tatsächlich den Kreditbetrag aufnehmen bzw. anlegen. Vielmehr wird der Verlust bzw. der Gewinn errechnet, der sich durch die Zinsänderung ergeben hat und durch eine Ausgleichszahlung verrechnet. Hierzu wird zwei Bankarbeitstage vor Beginn der FRA-Periode die tatsächliche Höhe des festgelegten Referenzzinssatzes verwendet. Man spricht in diesem Zusammenhang von einem „Fixing" des Referenzzinssatzes.

Banken ermöglichen ihren Kunden bei FRA-Geschäften jeden gewünschten Geldbetrag, jede gewünschte Vorlaufzeit und jede Zinssicherungsperiode (FRA-Periode). In der Abbildung etwa wird eine Vorlaufzeit bis zum 17.2.2011 gewünscht, mit einer sich daran anschließenden Zinssicherungsperiode bis zum 14.11.2011. Die Abbildung fasst auch nochmals die einzelnen Phasen eines FRA-Geschäfts zusammen.

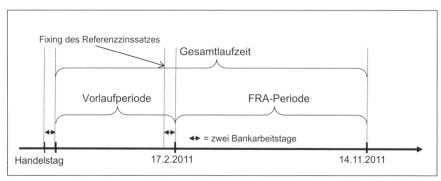

Abbildung C.8: Phasen eines FRA-Geschäfts

FRAs haben folgende Notation: Ein 3x9-FRA ist ein FRA, der in drei Monaten beginnt und eine Gesamtlaufzeit von neun Monaten hat. Die FRA-Periode ist somit die Differenz der beiden Zahlenangaben, d.h. sechs Monate.

> **Beispiel:** Eine Unternehmung benötigt in 90 Tagen (drei Monate), am 17.2. 2011, einen Kredit in Höhe von zwei Mio. €. Der Kredit soll eine Laufzeit von 270 Tagen (neun Monate) bis zum 14.11. 2011 haben (3x12-FRA). Aufgrund ihrer Kreditwürdigkeit müsste die Unternehmung derzeit für einen Neunmonats-Kredit den Neunmonats-EURIBOR plus einen Risikoaufschlag von einem Prozent bezahlen. Da die Unternehmung mit steigenden Zinsen rechnet, kauft sie einen FRA zum FRA-Zins von 4,0%. Als Referenzzins wird der Neunmonats-EURIBOR + 1% festgelegt.
>
> **Kreditbetrag   Vorlaufzeit   FRA-Periode   FRA-Zins   Referenzzins**
> 2.000.000 €   90 Tage   270 Tage   4,0%   Neunmonats-EURIBOR + 1%
>
> Zwei Tage vor Beginn der FRA-Periode, d.h. am 15.2. 2011 beträgt der Neunmonats-EURIBOR annahmegemäß 5,5%. Damit wird der Referenzzinssatz bei 6,5% fixiert. Da dieser Zinssatz im Vergleich zum vereinbarten FRA-Zinssatz um 2,5% höher liegt, erhält die Unternehmung eine Ausgleichszahlung, die den finanziellen Nachteil der gestiegenen Zinsen exakt ausgleicht.

5.3 Forward Rate Agreement (FRA)

Ermittlung der Ausgleichszahlung

Der finanzielle Nachteil ergibt sich aus der Zinsdifferenz, die auf die vereinbarte FRA-Periode und auf den vereinbarten Geldbetrag bezogen wird, d.h.

Nominalwert · (Referenzzins – FRA-Zinssatz) · T_{FRA}

T_{FRA} steht dabei für die Laufzeit der FRA-Periode, ausgedrückt als Teil eines Jahres mit 360 Tagen. Für unser Beispiel erhalten wir 37.500 € = 2.000.000 · (6,5 % – 4,0 %) · 270/360 €.

Da die Ausgleichszahlung bereits zu *Beginn* der FRA-Periode ausbezahlt wird und nicht wie Zinszahlungen üblich am Ende des Zinszeitraums, müssen wir diesen Betrag mit dem aktuellen Zinssatz abdiskontieren; in unserem Fall somit mit EURIBOR + 1 % = 6,5 %. Bezogen auf die FRA-Periode von 270 Tagen beträgt der Diskontierungsfaktor damit 1,04875, d.h.

Diskontierungsfaktor = 1 + Referenzzins · T_{FRA} = 1 + 0,065 · 270/360

Der tatsächliche Auszahlungsbetrag in unserem Beispiel beträgt damit 35.756,85 €. Die nachfolgende Formel zeigt die Ermittlung des Ausgleichsbetrags in der Zusammenfassung:

$$Ausgleichsbetrag = \pm \frac{Nominalwert \cdot (Referenzzins - FRA - Zinssatz) \cdot T_{FRA}}{1 + Referenzzins \cdot T_{FRA}}$$

Formel C-7: Ermittlung der Ausgleichszahlung bei einem FRA

Das „+" steht dabei für den Kauf eines FRA, ein „–" für den Verkauf.

FRA-Zinssatz und Geldmarktfuture im Vergleich

Da Geldmarktfutures börsennotierte Geschäfte darstellen, übernimmt die Börse auch das Ausfallrisiko. Die Börse schließt ihrerseits das Verlustrisiko nahezu vollständig aus, da sie von den beiden Vertragspartnern Sicherheiten fordert, die selbst bei einem ungünstigen Kursverlauf die dadurch eintretenden Kursverluste noch abdecken. Darüber hinaus findet täglich ein Verlustausgleich in Form der Variation Margin statt. Da kein Ausfallrisiko vorliegt, muss auch kein Ausfallrisiko in Form eines Risikozuschlags im vereinbarten Zinssatz berücksichtigt werden. Der einem Geldmarktfuture zugrunde liegende Zinssatz wie etwa der EURIBOR oder der EONIA hat damit für alle Käufer und Verkäufer von Geldmarktfutures Gültigkeit, unabhängig von ihrer tatsächlichen Bonität.

Anders bei einem FRA. Da es ein OTC-Geschäft darstellt, tragen die beiden Vertragsparteien das jeweilige Ausfallrisiko. Der vereinbarte FRA-Zinssatz für die FRA-Periode und der Referenzzinssatz werden damit höher sein als bei vergleichbaren Geldmarktfutures, weil sie eine Risikokomponente beinhalten, die sich aus der Bonität der Kontrahenten ableitet. In unserem letzten Beispiel betrug der Aufschlag für den Käufer des FRA auf den EURIBOR deshalb auch 1,0 %. Für die Höhe der Ausgleichszahlung allerdings ist die Höhe des Risikozuschlags bedeutungslos, solange dem vereinbarten FRA-Zinssatz und dem Referenzzinssatz der gleiche Risikozuschlag zugrunde gelegt wird. Steigt z.B. der EURIBOR bei einem Kunden ohne Risikoprämie von 3,0 % auf 5,0 %, ist die Zinssteigerung und damit die Ausgleichszahlung genauso hoch wie bei einem Kunden mit einem Risikozuschlag von einem Prozent. Im letzten Fall würde der Zinssatz entsprechend von 4 % auf 6 % ansteigen.

5.4 Preisbestimmung von FRAs und Geldmarktfutures

Die Höhe des vereinbarten FRA-Zinssatzes bzw. der zugrunde liegende Zins bei Geldmarktfutures hängt nicht von der Erwartungsbildung der Marktteilnehmer ab. Ein, im Vergleich zum aktuellen Zinssatz, hoher oder tiefer Zinssatz am Terminmarkt bringt nicht die Erwartung des Marktes zum Ausdruck, dass die Zinsen steigen oder fallen werden. Vielmehr lassen sich die Zinssatzdifferenzen aus den Geldmarktsätzen für die jeweils betroffenen Laufzeiten ableiten, d.h. die Terminsätze spiegeln die Zinsstrukturkurve wider. Beginnen wir mit den Bedingungen für arbitragefreie FRA-Sätze. Hierzu betrachten wir nochmals das eingangs aufgeführte Beispiel eines FRA-Kaufs, der uns gegen steigende Zinsen absichern soll:

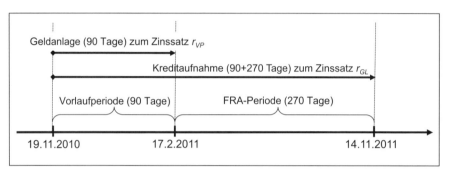

Abbildung C.9: Komponenten eines FRA-Kaufs

Die Abbildung zeigt, dass wir den Kauf dieses FRA mit der FRA-Periode von 270 Tagen in zwei Einzelgeschäfte zerlegen können: Wir nehmen zunächst einen Kredit über die Gesamtlaufzeit des FRA auf. Die Laufzeit des Kredits umfasst damit die Vorlaufperiode plus die FRA-Periode. Diese Kreditaufnahme stellt sicher, dass wir in der FRA-Periode über den gewünschten Kreditbetrag zu einem heute bereits vereinbarten Zins verfügen können. Da wir allerdings den Kredit erst später für die FRA-Periode benötigen, im Beispiel ab den 17.2. 2011, werden wir das nicht benötigte Geld bis zu diesem Zeitpunkt am Geldmarkt anlegen, d.h. für die Vorlaufperiode von 90 Tagen. Den Kauf eines FRA können wir folglich in eine Kreditaufnahme über die gesamte Laufzeit des FRA plus eine gleichzeitig vorgenommene Geldanlage für die Vorlaufperiode zerlegen.

Abbildung C.10 zeigt, dass wir den Verkauf eines FRA, der uns gegen fallende Zinsen schützen soll, analog in zwei Einzelteile zerlegen können. Wir legen den gewünschten Geldbetrag zunächst für die gesamte Laufzeit an. Da wir über den Anlagebetrag allerdings erst ab Beginn der FRA-Periode verfügen, müssen wir für die Vorlaufperiode einen entsprechenden Kredit aufnehmen.

Aus diesen Überlegungen können wir den Schluss ziehen, dass sich die Zinssätze für die FRA-Periode, die Gesamtlaufzeit und die Vorlaufperiode nicht unabhängig voneinander bewegen können, sondern miteinander verbunden sind. Bei arbitragefreien Zinssätzen muss sich der Zinssatz für die Gesamtlaufzeit stets aus den Zinssätzen der Vorlaufperiode und FRA-Periode ableiten lassen. Es gilt daher folgender Zusammenhang:

$$(1 + r_{GL} \cdot T_{GL}) = (1 + r_{VP} \cdot T_{VP}) \cdot (1 + r_{FRA} \cdot T_{FRA})$$

5.4 Preisbestimmung von FRAs und Geldmarktfutures

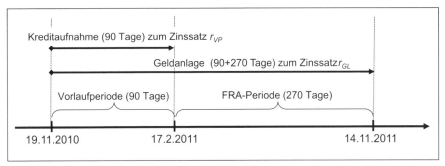

Abbildung C.10: Komponenten eines FRA-Verkaufs

Dabei bezeichnen T_{GL} die Gesamtlaufzeit, T_{VP} die Vorperiode und T_{FRA} die Laufzeit der FRA-Periode. Die entsprechenden Zinssätze lauten r_{GL}, r_{VP} und r_{FRA}. Die Laufzeiten werden dabei jeweils in Bruchteile eines Jahres mit 360 Tagen verstanden.

Wir können den Ausdruck nach r_{FRA} auflösen und erhalten somit die folgende Formel für den arbitragefreien FRA-Zinssatz:

$$r_{FRA} = \frac{\left[\frac{1 + r_{GL} \cdot T_{GL}}{1 + r_{VP} \cdot T_{VP}}\right] - 1}{T_{FRA}}$$

Formel C-8: Ableitung des arbitragefreien FRA-Zins

Der FRA-Zins ist dabei umso höher, je steiler die Zinsstrukturkurve ist, d.h. je höher r_{GL} im Vergleich zu r_{VP} ist.

> **Übung:** Angenommen der Zinssatz in unserem Beispiel für die Vorlaufperiode beträgt 2,0 % und der Zinssatz für die Gesamtlaufzeit 3,0 %. Wie hoch muss der arbitragefreie FRA-Zinssatz sein?
> **Antwort:** T_{GL}, T_{VP} und T_{FRA} betragen 1,0 (= 360/360), 0,25 (= 90/360) bzw. 0,75 (= 270/360). Setzen wir die Werte in die Formel ein, erhalten wir für r_{FRA} einen Satz von 3,32 %.

Arbitrage erzwingt rechnerische Zinssätze

Werden die Bedingungen für arbitragefreie FRA-Sätze verletzt, entstehen risikolose Gewinnmöglichkeiten. Läge der tatsächliche FRA-Zinssatz im letzten Beispiel bei 3,5 % und damit über dem rechnerischen Wert von 3,32 %, würde ein Arbitrageur den FRA zu 3,5 % verkaufen. Als Gegengeschäft erfolgt eine Kreditaufnahme zu 3,0 % für die gesamte Laufzeit und eine entsprechende Geldanlage für die Vorlaufperiode zu 2,0 %. Da der dadurch entstehende FRA nur 3,32 % kostet, entsteht ein risikoloser Gewinn. Die FRA-Verkäufe, die durch die zu hohen FRA-Zinssätze ausgelöst werden, senken die FRA-Zinssätze bis auf 3,32 %.

Bei Geldmarktfutures liegen die Dinge etwas anders: Da bei Geldmarktfutures eine physische Lieferung des Barwerts nicht möglich ist, lässt sich auch keine Cash und Carry Arbitrage oder eine Reverse Cash und Carry Arbitrage durchführen. Dennoch wird der Preis von Geldmarktfutures durch Arbitragemöglichkeiten determiniert, die sich nun aber auf mögliche Zinsunterschiede zwischen Geldmarktfutures und FRAs beziehen. Da jeder Geldmarktfuture durch ein entsprechendes FRA-Geschäft dargestellt werden kann, müssen sich auch deren Zinssätze entsprechen. Anderenfalls wird zwischen dem FRA-Markt und dem Markt für Geldmarktfutures Arbitrage betrieben.

FRA-Zinssätze bei Geld-Brief-Spannen

Bei unserer kleinen Übung ließen wir unberücksichtigt, dass sich die Zinssätze für eine Geldanlage von den Zinssätzen für eine Kreditaufnahme unterscheiden. Hierzu werden auch die Begriffe Geldkurs und Briefkurs verwendet.[140] Das gleiche gilt auch für einen FRA, bei dem der FRA-Zins im Kauf höher sein wird als der Verkaufszins. Verfeinern wir daher unsere Übung und berücksichtigen die Spanne[141] zwischen Geld und Brief:

Geldmarktsätze	r_{GL} = 2,9 % – 3,1 %	r_{VP} = 1,9 % – 2,1 %	r_{FRA}
Kauf FRA	Kreditaufnahme GL zu 3,1 %, Geldanlage VP zu 1,9 %		3,48 % (Briefkurs)
Verkauf FRA	Geldanlage GL zu 2,9 %, Kreditaufnahme VP zu 2,1 %		3,15 % (Geldkurs)

Die Kreditaufnahme für die gesamte Laufzeit beim Kauf eines FRA muss zum Briefkurs erfolgen, d.h. zum Satz von 3,1 %. Die parallele Geldanlage für die Vorlaufperiode hingegen erfolgt zum Geldkurs, d.h. zum Zinssatz von 1,9 %. Setzen wir diese Werte in unsere Formel C-8 ein, erhalten wir einen FRA-Kauf-Zins von 3,48 %. Werden hingegen die für den Verkauf eines FRA relevanten Zinssätze eingesetzt, ergibt sich ein Satz von 3,15 %. Die Spanne an den Geldmärkten bestimmt damit die Spanne für FRA-Geschäfte.

---

[140] Neben den Begriffen Geldkurs, Briefkurs finden sich auch die Begriffspaare Ankaufskurs, Verkaufskurs oder auch Bid und Offer. Die Kurse werden aus Sicht der Bank betrachtet.
[141] Sie wird auch als Spread bezeichnet, dem englischen Begriff für Spanne.

6 Devisenforwards und -futures

Ein sehr großer Markt für Futures und Forwards liegt im Währungsbereich. Der Absicherungsbedarf ist gewaltig: Weltweit sichern sich Unternehmungen über Devisentermingeschäfte[142] für ihren exportbedingten Fremdwährungseingang einen festen Gegenwert in heimischer Währung oder sie decken ihren zukünftigen Fremdwährungsbedarf für die im Ausland zu beziehenden Rohstoffe oder Vorprodukte bereits heute zu festen Wechselkursen. Doch auch Anlegergruppen wie Banken, Versicherungen oder Fonds nutzen Devisentermingeschäfte, um den Wert ihrer Aktiva in Fremdwährung gegen einen Währungsverlust zu schützen.

Devisentermingeschäfte werden vorwiegend als OTC-Geschäfte durchgeführt, aber es gibt auch Terminbörsen, an denen Währungsfutures und -optionen gehandelt werden können. Die größten Börsen hierfür finden sich in den USA und in London.[143] Da die Akteure allerdings häufig von den vorgegebenen standardisierten Laufzeiten und Kontraktgrößen abweichen wollen, wird ein großer Teil der Devisentermingeschäfte auf OTC-Basis durchgeführt. Wie wir wissen, werden diese Geschäfte dann Forwards genannt. Da sich die Preisbildung von Futures und Forwards nicht unterscheidet, beschränken wir uns sprachlich im Folgenden auf Forwards.[144]

6.1 Preisbestimmung von Devisenforwards und -futures

Bei der allgemeinen Bestimmung arbitragefreier Forwardpreise hatten wir im Kapitel C.2 gezeigt, dass der Forwardpreis eines Basiswerts durch seinen Kassakurs und die Cost of Carry (Finanzierungskosten plus Erträge) bestimmt werden. Wir hatten dabei differenziert, in welcher Form die Erträge anfallen. Einige Basiswerte werfen keinen absoluten Ertrag ab wie Aktien und Renten, sondern sind durch eine bestimmte Ertragsrendite „e" gekennzeichnet. Währungen stellen solch einen Basiswert dar. Ihr Ertrag stellt den zeitanteiligen Zinsertrag dar, der bei der Geldanlage dieser Währung entsteht. Für diesen Fall können wir mit der Formel C-4 auf Seite 135 arbeiten:

$$F_0 = K_0 \cdot \frac{(1+r_T)^T}{(1+e)^T}$$

Dabei Währungen die Finanzierungskosten durch den Zinssatz des einen Landes (z.B. US-Dollar) und die Erträge durch den Zinssatz des anderen Landes (z.B. Euro) bestimmt werden, können wir den arbitragefreien Forward (= Devisenterminkurs) $F_{EUR/USD}$ des Euros in US-Dollar wie folgt darstellen:

---

[142] Es sei noch einmal betont, dass wir im Folgenden ausschließlich von unbedingten Devisentermingeschäften sprechen. Devisenoptionen werden in B.10.3 auf Seite 103 ff behandelt.
[143] In den USA hat die IMM (International Monetary Market; gehört zur CME-Gruppe) das größte Volumen. In London werden Währungstermingeschäfte an der LIFFE abgeschlossen, die seit 2007 zur NYSE-Euronext-Gruppe gehört.
[144] Eine Gegenüberstellung von Futures und Forwards finden Sie in C.1.1 S. 124 ff.

6 Devisenforwards und -futures

$$F_{EUR/USD} = K_{EUR/USD} \cdot \frac{(1+r_{USD,T})^T}{(1+r_{EUR,T})^T}$$

Formel C-9: Arbitragefreier Devisenterminkurs (Basiswährung EUR)

Dabei bezeichnen $K_{EUR/USD}$ den Kassakurs des Euros, T die Laufzeit des Termingeschäfts, ausgedrückt in Bruchteilen oder Vielfachem eines Jahres, $r_{USD,T}$ den Geldmarktsatz für den USD für den Zeitraum T und $r_{EUR,T}$ den Geldmarktsatz für den EUR im Zeitraum T.

In Formel C-9 wird der Euro als Basiswährung verwendet, d.h. wir drücken den Wert eines Euros in Einheiten der Fremdwährung USD aus.[145] Sie können dabei selbstverständlich jede andere Währung heranziehen, nicht nur den USD.

Wir wollen an dieser Stelle in Erinnerung rufen, dass wir stets mit äquivalenten Jahreszinssätzen arbeiten (siehe hierzu A.4.2, *Zinsrechenmethoden und unterjährige Verzinsung*). Falls wir r als einfache Jahreszinssätze interpretieren, lautet die Formel:

$$F_{EUR/USD} = K_{EUR/USD} \cdot \frac{1+r_{USD,T} \cdot T}{1+r_{EUR,T} \cdot T}$$

Dies ist die üblichere Schreibweise in Lehrbüchern.

Den Studenten ist häufig unklar, welcher Zinssatz im Zähler und welcher im Nenner steht. Die Eselsbrücke ist einfach: *Im Nenner steht stets der Zinssatz der Basiswährung*, in unserem Fall somit die Eurozinsen.[146]

> **Übung:** *Der aktuelle Kassakurs des USD beträgt 120,0 YEN, d.h. USD/YEN = 120,0. Der USD-Geldmarktsatz für drei Monate beträgt annahmegemäß 3,0 %, der entsprechende japanische Geldmarktsatz 1,0 %. Wie hoch ist der USD-Terminkurs für drei Monate zum YEN?*
>
> **Antwort:** *Die Basiswährung ist der USD. Da die Laufzeit drei Monate (90 Tage) beträgt, gilt T = 90/360 = 0,25[146]. Damit sind alle Werte der Formel bekannt:*
>
> $$F_{USD/YEN} = 120 \text{ YEN} \cdot \frac{(1+0,01)^{0,25}}{(1+0,03)^{0,25}} = 119,41 \text{ YEN}$$
>
> *Dieser Devisenterminkurs bedeutet, dass wir heute verbindlich vereinbaren, in drei Monaten einen USD in 119,41 YEN zu tauschen.*

Arbitrage erzwingt rechnerische Devisenterminkurse

Wie bei allen Forwards wird auch der Devisenterminkurs nicht von den Erwartungen der Marktteilnehmer bestimmt, welchen Wert eine Währung am Fälligkeitstag des Termingeschäfts haben wird. Vielmehr wird er einzig vom aktuellen Kassakurs und den Geldmarktsätzen der beiden betroffenen Währungen bestimmt. Arbitragegeschäfte erzwingen dabei den rechnerischen Wert. Wir können nämlich ein Devisentermingeschäft auch darstellen, indem wir den Kassamarkt und die

---

[145] Bei der Formulierung 1 EUR = 1,40 USD stellt der Euro die Basiswährung. Drücken wir den Wert eines USD in EUR aus, d.h. stellen wir die Gleichung um, erhalten wir 1 USD = 0,7142 EUR (1/1,40). Nun stellt der USD die Basiswährung dar. Eine kurze Erläuterung zur Basiswährung finden Sie im Kapitel B.10.3 S. 103 im Zusammenhang mit Devisenoptionen.

[146] Die Zinsberechnung für die meisten Währungen wird nach der actual/360-Methode vollzogen. Sollte mit der actual/actual-Methode verfahren werden, erhielten wir $T = 90/365$.

6.2 Spekulieren und Hedgen mit Devisentermingeschäften

entsprechenden Geldmärkte nutzen. Zur sprachlichen Vereinfachung nutzen wir als Synonym für Fremdwährung im Folgenden den US-Dollar.

Devisentermingeschäft	Devisenkassamarkt	Geldmärke
Terminkauf EUR =	Kauf EUR +	Geldanlage in EUR; Kreditaufnahme in USD
Terminverkauf EUR =	Verkauf EUR +	Geldanlage in USD; Kreditaufnahme in EUR

Tabelle C-12: Zerlegung eines Devisentermingeschäfts

Den Kauf eines Euros (gegen den USD) auf Termin können wir gedanklich in drei Einzelgeschäfte zerlegen: wir kaufen den Euro am Kassamarkt und legen den Eurobetrag zum Eurozinssatz r_{EUR} bis zum gewünschten Termin an. Damit verfügen wir zum Terminzeitpunkt über die gewünschten Euros. Da wir die Euros am Kassamarkt mit USD bezahlen, müssen wir für die entsprechende Laufzeit zu r_{USD} einen USD-Kredit aufnehmen.

Analog können wir den Terminverkauf eines Euros wie folgt zerlegen: wir verkaufen den Euro zum Kassakurs gegen USD. Die USD legen wir zu r_{USD} bis zum gewünschten Termin an. Da wir Euros am Kassamarkt verkaufen, müssen wir uns Euros am Geldmarkt bis zum Fälligkeitstermin zu r_{EUR} leihen.

Das jeweilige Ergebnis der drei Einzelgeschäfte darf sich vom Terminkurs des Euros nicht unterscheiden, da ansonsten Arbitragegeschäfte ausgelöst werden. Damit bestimmt der Kassakurs im Zusammenspiel mit den Zinsen am jeweiligen Geldmarkt die Höhe des Terminkurses.

Sollte es keine Geld-Brief-Spanne an den drei Einzelmärkten geben, können wir mit der Formel C-9 arbeiten. Verfeinern wir hingegen die Betrachtung durch die Berücksichtigung eines Spreads zwischen Geld- und Briefkurs, erhalten wir folgende Formel für den Terminkurs des Euros gegen USD:

$$F_{EUR/USD}^{G,B} = K_{EUR/USD}^{G,B} \cdot \frac{\left(1 + r_{USD}^{G,B}\right)^T}{\left(1 + r_{EUR}^{B,G}\right)^T}, \text{ mit EUR als Basiswährung}$$

Dabei steht „G" für Geldkurs und „B" für Briefkurs. Sie können dieses Ergebnis unmittelbar nachvollziehen, wenn Sie von Tabelle C-12 ausgehen und berücksichtigen, dass aus Kundensicht ein Kauf (Verkauf) einer Währung zum Briefkurs (Geldkurs) stattfindet. Eine Geldanlage findet zum Geldkurs und eine Kreditaufnahme zum Briefkurs statt.

6.2 Spekulieren und Hedgen mit Devisentermingeschäften

Absicherungsgeschäft

Wenn eine Unternehmung bei ihrer Bank nach einem Devisenterminkurs auf drei Monate anfragt, dann wird die Bank beide Seiten stellen, d.h. einen Geld- und einen Briefkurs. Lautet der EUR-Terminkurs 1,2030 – 1,2070 USD, dann kann die Unternehmung in drei Monaten einen Euro zum Preis von 1,2070 USD kaufen, bzw. einen Euro an die Bank für 1,2030 USD verkaufen. Der Verkauf eines Euro zu 1,2030 USD beschreibt die Situation eines deutschen Importeurs, der in drei Monaten Euros verkauft, um mit dem US-Dollargegenwert seine Waren aus den USA bezahlen zu können. Ein deutscher Exporteur hingegen handelt zum Kurs von 1,2070 USD, da er für seine USD-Exporterlöse Euros kauft. Man kann es sich auch so merken: Die Bank handelt immer zum „besseren Kurs".

> *Übung:* Ein deutscher Exporteur erwartet in 6 Monaten einen Zahlungseingang von 20 Mio. USD. Der Kassakurs beträgt 1,2600 – 1,2650. Die EUR- bzw. USD-Zinssätze für 6 Monate betragen 3,0 % – 3,1 % bzw. 2,4 % – 2,5 %. Da der Exporteur eine Abwertung des US-Dollars befürchtet, lässt er sich von seiner Hausbank einen EUR-Terminkurs geben. Er lautet: 1,2650 – 1,2700.
> a. Zu welchem Kurs muss der Exporteur abschließen und wann wird das Geschäft erfüllt?
> b. Ist der Terminkurs der Bank günstig im Vergleich zum rechnerischen Terminkurs?
> c. Welchem Eurobetrag entspricht der Exporterlös in beiden Fällen?
>
> *Antworten:*
> a. Er handelt auf den Briefkurs (B) der Bank, d.h. zu 1,2700. Der Exporteur kann zu diesem Kurs Euros gegen USD kaufen. Die Erfüllung des Geschäfts ist in 6 Monaten zum vereinbarten Kurs.
> b. Der rechnerische Wert des Terminkurses lautet gemäß Terminkursformel $F_{EUR/USD}(B) = 1{,}2650(B) \cdot (1+0{,}025(B))^{0{,}5}/((1+0{,}030(G))^{0{,}5} = 1{,}2619$ USD. Hätte der Exporteur zu diesem Kurs Euros kaufen können, hätte er pro Euro nur 1,2619 USD zahlen müssen. Die Bank hat ihm mit 1,2700 damit einen schlechten Kurs gegeben.
> c. Zum Devisenterminkurs der Bank resultiert aus dem Exporterlös ein Betrag von 15.748.031,5 EUR (= 20 Mio. USD/1,2700 USD/EUR). Zum rechnerischen Terminkurs hätte er 15.849.116,4 EUR erhalten.

Spekulation

Die Spekulation mit Devisentermingeschäften erfolgt wie bei all den bisher betrachteten Forward- und Futuregeschäften. Erwarten Sie einen steigenden Eurokurs kaufen Sie entsprechend einen EUR-Forward bzw. EUR-Future. Gehen Sie von rückläufigen Kursen für den Euro aus, dann müssen Sie entsprechend als Verkäufer auftreten.

6.3 Der Swapsatz

Wie wir aus der Formel C-9 für den Devisenterminkurs sehen können, ändert sich – bei konstanten Zinssätzen – der Devisenterminkurs im Gleichklang mit dem Kassakurs. Daher ist es üblich, nicht den Terminkurs als solchen zu nennen, sondern nur die Differenz zwischen Terminkurs und Kassakurs. Im Deutschen spricht man von einem Terminkursaufschlag, wenn der Terminkurs höher als der Kassakurs ist, anderenfalls von einem Terminkursabschlag. Im Englischen nutzt man hierfür die Begriffe „Forward Spread" oder „Swapsatz". Der Begriff Swapsatz bringt dabei plastisch zum Ausdruck, mit welchem Auf- oder Abschlag man eine Währung von heute in die Zukunft tauschen kann (to swap = tauschen).

Swapsatz = Terminkurs – Kassakurs

6.3 Der Swapsatz

Wenn die Basiswährung für den betrachteten Zeitraum einen höheren Zinssatz hat als die andere Währung, liegt der Terminkurs gemäß Formel C-9, S. 170 unter dem Kassakurs. Damit ist die Differenz Terminkurs minus Kassakurs negativ und der Swapsatz damit ebenfalls negativ.

Swapsatz < 0, wenn	Swapsatz > 0, wenn
Terminkurs < Kassakurs	Terminkurs > Kassakurs
Zins Basiswährung > Zins Nichtbasis-währung	Zins Basiswährung < Zins Nichtbasis-währung

7 Weitere Einzelthemen zu Futures

7.1 Optionen auf Futures

An den meisten Terminbörsen dieser Welt können Optionen auf Futures gehandelt werden. Im Falle der EUREX werden derzeit im Fixed-Income-Bereich Optionen auf den BUND-Future, den BOBL-Future und den Schatz-Future angeboten, im Geldmarktbereich Optionen auf den EURIBOR-Future.

Motive für den Einsatz von Optionen auf Futures

Die Motive für den Einsatz von Optionen auf Futures sind so vielfältig wie die Gründe für den Einsatz von Optionen im Allgemeinen. Sie wurden ausführlich im Teil A dieses Buchs dargestellt und diskutiert. Doch warum werden Optionen auf Futures gewählt statt Optionen auf konkrete Basiswerte am Kassamarkt?

In vielen Fällen finden Spekulanten und Hedger an den vorhandenen Optionsmärkten die für ihre Zwecke passenden Basiswerte. Akteuren, die in Form von Optionen auf den gesamten Aktienmarkt setzen wollen, werden hierzu beispielsweise Aktienindexoptionen angeboten. Im Anleihebereich hingegen findet sich hierzu kein passender Basiswert. Wenn ein Marktteilnehmer z.B. eine Protective Put Strategie oder eine Covered Call Strategie für ein größeres Anleiheportfolio umsetzen will, müsste er für jede einzelne Anleihe einen Put kaufen bzw. einen Call schreiben. Dies ist teuer, langwierig und deshalb nicht praktikabel. Für die meisten der am Markt vorhandenen Anleihen existiert darüber hinaus nicht einmal ein liquider, transparenter Optionsmarkt. Andererseits gibt es, wie wir gesehen haben, in Form des BUND-Futures (BOBL-Future; Schatz-Future) ein Instrument, mit dem wir ein gesamtes Anleiheportfolio mit längeren Laufzeiten (kürzeren Laufzeiten) zumindest näherungsweise abbilden können.[147] Was liegt da näher als Optionen auf den BUND-Future (BOBL-Future; Schatz-Future) einzuführen? Die EUREX ermöglicht dadurch den Handel von Optionen auf einen Basiswert, mit dem wiederum gesamte Anleiheportfolios abgebildet werden können. Da sich darüber hinaus die Optionen auf einen einzigen, sehr liquiden Basiswert bündeln, sind auch die darauf aufbauenden Optionsmärkte sehr liquide. So werden im Tagesdurchschnitt 188.000 Optionen allein auf den BUND-Future gehandelt, was einem rechnerischen Gegenwert von 18,8 Mrd. € entspricht.[148]

Eine ähnliche Begründung lässt sich auch für den Handel mit Optionen auf den EURIBOR-Future geben, mit dem die Akteure Zinsobergrenzen bzw. Zinsuntergrenzen festlegen können.

Besonderheiten von Optionen auf Futures

Wie bei jeder Option erwirbt der Käufer einer Option auf einen Future das Recht, den zugrunde liegenden Future *kaufen* (Long-Call) bzw. *verkaufen* (Long-Put) zu dürfen.

---

[147] Vergleiche hierzu C.4.5, *Hedgen mit BUND-Futures*, S. 154 ff.
[148] Beobachtungszeitraum 1.1.2000 und 1.1.2011

7.1 Optionen auf Futures

Was	Beispiel
– einen zugrundeliegenden Wert (Basiswert)	BUND-Future
– in einer bestimmten Menge (Kontraktgröße)	Vier
– bis zu einem bestimmten Zeitpunkt (Fälligkeit)	20.10.2010
– zu einem bestimmten Preis (Ausübungspreis)	120,50 %

Der Verkäufer der Option (Stillhalter) übernimmt die Pflicht, die Futures zum festgelegten Ausübungspreis zu verkaufen (Short-Call) bzw. abzunehmen (Short-Put). Verglichen mit „normalen Optionen" unterscheiden sich Optionen auf Futures in zwei wesentlichen Punkten:

Einbuchung einer Futureposition: Wird eine Option auf einen Future vom Inhaber ausgeübt, wird ihm die entsprechende Futureposition zum Ausübungspreis eingebucht. Über ein Zufallsverfahren teilt die Börse die Ausübung einem zufällig ausgewählten Stillhalter zu. Dieses Zuteilungsverfahren wird auch „Assignment" genannt. Dabei treten die nachfolgenden Positionen ein:

Die Ausübung eines		Die Zuteilung eines	
Long-Call	Long-Put	Short-Call	Short-Put
führt zu folgender Position (zum Ausübungspreis)			
Long-Future	Short-Future	Short Future	Long-Future

Optionen auf Futures sind üblicherweise amerikanische Optionen. Dies trifft ausnahmslos auch für alle Optionen an der EUREX zu. Damit können die Optionen bis zum letzten Handelstag jederzeit ausgeübt werden. Allerdings gilt auch hier, dass nur die wenigsten Optionen tatsächlich ausgeübt werden, sondern vielmehr vor Fälligkeit glattgestellt werden. Der Verfalltermin der Optionen ist so gewählt, dass er, je nach Verfallsmonat, vor dem Fälligkeitstermin des zugrunde liegenden Futures liegt oder aber mit ihm zusammenfällt.

Future-Style-Verfahren: Eine weitere Besonderheit liegt darin, dass die Optionen auf Futures analog zu Futures täglich bewertet und anfallende Gewinne bzw. Verluste gebucht werden. Der Käufer einer Option zahlt die Optionsprämie daher nicht wie sonst üblich zum nächsten Handelstag. Die Optionsposition wird täglich bewertet und führt analog zum Verfahren bei Futures zu einer täglichen Variation Margin. Selbstverständlich ist aber weiterhin der Verlust des Optionskäufers auf seine Optionsprämie beschränkt.[149]

> **Beispiel:** Ein Fondsmanager möchte sein Anleiheportfolio über 100 Mio. € gegen einen Kursrückgang schützen, ohne auf mögliche Kurssteigerungen zu verzichten. Er verkauft deshalb keine BUND-Futures, sondern kauft stattdessen 663 Put-Optionen auf den BUND-Future.[147] Annahmegemäß notiert der BUND-Future aktuell bei 120,0 %. Der Fondsmanager wählt eine Option am Geld, d.h. einen Basispreis von 120 %. Die Optionsprämie betrage 0,60 %.

---

[149] Details zu diesem Beispiel finden Sie in Tabelle C-10, S. 157.

> *Die Höhe der gesamten Optionsprämie beträgt 397.800 €, errechnet aus*
> *Kontraktzahl · Kontraktgröße · Optionsprämie = 663 · 100.000 € · 0,60 %*
> *= 397.800 €.*
> *Die Kontraktgröße bezieht sich dabei auf die des BUND-Futures, die 100.000 € beträgt.*
> *Nehmen wir nun an, dass kurz vor Fälligkeit der Option der BUND-Future auf 115,90 % gesunken ist und die Option bei ihrem inneren Wert von 4,10 % notiert. Der Optionspreis ist damit um 3,5 %-Punkte gestiegen. Da der Fondsmanager keine Futureposition eingehen will, übt er die Option nicht aus, sondern stellt sie glatt. Sein Gewinn aus der Optionsposition beträgt 2.327.050 €.*
> *Gewinn = Kontraktzahl · Kontraktgröße · Preisänderung = 663 · 100.000 € · 3,5 %*
> *= 2.327.050 €.*

7.2 Warentermingeschäfte

Bei der Preisbestimmung von Forwards hatten wir darauf aufmerksam gemacht, dass wir zwischen Konsumgüter und Investitionsgüter trennen müssen. Der Forwardpreis eines Basiswerts, der primär zu Anlagezwecken gehalten wird, resultiert aus arbitragefreien Preisen zwischen dem Kassakurs K_0 und dem Forwardpreis F_0. Hierzu konnten wir schreiben:

$$F_0 = (K_0 - E) \cdot (1 + r_T)^T$$

Dabei bezeichnet T die Restlaufzeit eines Forwards in Bruchteilen (oder Vielfachem) eines Jahres, r_T den risikolosen Zinssatz für diesen Zeitraum T und E den Barwert des Ertrags des Basiswerts während der Laufzeit des Forwards. Etwaig anfallende Lagerhaltungskosten können wir als negativen Ertrag interpretieren.

Für den Fall, dass der Ertrag e als Prozentsatz des Kassakurses zum Zahlungszeitpunkt ausgedrückt werden kann, konnten wir schreiben:

$$F_0 = K_0 \cdot \frac{(1+r_T)^T}{(1+e)^T}$$

Konsumgüter wie Industriemetalle, Lebensmittel, Rohöl und alle anderen Arten von Rohstoffen können wir nicht ausschließlich als Anlagegut betrachten, das vom Inhaber beliebig unter Renditeaspekten zwischen dem Kassamarkt und dem Terminmarkt verschoben werden kann. Es ist dem Inhaber einer Raffinerie eben nicht egal, ob er augenblicklich über Rohöl verfügt oder stattdessen einen Terminkontrakt auf Rohöl besitzt. Der Nutzen von Öl liegt für ihn im Gebrauch des Basiswerts im Fertigungsprozess. Der Besitz der Ware ist folglich mit einem Nutzen verknüpft, den der Inhaber eines Forwards nicht hat. Dieser Nutzen aus der Verfügbarkeit des Basiswerts wird als Convenience Yield bezeichnet.

Formal können wir die Convenience Yield als eine Art „Ertragsnutzen" ansehen, die mit dem Besitz des Basiswerts verknüpft ist. Unser Ertrag „E" in der Formel lässt sich damit für Konsumgüter in den Barwert der Lagerhaltungskosten U als negativen Ertrag und die Convenience Yield CY als positiven Barwert dieses Nutzens aufspalten. Damit können wir schreiben:

$$F_0 = (K_0 + U - CY) \cdot (1 + r_T)^T$$

Für den Fall, dass die Lagerhaltungskosten und die Convenience Yield keine absoluten Eurobeträge, sondern eine Prozentgröße vom Kassakurs darstellen (u bzw. cy), können wir den Forwardpreis wie folgt schreiben:

$$F_0 = K_0 \cdot \frac{(1+r_T)^T \cdot (1+u)^T}{(1+cy)^T}$$

Formel C-10: Forwardpreis bei Konsumgütern

Wir können Nutzen aus dem Besitz des Basiswerts nicht direkt beobachten. Wir können aber aus den Forwardpreisen indirekt auf die Höhe der Convenience Yield schließen, da in der Formel alle Größen außer cy messbar sind.

Über die Höhe der Convenience Yield lässt sich sagen, dass sie nicht negativ ist. Die konkrete Höhe hängt insbesondere vom aktuellen Lagerbestand dieses Guts in der Wirtschaft und der Lagerfähigkeit des Guts ab. Je höher der Lagerbestand und je besser der Basiswert gelagert werden kann, desto geringer ist c.p. die Convenience Yield. Die Höhe der Convenience Yield spiegelt faktisch die Markterwartung über die zukünftige Verfügbarkeit des Basiswerts während der Laufzeit des Forwards wieder.

8 Was Sie unbedingt wissen und verstanden haben sollten

Kapitel 1 und 2: Grundlagen und Preisbestimmung

- Futures und Forwards sind unbedingte Termingeschäfte, bei denen zwei Handelsparteien heute (Handelstag) eine Vereinbarung treffen, einen bestimmten Gegenstand (Basiswert), zum heute vereinbarten Preis (Future- oder Forwardpreis) zu einem festgelegten zukünftigen Zeitpunkt (Fälligkeit) zu liefern bzw. abzunehmen.

   Der Namensgeber von Futures/Forwards ist der zugrunde liegende Basiswert. Entsprechend spricht man von Aktienfutures, DAX-Indexfutures, Währungsfutures usw.

   Während Forwards auf OTC-Basis gehandelt werden, stellen Futures börsengehandelte Termingeschäfte dar. Die Börsennotierung erfordert eine Standardisierung der Verträge und eliminiert das Kontrahentenrisiko. Die Marktteilnehmer müssen dabei Sicherheiten in Form der Additional Margin hinterlegen. Ferner werden die Futurepositionen der Marktteilnehmer täglich von der Börse bewertet und rechnerische Gewinne bzw. Verluste täglich in Form der Variation Margin gebucht. Die Variation Margin errechnet sich aus

   Gewinn = ± Preisänderung · Kontraktgröße · Kontraktzahl

   Werden Futures nicht vor Fälligkeit glattgestellt, erfolgt zum vereinbarten Liefertag die physische Lieferung des Basiswerts bzw. erfolgt ein Barausgleich.

- Basiswerte, die der Geld- oder Kapitalanlage dienen, werden als Investitionsgüter bezeichnet. Es handelt sich dabei im Wesentlichen um Finanzterminprodukte wie Forwards auf Anleihen, Aktien usw. Ihre Terminkurse können wir durch die Forderung nach Arbitragefreiheit ermitteln. Schwieriger ist die Forwardpreisbestimmung von all den Basiswerten, die den Charakter eines Konsumguts haben wie Rohöl, Lebensmittel, Industriemetalle usw. Der Nutzen dieser Basiswerte liegt nicht nur im damit erzielbaren Anlageertrag, sondern im Gebrauch des Gegenstands selbst. Wir konzentrieren uns im Folgenden auf die Preisbestimmung von Finanzterminprodukten.

- Am Fälligkeitstag eines Forwards müssen der Preis des Forwards und der Kassapreis des zugrunde liegenden Basiswerts übereinstimmen, da Liefertag und Zahltag eines Forwards mit dem Liefertag und Zahltag des entsprechenden Kassageschäfts zusammenfallen. *Vor* Fälligkeit jedoch fallen Forwardpreis und Kassapreis auseinander, da Termingeschäfte gegenüber einem Kassageschäft spezifische Vor- und Nachteile aufweisen, die wir preislich bewerten können.

   Die Differenz zwischen dem Kassapreis K_0 und dem aktuellen Forwardpreis F_0 wird als Basis bezeichnet. Sie wird durch die negativen Cost of Carry bestimmt.

   $K_0 - F_0 =$ Basis $= -$ Cost of Carry

   Die allgemeine Bestimmungsgleichung für F_0 lautet $F_0 = (K_0 - E) \cdot (1 + r_T)^T$ falls der Basiswert einen bekannten Ertrag abwirft wie etwa bei Aktien oder Anleihen (E bezeichnet den Barwert des Ertrags). Für den Fall einer bekannten Ertragsrendite wie etwas bei Geldanlagen lautet die Gleichung

8 Was Sie unbedingt wissen und verstanden haben sollten

$$F_0 = K_0 \cdot \frac{(1 + r_T)^T}{(1 + e)^T}$$

Kapitel 3 und 4: Aktienindex- und Fixed-Income-Futures

- Aktienindexfutures lassen sich ideal einsetzen, um schnell, einfach und ohne Kapitaleinsatz auf die Wertentwicklung des entsprechenden Aktienindex zu spekulieren (wenn man von einer möglichen Margin in bar absieht). Da die Transaktionskosten sehr gering sind, führen bereits minimale Preisänderungen zu Gewinnen bzw. Verlusten.

  Mit Aktienindexfutures kann eine Aktienportfolios mit einer einzigen Transaktion gehedged werden. Dieses Vorgehen ist nicht nur schnell und kostengünstig, sondern vermeidet auch die negativen Auswirkungen auf die im Portfolio befindlichen Einzelaktien.

  Die Absicherung durch Futures eliminiert zwar das absolute Preisrisiko, doch tritt an seine Stelle das Basisrisiko.

- Bei kurzfristigen Zinstermingeschäften werden Interbankenzinssätze als Basiswert vereinbart, wohingegen im mittleren und längeren Laufzeitenbereich Staatsanleihen die Basiswerte darstellen. Darauf aufbauende börsennotierte Termingeschäfte bezeichnet man als Fixed-Income-Futures.

  Der BUND-Future stellt eines der umsatzstärksten Terminprodukte der Welt dar. Der Basiswert ist eine fiktive Anleihe des Emittenten Bundesrepublik Deutschland mit einer Kontraktgröße von 100.000 € Nominalwert und einem Kupon von 6,0%. Die lieferbaren Anleihen müssen eine Restlaufzeit zwischen 8,5 und 10,5 Jahren aufweisen. Mit Hilfe von Umrechnungsfaktoren (UF) werden sie vergleichbar gemacht. Für jeden Fälligkeitstermin gibt eine Bundesanleihe, die am billigsten in der Belieferung ist. Man nennt sie „Cheapest to Deliver" (CTD). Der arbitragefreie Preis des BUND-Futures errechnet sich wie folgt:

  $$F_0 = \frac{1}{UF} \cdot \left[K_{CTD} + (K_{CTD} + Z \cdot T)_0 \cdot r_T \cdot T - Z \cdot T \right]$$

- Sekulanten schätzen BUND-Futures, weil mit ihrer Hilfe ohne Kapitaleinsatz (sieht man von der notwendigen Margin ab) auf steigende oder fallende Anleihepreise und damit auf fallende oder steigende Marktzinsen gesetzt werden kann. BUND-Futures ermöglichen aber auf einfache Weise auch die Absicherung von Anleihe- oder Kreditportfolios. Da sich der BUND-Futurepreis nicht parallel zu den Preisen im Hedgeportfolio entwickelt, entsteht ein Basisrisiko, welches sich wiederum in ein Emittentenrisiko, ein Zinsstrukturrisiko und ein Kapitalbindungsrisiko aufteilen lässt. Die unterschiedlich hohe Kapitalbindung (Duration) des BUND-Futures verglichen mit dem Hedgeportfolio können wir beim Hedging berücksichtigen. Das Hedge-Ratio, d.h. die Anzahl der notwendigen Futures zum hedgen eines Portfolios, ermitteln wir mit

$$\text{Hegde-Ratio} = \frac{\text{Marktwert Hedgeportfolio}}{\text{Preis CTD} \cdot \text{Kontraktgröße}} \cdot UF_{CTD} \cdot \frac{\text{Duration Hedgeportfolio}}{\text{Duration CTD}}$$

8 Was Sie unbedingt wissen und verstanden haben sollten

Kapitel 5 und 6: Futures/Forwards im Geldmarkt- und Devisenbereich

- Futures im Geldmarktbereich unterscheiden sich von Fixed-Income Futures in dreierlei Hinsicht: Erstens stellen die Basiswerte Zinssätze im Interbankengeschäft dar wie z.B. den EURIBOR. Der Futurepreis spiegelt deshalb die Höhe des vereinbarten Zinssatzes wider und nicht den Preis einer Anleihe. Zweitens erfolgt die Notierung durch Subtraktion des entsprechenden Zinssatzes von 100%. Drittens findet stets ein Barausgleich statt, da eine physische Lieferung nicht möglich ist.

  Der Gewinn/Verlust aus einer Position errechnet sich wie folgt:

  Gewinn = ± Preisänderung in Basispunkten · Basispunktwert · Kontraktzahl

  Dabei Geldmarktfutures der Basiswert einen Zinssatz darstellt, kann das Zinsänderungsrisiko exakt gehedged werden. Die Übereinstimmung von Basiswert und abzusicherndem Zinsänderungsrisiko macht damit auch die Bestimmung des Hedge-Ratios sehr einfach.

  $$\text{Hedge – Ratio} = \text{Anzahl der Kontrakte} = \frac{\text{Nominalwert der Kassaposition}}{\text{Kontraktwert}}$$

- Zinssicherungsgeschäfte im Geldmarktbereich werden häufig als OTC-Geschäft abgeschlossen. Man nennt sie dann Forward Rate Agreement (FRA). Eine FRA-Vereinbarung umfasst folgende Komponenten: Den Zeitpunkt, ab dem eine Zinssicherung beginnen soll (Vorlaufperiode), die Zinssicherungsperiode (FRA-Periode), die Höhe des vereinbarten Zinssatzes (FRA-Zins) und die Höhe des vereinbarten Geldbetrags. Der Barausgleich errechnet sich dabei nach folgender Formel:

  $$\text{Ausgleichsbetrag} = \pm \frac{\text{Nominalwert} \cdot (\text{Referenzzins} - \text{FRA Zinssatz}) \cdot T_{FRA}}{1 + \text{Referenzzins} \cdot T_{FRA}}.$$

  Der FRA-Zinssatz hängt nicht von der Erwartungsbildung der Marktteilnehmer ab, sondern ist eine Folge der bestehenden Zinssatzdifferenzen zwischen den betroffenen Laufzeiten. Dies gilt auch für die Preise von Geldmarktfutures.

- Der Ertrag aus einer Geldanlage in jeder Währung wird zeitanteilig ermittelt und fließt nicht wie bei Aktien- und Rentenanlagen zu einem bestimmten Zeitpunkt. Der Terminkurs F_0 einer Basiswährung errechnet sich daher wie folgt:

  $$F_0 = K_0 \cdot \frac{(1+r_T)^T}{(1+e_T)^T}$$

  Dabei bezeichnet T die Laufzeit des Termingeschäfts, ausgedrückt in Bruchteilen oder Vielfachem eines Jahres, e_T den Zinssatz der Basiswährung für diesen Zeitraum und r_T den Zinssatz der Nichtbasiswährung.

  Die Differenz zwischen dem Terminkurs und dem Kassakurs einer Währung nennt man Swapsatz, d.h. Swapsatz = Terminkurs – Kassakurs. Diese Größe gibt an, zu welchem Preis man eine Währung von der Gegenwart in die Zukunft verschieben kann.

8 Was Sie unbedingt wissen und verstanden haben sollten

Kapitel 8: Weitere Einzelthemen

- Futures gehören zu den liquidesten Märkten der Welt. Darauf basierende Optionen haben deshalb einen liquiden Basiswert, der häufig ein ganzes Marktsegment abdeckt. Mit Optionen auf Instrumente wie etwa den BUND-Future oder den DAX-Future lassen sich damit Anleiheportfolios oder Aktienportfolios hedgen.

- Konsumgüter wie Industriemetalle oder Lebensmittel können wir nicht wie ein Investitionsgut betrachten, das vom Inhaber beliebig unter Renditeaspekten zwischen dem Kassamarkt und dem Terminmarkt verschoben werden kann. Der Nutzen von Konsumgütern liegt vielmehr im Gebrauch des Basiswerts. Dieser Nutzen aus der Verfügbarkeit des Basiswerts wird als Convenience Yield bezeichnet, den wir uns als einen „Ertragsnutzen" vorstellen können. Die Ertragsrendite lässt sich damit in die Lagerhaltungskosten u und die positive Convenience Yield cy aufspalten, die wir in der Formel jeweils als Prozentgröße vom Kassapreis ausdrücken.

$$F_0 = K_0 \cdot \frac{(1+r_T)^T \cdot (1+u)^T}{(1+cy)^T}$$

9 Aufgaben zum Abschnitt C

1. Ein Marktteilnehmer kauft vier Kontrakte des DAX-Futures. Der Kaufpreis beträgt 6.020. Die von der Börse ermittelten Abrechnungspreise am Kauftag und den Tagen danach lauten: 6.029, 5.950, 6.113. Der Glattstellungspreis am vierten Tag beträgt 6.119.
   a. Was genau ist die Variation Margin?
   b. Wie hoch ist die tägliche Variation Margin? Wie hoch ist der Gesamtgewinn?
   c. Wie hoch wäre die Variation Margin, falls die vier Kontrakte *ver*kauft worden wären? Wie hoch wäre der Gesamtgewinn?
2. Sie erwarten in den nächsten Monaten einen starken Rückgang der langfristigen Zinsen am Kapitalmarkt. Wie können Sie Ihre Meinung in eine gewinnbringende Strategie
   a. am Kassamarkt umsetzen? Welcher Kapitalbedarf entsteht dadurch?
   b. am Terminmarkt umsetzen? Welcher Kapitalbedarf entsteht dadurch?
3. Der aktuelle Aktienkurs einer Aktie am Kassamarkt liegt bei 40 €. In 90 Tagen wird eine Dividende von 1,5 € erwartet. Am Terminmarkt mit Fälligkeit von neun Monaten wird die Aktie zu 39 € gehandelt. Der risikolose Zinssatz $r_{T=0,25}$ für eine Laufzeit von drei Monaten betrage 3,5 %, für neun Monate $r_{T=0,75}$ 4,0 %. Der Wertpapierleihesatz auf diese Aktie betrage 20 Basispunkte p.a.
   a. Wie hoch ist der arbitragefreie Forwardpreis?
   b. Was müsste ein Arbitrageur tun, um einen Gewinn zu erzielen? Wie wird diese Art von Arbitrage genannt?
   c. Erstellen Sie zur Illustration des Arbitragegewinns eine Tabelle analog Tabelle C-3 auf Seite 136.
   d. Wieso beträgt der risikolose Gewinn nur 0,60 € je Aktie, wenn doch der rechnerische Wert 39,66 € beträgt und damit 0,66 € über dem tatsächlichen Terminkurs liegt?
4. Fragen zum DAX-Future:
   a. Welche Faktoren beeinflussen den Preis des DAX-Futures?
   b. Unter welchen Voraussetzungen ist der Preis des DAX-Futures höher als der DAX-Index am Kassamarkt?
5. Betrachten Sie das nochmals das Beispiel C-2 auf Seite 143. Um das Kursrisiko des Aktienportfolios in Höhe von 100 Mio. € abzusichern, verkaufte der Fondsmanager beim Futurepreis von 6.000 Indexpunkten 800 DAX-Futures. Das rechnerische Beta des Portfolios betrug 1,2. Der DAX-Future fiel dann annahmegemäß auf 5.000 Punkte.
   a. Auf welchen Wert sinkt das Aktienportfolio, falls das tatsächliche Beta des Portfolios im Absicherungszeitraum 1,5 beträgt?
   b. Wie hoch ist der Gewinn/Verlust, der unter a. beim Hedging auftritt?
   c. Welche Hedgingart und welches Hedgingrisiko liegen im Beispiel vor?
6. Eine Versicherung befürchtet einen Inflationsschub und damit einen deutlichen Anstieg der Zinsen am Kapitalmarkt.

a. Warum wirken sich steigende Zinsen auf die Versicherung negativ aus?

b. Was könnte sie tun, um sich dagegen abzusichern?

7. Die Versicherung hat das in der Tabelle angezeigte Anleiheportfolio.

   a. Welche Teile des Portfolios sollten warum mit BUND-Futures und welche mit BOBL-Futures gehedged werden?

   b. Wie viele BUND-Futures und BOBL-Futures muss die Versicherung verkaufen, um sich gegen steigende Zinsen abzusichern? Anmerkung: In den zwei letzten Zeilen finden Sie die CTD für den BUND-Future und den BOBL-Future. Der Kontraktwert an der EUREX beträgt jeweils 100.000 €.

Emittent	Laufzeit	Kupon	Preis	Nominal	Marktwert	Duration
		in %		in Mio. €		
A	04.01.2020	4,0 %	106,9 %	45,0	48,11	7,55
B	24.03.2021	5,0 %	99,5 %	25,0	24,88	8,13
C	24.12.2018	3,0 %	101,9 %	30,0	30,57	7,17
D	24.07.2014	6,0 %	102,7 %	35,0	35,95	3,25
E	19.11.2015	6,0 %	102,2 %	40,0	40,88	4,38
F	10.06.2015	6,0 %	102,2 %	25,0	25,55	3,93
Gesamt				200,0	205,9	5,73
CTD, BUND	04.07.2019	3,50 %	105,0 %	UF: 0,836047		7,41
CTD, BOBL	09.10.2015	1,75 %	100,0 %	UF: 0,833828		4,60

Aufgabe in der Excel-Datei „Ergänzungen und Übungen".

8. Am Geldmarkt steht eine Unternehmung folgenden Zinssätzen gegenüber:

   Dreimonatszins: 2,8 % – 3,3 %
   Sechsmonatszins: 3,0 % – 3,5 %
   Neunmonatszins: 3,6 % – 4,1 %
   6x9-FRA: 5,7 % – 6,2 %
   Dreimonats-LIBOR: 2,0 %

   Die Unternehmung möchte einen 6x9-FRA im Umfang von 20 Mio. Euro abschließen, um sich gegen steigende Zinsen abzusichern. Als Referenzsatz wird der Dreimonats-LIBOR + 1,5 % vereinbart.

   a. Zu welchem Kurs kann die Unternehmung den FRA abschließen?

   b. Hat die Unternehmung einen „guten Zinssatz" von der Bank erhalten?

   c. Wie hoch ist die Ausgleichszahlung an wen, falls der LIBOR nach sechs Monaten mit 5,0 % fixiert wird?

   d. Was müsste die Unternehmung tun, falls sie sich mit einem EURIBOR-Future gegen den befürchteten Zinsanstieg absichern will?

9. Übertragen Sie sprachlich die Komponenten eines EURIBOR-Futures auf die entsprechenden Begriffe bei einem FRA.

TEIL D
Swaps

Das lernen Sie

- Was sind Zinsswaps und welche wichtigen Anwendungen gibt es dafür?
- Welche Rolle spielen die Finanzintermediäre (Banken) und welche Handelsusancen gibt es für Zinsswaps?
- Wie können Zinsswaps eingesetzt werden, um die Finanzierungskosten zu senken bzw. um die Anlagerendite zu erhöhen? Was versteht man in diesem Zusammenhang unter komparativen Vorteilen?
- Wie können wir den Wert eines Zinsswaps berechnen und von welchen Faktoren hängt die Wertentwicklung eines Zinsswaps ab?
- Wie können wir Zinsswaps spekulativ oder als Absicherungsinstrument einsetzen?
- Was sind Währungsswaps und welche wichtigen Einsatzfelder und Anwendungsmöglichkeiten gibt es?
- Wie können die Wechselkursrisiken von Geld- und Kapitalanlagen in Fremdwährung mit Währungsswaps vermieden werden?
- Wie können wir Währungsswaps bewerten?

1 Überblick

Swap heißt übersetzt Tausch. Zwei Handelspartner einigen sich bei einem Swap darauf etwas zu tauschen. Das Tauschgeschäft ist dabei Namensgeber für die genaue Swapbezeichnung. Werden Zinszahlungen getauscht, spricht man von einem Zinsswap, bei Währungen entsprechend von einem Währungsswap.

Der Markt für Zins- und Währungsswaps ist unvorstellbar groß. Da der Handel nahezu ausschließlich auf OTC-Basis erfolgt, gibt es keine öffentlich zugänglichen Börsendaten der getätigten Abschlüsse. Die Standesorganisation der Swaphändler, die International Swap Dealer Association (ISDA), erhebt jedoch seit 1987 hierüber Daten von ihren Mitgliedern. Die Abbildung zeigt das Ergebnis dieser regelmäßigen Erhebungen.[150] Demnach ist das Bruttovolumen der ausstehenden Zins- und Währungsswaps aller Marktteilnehmer von rund 14 Billionen US-Dollar im 1. Halbjahr 1995 auf unvorstellbare 434 Billionen US-Dollar im 1. Halbjahr 2010 angestiegen.

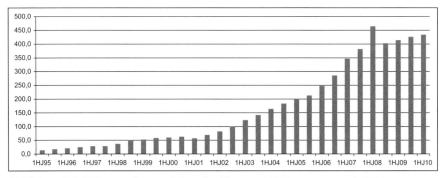

Abbildung D.1: Volumen der ausstehenden Zins- und Währungsswaps in Billionen US-Dollar

Um die Größe dieser Zahl begreifen zu können, muss man sich vergegenwärtigen, dass die Wertschöpfung der gesamten Welt gegenwärtig rund 55 Billionen US-Dollar beträgt.

Über 90 % der Swaps entfallen auf Zinsswaps. Wie ein Zinsswap funktioniert, warum er eingesetzt wird und wie er bewertet wird, ist Gegenstand des folgenden Kapitels.

---

[150] Verfügbar unter „Statistics" der ISDA (www.isda.org). Sehr gute Daten werden auch von der Bank für Internationalen Zahlungsausgleich (BIZ) unter „Statistics" zur Verfügung gestellt (www.biz.org).

2 Zinsswaps

2.1 Grundlagen

Ein Zinsswap ist ein Vertrag zwischen zwei Parteien, Zinszahlungen in einer Währung zu tauschen. Dabei werden von den Handelspartnern zum Handelszeitpunkt folgende Sachverhalte festgelegt:
- die Tauschzeitpunkte der Zinszahlungen,
- die Höhe der jeweiligen Zinssätze,
- der fiktive Nominalbetrag N, auf den sich die Zinszahlungen beziehen sowie
- die Laufzeit der Tauschvereinbarung.

Der Nominalbetrag N wird weder zu Beginn noch am Ende der Swaplaufzeit getauscht. Es würde auch wenig Sinn machen, einen bestimmten Geldbetrag dem Handelspartner zu überlassen und den gleichen Geldbetrag von der Gegenseite zu erhalten. N wird deshalb auch als fiktives oder hypothetisches Nominalkapital bezeichnet, das lediglich als Rechengrundlage für die Ermittlung der Zinszahlungen dient.

Die Standardform eines Zinsswaps ist ein Fix-in-Variabel-Swap, bei der sich eine Seite zur Zahlung eines Festzinssatzes verpflichtet und im Gegenzug von der anderen Seite Zinszahlungen zu einem variablen Zinssatz erhält.[151] Die variablen Zinssätze, die in Swapvereinbarungen am häufigsten verwendet werden, sind der LIBOR bzw. der EURIBOR für den Euroraum für die entsprechenden Laufzeiten. Sie werden als Referenzzinssatz bezeichnet.

Machen wir uns das Vorgehen und die mit einem Swap verbundenen Begriffe an einem Beispiel klar. Hierzu betrachten wir einen Zinsswap zwischen den Unternehmungen R und P mit einem Nominalbetrag von 100 Mio. € und einer Laufzeit von fünf Jahren, beginnend am 7. Februar 2011.

Abbildung D.2: Standardzinsswap

P verpflichtet sich in der Swapvereinbarung, über einen Zeitraum von fünf Jahren jährlich einen festen Zins von 6 % auf den fiktiven Nominalbetrag von 100 Mio. € jeweils am 7. Februar eines Jahres zu zahlen, d.h. jährlich 6,0 Mio. €. Der Festzinssatz wird als Swapsatz s bezeichnet. Im Gegenzug erhält er von R jährlich am 7. Februar variable Zinszahlungen. Als Referenzzinssatz wird der 12-Monats-EURIBOR-Satzes festgelegt, der jährlich für das Folgejahr angepasst wird. Der EURIBOR-Satz für die ersten 12 Monate betrage 4,5 %.

---

[151] Für den Begriff „Standardform" findet sich häufig die englische Bezeichnung Plain-Vanilla. Statt Fix-in-Variabel wird auch oft der Begriff „Fixed-for-Floating" genutzt.

Bei Vertragsabschluss selbst werden keine Zahlungen getätigt. Der erste Zahlungsaustausch findet nach einem Jahr am 7. Februar 2012 statt. R zahlt an P einen Betrag von 4,5 Mio. €, P an R 6,0 Mio. €. Zu diesem Zeitpunkt gibt es keine Unsicherheit über die Höhe der variablen Zahlungen, da der 12-Monats-EURIBOR-Satz von 4,5% zu Vertragsbeginn bekannt ist. Da bei einem Zinsswap üblicherweise die Zahlungen saldiert[152] werden, müsste P an R einen Differenzbetrag von 1,5 Mio. € überweisen.

Datum	12-Monats-EURIBOR	Zahlungseingang variabel	Zahlungen fix	Differenz
07.02.11	4,5 %			
07.02.12	4,9 %*	4,5 €	−6,0 €	−1,5 €
07.02.13	5,5 %*	4,9 €	−6,0 €	−1,1 €
07.02.14	6,2 %*	5,5 €	−6,0 €	−0,5 €
07.02.15	7,0 %*	6,2 €	−6,0 €	0,2 €
07.02.16		7,0 €	−6,0 €	1,0 €

Tabelle D-1: Zahlungsprofil eines Standardswap aus Sicht von P

Die Tabelle fasst alle Zahlungen bis zum 7.2.2016 zusammen. Die mit „*" gekennzeichneten EURIBOR-Sätze sind zu Vertragsbeginn noch nicht bekannt.

Am 7.2.2012 wird der an diesem Tag gültige 12-Monats-EURIBOR zur Berechnung der variablen Zinszahlungen für die zweite Periode herangezogen. Angenommen er betrage 4,9%. Dann muss R an P am zweiten Zahlungstermin, am 7.2.2013, Zinszahlungen in Höhe von 4,9 Mio. € leisten, während P weiterhin 6,0 Mio. € an R zahlt. Der Differenzbetrag zu Gunsten R beträgt somit 1,1 Mio. €. Die variablen Zahlungen am 7.2.2013 sind zu Vertragsbeginn nicht bekannt, da der variable 12-Monats-EURIBOR-Satz erst ein Jahr nach Vertragsbeginn festgelegt werden kann.

Die Positionsbeschreibungen in einem Swapgeschäft erfolgen aus Sicht der fixen Zinsseite. Die Unternehmung **P**, die die Festzinsen zahlt, wird deshalb auch **P**ayer genannt. Er besitzt entsprechend einen Payer-Swap. Das Gegenstück ist **R**, der die Festzinsen erhält. Dieser Marktteilnehmer heißt deshalb **R**eceiver, der einen Receiver-Swap besitzt.

Zinsswap und Kontrahentenrisiko

Da es sich bei einem Swap fast immer um ein OTC-Geschäft handelt, tragen beide Seiten das jeweilige Kontrahentenrisiko. Da jedoch nur Zinszahlungen getauscht werden, bezieht sich das Risiko nur auf den Saldo der Zinszahlungen, der um ein Vielfaches kleiner ist als der fiktive Nominalbetrag, der einem Swap zugrunde gelegt wird.

---

[152] Man spricht in diesem Zusammenhang auch vom „Netting" der Zahlungen.

2.2 Anwendungsmöglichkeiten

Warum sollte eine Unternehmung einen Zinsswap abschließen? Was leistet eine Swapvereinbarung, die mit anderen Finanzinstrumenten nicht erzielt werden kann? Wir werden im Folgenden zeigen, dass Unternehmungen mit Hilfe von Swaps in der Vergangenheit abgeschlossene Kreditverträge oder Anlageverträge problemlos in neue Strukturen transformieren können, ohne die alten Verträge zu kündigen. Damit leisten sie einen wichtigen Beitrag im Zinsrisikomanagement.

Transformation einer Verbindlichkeit (Liability)

Stellen Sie sich folgende Situation vor: Die Unternehmung R hat vor 10 Jahren in einer Hochzinsphase ein Festzinsdarlehen über 100 Mio. € zu einem Zinssatz von 8,0 % aufgenommen. In der Zwischenzeit sind die Zinsen gesunken und R erwartet einen weiteren Rückgang. Sie möchte daher ihr bestehendes Festzinsdarlehen mit einer Restlaufzeit von fünf Jahren in ein Darlehen mit variabler Verzinsung umwandeln. Da eine Kündigung des Vertrags nicht möglich ist, schließt R den oben beschriebenen Swap mit fünfjähriger Laufzeit ab. Damit fallen drei Arten von Zahlungen an:

1. R zahlt weiterhin 8,0 % an die Bank für die Restlaufzeit von fünf Jahren.
2. R erhält fünf Jahre 6,0 % aus dem Swapvertrag.
3. R zahlt fünf Jahre den jeweiligen 12-Monats-EURIBOR aus dem Swapvertrag.

Die Summe der drei Zahlungen ergibt einen variablen Zinssatz in Höhe von EURIBOR + 2 %. Mit dem Swap gelingt es R somit, ihren bestehenden Festzinsvertrag wirtschaftlich in einen Kredit mit variabler Verzinsung umzuwandeln.

Abbildung D.3: Swaps zur Anpassung von Verbindlichkeiten

Die Motivation für P für den Abschluss des Swapvertrags ist spiegelbildlich zu R. Die Unternehmung P kann durch den Swap ein bestehendes zinsvariables Darlehen in ein Festzinsdarlehen umwandeln: Angenommen P hat vor einigen Jahren ein 100 Mio. € Darlehen mit variabler Verzinsung in Höhe des 12-Monats-EURIBOR plus 70 Basispunkte[153] aufgenommen. Der Zinssatz ist tatsächlich gesunken, jedoch erwartet P nun einen Wiederanstieg der Zinsen. Mit Hilfe des oben beschriebenen Swaps kann P ihr zinsvariables Darlehen in ein Festzinsdarlehen transformieren. Betrachten wir die anfallenden Zahlungen:

1. P zahlt weiterhin 12-Monats-EURIBOR + 0,7 % an die Bank.
2. P erhält den 12-Monats-EURIBOR aus dem Swapvertrag.
3. P zahlt 6,0 % aus dem Swapvertrag.

Die Summe der drei Zahlungen ergeben für P Zinszahlungen mit einem festen Satz von 6,7 %. Die Swapvereinbarung macht es somit möglich, dass ein Darlehen mit variabler Verzinsung in ein Festzinsdarlehen transformiert wird.

---

[153] 100 Basispunkte entsprechen einem Prozentpunkt, 70 Basispunkte entsprechen 0,7 %.

In beiden hier aufgeführten Fällen werden Zinszahlungen aus bestehenden Verbindlichkeiten durch den Zinsswap transformiert. Da Verbindlichkeit im Englischen Liability heißt, spricht man daher in diesem Zusammenhang auch von Liability Swaps.

Transformation von Vermögen (Asset)

Mit Swaps lassen sich nicht nur die Strukturen von bestehenden Verbindlichkeiten verändern, sondern Swaps können auch eingesetzt werden, um die Erlösstruktur aus vorhandenen Vermögensgegenständen (Assets) zu transformieren. Nehmen wir hierzu an, dass die Unternehmung R vor einiger Zeit eine längerfristige Geldanlage mit variabler Verzinsung mit jährlicher Zinsanpassung in Höhe des 12-Monats-EURIBOR - 0,5% vorgenommen hat. Da sie einen Rückgang der Zinsen erwartet, möchte sie die variable Verzinsung in eine Festzinsanlage umwandeln. Hierzu schließt sie den oben beschriebenen Swap ab. Es fallen die folgenden Zahlungen an:

1. R erhält weiterhin den 12-Monats-EURIBOR - 0,5% aus der Geldanlage
2. R zahlt den 12-Monats-EURIBOR aus dem Swapvertrag
3. R erhält 6,0% gemäß Swapvertrag.

Die Summe der drei Zahlungen ergibt einen festen Geldanlagezinssatz in Höhe von 5,5%. Mit Hilfe des Swaps kann R somit eine variabel verzinsliche Anlage in eine Geldanlage mit fester Verzinsung umwandeln.

Die Unternehmung P wiederum kann mit Hilfe des Swaps eine bestehende Geldan-

Abbildung D.4: Swaps zur Anpassung von Ertragsströmen

lage mit fester Verzinsung in eine variabel verzinste Anlage transformieren. Stellen Sie sich hierzu P als Pensionfonds vor, der Anleihen im Umfang von 100 Mio. € mit einem Kupon von 5% hält. Da P einen Anstieg der Zinsen mit einem entsprechenden Kursverlust der Anleihen befürchtet, möchte P ihre Geldanlage variabel verzinsen. Grundsätzlich wäre ein Verkauf der Anleihen möglich, doch erstens fallen dabei hohe Bankprovisionen an und zweitens finden sich nicht für alle Anleihen sofort die notwendigen Käufer. P schließt daher den beschriebenen Swap ab und erreicht dadurch wirtschaftlich eine variable Verzinsung in Höhe von 12-Monats-EURIBOR – 1,0%. Betrachten wir die anfallenden Zahlungen:

1. P erhält weiterhin den Kupon in Höhe von 5,0% aus den Anleihen
2. P zahlt 6,0% gemäß Swapvertrag und
3. P erhält den 12-Monats-EURIBOR gemäß Swapvertrag.

In Summe ergibt sich dadurch die variable Verzinsung von 12-Monats-EURIBOR – 1,0%.

In beiden hier aufgeführten Fällen werden die Zinszahlungen aus bestehenden Vermögensanlagen durch den Zinsswap transformiert. Da Vermögen im Englischen Asset heißt, spricht man in diesem Zusammenhang auch von Asset Swaps.

Die Tabelle fasst die bisherigen Erkenntnisse zusammen.

Ausgangsposition	Swap-Position	Swap plus Ausgangssituation	Bezeichnung
Festzinsdarlehen	Swap-Receiver	Variables Darlehen	Liability Swap
Variables Darlehen	Swap-Payer	Festzinsdarlehen	
Festzinsanlage	Swap-Payer	Variable Geldanlage	Asset Swap
Variable Geldanlage	Swap-Receiver	Festzinsanlage	

Tabelle D-2: Transformationsmöglichkeiten durch einen Zinsswap

2.3 Finanzintermediäre und Handelsusancen

Einen Swap-Partner zu finden, der zum gleichen Zeitpunkt ein entgegengesetztes Swapgeschäft mit gleicher Laufzeit in gleicher Höhe abschließen will, ist schwierig. Der Swap-Markt hätte nie die aktuellen Dimensionen erreichen können, falls nicht Finanzintermediäre bereit gewesen wären, gegen entsprechende Gebühren die jeweils andere Swapseite einzunehmen. Üblicherweise stehen somit nicht P und R in direkter Vertragsbeziehung, sondern ein Mittler, meistens eine Investmentbank, schließt die jeweiligen Swapverträge ab.

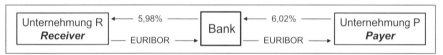

Abbildung D.5: Standardswap der Abbildung D.2 über eine Bank

Bei einem Standardzinsswap verdient ein Intermediär üblicherweise drei bis vier Basispunkte bei einem sich ausgleichenden Swapgeschäft. Die Abbildung verdeutlicht, dass P zwei Basispunkte über dem Satz von 6,0 % zahlt und R zwei Basispunkte weniger als 6,0 % erhält. In Summe beträgt die Differenz damit vier Basispunkte. Solange R und/oder P nicht insolvent werden, verbleibt der Bank ein sicherer Handelsgewinn in Höhe von 40.000 € pro Jahr aus diesem Swapgeschäft, errechnet aus einem Zinssatz von 0,04 % multipliziert mit dem fiktiven Nominalbetrag von 100 Mio. €.

Die Leistung der Bank besteht darin, zwei potentielle Handelspartner zusammenzuführen. P und R wissen nicht, dass sie die jeweilige Gegenseite sind.[154] Es ist auch irrelevant, da R und P jeweils nur einen Vertrag mit der Bank haben. Leistet eine Seite nicht mehr fristgerecht die vertraglichen Zinszahlungen, ist die Gegenseite davon nicht betroffen, da die Bank beide Seiten erfüllen muss. Die Bank übernimmt daher das Kontrahentenrisiko für jede der beiden Swapseiten, welches der saldierten Zinsdifferenz zwischen dem festen und variablen Zinssatz während der Laufzeit des Swaps entspricht.

---

[154] Die Händler der Bank, die diese Aufgabe erfüllen, werden auch Market Maker genannt.

2 Zinsswaps

Auflösen eines Swaps vor Fälligkeit

Handelspartner wollen häufig einen Zinsswap vor Fälligkeit schließen, d.h. glattstellen. Auch dazu leisten Banken einen wichtigen Beitrag. Grundsätzlich gibt es drei Möglichkeiten, wie ein OTC-Geschäft und damit auch ein Zinsswap vorzeitig beendet werden kann:

1. Es wird ein entgegengesetztes Geschäft mit dem ursprünglichen Vertragspartner (der Bank) mit den gleichen Vertragsdetails zum dann gültigen Marktpreis abgeschlossen. Damit löst sich das ursprüngliche Geschäft auf und es existiert keine vertragliche Verpflichtung mehr zwischen den Vertragspartnern. Dies ist der Normalfall.

2. Falls der ursprüngliche Vertragspartner kein Gegengeschäft abschließen will, muss ein neuer Vertragspartner gefunden werden, der die Gegenposition zum Ursprungsgeschäft einnimmt. Wirtschaftlich kann das Ursprungsgeschäft so zwar geschlossen werden, juristisch existieren nun aber zwei Handelsgeschäfte. Weil dadurch Kontrahentenrisiken bei zwei Vertragspartnern existieren, wird die Methode 1. deutlich favorisiert.

3. Die aus einem Swap resultierenden vertraglichen Verpflichtungen werden an einen Dritten weitergereicht, der an die Stelle des Vertragspartners tritt, der die Glattstellung wünscht. Es wird somit kein Gegengeschäft abgeschlossen, sondern der Dritte übernimmt die Position. Man spricht in diesem Zusammenhang von einem Assignment. Da alle drei Vertragspartner dem Assignment zustimmen müssen, wird die im Zinsswap verbleibende Vertragsseite nur dann zustimmen, falls der Dritte eine Bonität aufweist, die mindestens so hoch ist wie die Seite, die die Glattstellung wünscht. Diese Variante ist eher selten.

Preisquotierung und Handelsusancen bei Zinsswaps

Wenn Sie bei Ihrer Bank nach einem Kurs für einen Fix-in-Variabel-Swap für verschiedene Laufzeiten fragen, dann erhalten Sie wie in Tabelle D-3 jeweils den Ankaufs- und Verkaufskurs aus Sicht der Bank für den Festzinssatz. In unserem Beispiel für fünf Jahre beträgt der Swapsatz 5,98 % – 6,02 %. Zum Verkaufskurs der Bank in Höhe von 6,02 % könnten Sie demnach einen Payer-Swap abschließen und zum Ankaufskurs der Bank einen Receiver-Swap. Häufig wird auch nur der Mittelwert zwischen Ankaufs- und Verkaufskurs genannt, der als Swapsatz bezeichnet wird und in unserem Fall 6,0 % beträgt.

Laufzeit	Ankaufskurs (Geld)	Verkaufskurs (Brief)	Swapsatz
1	3,00 %	3,04 %	3,02 %
2	4,35 %	4,39 %	4,37 %
3	4,98 %	5,02 %	5,00 %
4	5,50 %	5,54 %	5,52 %
5	5,98 %	6,02 %	6,00 %

Tabelle D-3: Swapsätze (Festzinsseite) für verschiedene Laufzeiten

2.4 Komparative Vorteile

Die in der Tabelle nicht aufgeführte Gegenseite ist stets ein variabler Zinssatz. Im Euroraum wird bei einem Standardzinsswap als variabler Zinssatz der 6-Monats-EURIBOR herangezogen, gegen den die Festzinsseite gerechnet wird. Bei Zinsswaps mit einer Laufzeit von einem Jahr ist der 3-Monats-EURIBOR der Standard. Selbstverständlich legen Banken aber auf Wunsch auch andere Laufzeiten des Referenzzinssatzes bei der Berechnung der Swap-Festzinssätze zugrunde. Weitere Usancen für Zinsswaps im Euroraum finden sich in der Tabelle.

	Festzins	Variabler Zins
Zinsberechnung	Zinsen = N · Zinssatz · Zinstage/Zinstage Jahr	
Zinsmethode	30/360-Methode	actual/360-Methode
Zinssatz	Swapsatz	Referenzzinssatz wie LIBOR; EURIBOR usw.
Zinsanpassung	Keine	Je nach Laufzeit des Referenzzinssatz; Fixing findet zwei Arbeitstage vor Beginn der nächsten Zinsperiode statt

Tabelle D-4: Usancen für Zinsswaps im Euroraum

Obwohl Zinsswaps fast immer als OTC gehandelt werden, hat sich doch eine Standardisierung der Swapverträge durchgesetzt. Im internationalen Bereich kommt fast immer der ISDA-Vertrag[155] zur Anwendung, im nationalen Bereich der Deutsche Rahmenvertrag des Bundesverbands deutscher Banken, der auch alle übrigen Zinssicherungsinstrumente abdeckt.

2.4 Komparative Vorteile

Die bisher aufgeführten Anwendungsbeispiele von Zinsswaps zeigten, wie bestehende Verbindlichkeiten und Ertragsströme transformiert werden können. Zinsswaps können aber auch helfen, die Finanzierungskosten insgesamt zu senken bzw. den Anlageertrag zu erhöhen. Voraussetzung hierfür ist, dass die Bonität der beiden Swap-Partner für verschiedene Segmente des Finanzmarkts unterschiedlich hoch ist. Auch hier zur Verdeutlichung ein Beispiel:

	Festzins	Zins variabel	Differenz
Unternehmung P (B-Rating)	7,2 %	EURIBOR + 0,8 %	
Unternehmung R (A-Rating)	6,1 %	EURIBOR + 0,3 %	
Zinsdifferenz (P – R)	1,1 %	0,5 %	0,6 %

Tabelle D-5: Marktzinsen für P und R

Die Tabelle spiegelt die Zinssätze der Unternehmungen P und R für Darlehen mit einer Laufzeit von fünf Jahren wieder. Da P ein B-Rating und R ein A-Rating hat, sind die Zinssätze für P auf beiden Kreditmärkten höher. P benötigt annahmegemäß

---

[155] Das Kürzel steht dabei für International Swap Dealer Association.

einen Festzinskredit, R einen Kredit mit variabler Verzinsung. Diese Marktsätze sind in der Tabelle zur besseren Orientierung grau unterlegt. Agieren die beiden Unternehmungen unabhängig voneinander, zahlen sie in Summe einen Kreditzins in Höhe von EURIBOR + 7,5 %. Wie können R und P zum gegenseitigen Vorteil Zinsswaps einsetzen?

Die höhere Bonität von R scheint sich im Festzinsbereich stärker auszuwirken als im variablen Bereich, erreicht doch die Zinsdifferenz im Festzinsbereich einen Wert von 1,1 % verglichen mit 0,5 % bei einer variablen Verzinsung. R hat damit einen relativen (komparativen) Vorteil im Festzinsbereich, P entsprechend im variablen Bereich. Es würde daher beiden Unternehmungen einen Vorteil bringen, wenn sie jeweils auf dem Kreditmarkt Geld aufnehmen, auf dem sie einen relativen Vorteil haben. Die Summe dieser beiden fett gekennzeichneten Zinssätze beträgt nämlich EURIBOR + 6,9 % und liegt damit 0,6 % unter dem Zinssatz bei unabhängiger Kreditaufnahme. Diesen Zinsvorteil können wir stets aus der Differenz der individuellen Zinssätze ableiten, im vorliegenden Fall somit 1,1 % - 0,5 % = 0,6 %. Diesen Zinsvorteil können P und R zum gemeinsamen Nutzen „heben", wenn sie einen entsprechenden Zinsswap abschließen. Hierzu nehmen P und R jeweils auf den Märkten ihre Kredite auf, auf denen sie einen relativen Vorteil haben und transformieren ihre Kredite mit Hilfe des bereits vorgestellten Swaps in die gewünschte Finanzierungsform. Das Schaubild verdeutlicht nochmals das Vorgehen und das Ergebnis:

Abbildung D.6: Nutzung von komparativen Vorteilen

Die Kreditaufnahme von R zum Festzins von 6,1 % plus die Zahlungsströme aus dem Swapvertrag führen für R im Ergebnis zu Finanzierungskosten in Höhe von EURIBOR + 0,1 %. R reduziert damit, verglichen mit dem für sie relevanten Marktzinssatz von EURIBOR + 0,3 % der Tabelle D-5, die Finanzierungskosten um 0,2 %. P hingegen erhält im Ergebnis einen Festzinssatz von 6,8 %. Die variable Kreditaufnahme zu EURIBOR + 0,8 % plus Swapvertrag führen zu einem Rückgang des Zinssatzes um 0,4 % verglichen mit den Marktzinsen von 7,2 %. Die addierten Vorteile für P und R betragen somit tatsächlich 0,6 %.

Selbstverständlich muss der addierte Vorteil der beiden Swap-Partner nicht zwangsläufig so aufgeteilt werden wie hier gezeigt. Abhängig vom Verhandlungsgeschick und der Handlungsmacht sind auch andere Aufteilungen möglich, die durch eine Anpassung des Swapsatzes jeweils umgesetzt werden können. In allen Fällen ergibt sich die Summe der addierten Zinsvorteile aus der Höhe der Zinsdifferenz wie in Tabelle D-5 gezeigt.

Falls R und P nicht in direktem Kontakt stehen, sondern das Geschäft über eine Bank abwickeln, dann „schneidet" sich die Bank noch die zuvor aufgezeigten vier Basispunkte aus dem Gesamtvorteil wie hier in der Abbildung ab.

Fassen wir zusammen: Jede Unternehmung nimmt an dem Markt einen Kredit auf, an dem sie verglichen mit ihrem Handelspartner einen komparativen Vorteil hat.

Abbildung D.7: Rolle von Finanzintermediären

Anschließend swappen sie den Kredit in die gewünschte Finanzierungsform. Ohne komparativen Vorteil ist dieses Vorgehen nicht möglich. Wenn also die Differenz der Zinssätze in Tabelle D-5 null ist, dann ist dieses hier beschriebene Vorgehen nicht möglich.

Kritik an den komparativen Vorteilen

Die Höhe der Zinssätze für R und P spiegeln die Wahrscheinlichkeiten eines Zahlungsausfalls während der Laufzeit des Kreditvertrags wider. Bei einem Vertrag über fünf Jahre ist die Unsicherheit über einen Kreditausfall deutlich höher als bei einer Laufzeit von wenigen Monaten oder einem Jahr. Deshalb ist der geringere Risikoaufschlag für den EURIBOR nicht verwunderlich. Was wir aber nicht vergessen dürfen ist, dass die Kreditgeber bei variabler Verzinsung in regelmäßigen Abständen immer wieder die Möglichkeit haben, ihre Zinskonditionen an eine veränderte Bonität des Schuldners anzupassen. Die Unternehmung P in Abbildung D.6 hat sich zwar mit Hilfe des Swaps eine Festverzinsung von 6,8 % über die gesamte Laufzeit des Swaps gesichert, doch setzt dies voraus, dass ihr variabler Kredit über die gesamte Laufzeit von fünf Jahren auch tatsächlich EURIBOR + 0,8 % beträgt. Es darf in den nächsten fünf Jahren keine eigene Bonitätsverschlechterung eintreten. Dieses Bonitätsrisiko hätte P bei einem direkt aufgenommenen Festzinskredit nicht. P reduziert somit zwar zunächst den Festzinskreditsatz von 7,2 % auf 6,8 %, allerdings nimmt sie dafür das Risiko von Zinsanpassungen über eine sich verschlechternde Bonität in Kauf.

Betrachten wir R auf der anderen Seite: R gelingt es mit Hilfe der beschriebenen Swap-Konstruktion ihre Finanzierungskosten um 0,2 % zu senken. Dafür aber nimmt sie nun das Risiko in Kauf, dass ihr Swap-Partner zahlungsunfähig wird. Dieses Kontrahentenrisiko hätte R bei einer direkten Kreditaufnahme nicht.

Die Überlegungen zeigen, dass sich bei komparativen Vorteilen einerseits die Finanzierungskosten der Swap-Partner senken lassen. Andererseits treten aber die aufgezeigten Bonitäts- und Ausfallrisiken auf, die bei einem direkten Kreditgeschäft nicht angefallen wären. Der echte Finanzierungsvorteil unter Berücksichtigung der neuen hier aufgezeigten Risiken ist damit deutlich geringer, häufig löst er sich sogar vollständig auf.

2.5 Bewertung eines Zinsswaps

Wenden wir uns nun der Bewertung eines Swaps zu. Im Laufe dieses Buchs haben wir häufiger festgestellt, dass wir den Wert eines Finanzinstruments aus den Werten der Einzelteile ableiten können, mit dem wir das Finanzinstrument nachbilden können. Man spricht dann von einer Replikation, d.h. von einer Nachbildung des Finanzinstruments. Diese Methode können wir auch auf Zinsswaps anwenden, die wir mit Anleihen replizieren können. Da wir den Wert von Anleihen einfach ermitteln können, lässt sich auch der Wert des Zinsswaps berechnen.

2 Zinsswaps

Wir betrachten hierzu eine Unternehmung, die eine fünfjährige Festzinsanleihe zu 6,0 % mit einem Nominalwert von 100 Mio. € emittiert und gleichzeitig eine Anleihe mit einer variablen Verzinsung auf Basis des 12-Monats-EURIBOR kauft,[156] ebenfalls im Umfang von 100 Mio. € mit einer fünfjährigen Laufzeit. Der für das erste Jahr festgesetzte EURIBOR-Satz sei 4,5 %. Der Marktwert der beiden Anleihen betrage jeweils 100 % des Nominalwerts. Wie sehen die Nettozinzahlungen der beiden Positionen während der nächsten fünf Jahre aus? Sie stimmen exakt mit der Position des Payers des Swaps überein, die wir in Tabelle D-1 auf Seite 188 beschrieben hatten. Wie der Swap-Payer leistet auch die Unternehmung jährlich feste Kuponzahlungen von 6,0 %, d.h. insgesamt 6,0 Mio. € und erhält über den Kauf des Floaters eine variable Verzinsung, erstmalig 4,5 Mio. €.

Betrachten wir nun die Nominalbeträge selbst. Zu Beginn der Laufzeit fließt der Unternehmung der Nominalbetrag von 100 Mio. € aus der Emission zu. Da sie gleichzeitig jedoch 100 Mio. € für den Kauf des Floaters benötigt, ergibt sich damit wie bei einem Zinsswap eine Nettozahlung von null. Gleiches gilt für das Laufzeitende: Einerseits müssen Tilgungszahlungen von 100 Mio. € für die Anleihe geleistet werden, doch gleichzeitig erhält sie den Tilgungsbetrag des Floaters. In Summe beträgt die Nettozahlung damit wiederum null. Damit können wir folgende wichtige Aussage treffen: *Die Nettozahlungen des Payers eines Zinsswaps entsprechen dem Kauf eines Floaters kombiniert mit dem Verkauf einer Festzinsanleihe.* Wir können somit die Zinszahlungsstruktur eines Payer-Swaps durch den Kauf eines Floaters und den Verkauf einer Festzinsanleihe replizieren, d.h. nachbilden. Der gesuchte Wert eines Zinsswaps kann somit aus Teilen zusammengesetzt werden, deren Wert wir bestimmen können. Aus Payer-Sicht entspricht der Wert des Zinsswaps damit dem Wert des Floaters abzüglich des Werts der Festzinsanleihe.

V(Swap;0) = Wert des Floaters − Wert der Festzinsanleihe

Den Wert des Swaps aus Sicht des Receivers müssen wir nicht gesondert errechnen. Seine Zinszahlungen verlaufen spiegelbildlich zu denen des Payers. Sie entsprechen damit dem Verkauf eines Floaters und dem Kauf einer Festzinsanleihe. Somit handelt es sich um den gleichen Wert, nur mit einem negativen Vorzeichen.

Wie ermitteln wir nun aber den Wert eines Floaters und den Wert einer Festzinsanleihe? Der Wert einer Festzinsanleihe ergibt sich aus dem Barwert der abdiskontierten Kuponzahlungen plus den Barwert des Tilgungsbetrags N. Da wir nicht davon ausgehen können, dass die Zinsstruktur flach ist, verwenden wir als Diskontierungsfaktor die Kassazinssätze für die jeweiligen Laufzeiten. Die beiden wesentlichen Einflussfaktoren auf den Wert der Festzinsanleihe sind dabei Änderungen dieser Zinssätze sowie die sich verkürzende Restlaufzeit.[157]

Die Wertermittlung eines Floaters ist im Vergleich zur Festzinsanleihe einfacher, weil sich der verwendete Diskontierungsfaktor für die variablen Zinssätze definitionsgemäß stets mit der Höhe des Referenzzinssatzes ändert. Wenn aber die Zinssätze stets mit dem Diskontierungsfaktor übereinstimmen, stimmt der Wert des Floaters unmittelbar nach jeder Zinszahlung mit dem Nominalwert N des Floaters überein. Zwischen den jeweiligen Zinszahlungsterminen müssen wir zum Nomi-

---

[156] Eine Anleihe mit einem variablen Zinssatz, der in regelmäßigen Abständen angepasst wird, wird als Floater bezeichnet.
[157] Details zur Bewertung von Anleihen finden Sie im Anhang G.2.1 auf Seite 263.

2.5 Bewertung eines Zinsswaps

nalwert N noch den Wert der jeweils aufgelaufenen zeitanteiligen variablen Zinsen addieren.

Im Ergebnis können wir den Wert eines Zinsswaps berechnen, indem wir den Kapitalwert[158] aller damit verbundenen Zahlungen bestimmen. Aus Sicht des Festzinszahlers, d.h. aus Payer-Sicht errechnet sich daher der Wert eines Zinsswaps, $V(Swap;0)$ zum Zeitpunkt 0, d.h. zum Zeitpunkt des Vertragsabschluss, wie folgt:

$V(Swap;0)$ = Kapitalwert der variablen Zahlungen – Kapitalwert der Festzinszahlungen

$$V(Swap;0) = N - \left[\frac{s_T \cdot N}{\left[1+r(0;1)\right]} + \frac{s_T \cdot N}{\left[1+r(0;2)\right]^2} + \frac{s_T \cdot N}{\left[1+r(0;3)\right]^3} + \cdots + \frac{s_T \cdot N + N}{\left[1+r(0;n)\right]^T} \right]$$

Formel D-1: Bestimmungsgleichung für den Wert eines Zinsswaps aus Payer-Sicht

Dabei bezeichnet s_T den Swapsatz für die Laufzeit T und $r(0;t)$[159] den risikolosen Kassazinssatz für den Zeitraum 0 bis t. Die Bestimmungsgleichung verdeutlicht dabei, dass wir den Wert eines Zinsswaps vollständig aus der aktuellen Zinsstruktur ableiten können.

Fairer Swapsatz

Zum Zeitpunkt 0, d.h. bei Vertragsabschluss, ist der Swap „fair" bewertet, da er keiner Seite einen Vorteil bringt. Deshalb ist eine Bank ja auch bereit, mit einer kleinen Handelsspanne um den Swapsatz einen Payer-Swap anzubieten bzw. zu verkaufen. In unserem letzten Beispiel hatten wir eine Spanne von 5,98 % – 6,02 %. Wenn aber der Swap zum Vertragsabschluss fair bewertet ist und $V(Swap;0)$ einen Wert von null hat, dann können wir als Bedingung hierfür schreiben:

$$N = \left[\frac{s_T \cdot N}{\left[1+r(0;1)\right]} + \frac{s_T \cdot N}{\left[1+r(0;2)\right]^2} + \frac{s_T \cdot N}{\left[1+r(0;3)\right]^3} + \cdots + \frac{s_T \cdot N + N}{1 + \left[r(0;n)\right]^T} \right]$$

Wir teilen den Ausdruck durch N und lösen nach s_T auf:

$$s_T = \frac{1 - \dfrac{1}{\left[1+r(0;n)\right]^T}}{\dfrac{1}{\left[1+r(0;1)\right]} + \dfrac{1}{\left[1+r(0;2)\right]^2} + \cdots + \dfrac{1}{\left[1+r(0;n)\right]^T}}.$$

Formel D-2: Ermittlung des fairen Swapsatzes

Mit Hilfe dieses Zusammenhangs können wir aus der Zinsstrukturkurve für jede Laufzeit den fairen Swapsatz ermitteln.

> **Übung D-1:** Gegeben sind die folgenden Zinssätze; $r(0;1)$ = 4,6 %; $r(0;2)$ = 5,0 %; $r(0;3)$ = 5,5 %; $r(0;4)$ = 5,8 %; $r(0;5)$ = 6,08 %. Ermitteln Sie den fairen Swapsatz für eine Laufzeit von fünf Jahren.
> **Antwort:** Wir setzen die Werte in die Formel ein und erhalten s_5 = 6,0 %.

---

[158] Zur Erinnerung: Der Kapitalwert ist die Summe aus Einzelbarwerten (Formel A-4, S. 22).
[159] $r(0;3)$ entspricht z.B. dem Kassazinssatz für einen Zeitraum von drei Jahren. Würde der EURIBOR auf 6-Monatsbasis vereinbart werden, hätten wir entsprechend $r(0;0,5)$; $r(0;1)$; $r(0;1,5)$ usw.

2 Zinsswaps

Aus der Formel können wir ableiten, dass im Falle einer flachen Zinsstruktur der Swapsatz mit dem Kassazinssatz übereinstimmt, d.h. $s_T = r(0;T)$. Bei einer normalen Zinsstruktur, d.h. wenn die Zinssätze wie in unserer Übung mit der Laufzeit steigen, gilt $s_T < r(0;T)$, bei einer inversen Zinsstruktur entsprechend $s_T > r(0;T)$.[160]

Um die Bewertungszusammenhänge eines Zinsswaps zu verdeutlichen, übertragen wir die Zahlen der Übung in das Cashflowprofil der Festzinsseite und des Floaters für N=100%.

1	Jahre	0	1	2	3	4	5	Summe
2	Festzinsseite	100	−6,0	−6,0	−6,0	−6,0	−106,0	
3	Kassazinssatz		4,60	5,00	5,50	5,80	6,08	
4	Barwerte Festzinsseite		−5,74	−5,44	−5,11	−4,79	−78,93	−100,0
5	Variabler Jahreszins		4,60	7,00	5,00	2,00	3,00	
6	Kauf Floater	−100	−100,0	−100,0	−100,0	−100,0		
7	Tilgung plus Zins		104,6	107,0	105,0	102,0	103,0	
8	Barwert Floater		100,0	100,0	100,0	100,0	100,0	100,0
9	Wert des Zinsswaps							0,00
10	Fest + Floater	0	−5,74	−5,44	−5,11	−4,79	21,07	0,00

Tabelle D-6: Payer Zinsswap = Verkauf Festzinsanleihe und Kauf eines Floaters (Werte in %)

Zeile 2 gibt die Zahlungen der Festzinsseite beim Swapsatz von 6% wieder. In Zeile 3 stehen die Kassazinssätze für die jeweiligen Laufzeiten, in Zeile 4 die Barwerte der Festzinszahlungen für die Jahre 1 bis 5. In Summe beträgt der Barwert 100%, d.h. er entspricht N. Der Swapsatz von 6% wurde ja gerade so gewählt, dass der Kapitalwert – bei gegebenen Kassazinssätzen – der Größe N entspricht.

In Zeile 5 finden sich die Zinssätze für die variablen Zinszahlungen. Bei Vertragsabschluss ist lediglich der erste Zinssatz bekannt, 4,6%. Aus dem Kauf des Floaters mit jährlicher Zinsanpassung in Höhe von 100% resultiert deshalb eine Zahlung von 104,6% nach einem Jahr. Da Kassazinssatz und Diskontierungszins übereinstimmen, beträgt der Barwert wiederum 100%.

Nach einem Jahr wird der variable Zins für das zweite Jahr fixiert. Unterstellen wir, dass er 7% beträgt. Daraus resultiert eine Einzahlung von 107%. Da der Diskontierungszins für ein Jahr ebenfalls 7% ist, ergibt sich wieder ein Barwert von 100%. Sie sehen schon, es spielt keine Rolle, ob der variable Zinssatz in einem Jahr so wie

---

[160] Den Nachweis können Sie mit folgendem finanzmathematischen Zusammenhang führen:
$$\sum_{t=1}^{n} \frac{1}{(1+r)^t} = \frac{(1+r)^n - 1}{r \cdot (1+r)^n} = \frac{1}{r}\left(1 - \frac{1}{(1+r)^n}\right).$$

hier 7 % oder auch nur 2 % beträgt, der Barwert des Floaters ist an den Zinsterminen stets 100 %. In gleicher Weise verfahren wir in den Jahren 3 bis 5. Die eingegebenen Zinssätze spielen keine Rolle, der Wert des Floaters beträgt an den Zinsterminen stets 100 %.

Wenn wir den Barwert der Festzinsanleihe vom Wert des Floaters abziehen, erhalten wir einen Wert von null. Bei Vertragsabschluss entsprechen sich die Barwerte.

Wir können das gleiche Ergebnis auch noch auf eine andere Art darstellen: In der letzten Zeile sind die Barwerte der Zahlungen aus Festzinsseite plus Floater abgetragen. Bei Vertragsabschluss, d.h. t=0, heben sich die beiden Zahlungen auf. Während der Laufzeit ist nur die Festzinsseite relevant. Im letzten Jahr steht dem Barwert der Festzinsseite von –78,93 % der Barwert des Floaters in Höhe von 100 % gegenüber. In Summe beträgt der Barwert damit 21,07 %. Addiert ergeben die Barwerte einen Wert von null.[161]

Änderung des Werts eines Swaps

Der Wert eines Swaps aus Payer-Sicht entspricht zu jedem Zeitpunkt der Differenz der Kapitalwerte eines Floaters und einer Festzinsanleihe. Damit waren wir in der Lage, bei Vertragsabschluss den Swapsatz s_T zu ermitteln, bei dem die Differenz null ist. Doch was passiert, wenn sich nach Vertragsabschluss die Kassazinssätze ändern? Da der Swapsatz fest vereinbart wurde, wirken sich die Änderungen nun auf den Wert des Zinsswaps aus.

Betrachten wir die beiden Seiten genauer: Der Kapitalwert des Floaters bleibt bei Zinsänderungen unverändert, da sich der Diskontierungszins und der variable Zinssatz im Gleichschritt bewegen. Änderungen der Kassazinssätze wirken sich aber auf den Wert der Festzinsanleihe aus, da der Swapsatz ja fest vereinbart wurde und sich nicht ändert. Steigen die Kassazinssätze, sinkt der Kapitalwert der Festzinsanleihe und umgekehrt. In der Bestimmungsgleichung für den Wert eines Zinsswaps (Formel D-1) führen deshalb steigende Zinssätze für r zu einem geringeren Wert im Klammerausdruck, was den Wert des Swaps aus Payer-Sicht erhöht. Wir können dieses Ergebnis inhaltlich leicht nachvollziehen: Da der Swap-Payer den festen Zinssatz zahlen muss, ist bei steigenden Zinssätzen der bei Vertragsabschluss fixierte tiefere Swapsatz vorteilhaft für ihn. Die getroffene Swapvereinbarung ist daher bei steigenden Zinsen günstig für ihn und macht die Vereinbarung wertvoller.

Zur Illustration betrachten wir nochmals die letzte Übung. Unterstellen wir, dass sich die Zinsstrukturkurve exakt ein Jahr nach Abschluss der Swapvereinbarung zum Swapsatz $s_5 = 6,0 \%$ parallel um 100 Basispunkte nach oben verschiebt, d.h. die Zinssätze für jede Laufzeit um 1 % steigen. Wir haben damit folgende Zinssätze:

$r(1;1) = 5,6 \%$; $r(1;2) = 6,0 \%$; $r(1;3) = 6,5 \%$; $r(1;4) = 6,8 \%$; $r(1;5) = 7,08 \%$.

Welche Auswirkungen hat der Zinsanstieg auf den Wert des Swaps aus Payer-Sicht? Hierzu müssen wir nur die neuen Zinssätze in die Formel D-1 einsetzen. Bitte beachten Sie, dass die Restlaufzeit des Swaps nur noch vier Jahre beträgt.

---

[161] Diese Übung finden Sie in der Excel-Datei „Ergänzungen und Übungen".

2 Zinsswaps

$$V(Swap;1) = N - \left[\frac{s_T \cdot N}{[1+r(1;1)]} + \frac{s_T \cdot N}{[1+r(1;2)]^2} + \frac{s_T \cdot N}{[1+r(1;3))]^3} + \frac{s_T \cdot N + N}{[1+r(1;4)]^4}\right]$$

$$V(Swap;1) = 100\% - \left[\frac{0{,}06 \cdot 100\%}{1+0{,}056} + \frac{0{,}06 \cdot 100\%}{(1+0{,}06)^2} + \frac{0{,}06 \cdot 100\%}{(1+0{,}065)^3} + \frac{1{,}06 \cdot 100\%}{(1+0{,}068)^4}\right] = 2{,}54\%$$

Der Wert des Swaps beträgt nun 2,54 % des Nominalbetrags. Bei N=100 Mio. € hätte der Zinsswap aus Sicht des Payers damit einen Wert von 2,54 Mio. €. Auch dieses Beispiel stellen wir in einem (verkürzten) Cashflowprofil dar.

Jahre	1	2	3	4	Summe
Festzinsseite	−6,0 %	−6,0 %	−6,0 %	−106,0 %	
Kassazinssatz	5,60 %	6,00 %	6,50 %	6,80 %	
Barwert Festzinsseite	−5,68 %	−5,34 %	−4,97 %	−81,47 %	−97,46 %
Barwert Floater	100,0 %	100,0 %	100,0 %	100,0 %	100,0 %
Wert des Zinsswaps					2,54 %
Einfluss der Laufzeitverkürzung (unveränderte Kassazinssätze)					
Festzinsseite	−6,0 %	−6,0 %	−6,0 %	−106,0 %	
Kassazinssatz	4,60 %	5,00 %	5,50 %	5,80 %	
Barwert Festzinsseite	−5,74 %	−5,44 %	−5,11 %	−84,60 %	−100,89 %

Die Tabelle macht deutlich, dass der Anstieg der Kassazinssätze den Barwert der Festzinsanleihe reduziert. Da der Floater an den Zinsterminen stets einen Wert von 100 % hat, steigt der Wert des Zinsswaps aus Payer-Sicht. Die Wertsteigerung setzt sich dabei aus zwei Komponenten zusammen: Die Laufzeitverkürzung um ein Jahr bei *unveränderten* Kassazinssätzen hat für sich genommen den Effekt, dass sich der negative Barwert der Festzinsanleihe auf 100,89 % *erhöht*. Dies können Sie in den letzten drei Zeilen der Tabelle sehen. Der Zinsanstieg um 100 Basispunkte hingegen senkt den Barwert von 100,89 % auf 97,46 %.[162]

Bewertung durch Forwards

Der dargestellte Ansatz zur Bewertung eines Zinsswaps bestand darin, den Zinsswap als Differenz zwischen dem Wert eines Floaters und einer Festzinsanleihe zu interpretieren. Alternativ können wir auch die unbekannten zukünftigen variablen Zahlungen eines Swaps als FRA-Reihe interpretieren, da ein FRA ja eine Vereinbarung darstellt, zu einem zukünftigen Zeitpunkt einen bestimmten Zinssatz für einen bestimmten Zeitraum zu zahlen. Bei diesem Ansatz erfolgt die Swapbewertung in vier Schritten:

---

[162] Die Übung finden Sie in der Excel-Datei „Ergänzungen und Übungen". Hier können Sie verschiedene Werte für den Zinsanstieg eingeben und sehen, wie er sich auf den Wert des Zinsswaps auswirkt.

1. Die variablen Zahlungen werden durch die entsprechenden FRA-Sätze ersetzt. Diese wiederum werden aus der Zinsstruktur am Geldmarkt gemäß den Ausführungen zu C.5.4 ermittelt.
2. Wir berechnen den Kapitalwert dieser Zahlungsreihe mit Hilfe der Kassazinssätze.
3. Wir berechnen den Kapitalwert der Festzinsseite.
4. Die Summe der beiden Kapitalwerte stellt den Wert des Swaps dar.

Beide Verfahren führen zum selben Ergebnis. Wir werden das Verfahren über Forwards hier aber nicht weiter ausführen.

2.6 Spekulieren, hedgen und Transaktionskosten

Spekulieren

Zinsänderungen beeinflussen den Kapitalwert der Festzinsseite und damit den Wert des Zinsswaps. Im Beispiel stieg der Wert des Zinsswaps durch die Erhöhung der Zinssätze für alle Laufzeiten auf 2,54 Mio. €. Da bei Vertragsabschluss der Zinsswap einen Wert von null hat und für keine Seite einen Kapitaleinsatz erfordert, ist der Hebel dieses Instruments mathematisch unendlich hoch. Diese Eigenschaft macht Zinsswaps zu sehr beliebten Instrumenten für Spekulationen. Die Aussage „wenn steigende Zinsen erwartet werden, muss man einen Payer-Swap abschließen, wenn die Zinsen fallen einen Receiver-Swap", trifft dabei aber nicht immer zu. Wir dürfen nämlich nicht nur den Wert des Zinsswaps betrachten, sondern müssen auch die Zahlungen während der Laufzeit berücksichtigen. Betrachten wir hierzu die Payer-Situation bei einer normalen Zinsstrukturkurve: Da die variablen Zinssätze in diesem Umfeld immer kleiner sind als die Swapsätze, muss der Payer Jahr für Jahr die Differenz der Zinssätze an den Receiver zahlen. Der Payer wird deshalb nur dann einen Gewinn erzielen, wenn der Zinsanstieg im Laufzeitbereich des Swaps kurz nach dem Abschluss des Swapgeschäfts stattfindet und ausreichend hoch ist.

Die Receiver-Position hat den Vorteil, dass während der Swaplaufzeit bei normaler Zinsstruktur regelmäßig Nettozinszahlungen eingehen. Das große Risiko der Position besteht darin, dass die Zinsstrukturkurve kurz nach Vertragsabschluss negativ wird, d.h. die kurzen Zinssätze über die Sätze von langen Laufzeiten steigen.

Hedgen

Swaps können in passgenauer Form eingesetzt werden, um ein Anleiheportfolio zu hedgen. Um dies zu verstehen, müssen wir uns nochmals vergegenwärtigen, dass aus Payer-Sicht ein Zinsswap wirtschaftlich dem Verkauf einer Festzinsanleihe und dem gleichzeitigen Kauf eines Floaters entspricht. Stellen wir uns das Anleiheportfolio einer Versicherung vor, die einen Zinsanstieg befürchtet. Wenn diese Versicherung einen Payer-Swap abschließt, verkauft sie wirtschaftlich Festzinsanleihen mit einem Zinsänderungsrisiko und legt das Geld in einen Floater an, der kein Zinsänderungsrisiko aufweist. Damit sinkt die durchschnittliche Kapitalbindung des Anleiheportfolios und somit auch das Zinsänderungsrisiko der Versicherung.

Wie wir in C.4.5 gesehen haben, könnten wir auch Fixed-Income-Futures wie den BUND-Future einsetzen, um ein Anleiheportfolio gegen einen Zinsanstieg abzusichern. Verglichen damit haben Zinsswaps aber zwei markante Vorteile: Erstens kann die Laufzeit des Swaps und damit die Laufzeit der verkauften Festzinsanleihen exakt festgelegt und damit eine passgenaue Abstimmung mit dem Hedgeportfolio erreicht werden. Fixed-Income-Futures hingegen haben eine von der Börse vorgegebene Laufzeit. Zweitens erfolgt bei Zinsswaps keine tägliche Buchung einer Variation Margin, da es sich ja um ein OTC-Geschäft handelt. Damit entstehen keine Probleme beim Gewinnausweis. Zinsswaps werden deshalb von Investmentgesellschaften und Versicherungen häufig im Zinsrisikomanagement verwendet.

Auch Banken nutzen die Vorteile von Zinsswaps: Erinnern Sie sich an das „Geschäftsmodell" von Banken im Kreditbereich, die Fristentransformation? Banken vergeben Kredite mit langer Laufzeit und finanzieren sie über Einlagen mit kürzerer Laufzeit. Solange die Zinsstrukturkurve normal ist, fließen einer Bank aus der Fristentransformation Nettozinszahlungen zu. Die Fristentransformation ist für Banken aber mit einem Zinsänderungsrisiko verbunden, das einem Receiver-Swap sehr ähnlich ist. Den Festzinssatz, den ein Receiver erhält, können wir mit dem durchschnittlichen Kreditzinssatz der Bank vergleichen und den zu zahlenden variablen Zinssatz mit den Einlagenzinssätzen der Bank. Die Fristentransformation einer Bank stellt damit eine sehr komplexe Form eines Receiver-Swaps dar. Falls eine Bank einen kräftigen Zinsanstieg für längere Laufzeiten befürchtet, kann sie einen Teil ihres Zinsänderungsrisikos aus ihrer Fristentransformation durch den Abschluss eines Payer-Swap reduzieren. Dies erklärt auch, warum Banken sehr aktiv Zinsswaps für ihr Aktiv-Passiv-Management einsetzen.

Transaktionskosten

Bereits im Zusammenhang mit Futures hatten wir über die geringen Transaktionskosten derivativer Instrumente gesprochen, bei denen mit geringen Kosten hohe Nominalbeträge bewegt werden können. Dieser Sachverhalt trifft auch auf Zinsswaps zu. Zwei Basispunkte Auf- oder Abschlag für jede Handelsseite gegenüber dem Mittelwert des Swapsatzes stellen sehr geringe Transaktionskosten dar. Spekulation, Risikomanagement und die Transformation von Verbindlichkeiten bzw. Assets können über Swapkonstruktionen daher nicht nur einfach und schnell, sondern auch preiswert vollzogen werden. Würde man versuchen, die mit Hilfe von Zinsswaps erzielten Zahlungsstrukturen über Transaktionen am Kassamarkt zu erreichen, wären die damit verbundenen Transaktionskosten um ein Vielfaches höher, sofern sie überhaupt umsetzbar wären. Dieser Kostenvorteil trifft nicht nur auf Zinsswaps zu, sondern auch auf Währungsswaps, die wir im Folgenden näher untersuchen.

3 Währungsswaps

3.1 Grundlagen

Einen Währungsswap können wir uns als einen Zinsswap vorstellen, bei dem die Handelspartner ihre vereinbarten Zinszahlungen in unterschiedlichen Währungen leisten und den zugrundegelegten Nominalbetrag auch tatsächlich tauschen. Ein Währungsswap wird deshalb auch Zins-Währungsswap genannt. In der Währungsswapvereinbarung werden folgende Details festgelegt:

Der Nominalbetrag der beiden Währungsbeträge: Im Gegensatz zu Zinsswaps werden die Nominalbeträge zu Beginn und zum Ende der Swapvereinbarung fast immer ausgetauscht. Meistens wird zur Festlegung des Austauschverhältnisses der aktuelle Währungskurs verwendet. Da der zugrundegelegte Währungskurs für beide Tauschzeitpunkte gilt, erhält jeder Handelspartner den Währungsbetrag zurück, den er anfangs eingetauscht hat. Damit entsteht für keine Seite ein Währungsrisiko.

In seltenen Fällen vereinbaren die Swap-Partner keinen Austausch des Nominalbetrags zu Beginn des Swaps, sondern nur einen Austausch am Ende der Laufzeit.

Die Höhe der zu tauschenden Zinssätze in den zwei Währungen: Die Handelspartner leisten die Zinszahlungen in der Währung, die sie anfänglich erhalten. Werden die Zinssätze für die gesamte Swaplaufzeit für beide Seiten der Höhe nach fixiert, spricht man von einem fix-fixer Währungsswap. Sind hingegen beide Zinssätze variabel, wird die Vereinbarung variabel-variabler Währungsswap genannt. Als variable Zinssätze werden dabei häufig die LIBOR-Sätze in den jeweiligen Währungen für die gewünschte Laufzeit genommen. Selbstverständlich sind auch Währungsswaps möglich, bei denen fixe Zahlungen in variable getauscht werden.

Wir wollen die Grundstruktur eines Währungsswaps an einem fiktiven Beispiel mit fixen Zinszahlungen zwischen den Unternehmungen Siemens und Cisco verdeutlichen. Die Vereinbarung sieht vor, dass Siemens an Cisco fünf Jahre lang einen festen Zinssatz von 4,5% in US-Dollar zahlt und im Gegenzug von Cisco einen Zinssatz von 3,5% in Euro erhält. Die Parteien vereinbaren dabei einen Nominalbetrag von 100 Mio. EUR bzw. 120 Mio. USD. Der Wechselkurs für die Tauschvereinbarung beträgt somit 1 EUR = 1,20 USD. Der Swap wird nun in drei Schritten durchgeführt, wie die Abbildung zeigt.

Im ersten Schritt ① werden die Nominalbeträge getauscht. Siemens zahlt Cisco 100 Mio. EUR und erhält im Gegenzug 120 Mio. USD. Schritt ② stellt den Austausch der Zinszahlungen dar. Jede Seite zahlt dabei die Zinsen in der Währung, die sie anfangs erhält. In den folgenden fünf Jahren überweist folglich Siemens jährlich einen

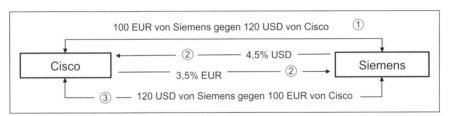

Abbildung D.8: Grundstruktur eines Währungsswaps

Betrag von 5,4 Mio. USD (= 4,5 % · 120 Mio. USD) für die zur Verfügung gestellten 120 Mio. USD und erhält im Gegenzug von Cisco 3,5 Mio. EUR. Nach fünf Jahren werden in Schritt ③ die ursprünglichen Nominalbeträge wieder zurückgetauscht.

Währungsswap und Ausfallrisiko

Da es sich bei Währungsswaps fast immer um ein OTC-Geschäft handelt, tragen beide Seiten das jeweilige Ausfallrisiko. Da neben den vereinbarten Zinszahlungen während der Laufzeit auch Nominalbeträge in unterschiedlichen Währungen am Ende zurückgetauscht werden, ist das Ausfallrisiko nicht nur auf den Saldo der Zinszahlungen begrenzt, sondern schließt auch mögliche Währungsänderungen des Nominalbetrags mit ein. Währungsswaps sind folglich mit deutlich höheren Ausfallrisiken verbunden als einfache Zinsswaps.

Preisquotierung und Marktusancen

Wie bereits bei Zinsswaps ausgeführt, ist es schwierig einen Swap-Partner zu finden, der zum gleichen Zeitpunkt ein entgegengesetztes Swapgeschäft hinsichtlich Umfang, Laufzeit und Währung abschließen will. Der Swap-Markt hätte nie die aktuellen Dimensionen erreicht, falls nicht Finanzintermediäre bereit gewesen wären, die jeweils andere Swapseite einzunehmen. Üblicherweise steht deshalb eine Bank zwischen den eigentlichen Swap-Partnern. Da sie Vertragspartner für beide Seiten ist, übernimmt die Bank somit auch das Ausfallrisiko für beide Seiten.

Die Preisquotierung eines Währungsswaps ist abhängig vom genauen Typ und der jeweiligen Währung. Obwohl es sich um OTC-Geschäfte handelt, hat sich eine Standardisierung auf Basis der ISDA-Verträge[163] durchgesetzt.

Swap-Währungen	Alle Hauptwährungen und viele Nebenwährungen
Festzinssatz	Swapzinssatz der entsprechenden Währung und Laufzeit
Variabler Zinssatz	LIBOR und vergleichbare Geldmarktsätze der jeweiligen Währungen
Zinsberechnung	Abhängig von den verwendeten Währungen

3.2 Anwendungsmöglichkeiten

Der Einsatz von Währungsswaps ist sehr vielfältig. Da sowohl der Austausch von Währungen als auch der Austausch von Zinszahlungen vereinbart werden, ist es nicht weiter überraschend, dass Währungsswaps sowohl im Währungsmanagement als auch im Zinsmanagement eine wichtige Rolle spielen. Falls die Zinsvereinbarungen nicht übereinstimmen, d.h. bei fix-variablen Währungsswaps, spielen Währungs- und Zinsrisiken gleichermaßen eine bedeutsame Rolle, während bei kongruenten Zinsvereinbarungen (fix-fix oder variabel-variabel) das Währungsmanagement im Vordergrund steht. Auf diese wollen wir uns zunächst konzentrieren.

---

[163] Das Kürzel steht dabei für International Swap Dealer Association.

Transformation von Verbindlichkeiten (Liability Währungsswaps)

Währungsswaps stellen ein Instrument dar, um vertragliche Zinszahlungsverpflichtungen in einer Währung in Zinszahlungsverpflichtungen einer anderen Währung zu transformieren, ohne bestehende Verträge ändern zu müssen. Sie geben den Marktteilnehmern die Möglichkeit, sich in nahezu jeder Währung zu verschulden, die anschließend in die gewünschte Währung getauscht wird. Man spricht in diesem Zusammenhang von Liability-Währungsswaps.

Als Beispiel betrachten wir Siemens, die annahmegemäß vor einigen Jahren eine 100 Mio. Euro-Anleihe mit einem Zinssatz von 4,0 % emittiert hatte, um ihr Europageschäft zu finanzieren. Die Restlaufzeit der Anleihe betrage fünf Jahre. Da Siemens aber nun ihr USA-Geschäft forcieren will, hat sie aktuell einen Finanzierungsbedarf in US-Dollar und nicht in Euro. Siemens würde deshalb gerne die Anleihe kündigen, was aber vertraglich nicht möglich ist. Mit Hilfe des oben beschriebenen Währungsswaps kann Siemens aber die Euroanleihe wirtschaftlich in eine 120 Mio. US-Dollar Anleihe transformieren. Siemens zahlt 100 Mio. Euro und stellt sich so, als hätte sie tatsächlich die Euroanleihe zurückgezahlt. Gleichzeitig erhält Siemens aus dem Swapgeschäft 120 Mio. USD und stellt sich so, als hätte sie eine entsprechende Dollaranleihe emittiert.

Siemens muss wie bei einer Dollaranleihe fünf Jahre lang den US-Dollar Zinssatz von 4,5 % entrichten. Die Zinsen für die weiterhin bestehende Euroanleihe erhält Siemens weitgehend von Cisco. Siemens selbst zahlt netto 0,5 % EUR-Zinsen, da offensichtlich in der Zwischenzeit die Eurozinsen gesunken sind. Am Ende der Swaplaufzeit zahlt Siemens wie bei einer regulären Dollaranleihe die 120 Mio. USD zurück und kann mit den 100 Mio. Euro von Cisco ihre Euroanleihe tilgen. Der Swap transformiert somit die bestehende 4,0 % Euroanleihe in eine Dollaranleihe mit 4,5 % USD + 0,5 % EUR. Selbstverständlich gelten diese Überlegen analog für Cisco, die den Swap nutzen könnte, um einen bestehenden Dollarkredit in einen Eurokredit zu transformieren.

Finanzierungsvehikel für ausländische Tochtergesellschaften

Welchen Grund könnte Siemens haben, eine Eurofinanzierung in eine US-Dollarfinanzierung zu swappen? Ein häufiger Grund ist die währungsrisikofreie Finanzierung einer ausländischen Tochtergesellschaft durch die Muttergesellschaft. Betrachten wir hierzu folgendes Beispiel:

Abbildung D.9: Finanzierung ausländischer Töchter durch Währungsswaps

3 Währungsswaps

Die US-Tochtergesellschaft von Siemens (Siemens USA) benötigt einen Kredit über 120 Mio. USD. Als Lösung wird ein Währungsswap mit Cisco abgeschlossen, die ihrerseits ihre Tochter in Deutschland mit 100 Mio. Euro ausstatten will.

Der erste Teil des Swapgeschäfts ① besteht darin, dass Cisco USA an Siemens USA 120 Mio. USD zahlt und im Gegenzug für ihre Deutschlandtochter Cisco D von Siemens D 100 Mio. Euro erhält. Siemens D nimmt dafür einen Eurokredit in gleicher Höhe zu 3,5 % auf. Während der fünfjährigen Laufzeit des Swaps zahlt Siemens USA USD-Zinsen in Höhe von 4,5 % ②. Die Bedienung der Dollarzinsen erfolgt aus dem laufenden operativen Geschäft ③. Siemens D erhält im Gegenzug von Cisco D Eurozinsen von 3,5 % ④, die für die Bedienung des 100 Mio. Eurokredits verwendet werden ⑤. Über die Swapvereinbarung transformiert Siemens D damit ihren Eurokredit in einen Dollarkredit für ihre Tochter.

Am Ende der Laufzeit werden die Nominalbeträge zurückgetauscht. Siemens D verwendet die 100 Mio. Euro, um ihren Kredit zu tilgen, Siemens USA gibt ihre 120 Mio. USD zurück, die sie zwischenzeitlich hoffentlich im operativen Geschäft verdient hat. Der Rücktausch wurde in der Abbildung nicht dargestellt.

Der besondere Vorteil dieser Konstruktion ist die Ausschaltung eines Währungsrisikos. Hätte Siemens D einen klassischen US-Dollarkredit aufgenommen, hätte sich der Wert dieser Verbindlichkeit mit dem Wechselkurs geändert. Über die Swapvereinbarung hingegen kann Siemens D mit einem währungsrisikofreien Eurokredit ihre Tochter in ausländischer Währung finanzieren.

Transformation von Geldanlagen (Asset Währungsswaps)

Nicht nur Kredite, auch Geld- und Kapitalanlagen lassen sich mit Währungsswaps von einer in eine andere Währung transformieren. Man spricht dann von einem Asset-Währungsswap. Angenommen der Siemens Pensionsfonds möchte für nominal 120 Mio. USD amerikanische Anleihen mit einer Restlaufzeit von fünf Jahren bei einer Verzinsung von 4,6 % kaufen, fürchtet sich aber vor einem Wertverlust des Dollars. Mit Hilfe des beschriebenen Währungsswaps könnte der Pensionsfonds das Währungsrisiko auf den Anlagebetrag ausschließen.

Zunächst werden 100 Mio. EUR in 120 Mio. USD getauscht ① und damit die amerikanischen Anleihen gekauft ②.

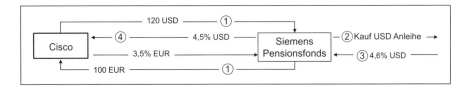

Während der Swaplaufzeit erhält Siemens 4,6 % Zinsen aus dem Kauf der Anleihe ③ und zahlt 4,5 % Dollarzinsen aus der Swapvereinbarung. Netto verbleiben 0,1 % USD beim Siemens Pensionsfonds. Aus dem Swapgeschäft erhält Siemens darüber hinaus 3,5 % Eurozinsen. Der Währungsswap hat damit für den Siemens Pensionsfonds zur Folge, dass eine Anlage am amerikanischen Rentenmarkt in eine Euroanlage zu 3,5 % EUR + 0,1 % USD transformiert wird.

Nicht mehr dargestellt in der Abbildung ist der Rücktausch der Währungen am Ende der Swaplaufzeit. Siemens erhält aus der Tilgung der Anleihe 120 Mio. USD, die an Cisco zurückgegeben werden. Cisco ihrerseits gibt an Siemens 100 Mio. EUR zurück. Am Ende der Swaplaufzeit hat der Siemens Pensionsfonds unabhängig von der Wechselkursentwicklung wieder seinen Anlagebetrag von 100 Mio. EUR, d.h. der Anlagebetrag ist keinem Währungsrisiko ausgesetzt.

Wir haben gesehen, wie wir eine Geldanlage in USD in eine Eurogeldanlage transformieren können. Es stellt sich aber die Frage, ob es nicht einfacher wäre, direkt eine Euroanlage zu tätigen, statt auf so komplizierte Weise eine Dollaranlage in eine Euroanlage zu transformieren. Drei wesentliche Gründe sprechen häufig für den Einsatz von Währungsswaps:

Beibehaltung bestehender Verträge: Manchmal sind die Geldanlagen zeitlich fixiert und können nicht oder nur mit Kosten vorzeitig aufgelöst werden. Denken Sie dabei z.B. an Termineinlagen. Währungsswaps ermöglichen die Transformation dieser Geldanlage in eine andere Währung, ohne dass bestehende Verträge geändert werden müssen.

Trennung von Marktpreisentwicklung und Währungsentwicklung: Wir hatten den oben beschriebenen Währungsswap damit begründet, dass Siemens eine Geldanlage in US-Dollar ohne Währungsrisiko auf den Anlagebetrag sucht. Stellen wir uns vor, dass der Pensionsfonds deshalb amerikanische Anleihen kaufen will, weil die Fondsmanager einen Anstieg der Anleihepreise im Zuge einer allgemeinen Zinssenkung in den USA erwarten, während sie für Deutschland von unveränderten Zinsen ausgehen. Da die Fondsmanager einen Wertverlust des USD erwarten, würden bei einem direkten Kauf von amerikanischen Anleihen die Kursgewinne in der Anleihe durch Währungsverluste im USD geschmälert werden. Mit Hilfe von Währungsswaps lassen sich aber Marktpreisentwicklung und Währungsentwicklung trennen: Im vorliegenden Fall müsste der Siemens Pensionsfonds einen *fix-variablen* Währungsswap abschließen, bei dem der Pensionsfonds den variablen USD-Zins zahlt und den festen EUR-Zins erhält. Sinken die amerikanischen Zinsen wie erwartet, profitiert der Siemens Pensionsfonds von der Wertentwicklung der gekauften Anleihe und gleichzeitig von den rückläufigen variablen Zinsen aus der Swapvereinbarung. Ein Währungsrisiko auf den Anlagebetrag hat der Pensionsfonds nicht, da er ja am Ende wieder die 100 Mio. Euro erhält.

Ein fix-fixer Währungsswap wäre nicht geeignet die Zinserwartung umzusetzen, da Siemens dann aus der Swapvereinbarung weiterhin die USD-Zinsen von 4,5 % zahlen müsste und nicht vom Rückgang der US-Dollarzinsen profitieren würde.

Währungsswaps können von Marktteilnehmern eingesetzt werden, um Marktpreisentwicklungen von Währungsentwicklungen zu trennen.[164] Damit können Anleger von Zinsentwicklungen in einer Fremdwährung profitieren, ohne ein Währungsrisiko auf den Anlagebetrag in Kauf nehmen zu müssen. Je nach unterstellter Zinsentwicklung auf den beiden Währungsmärkten wird in der entsprechenden Währung ein fix-variabler Zinssatz vereinbart.

Komparative Vorteile: Der dritte Grund für Währungsswaps sind unterschiedlich gute Zugangsvoraussetzungen der beteiligten Handelspartner zu verschiedenen Segmenten des Finanzmarkts. Sie begründen, warum es gewinnbringend sein kann,

---

[164] Im Übungsteil wird dies am Beispiel eines Aktienkaufs gezeigt.

3.3 Komparative Vorteile und Währungsrisiken

Währungsswaps werden häufig wegen komparativer Vorteile abgeschlossen. Dabei haben zwei Marktteilnehmer einen unterschiedlich guten Zugang zu Teilsegmenten des Finanzmarkts. Betrachten wir hierzu folgende Tabelle, die den aktuellen Festzinssatz für Cisco und Siemens für eine Laufzeit von fünf Jahren widergibt. Wir erkennen, dass das allgemeine Zinsniveau in den USA höher ist als in Deutschland. Da Siemens jedoch offenkundig eine höhere Bonität hat als Cisco, liegen die Kreditzinssätze für Siemens sowohl für eine Euro- als auch für eine US-Dollarfinanzierung unter den Vergleichssätzen für Cisco.

Kreditzinssätze	EUR-Zins	USD-Zins	Differenz
Cisco	4,3 %	4,5 %	
Siemens	3,5 %	4,4 %	
Zinsdifferenz	0,8 %	0,1 %	−0,7 %

Tabelle D-7: Hypothetische EUR- und USD-Marktzinsen für Siemens und Cisco

Siemens benötigt annahmegemäß eine Dollarfinanzierung, die derzeit zu 4,4 % möglich wäre. Cisco dagegen müsste für ihren benötigten Eurokredit 4,3 % zahlen. Diese Sätze sind grau unterlegt.

Die höhere Bonität von Siemens scheint sich auf dem Euromarkt mit einer Zinsdifferenz von 0,8 % deutlich stärker auszuwirken als im Dollarraum, bei der Siemens lediglich einen Zinsvorteil von 0,1 % aufweist. Siemens hat damit einen relativen (komparativen) Finanzierungsvorteil im Euroraum, Cisco entsprechend im Dollarraum. Es würde daher beiden Unternehmungen einen Vorteil bringen, wenn sie jeweils auf dem Kreditmarkt Geld aufnehmen, auf dem sie einen relativen Vorteil haben. Siemens würde einen Eurokredit zu 3,5 % und Cisco einen US-Dollar-Kredit zu 4,5 % aufnehmen, die anschließend in die gewünschte Währung geswappt werden. Die Summe dieser beiden fett gekennzeichneten Zinssätze beläuft sich auf 8,0 % und liegt damit unter den 8,7 %, die in Summe bei einer unabhängigen Kreditaufnahme anfielen. Der addierte Vorteil von 0,7 % ist dabei stets die Differenz der individuellen Zinssätze, im vorliegenden Fall somit 0,8 % − 0,1 % = 0,7 %.

Die Hebung und Aufteilung dieses Vorteils kann sehr unterschiedlich erfolgen, je nach Verhandlungsmacht und -geschick der beiden Parteien. Eine Rolle spielt dabei, wer ein gewisses Restwährungsrisiko tragen muss. *Eine* mögliche Lösung unter Mitwirkung einer Bank ist in der nächsten Abbildung beschrieben.

Abbildung D.10: Komparative Vorteile mit Währungsrisiko bei Bank

3.3 Komparative Vorteile und Währungsrisiken

Cisco und Siemens erhalten aus der Swapvereinbarung jeweils die Zinssätze, die sie für die Bedienung ihrer Kredite benötigen. Cisco zahlt 4,0 % EUR-Zinsen und damit 0,3 % weniger als ihrem Marktzins von 4,3 % in der Tabelle D-7 entspräche. Siemens wiederum zahlt für ihren USD-Kredit 4,1 % und sichert sich damit ebenfalls einen Vorteil von 0,3 % verglichen mit dem für Siemens relevanten Marktzinssatz von 4,4 % USD. Die vermittelnde Bank erzielt bei den EUR-Zinsen einen Überschuss von 0,5 % und bei den USD-Zinsen ein Defizit von 0,4 %. Bei einem Nominalbetrag der Swapvereinbarung von 100 Mio. Euro bzw. 120 Mio. US-Dollar entspricht dies einem Verlust von 0,48 Mio. USD (=0,4 %·120) und einem Überschuss von 0,5 Mio. Euro. Das damit verbundene Währungsrisiko kann die Bank aber vermeiden, wenn sie die 0,48 Mio. USD am Devisenterminmarkt für die nächsten fünf Jahre kauft und so einen Nettogewinn in Euro fixiert.

Wir könnten unsere Swapvereinbarung auch so gestalten, dass nicht die Bank, sondern Cisco ein kleines Währungsrisiko trägt, wie die nächste Abbildung zeigt:

Abbildung D.11: Komparative Vorteile mit Währungsrisiko bei Cisco

Diese Abbildung unterscheidet sich von Abbildung D.10 nur in den fett kursiv gekennzeichneten Zinssätzen. Nun hat die Bank sich einen sicheren Gewinn von 0,1 % in Eurozinsen gesichert. Cisco hingegen erhält nun eine Eurofinanzierung, die einerseits mit 3,6 % um 0,7 % unter der 4,3 %-Finanzierung der Tabelle D-7 liegt. Der Nachteil allerdings ist, dass die Dollarkreditaufnahme zu 4,5 % nicht durch den Zahlungseingang von 4,1 % aus der Swapvereinbarung gedeckt wird. Es verbleibt eine Differenz von 0,4 %-Punkten USD. Netto liegt zwar wieder ein Vorteil von 0,3 % vor, doch ist dieser nun mit einem kleinen Währungsrisiko verbunden.

Üblicherweise lehnen die Marktteilnehmer eine solche Konstruktion ab. Typischerweise wird daher eine Konstruktion gewählt, die der Sache nach der Abbildung D.10 entspricht, bei der das Währungsrisiko von der Bank getragen wird. Die Begründung ist sehr einfach: Da eine Bank die Währungsrisiken sehr viel einfacher und auch kostengünstiger hedgen kann, soll die Bank auch das mögliche Währungsrisiko tragen.

Komparative Vorteile auf der Anlageseite

Das bisherige Beispiel bezog sich auf komparative Vorteile auf Kreditmärkten. Selbstverständlich können wir den Gedanken auch auf Geld- und Kapitalanlagen übertragen. Falls Marktteilnehmer unterschiedlich gute Konditionen für Finanzanlagen haben, lässt sich der daraus entstehende Vorteil über Swapvereinbarungen ebenfalls heben und zwischen den Partnern aufteilen.[165]

---

[165] Im Aufgabenteil finden Sie hierfür eine Übungsaufgabe.

3 Währungsswaps

Existenz von komparativen Vorteilen

Im Zusammenhang mit Zinsswaps hatten wir argumentiert, dass echte komparative Vorteile kaum existieren, weil mögliche Zinsunterschiede faktisch durch Ausfall- und Bonitätsrisiken kompensiert werden.[166] Bei Währungsswaps hingegen treffen wir häufig auf echte komparative Vorteile. Der Hintergrund dafür ist, dass zwei Währungen und zwei Märkte betroffen sind, bei denen häufig unterschiedliche Regelungen für Inländer und Ausländer anzutreffen sind. Unterschiedliche Steuersätze und unterschiedliche Zugangsregelungen für In- und Ausländer an den Kredit- und Anlagemärkten sind die wesentlichen Ursachen für die Existenz von komparativen Vorteilen. Politisch motivierte Regelungen, die zwischen einzelnen Gruppen von Marktteilnehmern differenzieren, können von den Marktteilnehmern in finanzielle Vorteile umgemünzt werden. Die privilegierten Marktteilnehmer unterlaufen diese Regelung durch Nutzung ihrer komparativen Vorteile und übertragen anschließend diese Vorteile über Swapvereinbarungen an die benachteiligten Marktteilnehmer. Werden z.B. Ausländer in einem Land bei der Kreditaufnahme steuerlich benachteiligt, dann nehmen eben Inländer den Kredit auf und stellen diesen Kredit den Ausländern über eine Swapvereinbarung zur Verfügung. Meistens ist es die Politik, die, ohne es zu wollen, Marktteilnehmern am Swap-Markt die Gelegenheit zu hohen Gewinnen verschafft.

3.4 Bewertung von Währungsswaps

Die Bewertung eines Währungsswaps erfolgt analog zur Bewertung von Zinsswaps. Wir ermitteln den Kapitalwert der swapbedingten Zahlungen. Da eine Zinsseite in Fremdwährung erscheint, müssen wir den Kapitalwert der Fremdwährungszahlungen in die heimische Währung (Euro) umrechnen. Bezeichnet $W(Swap;t)$ den Wert eines Währungsswaps in Euro aus Sicht des Empfängers der Eurozahlungen zum Zeitpunkt t und S_0 den Kassakurs der Fremdwährung in Euro, so können wir schreiben:

$W(Swap;t) = $ *Kapitalwert Eurozahlungen* $ - S(0) \cdot $ *Kapitalwert Währungszahlungen*

Formel D-3: Wert eines Währungsswaps aus Sicht des Euroempfängers

Für die Ermittlung der Barwerte der Einzelzahlungen verwenden wir die Kassazinssätze für die jeweiligen Laufzeiten in den jeweiligen Währungen.

Bei Vertragsabschluss ist der faire Wert des Währungsswaps null. Ein fix-fixer Währungsswap mit einer Laufzeit von fünf Jahren zwischen dem USD und dem EUR würde deshalb zu den jeweiligen Fünf-Jahres-Swapsätzen für den USD und für den EUR abgeschlossen werden. Bei einem variabel-fixen-Währungsswap würde die Festzinsseite zum jeweiligen Swapsatz abgeschlossen werden. Die variable Seite hingegen erfolgt zum vereinbarten Referenzzinssatz.

Bitte beachten Sie, dass der Barwert von variablen Zinszahlungen unmittelbar nach jeder Zinszahlung mit dem Nominalwert N übereinstimmt, weil die Zinssätze stets mit den verwendeten Diskontierungsfaktoren übereinstimmen. Zwischen den jeweiligen Zinszahlungsterminen müssen wir zum Nominalwert N noch den Wert

---

[166] Siehe hierzu D.2.4.

3.4 Bewertung von Währungsswaps

der jeweils aufgelaufenen zeitanteiligen variablen Zinsen addieren. Wir hatten dies bereits bei der Preisermittlung von Zinsswaps ausgeführt.

Beispiel: Wir ermitteln den aktuellen Wert eines EUR-USD-Währungsswaps mit einer Restlaufzeit von drei Jahren. Der Währungsswap wurde bereits vor zwei Jahren mit nominal 100 Mio. EUR bzw. 120 Mio. USD abgeschlossen, wobei eine Zahlung von 5,0 % in USD gegen Erhalt von 6,0 % in Euro vereinbart wurde. Wir ermitteln den aktuellen Wert des Währungsswaps, indem wir den Kapitalwert der EUR- bzw. USD-Zahlungen ermitteln. Zur rechnerischen Vereinfachung gehen wir von einer flachen Zinsstrukturkurve in beiden Ländern aus. In beiden Währungen sind die Zinssätze seit Vertragsabschluss zwischenzeitlich gesunken. In den USA betragen die Zinssätze aktuell über alle Laufzeiten hinweg 3,5 % und in Deutschland 3,0 %. Der aktuelle Eurokurs betrage EUR/USD = 1,35.

Jahr	Cashflow EUR	Barwert EUR	Cashflow USD	Barwert USD
1	5,0	4,85	−6,0	−5,80
2	5,0	4,71	−6,0	−5,60
3	5,0	4,58	−6,0	−5,41
Summe		14,14		−16,81

Der Kapitalwert der EUR- und USD-Zahlungen beträgt 14,14 Mio. EUR bzw. −16,81 Mio. USD. Beim aktuellen Wechselkurs von 1,35 USD entspricht dies einem Eurowert von −12,45 EUR. Der Währungsswap hat aus Sicht des Euroempfängers damit einen Wert von 1,69 Mio. EUR (= 14,14 -16,81/1,35). Den Wertzuwachs können wir wie folgt erklären: Erstens sind die Eurozinsen seit Vertragsabschluss stärker gesunken als die USD-Zinsen. Dies erhöht den Wert des Währungsswaps aus Sicht des Euroempfängers in der Formel D-3. Zweitens ist der Euro von 1,20 USD vor zwei Jahren auf nun 1,35 USD gestiegen. Damit sinkt umrechnungsbedingt der Barwert der zu leistenden USD-Zahlungen in der Formel, was sich gleichfalls preissteigernd auf den Währungsswap auswirkt.

4 Was Sie unbedingt wissen und verstanden haben sollten

Zinsswaps

- Ein Zinsswap ist ein Vertrag zwischen zwei Parteien, Zinszahlungen in einer Währung zu tauschen. Festgelegt werden die Tauschzeitpunkte der Zinszahlungen, die Höhe der jeweiligen Zinssätze, der fiktive Nominalbetrag N, auf den sich die Zinszahlungen beziehen sowie die Laufzeit der Tauschvereinbarung.

  Die Positionsbeschreibung in einem Swapgeschäft erfolgt aus Sicht der fixen Zinsseite. Der Payer zahlt deshalb die Festzinsen (und erhält die variablen Zinsen), der Receiver erhält die Festzinsen (und zahlt die variablen Zinsen).

  Mit Zinsswaps können bestehende Kredit- und Anlageverträge transformiert werden, ohne die Verträge selbst zu ändern.

Ausgangsposition	Swap-Position	Swap plus Ausgangssituation	Bezeichnung
Festzinsdarlehen	Swap-Receiver	Variables Darlehen	Liability Swap
Variables Darlehen	Swap-Payer	Festzinsdarlehen	
Festzinsanlage	Swap-Payer	Variable Geldanlage	Asset Swap
Variable Geldanlage	Swap-Receiver	Festzinsanlage	

Market Maker, meistens Investmentbanken, stellen den Marktteilnehmern verbindliche Ankauf- und Verkaufskurse für Zinsswaps. Der Spread beträgt üblicherweise etwa vier Basispunkte. Der Mittelwert wird als Swapsatz bezeichnet. Da die Bank als Mittler zwischen Käufer und Verkäufer auftritt, hat sie auf beiden Seiten ein Kontrahentenrisiko.

- Zinsswaps können nicht nur zur Transformation von Verbindlichkeiten oder Forderungen eingesetzt werden, sondern auch um Finanzierungskosten zu senken bzw. den Anlageertrag zu erhöhen. Voraussetzung hierfür ist, dass die Bonität der beiden Swap-Partner für verschiedene Teilsegmente des Finanzmarkts unterschiedlich hoch ist und damit relative Zinsunterschiede bestehen. Allerdings treten dabei für die Handelspartner Bonitäts- und Ausfallrisiken auf, die bei einem direkten Kreditgeschäft nicht angefallen wären. Dies reduziert bzw. eliminiert den Vorteil, der sich rechnerisch aus den komparativen Zinsdifferenzen ergibt.

- Der Swapsatz und der Wert eines Swaps werden nicht von den Zinserwartungen der Marktteilnehmer bestimmt, sondern ergeben sich aus der bestehenden Zinsstrukturkurve. Da die Nettozahlungen eines Zinsswaps aus Payer-Sicht dem Kauf eines Floaters kombiniert mit dem Verkauf einer Festzinsanleihe entsprechen, muss folglich der Wert des Zinsswaps aus Payer-Sicht dem Wert des Floaters minus dem Wert der Festzinsanleihe entsprechen. Damit können wir als Bestimmungsgleichung für den Wert eines Zinsswaps V(Swap) schreiben:

$$V(Swap;0) = N - \left[\frac{s_T \cdot N}{[1+r(0;1)]} + \frac{s_T \cdot N}{[1+r(0;2)]^2} + \frac{s_T \cdot N}{[1+r(0;3)]^3} + \cdots + \frac{s_T \cdot N + N}{1+r(0;n)^T} \right]$$

4 Was Sie unbedingt wissen und verstanden haben sollten

Aufgelöst erhalten wir den fairen Swapsatz s_T.

Diese Formulierung macht klar, dass sich der Wert des Zinsswaps mit der Zinsstruktur und der Restlaufzeit des Swaps verändert.

Währungsswaps

- Einen Währungsswap können wir uns als einen Zinsswap vorstellen, bei dem die vereinbarten Zinszahlungen in unterschiedlichen Währungen anfallen und der zugrundegelegte Nominalbetrag der beiden Währungen am Anfang und am Ende der Swapvereinbarung tatsächlich ausgetauscht wird. Ein Währungsswap wird deshalb auch Zins-Währungsswap genannt.

Mit Währungsswaps können vertragliche Zinszahlungsverpflichtungen in einer Währung in Zinszahlungsverpflichtungen einer anderen Währung transformiert werden. Diese Konstruktion wird häufig eingesetzt, um Tochtergesellschaften in anderen Währungsräumen mit Finanzmittel auszustatten, ohne sich einem Währungsrisiko für den Finanzierungsbetrag auszusetzen.

Währungsswaps stellen für Marktteilnehmer ein Instrument dar, um von unterschiedlichen Zinsentwicklungen auf zwei Märkten in unterschiedlicher Währung profitieren zu können, ohne gleichzeitig ein Währungsrisiko eingehen zu müssen.

Mit Währungsswaps können komparative Vorteile „gehoben" werden. Komparative Vorteile entstehen immer dann, wenn Marktteilnehmer einen unterschiedlich guten Zugang zu Teilsegmenten des Finanzmarkts haben. Dies betrifft den Kreditbereich wie den Anlagebereich gleichermaßen. Häufig sind für die Existenz komparativer Vorteile politisch motivierte Regelungen verantwortlich, die zwischen Inländer und Ausländer differenzieren.

Der Wert eines Währungsswaps in Euro aus Sicht des Empfängers der Eurozahlungen ergibt sich aus der Differenz zwischen dem Kapitalwert der Eurozahlungen abzüglich des in Euro umgerechneten Kapitalwerts der Währungszahlungen.

$$W(Swap;t) = \text{Kapitalwert Eurozahlungen} - S(0) \cdot \text{Kapitalwert Währungszahlungen}$$

5 Aufgaben zum Abschnitt D

1. Bei Kassazinssätzen von r(0;1) = 4,6 %, r(0;2) = 5,0 %, r(0;3) = 5,5 %, r(0;4) = 5,8 % und r(0;5) = 6,08 % können wir in t=0 für einen fünfjährigen Zinsswap fix gegen ein Jahr variabel einen fairen Swapsatz s_5 von 6,0 % ermitteln (siehe hierzu Übung D-1 auf Seite 197). Wir gehen nun davon aus, dass die Zinskurve in einem Jahr parallel um 100 Basispunkte sinkt. Damit gelten in t=1 die folgenden Zinssätze: r(1;1) = 3,6 %, r(1;2) = 4,0 %, r(1;3) = 4,5 %, r(1;4) = 4,8 %, r(1;5) = 5,08 %.
   a. Wie hoch ist der Wert des Swaps bei Vertragsabschluss zum Zeitpunkt t=0?
   b. Wie hoch ist der Wert des Swaps ein Jahr nach Vertragsabschluss, d.h. in t=1?
   c. Wie hoch wäre der faire Swapsatz s_4 für einen in t=1 abgeschlossenen Swap bei den dann vorliegenden Kassazinssätzen?

2. Siemens sucht eine Geldanlage über 500 Mio. im US-Dollarraum und Cisco im Euroraum. Der aktuelle Wechselkurs beträgt EUR/USD = 1,25. Die nachfolgende Tabelle gibt die hypothetischen Zinssätze wieder, die Siemens und Cisco jeweils bei einer Geldanlage mit einer Laufzeit von zwei Jahren erzielen könnten.

Anlagezinssätze	USD-Zins	EUR-Zins
Cisco	4,5 %	3,6 %
Siemens	4,6 %	4,0 %

   a. Zu welchen Zinssätzen würde ein fix-fixer Währungsswap abgeschlossen werden, bei dem Cisco einen Vorteil von 10 Basispunkten hat? Gehen Sie dabei davon aus, dass keine Bank zwischengeschaltet wird.
   b. Wie würde der Asset-Währungsswap konkret gestaltet werden?

3. Eine deutsche Investmentgesellschaft möchte gerne für 300 Mio. USD amerikanische Aktien kaufen, da es von einer positiven Aktienmarktentwicklung ausgeht. Der geplante Anlagezeitraum beträgt zwei Jahre. Der aktuelle Wechselkurs beträgt EUR/USD = 1,50.
   a. Welches Währungsrisiko besteht für die Investmentgesellschaft?
   b. Wie kann die Investmentgesellschaft mit einem Währungsswap das Währungsrisiko für den Anlagebetrag ausschalten?
   c. Was kann die Investmentgesellschaft tun, wenn sie ihre Aktien bereits nach einem Jahr verkaufen will, weil sie stark gestiegen sind?

TEIL E
Kreditderivate

Das lernen Sie

- Was versteht man unter einem Kreditausfall, einer Kreditfähigkeits- und einer Kreditwürdigkeitsprüfung?
- Wie können wir die ausfallbedingte Kreditrisikoprämie und den erwarteten Verlust aus einem Kreditgeschäft berechnen?
- Was sind historische, kumulierte und bedingte Ausfallwahrscheinlichkeiten? Wie können wir aus einem Anleihekurs auf die Ausfallwahrscheinlichkeit schließen?
- Was sind Credit Default Swaps (CDS) und Credit Default Optionen? Welche Details müssen die Handelspartner hierzu beim Handelsabschluss festlegen?
- Welche Einflussfaktoren bestimmen den Wert eines CDS und wie können wir seinen Wert berechnen? Wir lässt sich die Höhe der CDS-Prämie ermitteln?
- Welche CDS-Varianten gibt es?
- Mit welchen Kreditderivaten lässt sich neben dem Ausfallrisiko auch das Marktpreisrisiko absichern? Was versteht man in diesem Zusammenhang unter Credit-Spread-Produkten?
- Was sind Total Return Swaps, wie können sie eingesetzt werden und warum sind sie für Marktteilnehmer so wichtig?
- Welche Produkte umfassen die sogenannten Kreditderivate im weiteren Sinne und was sind Credit Linked Notes?
- Wie kann man durch Pooling und Tranchierung aus risikobehafteten Krediten eine Anleihe mit höchster Bonität schaffen und welche Voraussetzung muss dafür zwingend erfüllt sein?
- Wie groß ist der Markt für Kreditderivate und wer sind die „Spieler"?
- Welche Eigenschaften unterscheiden Kreditderivate von allen anderen Derivaten und was macht sie dabei besonders gefährlich?

1 Kreditrisiko

1.1 Ausfallrisiko, Rating und Verlustquote

Bei jeder Kreditvergabe besteht die Gefahr, dass der Schuldner die vereinbarten Zins- und Tilgungsleistungen nicht vertragsgerecht erfüllt und es zu einem Zahlungsverzug bis hin zur Insolvenz des Schuldners kommt. Diese Gefahr wird als Kreditrisiko bzw. als Ausfallrisiko bezeichnet. Die Wahrscheinlichkeit, dass dieser Fall eintritt, ist eines der wichtigsten Risikomaße für die Abschätzung des Ausfallrisikos aus Sicht des Kreditgebers. Von einem Kreditausfall spricht man dabei immer dann, wenn einer oder mehrere der folgenden Punkte zutreffen:[167]

- Der Schuldner ist bei einer wesentlichen Verbindlichkeit mehr als 90 Tage mit den Zahlungsverpflichtungen in Verzug.
- Ein Insolvenzverfahren wird oder soll eröffnet werden.
- Die Gläubiger haben die Verschiebung fälliger Zins- oder Tilgungszahlungen akzeptiert.
- Nach aktueller Lage muss es als unwahrscheinlich angesehen werden, dass der Schuldner seinen Zahlungsverpflichtungen nachkommt.

Ein Kreditausfall bedeutet nicht notwendigerweise die Insolvenz eines Schuldners, er verdeutlicht aber die erhebliche Gefährdung seines wirtschaftlichen Überlebens. Im Englischen wird für Kreditausfall der Begriff Credit Default verwendet.

Um über eine Kreditvergabe entscheiden zu können, versuchen die Kreditgeber die Bonität des Schuldners zu beurteilen. Hierzu wird mit Hilfe geeigneter Verfahren zunächst seine *Kreditfähigkeit* untersucht. Bei einer Kreditfähigkeitsprüfung stehen die aktuelle betriebliche Situation des Schuldners im Mittelpunkt sowie seine Fähigkeit, auf ein sich verschlechterndes wirtschaftliches Umfeld zu reagieren. Ihr Ergebnis fließt in die Beurteilung der Ausfallwahrscheinlichkeit ein.

Eine Kreditvergabe erfolgt nicht nur, wenn Kreditgeber mit absoluter Sicherheit davon ausgehen können, dass der Kreditnehmer seine Zins- und Tilgungszahlungen vertragsgerecht leisten wird. Eine Kreditzusage kann auch dann erfolgen, wenn Kreditgeber angemessen für das Risiko eines möglichen Kreditausfalls in Form eines Zinsaufschlags kompensiert werden. Die Höhe des Zinssatzes i_T für einen Kredit der Laufzeit T setzt sich gedanklich daher aus zwei Komponenten zusammen: Einerseits spiegelt er die Höhe des Zinssatzes r_T wieder, der für vergleichbare Kredite für Kreditnehmer ohne Ausfallrisiko verlangt wird. Wir bezeichnen ihn als risikolosen Zinssatz. Andererseits beinhaltet der vereinbarte Zinssatz i_T aber auch eine Kreditrisikoprämie für die Gefahr, dass der Kreditnehmer „ausfällt" und die vertraglichen Zins- und Tilgungszahlungen nicht leistet. Die Kreditrisikoprämie wird auch als Credit Spread bezeichnet. Sie muss vom Schuldner in Form eines Zinsaufschlags r_{RA} getragen werden, der laufzeitabhängig sein kann und daher auch mit dem Index T versehen wird. Den risikoadjustierten Zinssatz i^A für einen Schuldner A für einen Kredit mit der Laufzeit T können wir damit schreiben als

$$i_T^A = r_T + \textit{Kreditrisikoprämie (Credit Spread)}^A = r_T + r_{RA,T}^A.$$

---

[167] Vergleiche hierzu Spremann/Gantenbein, Zinsen, Anleihen, Kredite, S. 2007, S. 254.

Eine Schlüsselgröße für die Höhe der Kreditrisikoprämie ist die Ausfallwahrscheinlichkeit. Betrachten wir hierzu folgendes Beispiel:

> **Beispiel:** Eine Bank vergibt an 100 Unternehmungen einen Jahreskredit über je 1,0 Mio. €. Der Zinssatz $r_{T=1}$ für einen Jahreskredit an den als ausfallsicher angenommenen Schuldner „Bundesrepublik Deutschland" (BUND) betrage 4,5 %. Aus Erfahrungswerten weiß die Bank, dass jeder Unternehmenskredite mit einer Wahrscheinlichkeit von 2,0 % ausfällt. Die Bank rechnet daher mit dem Ausfall von zwei Krediten mit einem Volumen von 2,0 Mio. € (= 2,0 % · 100 · 1,0 Mio. €). Um sich bei der Kreditvergabe nicht schlechter zu stellen als bei einer Kreditvergabe an den BUND, muss die Bank den erwarteten Ausfall von 2,0 Mio. € plus Zinsen auf die 98 verbleibenden Unternehmungen in Form von höheren Zinssätzen verteilen. Die Zahl von 98 Unternehmungen erhalten wir, wenn wir die ursprüngliche Kreditanzahl mit der Überlebenswahrscheinlichkeit (= 100 % − Ausfallwahrscheinlichkeit) multiplizieren. Der Zinsaufschlag für die Kredite beträgt:
>
> $$\text{Zinsaufschlag} = (1 + r_T) \cdot \frac{\text{Ausfallwahrscheinlichkeit}}{\text{Überlebenswahrscheinlichkeit}} = (1 + r_T) \cdot \text{Ausfallintensität}$$
>
> Der Quotient aus Ausfallwahrscheinlichkeit und Überlebenswahrscheinlichkeit wird „Ausfallintensität" oder auch „bedingte Ausfallwahrscheinlichkeit" genannt.[168] Der erste Faktor in der Formel kompensiert den Ausfall des Kredits, der zweite Faktor (r_t · Ausfallintensität) kompensiert die ausgefallenen Zinszahlungen. Für unser Beispiel ergibt sich ein Zinsaufschlag von rund 2,13 % (= 1,045 · 0,02/0,98 = 0,021327). Wenn die Bank von allen Unternehmungen diesen Zinsaufschlag erhält, dann gleicht der daraus resultierende zusätzliche Zinsertrag (98 Mio. € · 2,1327 %) exakt den Kredit- und Zinsausfall aus (2,0 Mio. € · 1,045).

Erwerbsmäßige Kreditgeber wie Banken werden versuchen, das Ausfallrisiko der Kreditnehmer zu schätzen und in sogenannte Risikoklassen aufzuteilen (auch Ratingklassen genannt). Jeder Kreditnehmer einer Risikoklasse hat dabei, wie im Beispiel, dieselbe geschätzte Ausfallwahrscheinlichkeit und damit einen gleich hohen ausfallbedingten Zinsaufschlag. Je größer die Anzahl der Kreditnehmer in einer Risikoklasse ist, desto mehr nähert sich nach dem Gesetz der großen Zahlen der tatsächliche Ausfall dem erwarteten Ausfall an.

Nicht jeder Ausfall eines Schuldners bedeutet automatisch den vollständigen Verlust des Kreditbetrags. Im Insolvenzfall können Teile der Ansprüche der Kreditgeber unter Umständen aus der Insolvenzmasse befriedigt werden. Je kooperativer dabei ein Kreditnehmer ist, desto geringer fällt der tatsächliche Verlust aus. Banken führen deshalb neben der Kreditfähigkeitsprüfung auch eine Prüfung der *Kreditwürdigkeit* durch, bei der die fachlichen und persönlichen Eigenschaften des Schuldners eingeschätzt werden. Je weniger der Kreditgeber fürchten muss, dass der Kreditnehmer vorsätzlich Maßnahmen zu Lasten der Bank unternimmt, desto geringer fällt der Verlust bei einer Verschlechterung der wirtschaftlichen Lage aus. Denken Sie bei diesen Maßnahmen etwa an Angaben des Kreditnehmers zur Werthaltigkeit der gestellten Sicherheiten, der Verwendung des Kredits oder der Bereitschaft, notfalls zusätzliches Eigenkapital zur Verfügung zu stellen

Um den Verlust im Insolvenzfall weiter zu reduzieren oder gar vollständig zu vermeiden, fordern Kreditgeber bei der Kreditvergabe häufig Sicherheiten. Je nach Art

---

[168] Wir werden im nächsten Kapitel die Ausfallintensität näher untersuchen.

1 Kreditrisiko

der Sicherheit werden diese erst gar nicht Bestandteil der Insolvenzmasse[169] oder werden von der Insolvenzmasse abgetrennt und gesondert verwertet.[170]

Um die bereitgestellten Sicherheiten und das Ergebnis der Kreditwürdigkeitsprüfung berücksichtigen zu können, müssen wir einen neuen Begriff einführen, den erwarteten Verlust (EV) aus einem Kreditgeschäft. Hier zunächst die Definition:

> *EV = Bedingte Ausfallwahrscheinlichkeit · Kreditäquivalentbetrag · Verlustquote bei Ausfall*
>
> Formel E-1: Erwarteter Verlust aus einem Kreditgeschäft

Kreditäquivalentbetrag: Der Kreditäquivalentbetrag gibt an, wie hoch zum Zeitpunkt des Ausfalls der noch offene Kreditbetrag ist. Der englische Begriff hierfür ist „Exposure at Default" (EAD). Er stimmt häufig nicht mit dem Nominalwert des Kredits überein, z.B. falls der Marktwert des Kredits unter dem Nominalwert liegt oder bereits Teile des Kredits getilgt wurden.

Wir können den Kreditäquivalentbetrag als Eurowert verstehen, aber auch als prozentualen Anteil am Nominalwert des Kredits. Entsprechend erhalten wir einen erwarteten Verlust in absoluten Werten oder in Prozentpunkten.

Verlustquote bei Ausfall: Die Insolvenz eines Gläubigers führt nicht zwangsläufig zum vollständigen Verlust des Kreditbetrags. Die Verlustquote bei Ausfall steht dabei für den Teil des Kreditäquivalentbetrags, den der Kreditnehmer im Insolvenzfall tatsächlich verliert. Der englische Begriff hierfür ist „Loss given Default" (LGD). Je höher die Insolvenzmasse und je höher und werthaltiger die Sicherheiten, desto geringer ist die Verlustquote bei Ausfall.

In der Literatur wird häufig der Begriff „Wiedergewinnungsquote" verwendet. Sie ist gewissermaßen das Gegenstück zur Verlustquote und bezeichnet den Teil des Kreditbetrags, den der Kreditgeber im Insolvenzfall noch erhält. Im Englischen verwendet man hierfür den Begriff Recovery Rate.

> *Wiedergewinnungsquote = (1 – Verlustquote).*

Ausfallwahrscheinlichkeit: Die Ausfallwahrscheinlichkeit haben wir bereits kennengelernt. Sie wird im Englischen als „Probability of Default" (PD) bezeichnet. Wir führen all die englischen Bezeichnungen deshalb auf, weil Sie in der Literatur häufig auf diese Begriffe stoßen, selbst in den Publikationen der deutschen Bundesbank. Ins Englische „übersetzt" liest sich Formel E-1 dann wie folgt:

> *Expected Loss (EL) = PD · EAD · LGD*

> **Übung:** *Ein Unternehmung hat eine bedingte Ausfallwahrscheinlichkeit von 2,0 %. Ihr wurde vor fünf Jahren ein Kredit mit einem Nominalwert in Höhe von 10,0 Mio. € ausgezahlt, der bereits zu 60 % getilgt wurde. Der Bank liegen verwertbare Sicherheiten in Höhe von 3,0 Mio. € vor. Wie hoch ist der erwartete Verlust in Prozent und in Euro, falls im Falle einer Insolvenz keine weiteren Zahlungen erwartet werden?*
>
> **Antwort:** *Der Kreditäquivalentbetrag beträgt 40 % des Nominalwerts des Kredits, d.h. 4,0 Mio. €. Im Insolvenzfall sind davon 3,0 Mio. € durch Sicherheiten gedeckt,*

---

[169] Etwa beim Eigentumsvorbehalt, bei dem ein Aussonderungsrecht besteht.
[170] Man spricht hier von einem Absonderungsrecht. Einen Überblick über die verschiedenen Sicherheiten finden Sie in Bösch, Finanzwirtschaft (2009), S. 203 ff.

> d.h. 75 %. Die Verlustquote bei Ausfall des Kredits beträgt damit 25 %. Damit können wir den erwarteten Verlust EV in Prozent und in Euro berechnen.
>
> EV (€) = 0,02 · 4,0 Mio. € · 0,25 = 0,02 Mio. € = 20.000 €
> EV (%) = 0,02 · 0,4 · 0,25 = 0,002 = 0,2 %
>
> Der erwarte Verlust beträgt 20.000 € bzw. 0,2 % des ursprünglichen Kreditbetrags. Damit müsste die Bank einen Kreditrisikoaufschlag von 0,2 % auf den Nominalwert des Kredits zugrunde legen, um das aktuelle Kreditausfallrisiko zu kompensieren.

Banken müssen bei einer Kreditentscheidung alle drei hier genannten Größen berücksichtigen: Ein schlechtes Rating eines Kunden (hohe Ausfallwahrscheinlichkeit) kann dabei durch werthaltige Sicherheiten (geringe Verlustquote bei Ausfall) ausgeglichen werden und umgekehrt. Selbst bei einem sehr schlechten Rating kann der erwartete Ausfall immer noch null sein, solange die Sicherheiten des Kunden im Insolvenzfall stets den offenen Forderungsbetrag übersteigen, d.h. solange die Verlustquote bei Ausfall null ist. Innerhalb gewisser Grenzen sind Rating und die Stellung von Sicherheiten daher austauschbar. Allerdings haben Banken üblicherweise interne Richtlinien, bis zu welcher Ratingstufe sie – unabhängig von der Sicherheitenstellung – Kredite vergeben. Das Geschäftsmodell der Banken besteht nämlich in erster Linie in der Kreditgewährung und nicht in der Verwertung der Sicherheiten.[171]

Wir sind nun in der Lage, den Zinssatz i_T für einen Kredit an den Schuldner A auf Basis des erwarteten Verlusts EV (in %) allgemein zu formulieren:

$$i_T^A = r_T + \text{Kreditrisikoprämie (Credit Spread)}^A = r_T + r_{RA,T}^A = r_T + EV(\%)_T^A.$$

Formel E-2: Kreditzins und Kreditrisikoprämie (Credit Spread)

Der geforderte Zinssatz i_T für einen Kredit der Laufzeit T für einen Schuldner A setzt sich zusammen aus dem Zinssatz r_T für einen ausfallsicheren Schuldner plus dem jährlichen, erwarteten Verlust in %. Der erwartete Verlust wiederum wird von der bedingten Ausfallwahrscheinlichkeit des Schuldners A sowie der Verlustquote bei Ausfall bestimmt.

1.2 Ausfallwahrscheinlichkeiten

Implizite Ausfallwahrscheinlichkeiten aus Anleihepreisen

Wir können aus den Anleihepreisen indirekt auf die Ausfallwahrscheinlichkeiten des Emittenten schließen, mit der der Markt rechnet. Man nennt sie deshalb auch implizite Ausfallwahrscheinlichkeiten. Hierzu müssen wir nur die letzte Formel E-2 nach der Kreditrisikoprämie auflösen:

$$\text{Kreditrisikoprämie}^A = \text{Credit Spread}^A = i_T^A - r_T = r_{RA,T}^A = EV(\%)_T^A$$

Formel E-3: Definition des Credit Spread[172]

---

[171] In den letzten Jahren haben Banken weltweit oft notleidende Kredite an Organisationen verkauft, deren Stärke eben genau darin besteht, Forderungen einzutreiben und die gestellten Sicherheiten profitabel zu verwerten. Siehe hierzu Bösch, Heinig, Der Verkauf von Non Performing Loans durch deutsche Kreditinstitute, Jenaer Beiträge 07/2007.

[172] In einer allgemeineren Definition versteht man unter Credit Spread auch häufig den Zinsunterschied zwischen zwei beliebigen Schuldnern A und B, d.h. $i_A - i_B$. Unsere Festlegung von i_B als ausfallsicheren Schuldner B wird so zum Spezialfall.

1 Kreditrisiko

Wenn wir die Anleiherendite eines risikolosen Schuldners der Anleiherendite eines ausfallgefährdeten Schuldners gegenüberstellen, können wir die implizite Ausfallwahrscheinlichkeit berechnen:[173] Angenommen eine bestimmte Unternehmensanleihe bringt aktuell eine jährliche Rendite von 6,0 %, während die als risikolos angesehene Bundesanleihe mit gleicher Laufzeit eine Rendite von 4,5 % abwirft. Damit wissen wir, dass der Credit Spread $r_{RA,T}$ 1,5 % beträgt und die Marktteilnehmer von einem erwarteten Verlust von 1,5 % pro Jahr ausgehen. Wir können $r_{RA,T}$ aber nicht zwangsläufig mit der jährlichen Ausfallwahrscheinlichkeit gleichsetzen, da der Ausfall der Anleihe nicht notwendigerweise ihren vollständigen Verlust bedeutet. Abhängig von den gestellten Sicherheiten und der Höhe der Insolvenzmasse kann die Verlustquote beim Ausfall der Anleihe deutlich niedriger liegen. Mit Hilfe der Formel E-1 für den erwarteten Verlust aus einem Kreditgeschäft auf Seite 218 können wir jedoch die bedingte Ausfallwahrscheinlichkeit berechnen.

$$\text{Bedingte Ausfallwahrscheinlichkeit} = \frac{EV (=Credit\ Spread)}{\text{Verlustquote bei Ausfall}}$$

Formel E-4: Schätzung der Ausfallwahrscheinlichkeit aus Credit Spreads

Den Kreditäquivalentbetrag setzen wir dabei auf 100 % fest. Falls die Verlustquote z.B. 75 % beträgt, errechnet sich eine jährliche Ausfallwahrscheinlichkeit von 2,0 % (= 1,5 %/0,75). Sie steht unter der Bedingung, dass kein früherer Ausfall eintritt. Aus der Kreditrisikoprämie sowie der erwarteten Verlustquote lassen sich daher die bedingten Ausfallwahrscheinlichkeiten schätzen, die derzeit implizit der Rendite und damit dem Marktpreis der entsprechenden Anleihe zugrunde liegen.

Historische Ausfallwahrscheinlichkeiten

Ausfallwahrscheinlichkeiten werden häufig historisch betrachtet, d.h. es wird betrachtet, welche Schuldner in der Vergangenheit wie häufig ausgefallen sind. Banken geben weder die Schätzung der erwarteten noch die Daten über die historischen Ausfallwahrscheinlichkeiten ihrer Kunden der allgemeinen Öffentlichkeit preis. Allerdings können derartige Informationen für verbriefte Kredite (Anleihen) von Ratingorganisationen wie Standard & Poors oder Moody's abgerufen werden.

Tabelle E-1 zeigt einen Ausschnitt der von Moody's erhobenen kumulierten historischen Ausfallwahrscheinlichkeiten von Anleihen europäischer Unternehmungen für den Zeitraum 1985 bis 2009. Die Kreditnehmer werden dabei in Risikoklassen unterteilt, die sich an die amerikanischen Schulnoten A, B, C usw. anlehnen.

Die Tabelle ist folgendermaßen zu lesen: Eine Anleihe mit einem anfänglichen Rating von B hat für das erste Jahr eine Ausfallwahrscheinlichkeit (AW) von 3,10 %. Bis zum Ende der ersten zwei Jahre beträgt die kumulierte Ausfallwahrscheinlichkeit 8,28 %, bis zum Ende der ersten drei Jahre 13,14 % usw. Wenn wir diese Werte von 100 % abziehen, erhalten wir die Überlebenswahrscheinlichkeit ÜW bis zum Ende des jeweiligen Jahres. Die Wahrscheinlichkeit, bis zum Ende des dritten Jahrs „zu überleben", beträgt 86,86 % (= 100 % − 13,14 %).

$ÜW_t = 100\% - \text{kumulierte } AW_t$

---

[173] Die Ermittlung der Anleiherendite aus den Anleihepreisen und den Zusammenhang zwischen Anleiherendite und Anleihepreis finden Sie im Anhang G.2.2.

1.2 Ausfallwahrscheinlichkeiten

	Jahr 1	Jahr 2	Jahr 3	Jahr 4	Jahr 5	Jahr 6
Aaa	0,00 %	0,04 %	0,04 %	0,04 %	0,04 %	0,04 %
Aa	0,02 %	0,06 %	0,06 %	0,06 %	0,06 %	0,10 %
A	0,13 %	0,31 %	0,53 %	0,77 %	1,07 %	1,31 %
Baa	0,14 %	0,36 %	0,73 %	1,03 %	1,25 %	1,36 %
Ba	1,06 %	2,85 %	4,28 %	5,15 %	5,69 %	6,18 %
B	3,10 %	8,28 %	13,14 %	17,73 %	22,25 %	26,34 %
Überlebensw. (ÜW)	96,90 %	91,72 %	86,86 %	82,27 %	77,75 %	73,66 %
Marginale AW	3,10 %	5,18 %	4,86 %	4,59 %	4,53 %	4,08 %
Ausfallintensität	3,10 %	5,35 %	5,30 %	5,28 %	5,50 %	5,25 %

Tabelle E-1: Durchschnittliche kumulierte Ausfallraten europäischer Anleihen 1985–2009[174]

Wir können aus den kumulierten Ausfallwahrscheinlichkeiten auch die Ausfallwahrscheinlichkeiten im jeweiligen Jahr selbst ablesen. Sie werden als unbedingte Ausfallwahrscheinlichkeit oder auch als marginale Ausfallwahrscheinlichkeit bezeichnet. Sie beträgt z.B. im zweiten Jahr 5,18 %. Hierzu müssen wir nur die Differenz der kumulierten Ausfallwahrscheinlichkeiten des zweiten und ersten Jahres berechnen, d.h. 8,28 % – 3,10 %. Auf gleichem Wege ermitteln wir die Ausfallwahrscheinlichkeit im dritten Jahr mit 4,86 % usw. Die so ermittelten jährlichen Ausfallwahrscheinlichkeiten geben vom Zeitpunkt null aus betrachtet die Ausfallwahrscheinlichkeiten im jeweiligen Jahr an.

marginale AW_t = kumulierte AW_t – kumulierte AW_{t-1}

Wie hoch ist die Wahrscheinlichkeit, dass die Anleihe erst im dritten Jahr ausfällt und die ersten beiden Jahre überlebt? Da diese Ausfallwahrscheinlichkeit unter der Bedingung ermittelt wird, dass es zuvor keinen Ausfall gegeben hat, wird sie naheliegender Weise bedingte Ausfallwahrscheinlichkeit oder auch Ausfallintensität genannt. Die bedingte Ausfallwahrscheinlichkeit der Anleihe im dritten Jahr beträgt 5,30 % = 4,86 %/91,72 %. 4,86 % stellt dabei die marginale Ausfallwahrscheinlichkeit für das dritte Jahr dar und 91,72 % die Überlebenswahrscheinlichkeit der Anleihe bis zum Ende des zweiten Jahrs (100 % - 8,28 %).

bedingte AW_t = Ausfallintensität$_t$ = $\dfrac{\text{marginale } AW_t}{ÜW_{t-1}}$

Formel E-5: Ausfallintensität

Die Tabelle zeigt, dass die marginalen Ausfallwahrscheinlichkeiten im Zeitablauf nicht konstant sind. Bei den mit B klassifizierten Anleihen sinken die Werte ab dem zweiten Jahr. Das hängt damit zusammen, dass bei schlecht gerateten Unternehmungen die Insolvenzgefahr in den unmittelbar bevorstehenden Jahren am

[174] Quelle Moody´s 2010.

1 Kreditrisiko

höchsten ist. Übersteht die Unternehmung diese kritische Phase, verbessert sich oft die finanzielle Situation und das absolute Ausfallrisiko sinkt wieder. Anders bei bonitätsmäßig hoch eingestuften Unternehmungen. Wurde eine Unternehmung mit A geratet, dann steigen die Ausfallwahrscheinlichkeiten tendenziell an, weil es – ausgehend von einer guten Beurteilung – schwieriger ist sich weiter zu verbessern, als sich zu verschlechtern. Diese Veränderung der Risiken im Zeitablauf nennt man Migration von Risiken.

1.3 Vom Kreditrisiko zum Kreditderivat

Wie gezeigt, ist die Vergabe eines Kredits mit einem Ausfallrisiko verknüpft. Mit Hilfe von Kreditderivaten können diese Ausfallrisiken handelbar gemacht werden. Im Rundschreiben 1/2002 schreibt das Bundesaufsichtsamt für das Versicherungswesen:[175]

"Kreditderivate sind Finanzinstrumente, mittels derer die mit Anleihen, Darlehen oder anderen Aktiva verbundenen Kreditrisiken auf andere Marktteilnehmer, die sogenannten Sicherungsgeber, übertragen werden. Dabei werden die ursprünglichen Kreditbeziehungen zwischen dem Sicherungsnehmer, d.h. der Vertragspartei, die das Kreditrisiko veräußert, und dem Schuldner des Referenzaktivums weder verändert noch neu begründet."

Marktteilnehmern, allen voran Banken, eröffnen Kreditderivate damit die Möglichkeit, die bestehenden Ausfallrisiken ihrer ausgereichten Kredite an Dritte zu verkaufen, ohne in die bestehende Kreditbeziehungen einzugreifen. Käufer dieser Risiken sind dabei andere Banken, die bewusst neue Kreditrisiken eingehen wollen, aber auch Versicherungen und Hedgefonds. Bevor wir ausführlicher über die Motive der Marktteilnehmer am Markt für Kreditderivate sprechen, möchten wir zunächst Kreditderivate detaillierter vorstellen.

---

[175] S. 2–3. Das Bundesaufsichtsamt für Versicherungswesen ist seit 1. Mai 2002 Bestandteil der Bundesanstalt für Finanzdienstleistungsaufsicht, kurz BaFin.

2 Credit Default Swap

2.1 Grundstruktur eines CDS

Der prominenteste Vertreter eines Kreditderivats ist der Credit Default Swap (abgekürzt mit CDS). Er bietet einen Schutz gegen einen möglichen Kreditausfall. Der Käufer eines CDS ist der Käufer des Ausfallschutzes. Häufig wird er auch Sicherungskäufer, „Protection Buyer", Sicherungsnehmer oder Risikoverkäufer genannt. Auf der Gegenseite steht der Verkäufer des Anlageschutzes (Sicherungsverkäufer; Sicherungsgeber, Protection Seller; Risikokäufer). Die Vertragsparteien müssen bei einem CDS dabei folgende Sachverhalte festlegen:

Welches Referenzaktivum wird in welcher Höhe festgelegt?

Hier wird geklärt, auf welches Aktivum sich der Schutz bezieht. Referenzaktiva können konkrete Anleihen, aber auch Einzelkredite sein. Man spricht dann von einem Single-Name-Derivat. Als Referenzaktivum können aber auch ganze Kreditportfolios (Multi-Name-Derivat) oder Anleiheindizes vereinbart werden. Der Gesamtnennwert der Referenzaktiva wird als Nominalbetrag des CDS bezeichnet. Das Referenzaktivum eines CDS entspricht dem Basiswert des Kreditderivats. Im Zusammenhang mit CDS wird der Begriff Basiswert aber nur selten verwendet.

Unter welchen Bedingungen tritt der Versicherungsschutz ein?

Man spricht in diesem Zusammenhang vom Kreditereignis, Credit Event oder auch nur vom Trigger. Das vertraglich festgelegte Kreditereignis sollte dabei objektiv messbar und von den Vertragsparteien nicht beeinflussbar sein. Gängige Kreditereignisse sind die Insolvenz, ein eingetretener Zahlungsverzug oder die Nichteinhaltung einer wichtigen Kreditklausel seitens des Referenzschuldners. Falls die Referenzaktiva ganze Kreditportfolios umfassen, werden eine oder mehrere Referenzunternehmungen festgelegt, durch die das Kreditereignis ausgelöst wird.

Welche Leistungen sind beim Kreditereignis vorgesehen?

Die Vertragsparteien können vereinbaren, dass der Käufer des CDS beim Eintreten des festgelegten Kreditereignisses die Referenzaktiva zum Nominalwert an den Sicherungsgeber verkaufen kann, d.h. es findet eine physische Lieferung statt. Da bei physischer Lieferung das Problem umgangen wird, welchen Wert die Referenzaktiva nach Eintritt des Kreditereignisses noch haben, war dieses Verfahren bis vor wenigen Jahren die gängige Praxis bei CDS. Immer häufiger sahen die Verträge dann aber auch einen Barausgleich vor (Cash-Settlement), bei dem die Differenz zwischen dem Marktwert und dem Nominalwert der Referenzaktiva ausgeglichen wird. Den Marktwert können wir uns dabei als Verwertungserlös der Referenzaktiva nach Eintritt des Kreditereignisses vorstellen. Um das hier auftretende Bewertungsproblem zu lösen, legen die Vertragsparteien vorab eine unabhängige Stelle fest (Calculation Agent), die den Marktwert der Referenzaktiva nach dem Kreditereignis verbindlich bestimmt. Der Calculation Agent wiederum behilft sich, indem er die Referenzaktiva innerhalb einer festgelegten Zeitspanne versteigert. Nicht zuletzt wegen der Schwierigkeit den Verwertungserlös zu bestimmen, sehen CDS-Vereinbarungen auch alternativ die Zahlung eines Festbetrags vor, der beim Eintreten des Kreditereignisses fällig wird.

2 Credit Default Swap

Wie hoch ist die CDS-Prämie (CDS-Spread)?

Der Käufer eines CDS erhält den Ausfallschutz, d.h. er tritt das Ausfallrisiko aus einem Kreditgeschäft ab. Hierfür leistet er an den Verkäufer regelmäßig Zahlungen, die als Prozentsatz des Nominalwerts des CDS vereinbart werden. Diese Prämienzahlungen werden CDS-Prämie oder auch CDS-Spread genannt. Sie erfolgen je nach Vereinbarung jährlich, halbjährlich oder vierteljährlich nachträglich bis zum Ende der Laufzeit des CDS oder bis zum Eintritt des Kreditereignisses. Es sind aber auch Vereinbarungen möglich, bei denen die Zahlungen einmalig im Voraus (upfront) erfolgen. Diese veränderte Zahlungsweise hat allerdings Auswirkungen auf die Namensgebung. Man spricht dann nicht mehr von einem Credit Default *Swap*, sondern von einer Credit Default *Option*.

Laufzeit der CDS-Vereinbarung?

Im Vertrag muss die Laufzeit der Vereinbarung festgelegt werden, die höchstens so lange sein kann, wie die Laufzeit der zugrunde liegenden Referenzaktiva. Tritt das Kreditereignis mit den dadurch festgelegten Ausgleichsleistungen ein, wird die CDS-Vereinbarung vorzeitig beendet.

> **Beispiel:** Zwei Parteien vereinbaren am 1.2.2011 den Abschluss eines CDS. Als Referenzaktivum (Basiswert) wird eine bestimmte Anleihe der Unternehmung A vereinbart. Als Kreditereignis wird die Einstellung der Zinszahlungen auf diese Anleihe festgelegt. Der CDS sieht bei einem Kreditereignis physische Lieferung vor. Der Nominalbetrag der Vereinbarung beträgt 100 Mio. €, bei einer Laufzeit von vier Jahren. Der Käufer der Absicherung verpflichtet sich, während der Laufzeit des CDS jährlich nachschüssig 3,33 % auf den Nominalbetrag zahlen.

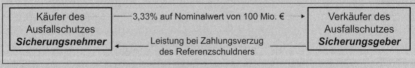

Abbildung E.1: Grundstruktur eines CDS

> Falls kein Kreditereignis eintritt, zahlt der Käufer des Ausfallschutzes jährlich am 1.2. eines Jahres 3,33 Mio. €, erstmalig am 1.2.2012. Sollte kein Kreditereignis eintreten, ist die letzte Zahlung der 1.2.2015.
>
> Nehmen wir an, dass am 1.5.2012 ein Kreditereignis eintritt. Der Käufer des Ausfallschutzes wird dann die festgelegte Referenzanleihe der Unternehmung A im Nominalwert von 100 Mio. € zum Preis von 100 Mio. € an den Verkäufer des Ausfallschutzes liefern. Da der CDS-Spread von 3,33 % jährlich nachschüssig vereinbart wurde, muss der CDS-Käufer bis zum 1.5. 2012 noch zeitanteilig die vereinbarte CDS-Prämie in Höhe von 0,8325 Mio. € (100 · 3,33 % · 90/360[176]) zahlen.

2.2 Bewertung eines CDS

Wie ermitteln wir die Höhe des CDS-Spreads bei Vertragsabschluss, d.h. wie hoch ist der Preis für die Übernahme des Ausfallrisikos? Wie ändert sich der Wert eines CDS im Zeitablauf? Die Grundidee zur Beantwortung dieser zwei Fragen haben

---

[176] Die Zinsberechnung bei Kreditderivaten erfolgt üblicherweise auf Basis der 30/360-Methode.

wir bereits im Kapitel über Swaps kennengelernt: Wir berechnen den Kapitalwert der mit einem CDS verbundenen Zahlungen. Da Unsicherheit herrscht, müssen wir mit Erwartungswerten rechnen und die vertraglich vereinbarten Zahlungen mit Wahrscheinlichkeiten versehen. Eine der wichtigsten „Zutaten" für die Bewertung von CDS sind daher die Ausfallwahrscheinlichkeiten der Referenzaktiva.

Ermittlung des CDS-Spread bei Vertragsabschluss

Betrachten wir nochmals das Beispiel des vierjährigen CDS, das der Abbildung E.1 zugrunde liegt. Wenn wir die Ausfallwahrscheinlichkeiten der Referenzanleihe während der Laufzeit des CDS kennen, sind wir in der Lage, die Höhe des CDS-Spreads zum Zeitpunkt des Vertragsabschlusses zu berechnen. Wir müssen hierzu fordern, dass der CDS-Spread für den Käufer und den Verkäufer „fair" festgelegt wird und die Bedingung erfüllt, dass der mit dem CDS verknüpfte Kapitalwert der erwarteten Zahlungsausgänge so hoch ist wie Kapitalwert der Zahlungseingänge. Aus welcher Sicht wir die Zahlungen betrachten spielt keine Rolle, da sich nur das Vorzeichen der Zahlungen ändert.

Im Folgenden wählen wir die Sicht des Käufers des Ausfallschutzes. Aus seiner Sicht muss der Kapitalwert der erwarteten Prämienzahlungen so hoch sein wie der Kapitalwert der erwarteten Einzahlungen, die er durch den CDS-Abschluss erhält. Wir nennen diesen Einzahlungsstrom im Folgenden Ausfallleistungen.

Kapitalwert der erwarteten Prämienzahlungen

Jahr	Marginale AW	ÜW	Erwartete Zahlung in € pro 100 €	Diskontierungsfaktor	Barwerte in €
1	0,0400	0,9600	96,000 · cs	0,95238	91,4286 · cs
2	0,0384	0,9216	92,160 · cs	0,90703	83,5918 · cs
3	0,0369	0,8847	88,474 · cs	0,86384	76,4268 · cs
4	0,0354	0,8493	84,935 · cs	0,82270	69,8760 · cs
Summe					321,3232 · cs

Tabelle E-2. Ermittlung des Kapitalwerts der erwarteten Prämienzahlungen[177]

Die Tabelle zeigt uns die jährlichen marginalen Ausfallwahrscheinlichkeiten der Referenzanleihe als Dezimalwert und die damit verbundenen Überlebenswahrscheinlichkeiten in den folgenden vier Jahren. Den Werten liegt eine konstante jährliche Ausfallintensität von 4 % zugrunde. Daraus können wir die in der Tabelle aufgeführten marginalen Ausfallwahrscheinlichkeiten berechnen.[178]

marginale AW_t = Bedingte AW($= 0,04$) · $ÜW_{t-1}$

---

[177] Da nicht alle verwendeten Nachkommstellen in der Tabelle aufgeführt werden, stimmen teilweise die angegebenen Werte nicht exakt mit den Zahlen überein, die sie selber berechnen können. Dies gilt auch für die nachfolgende Tabelle.
[178] Sie können die Werte in der Tabelle für die marginalen Ausfallwahrscheinlichkeiten im Aufgaben- und Lösungsteil dieses Abschnitts Jahr für Jahr nachvollziehen.

2 Credit Default Swap

Mit welcher Prämienzahlung muss der Käufer im ersten Jahr rechnen? Wenn *cs* den vereinbarten CDS-Spread in % bezeichnet, dann fällt pro 100 € Nominalbetrag eine Zahlung von 100 € · *cs* an. Die Prämienzahlung wird aber nur dann fällig, wenn kein Kreditereignis eintritt. Da die Wahrscheinlichkeit hierfür laut Tabelle 96 % beträgt, muss der Käufer des Ausfallschutzes folglich mit einer Prämienzahlung von 96,0 € · *cs* rechnen. Wir haben dabei zur Vereinfachung unterstellt, dass ein möglicher Ausfall am Ende des Jahres stattfindet. Damit synchronisieren wir den Zeitpunkt der Prämienzahlung mit dem möglichen Kreditausfall.

Da die Prämienzahlung vertragsgemäß am Ende des Jahres anfällt, müssen wir ihren Barwert ermitteln. Für die Berechnung haben wir eine flache Zinsstrukturkurve der Kassazinssätze mit 5,0 % über alle Laufzeiten hinweg angenommen. Der Diskontierungsfaktor für das erste Jahr beträgt somit $1/(1{,}05)^1 = 0{,}95238$, der Barwert der erwarteten Prämienzahlung im ersten Jahr damit 91,4286 · *cs*.

Die Überlebenswahrscheinlichkeit im zweiten Jahr beträgt 92,16 %, ermittelt aus 100 % abzüglich der Summe der kumulierten marginalen Ausfallwahrscheinlichkeiten der beiden ersten Jahre. Der Diskontierungsfaktor $1/(1{,}05)^2$ hat einen Wert von 0,90703, der Barwert der erwarteten Prämienzahlungen entsprechend 83,5918 · *cs*. Auf diese Weise berechnen wir die Barwerte von allen vier Jahren und erhalten einen Kapitalwert der erwarteten Prämienzahlung von 321,3232 · *cs*.

Kapitalwert der erwarteten Ausfallleistungen

Berechnen wir nun die finanziellen Vorteile des CDS aus Sicht des Käufers: Tritt das Kreditereignis ein, kann der Käufer des Ausfallschutzes die Referenzanleihe zum Nominalwert von 100 € verkaufen. Sein damit verbundener finanzieller Vorteil ist aber meistens geringer als 100 €, da im Insolvenzfall der Preis der Anleihe nicht zwangsläufig auf null sinkt. Der tatsächliche Anleihepreis und damit der tatsächliche finanzielle Vorteil hängt davon ab, wie viel die Besitzer der Anleihe aus der Insolvenzmasse erwarten können und ob die Anleihe mit bestimmten Sicherheiten ausgegeben wurde. Die relevante Größe für den tatsächlichen Verlustanteil im Insolvenzfall stellt die bereits vorgestellte „Verlustquote bei Ausfall" dar.

Jahr	Marginale AW	Verlustquote bei Ausfall	Erwartete Zahlung in € pro 100 €	Diskontierungsfaktor	Barwerte in €
1	0,0400	0,8	3,2000	0,95238	3,0476
2	0,0384	0,8	3,0720	0,90703	2,7864
3	0,0369	0,8	2,9491	0,86384	2,5476
4	0,0354	0,8	2,8312	0,82270	2,3292
Summe					10,7108

Tabelle E-3: Ermittlung des Kapitalwerts der erwarteten Ausfallleistungen

Wenn wir für unsere Referenzunternehmung eine Quote von 80 % unterstellen, können wir die finanziellen Vorteile des CDS im Falle des Kreditereignisses mit 80 € pro 100 € Nominalbetrag angeben. Bei einer Ausfallwahrscheinlichkeit von 4,0 % beträgt der erwartete Vorteil somit 3,20 €. Bei einem Diskontierungszins von

5,0 % entspricht dies einem Barwert von 3,0476 €. Auf diese Weise berechnen wir die Barwerte der folgenden Jahre und erhalten einen Kapitalwert der erwarteten Ausfallleistungen in Höhe von 10,7108 €.

Wir sind nun in der Lage den Wert von *cs* zu bestimmen, indem wir die Kapitalwerte der erwarteten Prämienzahlungen und Ausfallleistungen gleichsetzen:

321,3232 € · cs = 10,7108 €

Wir erhalten damit einen Wert von 0,0333 für *cs*. Der CDS-Spread müsste daher 3,33 % (333 Basispunkte) pro Jahr betragen, damit Sicherungsnehmer und Sicherungsgeber durch den Abschluss eines CDS-Vertrags den gleichen erwarteten finanziellen Nutzen ziehen.

Daumenregel für CDS-Spread

Die zwei zentralen Einflussfaktoren für die Höhe des CDS-Spread sind die geschätzten Ausfallwahrscheinlichkeiten und die geschätzte Verlustquote bei Ausfall. Mit Hilfe einer einfachen Rechnung können wir die Höhe des CDS-Spread näherungsweise ermitteln. Hierzu setzen wir den *Credit* Spread nach Formel E-4 (S. 220) mit dem *CDS*-Spread gleich. Wir erhalten:

CDS-Spread ≈ Bedingte Ausfallwahrscheinlichkeit · Verlustquote bei Ausfall
Formel E-6: Daumenregel für die CDS-Prämie (in %)

Für unser Beispiel ergibt sich ein Näherungswert von 3,2 % (= 4 % · 0,8).

Wert eines CDS nach Vertragsabschluss

Wir wissen nun, wie wir bei Vertragsabschluss ($t=0$) die Höhe des CDS-Spread berechnen können. Der Wert des abgeschlossenen CDS zu diesem Zeitpunkt, *V(CDS;0)*, ist null, da er weder dem Käufer noch dem Verkäufer einen Vorteil verschafft. Bezeichnet *KW* den Kapitalwert, dann gilt:

V(CDS;0) = KW der erwarteten Ausfallleistungen$_0$ – KW der erwarteten Prämienzahlungen$_0$ = 0

Nach Vertragsabschluss können sich aber die Kapitalwerte der erwarteten Zahlungen mit den relevanten Bewertungsfaktoren ändern und so den Wert des abgeschlossenen CDS beeinflussen.

V(CDS;t) = KW der erwarteten Ausfallleistungen$_t$ – KW der erwarteten Prämienzahlungen$_t$

Der Wert eines CDS zum Zeitpunkt *t* wird aus Sicht des Sicherungskäufers positiv sein, wenn der Kapitalwert der erwarteten Ausfallleistungen höher ist als der Kapitalwert der erwarteten Prämienzahlungen.

Die entscheidende Größe für den Wert eines CDS sind die Ausfallwahrscheinlichkeiten. Steigen sie, steigt der Kapitalwert der erwarteten Ausfallleistungen und der Wert der Absicherung zum ursprünglich abgeschlossenen CDS-Spread wird wertvoller. Falls die bedingte Ausfallwahrscheinlichkeit im Beispiel etwa nach Vertragsabschluss von jährlich 4,0 % auf 6,0 % ansteigt, hat der CDS einen Wert von 5,42 Mio. €.[179]

---

[179] Im Aufgabenteil können Sie die Rechnung im Einzelnen nachvollziehen.

Der verwendete Diskontierungszins spielt bei der Bewertung nur eine untergeordnete Rolle, da die Ein- und Auszahlungsströme gleichermaßen von einem veränderten Diskontierungsfaktor betroffen sind.

2.3 Fairer Wert, Banken und ISDA

Kreditderivate sind zwar bilaterale Verträge zwischen einem Sicherungsnehmer und einem Sicherungsgeber, doch findet die Preisfindung in einem marktähnlichen Umfeld statt. Marktteilnehmer sind Versicherungen, Fondsgesellschaften und große Investmentbanken. Da die Bewertung und der Handel von CDS großes Know-how und eine entsprechende technische Ausstattung verlangen, ist die Zahl der Market Maker gering und der CDS-Markt stark konzentriert. Nach einer Studie von Fitch umfasst der Marktanteil der fünf größten Investmentbanken 88% des CDS-Gesamtmarkts.[180]

Bei der Darstellung der Zins- und Währungsswaps hatten wir bereits über die wichtige Rolle der Banken für die Preis- und Marktfindung gesprochen.[181] Da es kaum einen börslich organisierten Markt für CDS gibt und die Abschlüsse als OTC-Geschäfte stattfinden, vermitteln Finanzintermediäre, allen voran große Investmentbanken, zwischen den Käufern und Verkäufern eines CDS und übernehmen dabei auch das jeweilige Kontrahentenrisiko.

Die Mittlerdienstleistung und die damit verbundene Übernahme des Kontrahentenrisikos bezahlen die Marktteilnehmer in Form der Differenz zwischen Ankaufs- und Verkaufskurs. Die Market Maker auf dem OTC-Markt fordern dabei üblicherweise circa fünf Basispunkte. Der verantwortliche Market Maker einer Investmentbank würde folglich vom Käufer des Ausfallschutzes 3,35% verlangen und an den Verkäufer des Ausfallschutzes 3,30% bezahlen. Solange Market Maker stets einen verbindlichen Ankaufs- und Verkaufskurs stellen, können wir davon ausgehen, dass der genannte Kurs dem rechnerischen Wert entspricht und der CDS damit auf Basis der geschätzten Ausfallwahrscheinlichkeiten fair bewertet ist.

Glattstellen eines CDS

Die Investmentbanken ermöglichen den Marktteilnehmer nicht nur den Einstieg in ein CDS-Geschäft, sondern sorgen auch dafür, dass Marktteilnehmer ihren CDS vor Laufzeitende glattstellen können, etwa um angefallene Gewinne zu realisieren oder wenn der Versicherungsschutz nicht mehr benötigt wird. Da Investmentbanken Ankaufs- und Verkaufskurse stellen, können die Vertragspartner ein entgegengesetztes

---

[180] Fitch Ratings: Global Credit derivatives Survey, 2009. Im Monatsbericht der Deutschen Bundesbank, 12/2010, Entwicklung, Aussagekraft und Regulierung des Markts für Kreditausfall-Swaps, wird das absolute Volumen der fünf größten Investmentbanken untersucht (S. 53).

[181] Siehe hierzu die Ausführungen zu D.2.3 auf S. 191 ff.

Geschäft mit dem ursprünglichen Vertragspartner zum dann gültigen Marktpreis abschließen. Damit löst sich das ursprüngliche Geschäft auf.

Falls der ursprüngliche Vertragspartner kein Gegengeschäft abschließen will, muss am Markt ein neuer Vertragspartner gefunden werden, der die Gegenposition zum Ursprungsgeschäft einnimmt. Wirtschaftlich kann das Ursprungsgeschäft so zwar geschlossen werden, juristisch existieren nun aber zwei Geschäfte. Eine dritte Möglichkeit ist ein Assignment, bei dem ein Dritter die Position der Gegenseite übernimmt. Da alle drei Vertragspartner dem Assignment zustimmen müssen, wird die im CDS verbleibende Vertragsseite nur dann zustimmen, falls der Dritte eine Bonität aufweist, die mindestens so hoch ist wie die Seite, die die Glattstellung wünscht.[182]

ISDA

Wie wir gesehen haben, sind CDS sind eine sehr komplexe, bilaterale Vereinbarung, die mit hohen Rechtsrisiken verbunden ist. Ein wichtiger Grund für das starke Wachstum des CDS-Markts liegt in der Standardisierung, die mit den seit 1998 vorliegenden ISDA-Verträgen erreicht wurde. Sie stellen einen Rahmenvertrag dar, der die Vertragsgestaltung und die interne Dokumentation für beide Seiten transparenter und rechtssicherer macht. Dabei werden so wesentliche Inhalte wie die Definition eines Kreditereignisses exakt beschrieben und festgelegt. Dies vereinfacht die Handhabe von CDS-Verträgen enorm.

Seit Mitte 2009 sehen die ISDA-Standardverträge für CDS einheitliche CDS-Spread-Sprünge vor. Üblich sind in Europa Sätze von 25, 100, 300, 500 750 oder 1000 Basispunkten. Die Abweichungen zum fairen CDS-Spread werden dabei mit einer einmaligen Vorabzahlung ausgeglichen. Darüber hinaus wurden auch die Fälligkeiten von CDS auf vier Termine im Jahr festgelegt.[183] Durch diese Standardisierungsmaßnahmen sollen CDS-Verträge transparenter, leichter handelbar und damit attraktiver gemacht werden.

2009 wurde von der ISDA das Determination Committee gegründet. Es kann von den Vertragspartnern als unabhängige Stelle, d.h. als Calculation Agent, vereinbart und eingesetzt werden. Das Committee fungiert dann als verbindliche Schiedsstelle bei zentralen Fragen wie: Liegt ein Kreditereignis vor, wann ist es eingetreten, welche Verwertungserlöse haben die Referenzaktiva nach dem Kreditereignis, welche Ausgleichszahlungen sind notwendig, welche Aktiva können geliefert werden, um die physische Lieferverpflichtung zu erfüllen usw.

2.4 Varianten von Credit Default Swaps

Die hier dargestellte Grundstruktur eines CDS wird an den Finanzmärkten in vielen Varianten angeboten. Digital Credit Default Swaps etwa sind dadurch gekennzeichnet, dass eine feste, vorab festgelegte Ausgleichszahlung erfolgt, falls das Kreditereignis eintritt. Da bei dieser Variante nicht die Höhe des tatsächlichen Schadens die Ausgleichszahlung bestimmt, spielt die Verlustquote bei der Bewertung eines

---

[182] Siehe hierzu auch die Ausführungen in D.2.3.
[183] Analog zu klassischen Futuregeschäften sind die Monate März, Juni, September und Dezember vorgesehen. Der Tag ist dabei jeweils der 20te.

Digital CDS keine Rolle. Ausschlaggebend ist allein die Ausfallwahrscheinlichkeit des Referenzaktivums. Diese Variante wird insbesondere dann gewählt, wenn die Referenzaktiva nicht öffentlich gehandelt werden und damit die Verlustquote kaum ermittelt werden kann.

Recovery Credit Default Swaps zeichnen sich dadurch aus, dass Ausgleichzahlungen beim Kreditereignis erst dann eintreten, wenn der Restwert des Referenzaktivums unter eine bestimmte Schwelle fällt. Anders formuliert: Die Verlustquote muss den vertraglich festgelegten Schwellenwert überschreiten. Der Ausfallschutz beginnt dann auch erst ab diesem Schwellenwert. Da bei dieser Variante die Absicherung nur unvollständig ist, sind die CDS-Spreads entsprechend geringer.

Dient ein ganzer Korb (Portfolio) von Referenzaktiva als Basiswert für einen CDS, spricht man von einem „Basket Credit Default Swap". Dabei muss festgelegt werden, ab wann ein bestimmtes Kreditereignis die Ausgleichzahlungen auslöst. Bei einem First to Default Swap erfolgt sie bereits dann, wenn nur einer der vielen Schuldner im „Korb" das Kreditereignis auslöst. Die Absicherung erstreckt sich dann jedoch auch nur auf das Kreditereignis dieses ersten Referenzschuldners. Die CDS-Prämien von First to Default Swaps steigen mit der Anzahl der Schuldner im Korb, da sich die Wahrscheinlichkeit eines Kreditereignisses entsprechend erhöht. Die CDS-Prämie eines Basket CDS ist jedoch viel geringer als die kumulierten CDS-Prämien für alle Einzelschuldner im Korb, da sich der Kreditausfallschutz nur auf den Kreditausfall des zeitlich ersten Referenzschuldners beschränkt.

Wird die Ausgleichszahlung erst dann ausgelöst, wenn für n Schuldnern ein Kreditereignis eingetreten ist, spricht man naheliegender Weise von einem „n to Default Swap".

Indexbasierte CDS beziehen sich auf einen Kreditindex, mit dem die Entwicklung von CDS-Prämien in bestimmten Teil- oder Gesamtmärkten abgebildet werden soll. Ein sehr bekannter Index ist der iTraxx Europa, der die CDS-Spreads der 125 europäischen Unternehmungen mit den liquidesten Anleihen zusammenfasst.

3 Überblick über weitere Kreditderivate

Wir hatten schon mehrfach betont, dass das Kreditrisiko[184] eng mit dem Marktpreisrisiko verknüpft ist und beide Risiken teilweise nur schwer voneinander abgegrenzt werden können. Falls sich abzeichnet, dass es für eine Unternehmung zunehmend schwieriger wird ihre Zins- und Tilgungszahlungen zu leisten, verschlechtert sich ihre Bonität. Dies hat negative Auswirkungen auf den Wert der ausstehenden Kredite bzw. Anleihen, selbst wenn die Unternehmung zum Betrachtungszeitpunkt noch regelmäßig ihre vertraglich festgelegten Zins- und Tilgungszahlungen leistet. Den Unterschied zwischen Kredit- und Marktpreisrisiko machen wir nur an der Stärke des Verlusts fest. Da bei einem tatsächlichen Ausfall (Default) der Kreditnehmer keine Zins- und Tilgungszahlungen mehr leistet, treten entsprechend hohe Verluste bei den ausgegebenen Krediten auf, die bis zum Totalverlust reichen können.

Die bisher betrachteten Credit Default Produkte bieten keinen Schutz gegen Marktpreisrisiken, sondern beschränken sich auf „reine Ausfallrisiken, bei denen ein tatsächlicher Kreditausfall eintritt. Verschlechterungen der Bonität und damit verbundene Marktpreisänderungen können damit nicht abgesichert werden. Hierzu eignen sich Credit Spread Produkte bzw. Total Return Produkte. Abbildung E.2 gibt hierzu einen Überblick.

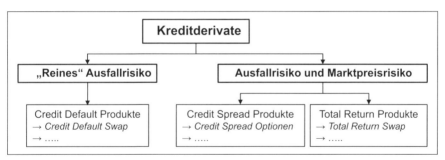

Abbildung E.2: Klassifizierung von Kreditderivaten

Zunächst betrachten wir Credit Spread Produkte im Detail.

3.1 Credit Spread Produkte

Wir wissen, dass sich die Ausfallwahrscheinlichkeit und damit die Bonität eines Schuldners A in der Kreditrisikoprämie (Credit Spread) wiederspiegelt, d.h. in der Renditedifferenz zwischen einem ausfallsicheren und dem ausfallrisikobehafteten Schuldner A.[185]

$$Credit\ Spread^A = Kreditrisikoprämie^A = i_T^A - r_T = r_{RA,T}^A$$

---

[184] Zur Erinnerung: Kredit- und Ausfallrisiko verwenden wir als Synonyme.
[185] Vergleiche hierzu Formel E-3 auf Seite 219.

3 Überblick über weitere Kreditderivate

Sinkt die Bonität des ausfallgefährdeten Schuldners, steigt die Kreditrisikoprämie und damit die Kreditzinsen i^A. Mit Credit Spread Optionen kann auf eine Ausweitung oder eine Verringerung des Credit Spreads spekuliert werden. Dabei muss vorab festgelegt werden, was man unter dem ausfallsicheren Schuldner genau versteht. Geeignet sind z.B. Anleihen der Bundesrepublik Deutschland oder bestimmte Geldmarktzinssätze wie etwa der EURIBOR. Die zur Ermittlung der Credit Spreads verwendeten Anleihen bzw. Zinssätze werden als Benchmarkanleihen bzw. Benchmarkzinssätze bezeichnet.

Gegen Zahlung einer Optionsprämie erhält der Käufer eines *Credit Spread Put* die Differenz zwischen einem zu Handelsbeginn festgelegten Basisspread und dem tieferen Credit Spread bei Ausübung bzw. Fälligkeit. Sollte der Credit Spread über dem Basisspread liegen, ist der Put wertlos und verfällt.

Innerer Wert Put = Max(0; Basisspread – Credit Spread bei Ausübung)

Der Käufer eines Credit Spread Put profitiert somit von sinkenden Credit Spreads und damit von einer Bonitätsverbesserung des ausfallgefährdeten Schuldners. Zur Illustration betrachten wir folgende Übung:

> *Übung:* Sie erwarten, dass sich die Bonität einer deutschen Unternehmung konjunkturbedingt verbessert. Sie kaufen deshalb einen Credit Spread Put mit einer Laufzeit von sechs Monaten auf eine bestimmte Anleihe dieser Unternehmung mit einer Laufzeit von drei Jahren. Als Benchmarkanleihe wird eine Anleihe der Bundesrepublik Deutschland mit einer Laufzeit von 2 Jahren und 11 Monaten verwendet.[186] Der aktuelle Spread von 2,30 % wird als Basisspread festgelegt. Der Nominalwert der Vereinbarung beträgt 10 Mio. €. Der Preis des Credit Spread Put betrage 20 Basispunkte (0,20 %). Wie hoch ist der innere Wert des Puts sowie der Gewinn/Verlust, falls am Laufzeitende der Option der tatsächliche Credit Spread 1,80 % beträgt?
>
> *Antwort:*
> *Innerer Wert (in %) = 2,30 % – 1,80 % = 0,50 %.*
> *Gewinn (in %) = Innerer Wert – bezahlte Optionsprämie = 0,50 % – 0,20 % = 0,30 %.*
> Die absoluten Werte erhalten wir, wenn wir die Prozentwerte mit dem vereinbarten Nominalbetrag von 10 Mio. € multiplizieren. Der innere Wert beträgt demnach 50.000 € und der Gewinn 30.000 €.

Die Handhabe von *Credit Spread Calls* verläuft analog:

Innerer Wert Call = Max(0; Credit Spread bei Ausübung – Basisspread)

Der Käufer eines Calls profitiert von einer Ausweitung des Credit Spreads und damit von einer Verschlechterung der Bonität des zu Grunde liegenden Schuldners.

Spread-Optionen sind üblicherweise amerikanischen Ausübungstyps und können somit stets während der Laufzeit der Option ausgeübt werden.

Die bisher dargestellte Variante wird als Spread Option mit Spreadausgleich bezeichnet, da die Differenz zwischen dem Basisspread und dem Spread zum Ausübungszeitpunkt ausgeglichen wird. Spread Optionen können aber auch mit Kursausgleich vereinbart werden. Bei dieser Variante wird die Differenz zwischen

---

[186] Um kein Zinsänderungsrisiko zu erhalten, sollten die Laufzeiten annähernd gleich sein.

einem vereinbarten Basispreis und dem risikoadjustierten Preis der Anleihe ermittelt, die wiederum aus den aktuellen Spreads errechnet werden.

3.2 Total Return Swaps

Mit Total Return Produkten wird nicht nur das Kreditrisiko, sondern das gesamte ökonomische Risiko eines Aktivums übertragen. Am Beispiel des Total Return Swap (TRS) wollen wir den Aufbau, die Funktionsweise und mögliche Anwendungen darstellen:

Bei einem TRS verpflichtet sich der Total Return *Zahler* dazu, den gesamten *Ertrag* einer Anleihe oder eines anderen Referenzaktivums an den Total Return Empfänger zu *zahlen*. Der Gesamtertrag beinhaltet dabei nicht nur die fixen Zinszahlungen des Referenzaktivums, sondern auch den Gewinn des Referenzaktivums, der ab Vertragsabschluss eintritt. Als Gegenleistung erhält der Total Return Zahler variable Zinszahlungen und den Ausgleich etwaiger Wertminderungen des Referenzaktivums vom Total Return Empfänger.

Betrachten wir als Beispiel eine zweijährige Swapvereinbarung im Umfang von 100 Mio. € nominal. Die Vereinbarung sieht vor, dass der Kupon aus einer 6,5% Festzinsanleihe einer Unternehmung A mit einer Restlaufzeit von vier Jahren gegen einen variablen Zinssatz in Höhe des 12-Monats-EURIBOR plus 1,5% getauscht wird. Bei Vertragsabschluss betrage der aktuelle Preis der Referenzanleihe 95%, der 12-Monats-EURIBOR 4,0%.

Abbildung E.3: Total Return Swap (TRS)

Die Abbildung zeigt, dass während der Swaplaufzeit der Total Return Zahler den Kuponsatz der Referenzanleihe von 6,5% auf den vereinbarten Nominalbetrag von 100 Mio. € an den Empfänger zahlt, im Beispiel jährlich 6,5 Mio. €. Im Gegenzug erhält er am Ende des ersten Jahr die vereinbarte variable Zinszahlung von 5,5 Mio. € (12-M-EURIBOR 4,0% + 1,5% Aufschlag). Da Swapvereinbarungen üblicherweise die Saldierung von Zinszahlungen vorsehen, müsste der Total Return Zahler 1,0 Mio. € an den Empfänger überweisen. Nach einem Jahr wird dann der zu Vertragsabschluss noch unbekannte 12-Monats-EURIBOR für das zweite Jahr ermittelt (gefixt) und die entsprechende variable Zinszahlung am Ende des zweiten Jahres mit der Kuponzahlung saldiert.

Am Laufzeitende erfolgt eine weitere Zahlung, die die Wertänderung der Referenzanleihe seit Vertragsabschluss widerspiegelt. Nehmen wir an, dass der Preis der Referenzanleihe nach zwei Jahren um 4,9 Prozentpunkte auf 99,9% gestiegen ist.

Der Marktpreisanstieg könnte durch eine Verbesserung der Bonität des Emittenten der Referenzanleihe und/oder durch einen Rückgang des risikolosen Zinssatzes auf den Kapitalmärkten eingetreten sein.[187] Was auch immer der Grund für den Anstieg ist, der Total Return Zahler muss dem Empfänger des TRS die eingetretene Wertsteigerung von 4,9 Mio. € weiterreichen. Wäre der Marktpreis der Referenzanleihe am Laufzeitende hingegen tiefer als bei Vertragsabschluss, würde eine entsprechende Zahlung in umgekehrter Richtung erfolgen, d.h. vom Empfänger zum Zahler des TRS.

Die Swapvereinbarung endet nach Ablauf der festgelegten Laufzeit oder falls ein Kreditereignis eintritt. In letzterem Fall erfolgt ein finaler Wertausgleich, der die Marktpreisänderung kompensiert, die durch das Kreditereignis eingetreten ist.

Es gibt viele Varianten des hier dargestellten TRS. So kann z.B. festgelegt werden, dass die Wertausgleichszahlung nicht einmalig am Ende der Laufzeit erfolgt, sondern jährlich zu den Kuponterminen. Es können auch physische Lieferungen vereinbart werden, bei denen das Referenzaktivum am Ende der Laufzeit gegen den Nominalbetrag getauscht wird.

Anwendungen von Total Return Swaps

Wie wir gesehen haben, wird mit einem TRS nicht nur das Ausfallrisiko, sondern das gesamte Marktpreisrisiko eines Referenzaktivums übertragen. Die möglichen Anwendungen von Total Return Swaps hängen davon ab, ob das Referenzaktivum bereits im Bestand gehalten wird oder nicht.

Total Return Zahler mit Referenzaktivum im Bestand

Betrachten wir zunächst die Situation eines Total Return Zahler, der das Referenzaktivum bereits besitzt. Er kann über die TRS-Zahlerposition alle mit dem Aktivum verbundenen Erträge, Chancen und Risiken an den Empfänger des TRS weiterreichen. Da die Kuponzahlungen und Wertsteigerungen an den Empfänger weitergegeben und Wertverluste durch ihn kompensiert werden, ist das Referenzaktivum für den Inhaber nach Abschluss des TRS ertragsmäßig ohne Bedeutung, obwohl er es weiterhin besitzt. Vom Empfänger bekommt er als Ausgleich variable Zinszahlungen. Wenn wir das Gesamtrisiko des TRS-Zahlers betrachten, erhält er ausschließlich variable Zinszahlungen vom Empfänger und hält weiterhin das Referenzaktivum im Bestand. Wirtschaftlich stellt sich der Inhaber des Referenzaktivums nach Abschluss des TRS damit so, als hätte er Geld an den Empfänger des TRS im Umfang des Nominalbetrags des Referenzaktivums zum EURIBOR-Satz + Aufschlag verliehen und das Referenzaktivum als Kreditsicherheit erhalten.

Wir können den Sachverhalt natürlich auch aus Sicht des Empfängers betrachten. Aus seiner Perspektive kann der Abschluss eines TRS wirtschaftlich mit dem Kauf des Referenzaktivums gleichgesetzt werden. Die Kauffinanzierung erfolgt dabei auf variabler Zinsbasis. Dabei wird das Referenzaktivum als Kreditsicherheit übereignet. Stellen Sie sich hierzu einfach vor, dass der Empfänger das Referenzaktivum erwerben will, dafür aber nicht die notwendigen Finanzmittel hat. Er geht zu seinem TRS-Partner, der meistens eine Bank ist. Die Bank kauft das Referenzaktivum (oder hat es bereits im Bestand) und behält es als Sicherheit. Dadurch sinkt das Finanzie-

---

[187] Den genauen Zusammenhang zwischen dem Preis der Anleihe, der Bonität des Emittenten sowie dem allgemeinen Zinsniveau finden Sie im Anhang G.2.1 und G.2.2.

rungsrisiko. Der Empfänger leistet die vereinbarten variablen Zinszahlungen. Da er im Gegenzug die festen Zinszahlungen erhält und die Wertsteigerungen bzw. die Wertverluste des Referenzaktivums übernimmt, stellt er sich wirtschaftlich so, als hätte er das Referenzaktivum selbst gekauft, variabel finanziert und das Referenzaktivum an den Kreditgeber als Sicherheit übertragen.

Üblicherweise nehmen Banken die Zahlerposition in einem TRS ein. Sie können über den TRS in der dargestellten Weise Referenzaktiva in Form von eigenen Bestandskrediten verkaufen und dem Käufer den Erwerb der Bestandskredite variabel finanzieren. Die Position des Käufers, d.h. des TRS-Empfängers, sind häufig Hedgefonds, die über diese Konstruktion ohne eigene Finanzmittel Risikoaktiva kaufen, in der Hoffnung, von einer zukünftigen Wertsteigerung der Risikoaktiva profitieren zu können.

Was bestimmt den Zinsaufschlag auf den variablen Zinssatz?

Total Return Swaps stellen ein Instrument dar, um Geldanlagen beim TRS-Empfänger vorzunehmen, die mit dem Referenzaktivum besichert sind. Der im TRS vereinbarte Zinsaufschlag über EURIBOR wird daher von der Bonität und damit der Ausfallwahrscheinlichkeit des TRS-Empfängers bestimmt. Da der Ausfall des Empfängers aus Sicht des Zahlers aber nur dann mit einem tatsächlichen Verlust verbunden ist, wenn gleichzeitig der Wert des Referenzaktivums sinkt, spiegelt der Zinsaufschlag über EURIBOR neben dem Ausfallrisiko des Empfängers auch das Ausfallrisiko des Referenzaktivums wider (und der Korrelation der beiden Ausfallrisiken).

Total Return Zahler ohne Referenzaktivum

Total Return Swaps spielen nicht nur bei der Finanzierung von Risikoaktiva eine bedeutsame Rolle, sondern ermöglichen auch das Eingehen einer Short-Position (Leerverkauf) im Referenzaktivum. Betrachten wir die Position des Zahlers, der das Referenzaktivum nicht in seinem Bestand hat. Da er den gesamten Ertrag des Referenzaktivums leisten muss und für etwaige Wertrückgänge kompensiert wird, stellt er sich wirtschaftlich so, als hätte er das Referenzaktivum verkauft und den Gegenwert zu 12-M-EURIBOR plus Zinsaufschlag angelegt. Der große Vorteil bei dieser Art des Leerverkaufs ist, dass jedes nur erdenkliche Referenzaktivum leer verkauft werden kann und nicht nur solche, die über eine Wertpapierleihe gedeckt werden können. Damit können Marktteilnehmer auf fallende Preise von Referenzaktiva jeglicher Art spekulieren.

4 Kreditderivate im weiteren Sinne

4.1 Überblick

Die bisher dargestellten Instrumente zum Transfer von Kreditrisiken werden in der Literatur häufig als Kreditderivate im engeren Sinne bezeichnet. Es gibt aber weitere Finanzmarktinstrumenten, mit deren Hilfe ebenfalls ein Transfer von Kreditrisiken vollzogen werden kann. Da bei diesen Instrumenten Credit Default Swaps mit Wertpapieren kombiniert werden, werden sie „hybride Kreditprodukte"[188] genannt. Credit Linked Notes und synthetische Kreditverbriefungen stellen die beiden wichtigsten Vertreter dar. Sie werden zu den Kreditderivaten im weiteren Sinne gerechnet.

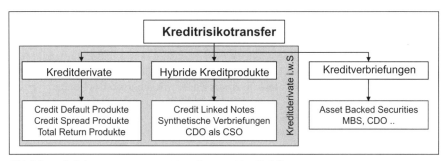

Abbildung E.4: Instrumente zum Transfer von Kreditrisiken

Die Abbildung verdeutlicht, dass auch klassische Kreditverbriefungen eingesetzt werden können, um Kreditrisiken zu transferieren.[189] Dabei werden nicht oder nur schwer handelbare Kredite in handelbare Wertpapiere „umgewandelt" und an Investoren verkauft. Weil diese Wertpapiere mit Vermögensgegenständen (Kreditforderungen) gedeckt sind, nennt man sie Asset Backed Securities (ABS). Je nach zugrunde liegendem Vermögensgegenstand erhalten die ABS spezielle Bezeichnungen: Werden die ausgegebenen Wertpapiere mit Wohnungsbaudarlehen oder Hypothekenkrediten gedeckt, spricht man von Mortgage[190] Backed Securities (MBS). Wenn Derivate, Anleihen oder allgemeine Kredite die relevanten Vermögensgegenstände darstellen, spricht man entsprechend von Collateralized Synthetic Obligation (CSO), von Collateralized Bond Obligation (CBO) bzw. von Collateralized Loan Obligation. Die drei letztgenannten Typen von ABS fasst man dabei unter dem Oberbegriff Collateralized Debt Obligation (CDO) zusammen.

Klassische Kreditverbriefungen werden üblicherweise nicht zu den Kreditderivaten gezählt. Nur wenn die Kreditforderungen nicht tatsächlich verkauft werden, sondern nur „synthetisch" mit Hilfe von Credit Default Swaps übertragen werden, werden sie zu den Kreditderivaten im weiteren Sinne gezählt (CSO). Betrachten wir nun die hybriden Kreditprodukte im Detail und beginnen wir mit Credit Linked Notes.

---

[188] Das Wort hybrid stammt aus dem Lateinischen und heißt übersetzt „von zweierlei Herkunft".
[189] Kreditverbriefungen werden oft mit dem englischen Wort „Securitisation" bezeichnet.
[190] Mortgage ist die englische Bezeichnung für Hypothek und Hypothekendarlehen.

4.2 Credit Linked Note

Wir müssen uns darüber im Klaren sein, dass der Abschluss eines Credit Default Swap das Kreditrisiko des Referenzaktivums in ein Kreditrisiko gegen den Sicherungsgeber tauscht. Ist der Sicherungsgeber nicht in der Lage, bei Eintritt des Kreditereignisses das Referenzaktivum vereinbarungsgemäß zu kaufen bzw. die Ausgleichzahlung zu leisten, dann verbleibt der finanzielle Schaden trotz Abschluss eines CDS beim Sicherungsnehmer. Da diese Situation nur dann eintreten kann, wenn sowohl das Referenzaktivum als auch der Sicherungsgeber ausfallen, spricht man hier auch von einem Double Default Risiko. Der Käufer des Ausfallschutzes kann dieses Risiko aber ausschließen, wenn er bereits beim Abschluss des CDS vom Sicherungsgeber den Gegenwert des maximalen Verlusts erhält, der beim Ausfall des Referenzaktivums eintreten kann. Diese Konstruktion liegt bei einer Credit Linked Note vor, bei der ein CDS mit einer Schuldverschreibung (Anleihe) verknüpft wird. Der Begriff „Note" steht dabei für die englische Bezeichnung einer Anleihe mit Laufzeiten bis zu zehn Jahren.

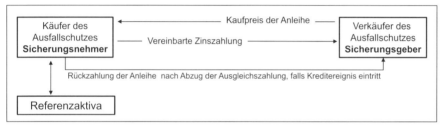

Abbildung E.5: Grundstruktur einer Credit Linked Note

Der Käufer des Ausfallschutzes emittiert eine Anleihe, erhält den Kaufpreis vom Sicherungsgeber und leistet die vereinbarten Zinszahlungen. Der Rückzahlungsbetrag der Anleihe ist jedoch an ein festgelegtes Kreditereignis der Referenzakiva geknüpft. Tritt kein Kreditereignis ein, erhält der Verkäufer des Ausfallschutzes den Nominalbetrag der Anleihe zurück. Sollte jedoch das Kreditereignis eintreten, dann wird der Rückzahlungsbetrag der Anleihe um den Schadensbetrag gekürzt, der dem Kaufer des Ausfallschutzes durch das Kreditereignis der Referenzaktiva entstanden ist. Ein einfacher CDS unterscheidet sich von Credit Linked Notes in wesentlichen Punkten:

Double Default Risiko: Da der Sicherungsgeber seinen maximalen Verlust bereits durch den Kaufpreis der Anleihe entrichtet hat, ist der Käufer des Ausfallschutzes keinem Kreditrisiko mehr ausgesetzt. Das Double Default Risiko geht nun vielmehr auf den Sicherungsgeber über, da er einerseits das Kreditrisiko der Referenzaktiva trägt und andererseits die Rückzahlung der Anleihe einem Ausfallrisiko des Sicherungsnehmers unterliegt.

Finanzierungseffekt: Credit Linked Notes sind mit einem Finanzierungseffekt für den Sicherungsnehmer verbunden, da die maximale Versicherungszahlung bereits vorab geleistet wird. Der vereinbarte Zinssatz für die Anleihe muss deshalb neben dem CDS-Spread für das Ausfallrisiko der Referenzaktiva auch den risikolosen Zinssatz für den entsprechenden Zeitraum beinhalten.

Bilanzierung: Während einfache CDS bilanzneutral sind, müssen Credit Linked Notes bilanziert werden, da sie anleiheähnlichen Charakter aufweisen.

Käufergruppen: Der anleiheähnliche Charakter von Credit Linked Notes ermöglicht Käufergruppen wie Privathaushalten und Versicherungen eine einfache Teilnahme am Markt für Kreditderivate.

4.3 Pooling und Tranching

Betrachten wir nochmals einen Standard-CDS: Aus Sicht des Risikoverkäufers (Sicherungsnehmer) ist es sehr zeitaufwändig, die Kreditrisiken einer großen Anzahl von Einzelkrediten mit einzelnen CDS abzusichern. Darüber hinaus sind viele Einzelkredite häufig zu klein, um einen CDS abschließen zu können. Auch aus Sicht des Risikokäufers ist ein CDS auf einen hohen Einzelkredit häufig unerwünscht, da damit ein hohes Ausfallrisiko auf einen einzelnen Kreditnehmer entsteht. Risikokäufer wünschen stattdessen häufig eine Diversifikation ihrer „gekauften" Kreditrisiken auf viele kleine Kreditnehmer. Um diesen Wünschen zu entsprechen, werden viele Einzelkredite zusammengefasst. Dieses sogenannte Pooling findet dabei in einer eigens dafür vom Risikoverkäufer gegründeten Zweckgesellschaft statt.[191] Wie bei den bereits dargestellten Credit Linked Notes könnte die Zweckgesellschaft anschließend eine Anleihe emittieren, deren Rückzahlung vom Ausmaß der ausgefallenen Einzelkredite abhängt. Das dabei entstehende durchschnittliche Kreditrisiko ist jedoch für viele Investoren zu hoch, da deren interne oder aufsichtsrechtliche Anlagevorschriften nur den Kauf von Anleihen erlauben, die ein bestimmtes Mindestrating aufweisen.[192] Der Gesamtpool wird daher in mehrere Anleihetranchen mit unterschiedlich hohen Kreditrisiken aufgeteilt, ein Vorgang, der deshalb auch als Tranching oder auch Strukturierung bezeichnet wird. Damit werden künstliche Risikoklassen erzeugt, die unterschiedlich hohe Ausfallwahrscheinlichkeiten und damit unterschiedliche Ratings haben. Eine typische Struktur sehen Sie in Abbildung E.6.

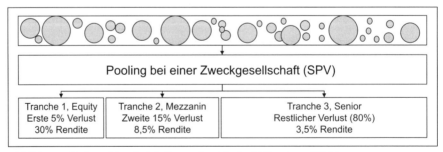

Abbildung E.6: Tranching bei Collateralized Debt Obligations (CDO)

---

[191] Da Zweckgesellschaft auf Englisch Special Purpose Vehicle genannt wird, spricht man auch von einem SPV.
[192] Die Grenzziehung zum untersagten Kauf liegt sehr häufig bei Anleihen mit einer Bewertung von mindestens Investmentqualität (Investment Grade), d.h. einem Rating von mindestens BBB- bei S&P bzw. Baa3 bei Moody's. Bei deutschen Sozialversicherungsträgern verläuft die Grenze bereits bei A- bzw. A3. Vergleiche hierzu Bösch, Aktienanlagen im Zusammenhang mit dem § 80 Abs. 1 SGB IV, 2007.

4.3 Pooling und Tranching

Der Gesamtpool der vielen Einzelkredite wird hier im Beispiel auf drei Tranchen und damit auf drei Klassen von Anleihen aufgeteilt. Die Verlustzuweisung der Kreditausfälle im Gesamtpool erfolgt dabei gestaffelt. Sie wird oft mit einem Wasserfall verglichen, der sich über verschiedene Becken ergießt. Erst wenn das erste Becken voll ist, wird das zweite Becken mit Wasser gefüllt usw. Die Anleihe der Tranche 1 umfasst im Beispiel 5 % des Nominalwerts des gesamten Pools. Während der Laufzeit der Anleihe fängt sie deshalb auch bis zu 5 % des Kreditausfalls des gesamten Kreditpools auf. Da diese Tranche zunächst alle Kreditausfälle bis zur festgelegten Grenze von 5 % auffängt, wird sie auch als Equity Tranche bezeichnet. Der Begriff soll verdeutlichen, dass diese Tranche das höchste Risiko trägt. Eine alternative Bezeichnung ist „First Loss Piece". Als Gegenleistung ist sie mit der höchsten Verzinsung ausgestattet, im Beispiel 30 %. Diese Tranche hat wegen ihres hohen Risikos üblicherweise kein Rating und wird von Investoren mit hoher Risikobereitschaft gekauft, allen voran Hedgefonds.

Die zweite Tranche umfasst 15 % des Nominalwerts des Pools. Damit tragen die Käufer dieser Tranche bis zu 15 % aller Kreditausfälle, die über den ersten 5 % liegen. Da ihr Ausfallrisiko deutlich geringer ist als das der Equity Tranche, ist auch die Verzinsung mit 8,5 % deutlich geringer. Tranche 2 trägt die Bezeichnung Mezzanine-Tranche oder auch Junior-Tranche. Ihr Rating liegt meistens im B-Bereich.

Die Tranche 3 hat konstruktionsbedingt das geringste Risiko. Sie umfasst im Beispiel 80 % des Nominalwerts des Kreditpools. Erst wenn die Käufer der Tranche 1 und 2 einen vollständigen Ausfall erlitten haben, d.h. erst wenn 20 % aller Kredite ausgefallen sind, treffen Kreditausfälle im Pool auch die Halter der Tranche 3. Wegen des geringsten Ausfallrisikos ist sie auch mit der geringsten Verzinsung ausgestattet (im Beispiel 3,5 %) und wird als Senior-Tranche bezeichnet. Aufgrund der geringen Ausfallwahrscheinlichkeit weist sie üblicherweise ein AAA-Rating auf. Weil viele mögliche Käufer der einzelnen Tranchen wegen interner oder wegen aufsichtsrechtlicher Bestimmungen nur Wertpapiere mit höchster Qualität kaufen dürfen, bemühen sich die Emittenten bei der Festlegung der einzelnen Tranchen eine möglichst große Senior-Tranche mit einem AAA-Rating zu „herauszuschneiden".

Die Renditen der einzelnen Tranchen beziehen sich jeweils auf den Restbetrag, der nach den jeweiligen Kreditausfällen in der Tranche verbleibt. Betrachten wir z.B. einen Anleger, der 100 € der Tranche 1 erwirbt: Solange kein Kreditausfall erfolgt, erhält er jährlich Zinsen von 30 €. Nehmen wir an, dass nach einem Jahr 2 % aller Kredite ausgefallen sind. Damit haben die Anleger der Equity Tranche bereits 40 % ihres Anlagebetrags verloren (2 %/5 % = 0,4). Der Anlagebetrag unseres Anlegers ist folglich auf 60 € geschrumpft. Die vereinbarten Zinsen von 30 % werden damit aber auch nur noch auf den verbliebenen Anlagebetrag von 60 € gezahlt.

Anleihen, die Ansprüche auf Tranchen begründen, die durch einen Kreditpool gedeckt sind, werden als Collateralized Debt Obligation (CDO) bezeichnet. Das bestechende dieses Vorgehens besteht darin, dass aus einem Kreditpool mit durchschnittlichen Kreditrisiken künstliche Anleihen geschaffen werden, die höchsten Ratinganforderungen genügen sollen.

CDO der zweiten Generation

Um noch mehr AAA-Anleihen aus einem bestehenden Kreditpool herauszuschneiden, wurde die Mezzanine-Tranche häufig zusammen mit anderen Mezzanine-

Tranchen anderer CDO umgepackt und auf diese Weise ein CDO der zweiten Generation erzeugt (CDO²). Die Abbildung zeigt das Vorgehen:

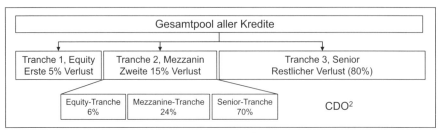

Abbildung E.7: CDO der zweiten Generation (CDO²)

Die Mezzanine-Tranche der ersten Generation wird erneut in drei Tranchen zerlegt. Die dabei entstehende Equity-Tranche der zweiten Generation übernimmt im Beispiel die ersten 6% aller Verluste, die bei einem Ausfall der Mezzanine-Tranche der ersten Generation entstehen. Auf die Mezzanine-Tranche der zweiten Generation fallen 24% aller darüber hinausgehenden Kreditausfälle. Die Senior-Tranche der zweiten Generation wird somit nur von Kreditausfällen getroffen, die über 70% liegen.

> **Übung:** Wie hoch ist der Umfang der Senior-Tranche der zweiten Generation am Gesamtpool aller Kredite und wie hoch muss der Kreditausfall im Gesamtpool sein, damit sie in Anspruch genommen wird?
>
> **Antwort:** Die Mezzanine-Tranche der ersten Generation umfasst 15%. Da die Seniortranche der zweiten Generation 70% davon ausmacht, beträgt ihr Anteil am Gesamtpool aller Kredite 10,5% (= 70% · 15%). Die Senior-Tranche der zweiten Generation wird dabei erst in Anspruch genommen, wenn die beiden vorgelagerten Tranchen der zweiten Generation ausgeschöpft sind. Da sie einen Umfang von insgesamt 30% haben (6% + 24%), beträgt ihr Anteil am Gesamtpool aller Kredite 4,5% (= 30% von 15%). Zusammen mit der Equity-Tranche der ersten Generation von 5% erhalten wir damit einen Wert von 9,5%. Übersteigt der Ausfall im gesamten Kreditpool diesen Wert, werden die Inhaber der Seniortranche der zweiten Generation an den Kreditausfällen beteiligt.

Wenn wir davon ausgehen, dass die Senior-Tranche der zweiten Tranchen wiederum ein AAA-Rating erhält, dann beträgt der Anteil aller AAA-Anleihen, die aus dem Gesamtpool aller Kredite erzeugt werden konnten, bereits 90,5%.[193] Allerdings ist das AAA-Rating der Seniortranche der ersten Generation qualitativ besser einzustufen, da zunächst die Seniortranche der zweiten Generation zur Verlustabdeckung herangezogen wird. Da ihre Ausfallwahrscheinlichkeit damit geringer ist, wird die Senior-Tranche der ersten Generation einen geringeren Zinssatz aufweisen als die der zweiten Generation.

---

[193] Teilweise wurden CDO geschaffen, die mehr als zehnmal verpackt wurden. Dies führte natürlich zur völligen Unkenntnis der wahren Risiken, die mit dem Kauf der Senior-Tranche einer zehnten Generation eingegangen wurde.

Finanzalchemie und die vernachlässigte Korrelation

Wie ist es möglich, aus einem Kreditpool mit durchschnittlichen Ausfallrisiken künstlich Anleihen zu schaffen, die höchste Bonitätsgrade von AAA erreichen? Wie können wir dabei die Ausfallwahrscheinlichkeiten ermitteln, die in den einzelnen Tranchen stecken? Eine genaue Kalkulation ist nur dann möglich, wenn wir die Ausfallwahrscheinlichkeit und die Größe aller Kredite im Gesamtpool kennen. Ein kleines Gedankenexperiment kann aber die Grundidee verdeutlichen:

Im grau unterlegten Teil der Abbildung E.8 betrachten einen Kreditpool 1, der aus zwei Immobilienkrediten mit jeweils gleichem Nominalwert besteht. Die jeweiligen Ausfallwahrscheinlichkeiten betragen 5 % bzw. 10 %. Der Kreditpool 1 hat damit eine Ausfallwahrscheinlichkeit 7,5 %. Wir müssen dabei unterstellen, dass mögliche Kreditausfälle unabhängig voneinander eintreten, d.h. unkorreliert sind.

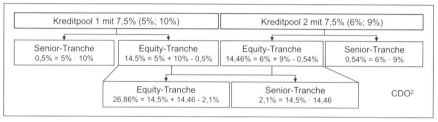

Abbildung E.8: Ausfallwahrscheinlichkeiten bei Tranchierungen

Nun tranchieren wir den Kreditpool in eine Equity- und eine Senior-Tranche. Die Anleihebedingen sehen dabei annahmegemäß vor, dass die Halter der Equity-Tranche die ersten 50 % der Kreditausfälle übernehmen. Dies wird immer dann eintreten, wenn mindestens einer der beiden Kredite ausfällt. Die Käufer der Senior-Tranche erleiden damit nur dann einen Verlust, falls beide Kredite gleichzeitig ausfallen. Dies tritt nach dem Multiplikationssatz der Wahrscheinlichkeit mit einer Wahrscheinlichkeit von 0,5 % ein (0,5 % = 5 % · 10 %). Die Halter der Equity-Tranche hingegen haben nach dem Additionssatz der Wahrscheinlichkeiten eine Verlustwahrscheinlichkeit von 14,5 %, errechnet aus der Summe der beiden Einzelwahrscheinlichkeiten (5 % + 10 %) abzüglich der Wahrscheinlichkeit von 0,5 %, dass beide Kredite gleichzeitig ausfallen. Mit Hilfe der Tranchierung ist es damit geglückt, aus einem Kreditpool mit einer durchschnittlichen Ausfallwahrscheinlichkeit von 7,5 % eine Senior-Tranche mit einer sehr geringen Ausfallwahrscheinlichkeit von 0,5 % zu schaffen. Sie würde sicherlich die Bestnote AAA erhalten, obwohl sie mit zwei Krediten besichert ist, die jeweils für sich allein betrachtet hohe Ausfallrisiken aufweisen.

Schaffen wir nun einen CDO der zweiten Generation. Abbildung E.8 verdeutlicht, dass wir hierzu einen zweiten Kreditpool benötigen. Er besteht annahmegemäß ebenfalls aus zwei Immobilienkrediten mit gleich hohen Nominalwerten. Die jeweiligen Ausfallwahrscheinlichkeiten betragen 6 % bzw. 9 %, was erneut zu einer durchschnittlichen Ausfallwahrscheinlichkeit von 7,5 % führt, sofern auch hier die Ausfallwahrscheinlichkeiten unkorreliert sind. Aus diesem zweiten Kreditpool erzeugen wir wieder eine Equity- und eine Senior-Tranche, deren Ausfallwahrscheinlichkeiten wir mit 14,46 % bzw. 0,54 % berechnen.

Die beiden Equity-Tranchen können wir nun zu einer Equity-und Senior-Tranche der zweiten Generation zusammenfassen. Ein Kreditausfall der Equity-Tranche trifft dabei dann ein, wenn mindestens eine der beiden Equity Tranchen der ersten Generation ausfällt. Die Ausfallwahrscheinlichkeit entspricht der Summe der Einzelwahrscheinlichkeiten (14,5% + 14,46%) abzüglich der Wahrscheinlichkeit, dass beide Equity Tranchen gleichzeitig ausfallen. Die Kombination von zwei riskanten Equity-Tranchen der ersten Generation führt im Ergebnis zu einer künstlich geschaffenen höchst riskanten Anleihe mit einer Ausfallwahrscheinlichkeit von 26,86% sowie einer Anleihe, die trotz Besicherung mit zwei stark risikobehafteten Equity-Tranchen, nur eine geringe Ausfallwahrscheinlichkeit von 2,1% hat.

Der Traum vieler Alchimisten im Mittelalter war die Schaffung von Gold aus Blei. Geglückt schien dies den Finanzalchemisten, die aus risikobehafteten Einzelkrediten nahezu ausfallsichere Anleihen in hoher Zahl schaffen konnten.[194] Die zentrale Annahme der Berechnung, die Unabhängigkeit der Ausfallrisiken, war dabei allerdings in der Wirklichkeit nicht gegeben und führte zu einem Zusammenbruch der Konstruktion. In der Finanzmarktkrise ging es nämlich nicht darum, dass einzelne Kreditnehmer im Kreditpool zufällig aufgrund persönlicher Lebensumstände zahlungsunfähig wurden. Vielmehr waren fast alle Hypothekenkredite, die in den jeweiligen Kreditpools der einzelnen CDOs lagen, gleichzeitig von der ausbrechenden US-amerikanischen Immobilienmarktkrise betroffen. Die Ausfallwahrscheinlichkeiten waren damit aber nicht unkorreliert, sondern systemisch miteinander verknüpft. Die Folge davon war eine systematische Unterschätzung der Ausfallrisiken der Senior-Tranchen.[195] Im Extremfall vollständig korrelierter Kreditrisiken beträgt die Ausfallwahrscheinlichkeit der Seniortranche bereits in der ersten Verbriefungsrunde 10%.

Synthetische Kreditverbriefung

Die bisherige Darstellung eines CDO geht von der Annahme aus, dass die Käufer die einzelnen Tranchen tatsächlich in Cash bezahlen und dieses Geld über die Zweckgesellschaft an den Verkäufer der Kreditforderungen des Kreditpools weitergereicht wird. Diese Verbriefungsmethode wird echter Forderungsverkauf genannt. Alternative Bezeichnungen sind True Sale oder reguläre Verbriefung. Der Vorteil für den Verkäufer der Kreditforderungen ist neben dem Zufluss an Liquidität die bilanzbefreiende Wirkung des Forderungsverkaufs. Es ist aber auch vorstellbar, dass Credit Default Swaps auf den Kreditpool verkauft werden und damit die Käufer der einzelnen Tranchen lediglich die Kreditrisiken aus den Kreditpools übernehmen. Man spricht in diesem Fall von einer synthetischen Kreditverbriefung. Analog zur Abbildung E.6 auf Seite 238 würde die Equity Tranche die ersten 5% aller Ausfälle übernehmen, die Mezzanine-Tranche die nächsten 15% und Senior-Tranche die verbleibenden Kreditausfälle. Als Gegenleistung für die Übernahme der Kreditrisiken erhalten sie die Prämieneinnahmen aus den CDS.

Synthetische Verbriefungen sind verglichen mit einer regulären Verbriefung mit einer Reihe von Vorteilen verknüpft: Durch die entsprechende Auswahl und Ausgestaltung der Credit Default Swaps können sie flexibler und passgenauer auf die Be-

---

[194] Siehe hierzu Handelsblatt vom 16.2. 2009, S. 9: Das Geheimnis der Krise: Die Fehler der Finanzalchemisten.
[195] Vergleiche hierzu, Coval, Jurek, Stafford, The Economics of Structured Finance, 2009.

dürfnisse des Kreditrisikoverkäufers abgestimmt werden. Darüber hinaus bleiben die ursprünglichen Eigentumsverhältnisse an den Kreditforderungen und damit die Kundenbeziehung unbeeinträchtigt. Kein Kunde muss einer Kreditabtretung zustimmen, der Risikotransfer bei synthetischen Verbriefungen bleibt dem Kunden verborgen.

5 Weitere Aspekte von Kreditderivaten

5.1 Volumen, Teilnehmer und Struktur

Marktvolumen

Da der CDS-Handel nahezu ausschließlich auf OTC-Basis erfolgt, gibt es keine öffentlich zugänglichen Informationen über die getätigten Abschlüsse. Im halbjährlichen Rhythmus erhebt die ISDA jedoch seit Anfang 2000 hierüber Daten von ihren Mitgliedern. Die Abbildung zeigt das Ergebnis dieser regelmäßigen Erhebungen.[196] Demnach ist das Bruttovolumen der ausstehenden CDS-Geschäfte aller Marktteilnehmer von 631 Mrd. USD im Jahre 2001 auf unvorstellbare 62,17 Billionen USD während der Immobilienkrise 2007 angestiegen. Um die Größe dieser Zahl begreifen zu können, muss man sich vergegenwärtigen, dass die USA zu diesem Zeitpunkt ein Bruttoinlandsprodukt von rund 14 Billionen USD hatten.

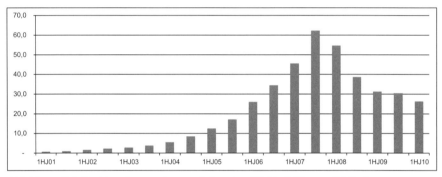

Abbildung E.9: Bruttovolumen der ausstehenden CDS in Billionen US-Dollar

Im Zuge des Vertrauensverlustes in diesen Markt durch die Insolvenz von Lehman Brothers und der Insolvenzgefährdung von American International Group (AIG) als einem der weltweit größten Sicherungsgeber haben die beteiligten Parteien das Neugeschäft deutlich reduziert und gleichzeitig ausstehende Geschäfte, wann immer möglich, gegeneinander aufgerechnet. Dennoch ist der CDS-Markt mit über 26 Billionen USD im 1. Halbjahr 2010 immer noch einer der größten Märkte überhaupt. Nach einer Erhebung der BIZ stellen dabei Singel-Name-CDS rund zwei Drittel aller Geschäfte dar. Der Rest besteht aus CDS-Körben und CDS-Indizes.[197]

Das dargestellte Bruttovolumen überzeichnet den Umfang der tatsächlichen Risikopositionen allerdings erheblich. Die meisten abgeschlossenen Geschäfte der Banken entstehen nämlich in ihrer Funktion als Market Maker und stellen lediglich durchlaufende Geschäfte ohne Risikogehalt dar. Seit Oktober 2008 erhebt die Depository Trust & Clearing Corporation (DTCC) Daten über die Nettovolumina der

---

[196] Verfügbar unter „Statistics" der ISDA (www.isda.org). Weitere Quellen stellt die British Bankers' Association und die Bank für Internationalen Zahlungsausgleich (BIZ) dar.

[197] Die Daten werden von der BIZ unter „Statistics" zur Verfügung gestellt (www.biz.org).

ausstehenden CDS-Geschäfte, d.h. nach Saldierung der jeweils offenen Positionen. Demnach beträgt das Nettovolumen lediglich rund 10% der offenen Bruttowerte.

Teilnehmerstruktur

Abbildung E.10 zeigt die Struktur der Sicherungsnehmer und -geber bei CDS-Geschäften. Investmentbanken bestreiten in ihrer Funktion als Market Maker rund ein Drittel aller Geschäfte. Banken nutzen die Kreditderivate aber auch, um im Rahmen ihrer Kreditrisikosteuerung bewusst Kreditrisiken zu kaufen bzw. verkaufen. Mit 18% aller abgeschlossenen Geschäfte dominiert der Anteil der Sicherungsnehmer.

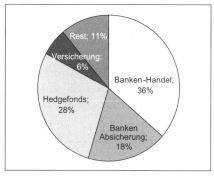 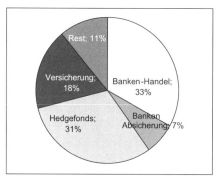

Abbildung E.10: Teilnehmerstruktur 2006 am CDS-Markt[198]

Einen weitere wichtige Gruppe sind Hedgefonds, die fast ausgewogen auf beiden Seiten des Marktes zu finden sind. Hier dominiert klar das Motiv der Spekulation. Eindeutig ist auch die Situation bei Versicherungen, die vorwiegend Käufer von Kreditrisiken sind.[198]

5.2 Motive zum Kauf und Verkauf von Kreditrisiken

Betrachten wir nun die möglichen Motive der einzelnen Marktteilnehmer etwas genauer.

Banken

Banken stellen, wie gezeigt, eine große Teilnehmergruppe dar. Was sind über das Market Making hinaus ihre Motive?

Reduktion der Eigenkapitalerfordernisse: Stellen Sie sich eine Bank vor, die einen 10-jährigen Kredit an eine Unternehmung vergibt. Die Bank kann diesen Kredit nun 10 Jahre lang in ihren Büchern halten und hoffen, dass der Kreditnehmer in all diesen Jahren regelmäßig seine Zins- und Tilgungsleistungen vornimmt. Da die aufsichtsrechtlichen Bestimmungen vorsehen, dass ein Teil des Kredits mit Eigenkapital finanziert werden muss, bindet der ausgegebene Kredit in all diesen Jahren Eigenkapital. Damit wird unter Umständen das Neugeschäft der Bank behindert, falls die Bank eine knappe Eigenkapitalausstattung aufweist.

---

[198] Die Daten basieren auf den Kreditrisikoreport der British Bankers' Association von 2006.

Kreditrisikosteuerung: Mit Kreditderivaten kann eine Bank das Ausfall- und Marktpreisrisiko ihres Kreditportfolios gegen Zahlung einer Prämie an Dritte veräußern. Dies ermöglicht Banken ihre Kreditbestände aktiver zu steuern als früher und unerwünschte Kreditrisiken an Dritte zu verkaufen. Da der Schuldner dabei nichts von diesem Vorgang erfährt, bleibt die ursprüngliche Beziehung Bank – Kunde unberührt.

Diversifikation von Kreditrisiken: Das Kreditrisiko können wir gedanklich in zwei Komponenten zerlegen: Einerseits hängt das Risiko vom spezifischen Schuldner ab. Man nennt diesen Teil das schuldnerspezifische oder auch das unsystematische Kreditrisiko. Die Bank kann ihr unsystematisches Kreditrisiko durch kluge Diversifikation deutlich verringern. Je höher die Anzahl der Kreditnehmer einer Bank, je geringer die Ausfallrisiken der Kreditnehmer korreliert sind und unterschiedlicher die Kreditnehmer sind, desto geringer wird das unsystematische Risiko für die Bank sein.

Die Ausfallwahrscheinlichkeit eines Kredits hängt aber auch von Einflussfaktoren ab, die alle Schuldner gleichermaßen betreffen. Denken Sie dabei an die allgemeine wirtschaftliche Lage. Dieses Risiko wird systematisches Kreditrisiko genannt und kann durch Diversifikation nicht verringert werden.

Einige Banken vergeben Kredite, die sie aus eigener Kraft nicht ausreichend diversifizieren können. Bei regional tätigen Banken (Sparkassen und Volks- und Raiffeisenbanken) häufen sich z.B. vorwiegend die Kreditrisiken regionaler Schuldner. Wir finden aber auch Banken, die überproportional viele Kredite an Unternehmungen in einer bestimmten Branche vergeben. All diese Banken haben schuldnerspezifische Kreditrisiken in ihren Büchern, die sie nur mit Hilfe von Kreditderivaten diversifizieren können. Hierzu verkaufen sie Teilrisiken oder kaufen gezielt ausgleichende schuldnerspezifische Kreditrisiken hinzu, die sie im klassischen Kreditgeschäft nicht erreichen könnten. Dabei ist nicht einmal der übliche Liquiditätsbedarf erforderlich.

Trennung von Zinsänderung- und Kreditrisiko: Banken haben neben der aktiven Steuerung ihrer Kreditrisiken noch ein weiteres Motiv Kreditderivate einzusetzen: Bei jedem ausgegebenen Kredit nimmt eine Bank ein Zinsänderungsrisiko (= Marktpreisrisiko) und ein Kreditausfallrisiko in ihre Bücher. Da mit Kreditderivaten Marktpreisrisiken und Kreditrisiken getrennt werden können, kann eine Bank die jeweiligen Risiken in den Abteilungen managen, die dafür die höchste Kompetenz aufweisen: Das Zinsänderungsrisiko in der Treasury-Abteilung, das Ausfallrisiko in der Kreditabteilung.

Versicherungen

Neben Banken, die über Kreditderivate den Umfang und die Struktur ihrer Kreditrisiken steuern, treten auch Versicherungen als Marktteilnehmer auf.

Erweitertes Tätigkeitsfeld für Versicherungen: Versicherungen bieten ja bereits seit Jahrzehnten klassische Kreditausfallversicherungen an. Diese sind aber auf den leistungswirtschaftlichen Bereich einer Unternehmung beschränkt, d.h. auf den Ausfall von Forderungen bei Warenlieferungen oder erbrachten Dienstleistungen. Da sich Kreditderivate auf Finanzaktiva wie Anleihen oder Bankkredite beziehen, können Versicherungen über Kreditderivate einen Versicherungsschutz für die damit verbundenen Ausfallrisiken übernehmen und so zum Mitspieler in einem sehr großen Markt mit hohem Prämienvolumen werden. Faktisch betreten Versicherungen damit ein Terrain, das bisher Banken vorbehalten war. Der operative Teil des Kreditgeschäfts, nämlich die Bonitätsprüfung, die Kreditvergabe und die Kreditüberwachung verbleibt zwar weiterhin bei den Banken, doch die Versicherungen übernehmen mit den Derivaten nun das Kreditausfallrisiko. Die besondere Gefahr dabei ist, dass die Versicherungen bei der Beurteilung der übernommenen Kreditrisiken vom Urteil Dritter abhängig sind. Sie selbst verfügen weder über die notwendigen Informationen noch über das Know-how, um selbst ausreichend sicher und fundiert die übernommenen Kreditrisiken einschätzen zu können. Sie müssen sich vielmehr auf die Aussagen der handelnden Banken und Ratingorganisationen verlassen. Dieses Vertrauen in Dritte verwundert, denn Versicherungen begreifen in ihrem klassischen Versicherungsgeschäft die Beurteilung von übernommenen Risiken als eine ihrer Kernkompetenzen.

5.3 Besonderheiten von Kreditderivaten

Credit Default Swaps und die auf ihnen beruhenden Produkte weisen eine Reihe von Besonderheit auf, die sie von allen anderen Derivaten unterscheiden:

Asymmetrische Information: Die zukünftige Wertentwicklung von Basiswerten wie Aktien- und Aktienindizes, Anleihen, Zinssätzen, Währungen, Rohstoffen usw. wird von sehr vielen Einflussfaktoren bestimmt. Darüber hinaus hat keine Person und keine Organisation einen exklusiven Zugang zu Informationen über die zukünftige Höhe dieser Einflussfaktoren. Damit aber ist das Wissen über die mögliche Wertentwicklung von Optionen und Forwards/Futures auf diese Basiswerte breit gestreut. Das gleiche gilt für Zins- und Währungsswaps. Der Wert eines Credit Default Swaps hingegen wird von einer einzigen Größe dominiert, der Ausfallwahrscheinlichkeit der entsprechenden Referenzunternehmung. Das Wissen darüber ist am Markt aber sehr ungleich verteilt. Die Hausbank der Referenzunternehmung, die Investmentbanken, die die Emission von Anleihen dieser Unternehmung begleitet haben, die Ratingorganisationen, die eine Bonitätsprüfung für diese Unternehmung durchgeführt haben, sie alle werden die Ausfallwahrscheinlichkeit der Referenzunternehmung deutlich besser einschätzen können als alle übrigen Marktteilnehmer. Damit aber liegt eine Informationsasymmetrie vor, die einen kleinen Teil der Marktteilnehmer in die Lage versetzt, den wahren Wert eines CDS besser abschätzen zu können als alle anderen.

Adverse Selektion: Eine Folge dieser Informationsasymmetrie könnte sein, dass bevorzugt die Kreditrisiken zum Verkauf angeboten werden, die überdurchschnittlich hoch sind, da die Gegenseite die wahre Ausfallwahrscheinlichkeit nicht oder nicht so gut beurteilen kann. Man spricht in diesem Zusammenhang vom Problem der adversen Selektion bzw. der Negativauslese. Es entsteht immer dann, wenn eine Seite vor Vertragsabschluss einen Informationsvorsprung hat und diesen zu ihrem Vorteil nutzt.

Moral Hazard: Nach Abschluss eines CDS-Vertrags entsteht eine neue Gefahr für den Käufer des Risikos. Die Handelsseite, die die Kreditrisiken über den CDS verkauft hat, steht nach wie vor in der vertraglichen und persönlichen Verbindung zur Referenzunternehmung, da ja kein echter Verkauf der Aktiva stattgefunden hat, sondern nur die Ausfallrisiken übertragen wurden. Mögliche Maßnahmen, die die

Wahrscheinlichkeit eines Kreditausfalls reduzieren (z.B. die die Einholung regelmäßiger Informationen, Kreditlinienüberwachungen, Kundenbesuche, Beratungen usw.) werden unter Umständen nicht mehr durchgeführt, da es keinen Anreiz gibt, einen möglichen Kreditausfall zu verhindern. Dieses Problem wird in der Literatur unter dem Stichwort Moral Hazard bzw. moralisches Risiko geführt.

Modell- und Bewertungsrisiko: Während es für die meisten Derivate Standardverfahren zu ihrer Bewertung gibt, existiert derzeit noch kein einheitliches Bewertungsmodell, auf das sich die Mehrheit der Marktteilnehmer geeinigt hat. Dies betrifft insbesondere den methodischen Ansatz, die Ausfallwahrscheinlichkeiten zu schätzen. Da die Marktteilnehmer aber viele individuelle Bewertungsmodelle heranziehen, ist die Gefahr hoch, dass die Käufer eines Ausfallschutzes eine zu hohe Prämie zahlen, bzw. die Verkäufer nicht adäquat für die Übernahme der Risiken kompensiert werden.

Alle Besonderheiten zusammengenommen führen dazu, dass die Marktteilnehmer Risiken ausgesetzt sind, die über das eigentliche Ausfallrisiko hinausgehen.

6 Was Sie unbedingt wissen und verstanden haben sollten

Kapitel 1 – 3: Kreditrisiko, CDS und weitere Kreditderivate

- Mit Hilfe einer Kreditfähigkeits- und Kreditwürdigkeitsprüfung versuchen die Banken den erwarteten Verlust *EV* abzuschätzen, der mit der Vergabe eines Kredits verknüpft ist.

  EV = Ausfallwahrscheinlichkeit · Kreditäquivalentbetrag · Verlustquote bei Ausfall

  Banken versuchen mit Hilfe geeigneter Verfahren die Ausfallwahrscheinlichkeiten zu schätzen. Für Unternehmungen mit börsennotierten Anleihen lassen sie sich aus den Anleiherenditen wie folgt ableiten:

  $$\text{Bedingte Ausfallwahrscheinlichkeit} = \frac{\text{Credit Spread (=erwarteter Verlust)}}{\text{Verlustquote bei Ausfall}}$$

- Kreditderivate ermöglichen den Handel von Ausfallrisiken. Der wichtigste Vertreter ist der Credit Default Swap (CDS). Der Käufer eines CDS ist der Käufer des Ausfallschutzes (Sicherungskäufer, „Protection Buyer", Sicherungsnehmer, Risikoverkäufer). Auf der Gegenseite steht der Verkäufer des Anlageschutzes (Sicherungsverkäufer; Sicherungsgeber, Protection Seller, Risikokäufer). Ein CDS regelt dabei folgende Sachverhalte: Welcher Basiswert wird in welcher Höhe festgelegt (bei einem CDS spricht man von einem „Referenzaktivum")? Unter welchen Bedingungen tritt der Versicherungsschutz ein (Festlegung des Kreditereignisses)? Welche Leistungen fallen beim Eintreten des Kreditereignisses an? Welche Laufzeit hat der Ausfallschutz? Welche Prämie (CDS-Spread) muss hierfür bezahlt werden?

- Um einen CDS bewerten zu können, benötigen wir die erwartete Ausfallwahrscheinlichkeit des Referenzaktivums sowie die Verlustquote bei Ausfall. Damit können wir den Kapitalwert der erwarteten Ausfallleistungen ermitteln. Stellen wir diesen Wert dem Kapitalwert der erwarteten Prämienzahlungen gegenüber, ergibt sich daraus die Höhe der fairen CDS-Prämie bei Vertragsabschluss. Die Daumenregel zur Ableitung der CDS-Prämie (in %) lautet:

  CDS-Spread ≈ Bedingte Ausfallwahrscheinlichkeit · Verlustquote

  Wenn sich nach dem Vertragsabschluss die relevanten Bewertungsfaktoren Ausfallwahrscheinlichkeit und Verlustquote ändern, ändert sich der Wert des CDS. Die allgemeine Bestimmungsgleichung lautet:

  V(CDS;t) = KW der erwarteten Ausfallleistungen$_t$ – KW der erwarteten Prämienzahlungen$_t$

- Credit Default Swaps sichern nur das Ausfallrisiko ab. Es sind jedoch auch Kreditderivate verfügbar, bei denen auch das Marktpreisrisiko eines Referenzaktivums abgesichert werden kann. Die beiden wichtigsten Vertreter hierfür sind Credit Spread Optionen und Total Return Swaps.

- Mit Credit Spread Optionen kann auf eine Veränderung der Kreditrisikoprämie (Credit Spread) spekuliert werden. Dabei muss der ausfallsichere Schuldner vorab festgelegt werden. Verwendet werden dafür häufig Anleihen der Bundesrepublik Deutschland oder bestimmte Geldmarktzinssätze wie etwa der EURIBOR.

6 Was Sie unbedingt wissen und verstanden haben sollten

Gegen Zahlung einer Optionsprämie erhält der Käufer eines *Credit Spread Put* die Differenz zwischen einem zum Handelszeitpunkt festgelegten Basisspread und dem tieferen Credit Spread. Es gilt:

Innerer Wert Put = Max(0; Basisspread – Credit Spread bei Ausübung)

Der Käufer eines Credit Spread Put profitiert somit von sinkenden Credit Spreads und damit von einer Bonitätsverbesserung des ausfallgefährdeten Schuldners.

Bei einem Credit Spread Call wird auf eine Verbesserung der Bonität des Schuldners spekuliert. Es gilt:

Innerer Wert Call = Max(0; Credit Spread bei Ausübung – Basisspread)

- Mit einem Total Return Swap (TRS) wird das gesamte ökonomische Risiko eines Aktivums handelbar. Dabei verpflichtet sich der TRS-Zahler dazu, den gesamten Ertrag einer Anleihe oder eines anderen Referenzaktivums an den Total Return Empfänger zu zahlen. Der Gesamtertrag beinhaltet dabei nicht nur die fixen Zinszahlungen des Referenzaktivums, sondern auch den Gewinn bzw. Verlust des Referenzaktivums, der seit Vertragsabschluss eingetreten ist. Als Gegenleistung erhält der Total Return Zahler variable Zinszahlungen.

  Ein TRS kann aus Zahlersicht als eine Geldanlage beim TRS-Empfänger interpretiert werden, die mit dem Referenzaktivum besichert ist. Aus Sicht des Empfängers stellt der TRS wirtschaftlich den Kauf des Referenzaktivums dar. Die Kauffinanzierung erfolgt dabei auf variabler Basis, wobei das Referenzaktivum selbst als Sicherheit gegeben wird.

  Total Return Swaps spielen nicht nur bei der Finanzierung von Risikoaktiva eine bedeutsame Rolle, sondern ermöglichen auch das Eingehen einer Short-Position (Leerverkauf) im Referenzaktivum.

Kapitel 4 und 5: Kreditderivate im weiteren Sinne und weitere Aspekte

- „Hybride Kreditprodukte" werden zu den Kreditderivaten im weiteren Sinne gerechnet. Dabei werden Credit Default Swaps mit Wertpapieren kombiniert. Credit Linked Notes und synthetische Kreditverbriefungen stellen die beiden wichtigsten Vertreter dar.

- Bei einer Credit Linked Note wird ein CDS mit einer Schuldverschreibung (Anleihe) verknüpft. Der Käufer des Ausfallschutzes emittiert eine Anleihe und leistet hierfür die vereinbarten Zinszahlungen. Der Rückzahlungsbetrag der Anleihe ist dabei an ein festgelegtes Kreditereignis der Referenzakiva geknüpft.

- Häufig wird eine Vielzahl von Krediten in einem Pool zusammengefasst. Da die dabei entstehenden Ausfallrisiken für viele Investoren zu hoch sind, wird der Pool in verschiedene Tranchen eingeteilt. Die Verlustzuweisung erfolgt dabei gestaffelt: Kreditausfälle betreffen zunächst die Halter der Equity-Tranche, dann die Halter der Junior-Tranche, zuletzt die Halter der Senior-Tranche. Teilweise werden die Equity- oder die Seniortranchen ein weiteres Mal „verpackt". Damit entsteht ein CDO der zweiten Generation. Sobald die Ausfallrisiken der einzelnen Kredite positiv korreliert sind, werden die Ausfallwahrscheinlichkeiten der Senior- und Junior-Tranchen systematisch unterschätzt.

- Die Motive für den Einsatz von Kreditderivaten sind aus Bankensicht die damit einhergehenden Möglichkeiten, die Eigenkapitalerfordernisse aus der Vergabe von Krediten zu senken sowie eine Verbesserung der Kreditrisikosteuerung und

Kreditrisikodiversifikation. Darüber hinaus ermöglichen sie eine Trennung der Kredit- und Zinsrisiken. Aus Sicht von Versicherungen eröffnen sie neue Geschäftsfelder.

- Bei Kreditderivaten liegen eine Reihe von Besonderheiten und Risiken vor: Da kein Standardverfahren zur Schätzung der Ausfallrisiken existiert, ist das Modellrisiko sehr hoch. Ferner liegt zwischen dem Käufer und Verkäufer eine asymmetrische Informationslage vor, die mit der Gefahr einer adversen Selektion verbunden ist. Da nach Vertragsabschluss der Verkäufer der Risiken darüber hinaus keinen Anreiz zur Eingrenzung der Ausfallrisiken hat, besteht die Gefahr von Moral Hazard.

7 Aufgaben zum Abschnitt E

1. Die bedingte Ausfallwahrscheinlichkeit einer Anleihe beträgt 4,0 % p.a. Wie hoch sind die jährlichen marginalen Ausfallwahrscheinlichkeiten und Überlebenswahrscheinlichkeiten in den nächsten vier Jahren? (siehe Tabelle E-2, S. 225).
2. Die bedingte Ausfallwahrscheinlichkeit einer Referenzanleihe beträgt 3,0 %. Der Markt geht von einer Verlustquote bei Ausfall von 75 % aus.
   a. Ermitteln Sie den fairen CDS-Spread für einen CDS mit einer Laufzeit von drei Jahren. Unterstellen Sie dabei eine flache Zinsstruktur von 4,5 %.
   b. Welches Ergebnis ergibt sich, wenn Sie einen Zinssatz von 10 % unterstellen? Was schließen Sie aus dem Ergebnis?
   c. Welchen CDS-Spread erhalten wir auf Basis der Daumenregel?

   Aufgabe in der Excel-Datei „Ergänzungen und Übungen".
3. Für welche Marktteilnehmer und für welchen Zweck sind Total Return Swaps geeignete Instrumente?
4. Warum muss bei einer Credit Linked Note paradoxerweise der Sicherungs*geber* den Ausfall des Sicherungs*nehmers* befürchten?
5. Sie erwarten, dass sich die Bonität einer deutschen Unternehmung verschlechtert. Sie kaufen einen Credit Spread Call mit einer Laufzeit von sechs Monaten auf eine bestimmte Anleihe dieser Unternehmung mit einer Restlaufzeit von 13 Monaten und einer Rendite von 4,20 %. Als Benchmarkzins wird der 12-Monats-EURIBOR verwendet, der aktuell 2,0 % beträgt. Der Basisspread wird mit 2,0 % vereinbart. Der Nominalwert der Vereinbarung lautet auf 100 Mio. €. Der Preis des Credit Spread Call liegt bei 40 Basispunkten (0,40 %).
   a. Ist die abgeschlossene Option im Geld, am Geld oder aus dem Geld?
   b. Wie hoch sind der innere Wert und der Gewinn/Verlust (prozentual und absolut), wenn nach sechs Monaten der 12-Monats-EURIBOR 2,5 % beträgt und die Rendite der Anleihe auf 4,80 % gestiegen ist?
   c. Welchen Wert müsste im Break-even-Fall der 12-Monats-EURIBOR haben, falls die Anleiherendite auf 3,5 % gefallen ist?
   d. Wie hoch schätzt der Markt in der Ausgangssituation die Ausfallwahrscheinlichkeit der Anleihe ein, wenn wir eine Verlustquote bei Ausfall von 70 % annehmen?

TEIL F
Brauchen wir Derivate?

Eine schwierige Frage mit vielen Facetten. Meine Antwort lautet: Ja, aber ...

Wir wollen uns der Antwort auf diese Frage nähern, indem wir zunächst die Vorteile und Risiken von Derivaten rekapitulieren.

1 Vorteile von Derivaten

Abtrennung und Handelbarkeit von Risiken
Wir konnten zeigen, dass der Kern des Markts für Derivate die Handelbarkeit von Risiken darstellt. Ob wir Forwards, Optionen oder Swaps betrachten, in allen Fällen werden Risiken von Basiswerten handelbar und übertragbar gemacht, allen voran Marktpreisrisiken und Ausfallrisiken. Derivate tragen dazu bei, die Risiken eines Basiswerts in seine Risikobestandteile zu zerlegen und getrennt handelbar zu machen.

Die über Derivate handelbaren Risiken existieren fast immer auch in einer Welt ohne Derivate. Finanzanlagen, Rohstoffe, Lebensmittel, all diese Basiswerte haben finanzwirtschaftliche Risiken. Beim Kauf einer Anleihe etwa wird nicht nur eine Geldanlageentscheidung getroffen, sondern gleichzeitig eine Entscheidung für das damit verbundene Zinsänderungsrisiko und Ausfallrisiko. Beide Risiken können aber mit Derivaten von der Anleihe abgetrennt und transferiert werden.

Die Tatsache, dass das Marktvolumen von Derivaten das Marktvolumen der zugrunde liegenden Basiswerte um ein Vielfaches übertrifft, kann nur bedingt als Beleg dafür herangezogen werden, dass sich die reale Welt von der Welt der Derivate völlig abgekoppelt hat. Stellen Sie sich vor, eine Bank schließt einen Zinsswap über 100 Mio. € mit einer Versicherung ab, die ein „reales" Anleiheportfolio absichern will. Die Bank wird versuchen, diese Swap-Position schnellstmöglich mit einem kleinen Gewinn weiterzuverkaufen. In den allermeisten Fällen ist der nächste Partner hierfür wiederum eine Bank. Die „reale Swap-Position" wird vielfach weitergereicht, bis es nach vielen Zwischenstationen schließlich eine Gegenseite erreicht, die ein reales Gegeninteresse am Geschäftsabschluss hat. Auf diese Weise generiert ein „reales Geschäft" von 100 Mio. € ein vielfach höheres Handelsvolumen. Die vielen Zwischenstationen sind aber notwendig, um das Ursprungsgeschäft im Markt unterzubringen. Das scheinbar aufgeblähte Handelsvolumen ist Ausdruck des Suchprozesses des Markts nach einer „realen Gegenseite" und nicht Beleg einer Abkoppelung von Derivaten von realen Basiswerten.

1 Vorteile von Derivaten

Liquidität und Transaktionskosten

Derivate sind in den meisten Fällen viel liquider als die zugrunde liegenden Basiswerte. Die hohe Liquidität führt dabei zu geringen Transaktionskosten auf diesen Märkten. Wir haben im Zusammenhang mit Futures und Swaps gezeigt, wie niedrig die Transaktionskosten beim Einsatz von Derivaten sind, verglichen mit dem bewegten Marktvolumen des Basiswerts. Würde am Kassamarkt ein ähnliches Marktvolumen bewegt werden, wären die Transaktionskosten um ein Vielfaches höher.

Wir dürfen nicht nur an die unmittelbaren Transaktionskosten im Sinne von Gebühren und Provisionen denken, sondern auch an die dadurch vermiedenen negativen Preisauswirkungen am Kassamarkt. Erinnern wir uns, wie einfach man mit Bund-Futures oder Zinsswaps große Anleiheportfolios und mit Hilfe von Aktienfutures große Aktienportfolios hedgen kann. Dabei vermeidet man nicht nur die hohen Transaktionsgebühren, die bei einem Verkauf der Einzelaktien oder -anleihen am Kassamarkt entstanden wären, sondern auch die negativen Auswirkungen auf die Marktpreise dieser Aktien und Anleihen. Insbesondere bei weniger liquiden Wertpapieren würden zum Teil empfindliche Preisabschläge beim Verkauf am Kassamarkt auftreten. Der Einsatz von Derivaten senkt damit nicht nur die Transaktionsgebühren, sondern steigert auch indirekt den Verkaufserlös.

Effiziente Finanzmärkte

Geringere Transaktionskosten verbessern per se die Effizienz der Finanzmärkte. Wir haben gesehen, dass die Effizienz aber auch über Derivate direkt verbessert werden kann. Erinnern wir uns an die komparativen Vorteile im Zusammenhang mit Zins- und Währungsswaps: Die Existenz komparativer Vorteile ist stets ein Zeichen unvollkommener Märkte. Swaps setzen an diesen komparativen Vorteilen an und führen zu einer Besserstellung beider Swap-Partner. Unvollkommenheiten auf Einzelmärkten können auf diese Weise umgangen werden.

Erweiterte Handlungsmöglichkeiten für Marktteilnehmer

Da durch Termingeschäfte zukünftige Umweltzustände explizit handelbar gemacht werden, können Marktteilnehmer die Risiken, denen sie ausgesetzt sind, in gewünschter Weise ändern. Wir haben gezeigt, wie die jeweiligen Derivate eingesetzt werden können, um bestehende finanzwirtschaftliche Risiken zu reduzieren, auszuschalten oder abzuändern. Dabei können Marktteilnehmer ihr gewünschtes Risiko sehr fein mit den entsprechenden Instrumenten steuern hinsichtlich des gewünschten Umfangs, des exakten Risikoprofils und des Zeitpunkts. Diese Möglichkeiten sind in einer Welt ohne Derivate nicht gegeben.

Diese erweiterten Handlungsmöglichkeiten sind nicht nur aus Sicht jedes Einzelnen ein Vorteil, sondern können auch dazu beitragen, die Risikohöhe in der Volkswirtschaft insgesamt zu senken. Die Zinssicherung für einen Immobilienkredit im nächsten Jahr ist nicht nur für den Häuslebauer vorteilhaft, sondern auch für den Anleger, der sich auf der Gegenseite eine feste Zinshöhe für seine im nächsten Jahr fällige Lebensversicherung sichert. Der Verkauf von Fremdwährung auf Termin ist nicht nur für den Exporteur von Vorteil, sondern auch für den Importeur, der sich bereits heute einen festen Kaufkurs für seine Waren sichert. Die Liste ließe sich beliebig erweitern. Vom hier beschriebenen Risikotransfer profitieren beide Seiten, da beide Seiten Sicherheit über den zukünftigen Umweltzustand erhalten.

Derivate ermöglichen Marktteilnehmern den Verkauf von Risiken, der über Kassamarktinstrumente kaum umsetzbar wäre. Denken Sie zum Beispiel an die Kredit-

1 Vorteile von Derivaten

forderungen von Banken, die mit hohen Zinsänderungs- und Ausfallrisiken verbunden sind. Mit Hilfe von Derivaten können Banken diese Risiken beliebig verändern, ohne in die Kundenbeziehung selbst eingreifen zu müssen.

Spekulation und Hebelwirkung
Derivate sind ideale Instrumente für all die Marktteilnehmer, die bewusst Preisänderungsrisiken eingehen wollen, d.h. spekulieren. Derivate erlauben Spekulanten dabei auf sehr einfache Weise auf fallende Kurse des Basiswerts zu setzen. Durch gekaufte Puts, verkaufte Calls, Short-Positionen in Futures und Forwards können Gewinne erzielt werden, wenn Märkte fallen. Dies ist ohne Derivate, zumindest für die meisten Marktteilnehmer, über die traditionellen Kassamarktinstrumente nicht möglich.

Derivate auf OTC-Basis verursachen keinen unmittelbaren Finanzbedarf und auch bei börsengehandelten Derivaten reduziert er sich auf die geforderte Margin. Da hohe Gewinne ohne (wesentlichen) Kapitaleinsatz erzielt werden können, ist der Hebel von derivativen Instrumenten ungeheuer groß.

2 Risiken

Anreiz zur Spekulation

Der zuletzt aufgeführte Vorteil von Derivaten, ihre enorme Hebelwirkung, ist ambivalent. Der hohe Hebel kann nicht nur zu Gewinnen führen, sondern auch zu hohen Verlusten. Nun ist nicht die Verlustmöglichkeit als solche der kritische Faktor. Verluste treten auch am Kassamarkt auf, beim Kauf von Aktien, Anleihen, Gold usw. Niemand käme auf die Idee, Aktien als Finanzierungsinstrument zu verbieten, weil es im letzten Jahrzehnt zweimal markante Kurseinbrüche und entsprechende Verluste für Anleger gegeben hat. Das Problem besteht darin, dass der hohe Hebel bei Derivaten einen *Anreiz* zur Spekulation schafft und die Möglichkeiten dazu gibt. Die Hemmschwelle, ein Kursänderungsrisiko von 180.000 Euro über den direkten Kauf von Aktien einzugehen, ist weitaus höher als der Kauf eines DAX-Future-Kontrakts, der in etwa dem gleichen Preisänderungsrisiko entspricht. Darüber hinaus setzen die erforderlichen Finanzmittel für den Aktienkauf dem Spekulanten schneller Grenzen, verglichen mit dem kapitaleinsatzlosen Kauf eines DAX-Futures.

Gefahr einer erhöhten Marktvolatilität

Paradoxerweise resultiert aus den geringen Transaktionskosten von Derivaten gleichzeitig eine potenzielle Gefahr. Je höher die Transaktionskosten in einem Markt sind, desto ausgeprägter muss eine Kursänderung sein, um Gewinne zu ermöglichen. Hohe Transaktionskosten können wir mit Honig vergleichen, der die Fließbewegungen des Marktes etwas verlangsamt und das Aktivitätsniveau der Marktteilnehmer verringert. Weil die Transaktionskosten bei Derivaten aber sehr gering sind, reichen bereits kleinste Preisänderungen, um einen Gewinn zu erzielen. Dies erhöht einerseits die Bereitschaft von Spekulanten, Positionen aufzubauen, andererseits sind aber auch Marktteilnehmer mit Absicherungswunsch schneller bereit, wegen kleinerer Marktbewegungen Hedge-Positionen aufzubauen. Das Aktivitätsniveau im Markt steigt folglich insgesamt an.

Ein höheres Aktivitätsniveau muss nun nicht zwangsläufig zu höheren Kursausschlägen und damit zu einer erhöhten Volatilität am Markt führen, solange einer erhöhten Kaufbereitschaft stets eine entsprechend gestiegene Verkaufsbereitschaft gegenübersteht. Wenn sich aber Marktteilnehmer zu bestimmten Anlässen vermehrt „auf eine Seite legen", steigt durch das erhöhte Volumen auch der Preisdruck. Wir können die Situation mit einem Boot vergleichen, in dem sich Wasser befindet. Je mehr Wasser im Boot ist, desto stärker schwappt das Wasser im Boot und desto mehr schwankt das Boot bei Bewegungen, die das Meer auslöst.

Transparenz

Die exakten Risiken, die Marktteilnehmer mit dem Kauf oder Verkauf von Derivaten eingehen, sind oft schwierig zu bewerten. Wir müssen dabei allerdings stark zwischen OTC-Geschäften und börsengehandelten Abschlüssen differenzieren:

– Aktuelle Preise der Derivate:
Für börsengehandelte Derivate stellt die Börse täglich Bewertungskurse zur Verfügung, mit denen der Gewinn und Verlust der Handelspositionen ermittelt werden kann. Anders bei Derivaten auf OTC-Basis. Hier existieren keine amtlich festgestellten Preise, die zur aktuellen Bewertung herangezogen werden können. OTC-Geschäfte sind definitionsgemäß auf einen einzelnen Vertragspartner abgestellt, mit der Folge, dass dieses konkrete Geschäft nicht gehandelt wird und folglich auch

kein fortlaufender Marktpreis für dieses Geschäft existiert. Damit kann auch nicht der Gewinn bzw. der Verlust der Derivate „offiziell" und fortlaufend ermittelt werden.

Marktteilnehmer können zur Lösung des Bewertungsproblems folgende Schritte ergreifen: Sie bitten andere Marktteilnehmer, meistens Banken, einen „Marktpreis" für dieses konkrete Geschäft zu benennen, ein Vorgehen, das sicherlich nicht sehr vertrauenserweckend ist. Alternativ können handelbare Marktpreise für ähnliche Geschäftsabschlüsse herangezogen werden. Am häufigsten aber werden interne Bewertungsmodelle eingesetzt, um den fairen Wert eines Derivats mathematisch zu bestimmen. „Mathematisch" klingt nach Exaktheit und Wahrheit, doch dies täuscht darüber hinweg, dass jedes Modell immer nur so gut ist wie die verwendeten Parameter. Einige der Parameter sind objektiv nachvollziehbar und können jederzeit von Dritten überprüft werden, etwa die Laufzeit oder der Nominalwert von Vereinbarungen. Die Höhe anderer Parameter hingegen ist einer gewissen Willkür unterworfen. Denken Sie z.B. an die zugrundegelegte Volatilität bei Optionen, die unterstellte Ausfallwahrscheinlichkeit für Kreditderivate, die Zinsstrukturkurve für Swaps. Kleine Abweichungen von den verwendeten Parametern führen zu größeren Wertänderungen der Derivate. Es wird daher immer eine gewisse Unsicherheit darüber herrschen, welcher Gewinn bzw. welcher Verlust tatsächlich mit den Derivaten erzielt wurde, da die richtige Höhe dieser kritischen Parameter nie ermittelt werden kann.

– Auswirkungen zukünftiger Preisentwicklungen:
Wenn schon die laufende Bewertung von Derivaten mit Schwierigkeiten und Unschärfen verbunden ist, um wie viel schwieriger muss die Prognose sein, welche Auswirkungen zukünftige Änderungen relevanter Parameter wie Zinshöhe, Zinsstruktur, Ausfallwahrscheinlichkeiten usw. haben. Die Prognose, wie sich der Wert einer Aktie ändert, wenn der Aktienkurs um 5 % steigt, ist einfach. Er steigt auch um 5 %. Diese Linearität ist bei Derivaten jedoch nie gegeben. Je nach Instrument und Position können beim Erreichen bestimmter Grenzen markante Gewinn- oder Verlustsprünge auftreten. Dieses Phänomen haben wir ja bereits bei einfachen Optionen kennen gelernt. Das Problem wird noch dadurch verschärft, dass sich Preise und damit Risiken selten unabhängig voneinander bewegen, sondern fast immer korreliert sind. Doch welcher ist der richtige, zukünftige Korrelationskoeffizient? Zwar versuchen Marktteilnehmer mit Hilfe von Stresstests und Simulationen die Risiken zu erkennen, doch wirklich sicher können sie sich nicht sein. Es bleibt immer ein kleines Fragezeichen bezüglich des tatsächlichen Ausmaßes der eingegangenen Risiken.

Gesamtwirtschaftliche Transparenz und systemische Risiken
Wenn schon innerbetrieblich Unsicherheit über das Ausmaß der Bestandsrisiken besteht, wie viel höher muss die Unsicherheit auf gesamtwirtschaftlicher Ebene sein. Hinzu kommt, dass bei OTC-Geschäften nicht bekannt ist, wer mit wem welche Geschäfte in welchem Umfang abgeschlossen hat.

Wir haben im Buch sehr häufig über Kontrahentenrisiken gesprochen. Sie können dazu führen, dass der Ausfall eines großen Marktteilnehmers eine Kettenreaktion auslöst. Wenn A seine vertraglichen Verpflichtungen gegenüber B nicht erfüllen kann, kann auch B seine vertraglichen Verpflichtungen gegen C nicht erfüllen usw. Diese Gefahr einer Kettenreaktion, die das gesamte System gefährdet, wird als systemisches Risiko bezeichnet. Je mehr sich die Geschäftsvolumina auf wenige Marktteilnehmer konzentrieren, desto gefährlicher sind diese systemischen Risiken. Diese Konzentration ist aber bei einigen Derivaten, insbesondere im Kreditbereich, deutlich gegeben.

Hohe Anfälligkeit für kriminelle Machenschaften
Es wurden in den letzten Jahren viele Beispiele bekannt, wie Bankangestellte durch nicht autorisierte Geschäftsabschlüsse in Derivaten die Insolvenz ihrer Unternehmung auslösten oder zumindest hohe Verluste verursachten. Die Geschichte der kriminellen Machenschaften ist dabei fast so alt wie der Markt für Derivate. Denken wir an die Daiwa Bank, die in den 1990er Jahren durch einen Händler mehr als eine Milliarde USD verlor. Denken wir an den Briten Nick Leeson, Händler bei der Barings Bank in Singapur, der zwischen 1993 und 1995 mit Milliardenverlusten in Derivaten den Zusammenbruch der Bank verursachte. Denken wir an Jérôme Kerviel, Händler der Société Générale, der 2008 einen Handelsverlust von 4,9 Mrd. € verursachte. Wir können dabei sicher sein, dass die in der Öffentlichkeit bekannt gewordenen Fälle nur die Spitze des Eisbergs darstellen. Da keine Bank dieser Welt gerne im Zusammenhang mit einem unzureichenden Kontrollsystem genannt werden will, werden derartige Vorfälle überwiegend „intern" geregelt.

Doch nicht nur Banken waren „Opfer". Auch klassische Industrieunternehmungen, selbst Behörden waren und sind davon betroffen. Dabei ist häufig unklar, ob Unwissenheit oder kriminelle Energie die Treiber der Verluste waren. Denken wir an die Metallgesellschaft AG, die bei Ölderivaten Mitte der 1990er Jahre Milliarden verlor oder an Shell, die durch nicht autorisierte Währungsgeschäfte eines Händlers mehr als eine Mrd. USD verspekulierte. Die kalifornische Gemeinde Orange County wurde 1994 für Verluste aus Zinsspekulationen in Höhe von zwei Mrd. USD berühmt.

Aufgrund der hohen Komplexität der Produkte, des hohen Hebels und der Bewertungsschwierigkeiten scheint es leichter zu sein, den Arbeitgeber bei Derivaten über das wahre Ausmaß der Risiken und die bereits eingetretenen Verluste zu täuschen als bei herkömmlichen Kassamarktinstrumenten. Marktteilnehmer, allen voran Banken, sollten daher aus den Ereignissen der letzten Jahre ihre Konsequenzen ziehen:

- Sie müssen noch engere Risikolinien für ihre Händler festlegen.
- Die Einhaltung dieser Linien muss noch konsequenter überwacht werden.
- Die Trennung von Handelsabteilung, Geschäftsabwicklung und Überwachung muss noch strenger erfolgen.
- Es dürfen keine falschen Anreize gesetzt werden.

In vielen Fällen agieren Händler aus ihrer persönlichen Sicht sehr rational, wenn sie hohe Risiken eingehen. Die Belohnung bei einem erfolgreichen Eingehen von Risiken ist durch hohe Bonuszahlungen fast immer ausgeprägter als Sanktionen im Verlustfall. Händler haben damit aber ein asymmetrisches persönliches Risiko.

- Überprüfung und die Hinterfragung der verwendeten Modelle.

Die Risiko- und Bewertungsmodelle sind entscheidend für den „fairen Wert" und damit den rechnerischen Preis der Derivate. Fehler, die hier auftreten, können gravierende Konsequenzen haben. Denken wir in diesem Zusammenhang an die „unberücksichtigte Korrelation" der Finanzalchemisten bei der Schaffung von Senior Tranchen der zweiten und dritten Generation. Allerdings wird man den Eindruck nicht los, dass manche Anbieter von CDOs sehr gerne die Korrelation von Ausfallrisiken „vergessen" haben.[199]

Besonderheiten bei Kreditderivaten
Wir haben in einem eigenen Kapitel aufgezeigt, dass Kreditderivate Risiken aufweisen, die sie von allen anderen Derivaten unterscheiden.[200] Um Wiederholungen zu vermeiden, seien hier nur die Schlagwörter genannt: Bei Kreditderivaten liegt üblicherweise eine asymmetrische Informationslage vor, da die Risikoverkäufer die Ausfallwahrscheinlichkeit besser abschätzen können als die Käufer. Dies kann zu einer adversen Selektion führen. Nach dem Geschäftsabschluss ist die Gefahr von Moral Hazard sehr groß, da seitens des Risikoverkäufers kein großes Interesse mehr besteht, Maßnahmen zur Risikominderung zu ergreifen. Darüber hinaus ist das Bewertungsrisiko von Kreditderivaten verglichen mit allen anderen Derivaten am höchsten, weil es keine Standardkreditrisikomodelle gibt.

---

[199] Vergleiche hierzu E.4.3, *Pooling und Tranching.*
[200] Vergleiche hierzu E.5.3, *Besonderheiten von Kreditderivaten.*

3 Schlussfolgerung

Ja, aber ... lautete die Antwort. Ja, weil die hier aufgeführten Vorteile von Derivaten zu groß und einzigartig sind, um auf sie verzichten zu können. Die moderne Welt des Banking, Financing und Investing ist ohne Derivate nicht mehr denkbar.

Wenn wir die Risiken der Derivate betrachten, können wir erkennen, dass sich einige auflösen oder zumindest an Gewicht verlieren, wenn der Handel nicht auf OTC-Basis, sondern über Terminbörsen vollzogen wird. Betrachten wir diese Punkte im Einzelnen:

Anreiz zur Spekulation
Börsengehandelte Derivate unterscheiden sich in einem wichtigen Punkt von OTC-Geschäften: Gewinne und Verluste werden täglich über die Variation Margin oder die Premium Margin gebucht. Verluste lassen sich so weitaus schwieriger in die Zukunft verschieben oder verschleiern. Die tägliche Abbuchung der Verluste hat daher ein sehr disziplinierendes Element auf Marktteilnehmer und reduziert so die Anfälligkeit für kriminelle Machenschaften.

Transparenz
Da Börsen täglich Abrechnungspreise zur Verfügung stellen, können die eingegangenen Positionen auch täglich bewertet werden und führen so zu Transparenz hinsichtlich des eingegangenen Risikos. Manipulationen der Werthaltigkeit von Derivaten durch Manipulationen am Bewertungsmodell zur Verschleierung von Verlusten sind dadurch ausgeschlossen. An ihre Stelle tritt ein von außen gesetzter Marktpreis.

Gesamtwirtschaftliche Transparenz und systemische Risiken
Weil jede Terminbörse den zentralen Kontrahenten für alle dort getätigten Handelsabschlüsse darstellt, sind Kontrahentenrisiken weitgehend ausgeschlossen. Da die Börsen zum eigenen Schutz Sicherheiten einfordern und einen täglichen Verlustausgleich durchführen, wird es viel unwahrscheinlicher, dass Marktteilnehmer Risiken eingehen, die ihre Finanzkraft übersteigen. Damit nimmt auch die Gefahr systemischer Risiken deutlich ab. Durch die zentrale Bündelung der Geschäfte an wenigen Terminbörsen wird ferner Transparenz darüber geschaffen, wer mit wem in welchem Umfang welche Geschäfte abgeschlossen hat. Die Steuerung und Regulierung von Marktteilnehmern wird dadurch deutlich vereinfacht.

Ja, wir brauchen Derivate, aber sie sollten weitgehend auf börsennotierter Basis gehandelt werden. Für die Instrumente, bei denen das (noch) nicht möglich ist, bleibt als Alternative nur, die Eigenkapitalanforderung an diese Geschäfte deutlich zu erhöhen.

Besonderes Augenmerk und eine sehr viele engere Regulierung erfordern Kreditderivate, da kein Marktregulativ deren spezifische Risiken eliminiert.

TEIL G
Anhang

1 Zufallsprozesse

Die Ausprägung einer Variablen, deren zukünftige Entwicklung unsicher ist, kann als stochastischer Prozess aufgefasst werden, d.h. als Zufallsprozess. Beispiele hierfür sind die Entwicklung von Aktienkursen, Wechselkursen usw. Betrachten wir einen Zufallsprozess, bei dem nur der aktuelle Wert der Zufallsvariablen für die Prognose des zukünftigen Werts relevant ist:[201] Angenommen die Zufallsvariable ist normalverteilt, der Erwartungswert liegt bei 20,0 % und die Varianz bei 0,2. Die Volatilität beträgt damit $\sqrt{0,2} = 0,447$, d.h. 44,7 %. Alle Werte sind als Jahreswerte zu verstehen.

Welche Wahrscheinlichkeitsverteilung hat die Zufallsvariable nach zwei Jahren? Zur Veranschaulichung nehmen wir an, dass die Zufallsvariable die Rendite einer Aktie darstellt. Wir können die Wahrscheinlichkeitsverteilungen für die zwei Jahre einfach addieren und erhalten eine Normalverteilung, deren Erwartungswert und Varianz die Summe der beiden jährlichen Werte darstellt. Der Erwartungswert beträgt damit auf Sicht von zwei Jahren 2 · 20 %, d.h. wir können erwarten, dass die Rendite der Aktie nach zwei Jahren bei 40 % liegt, d.h. der Aktienkurs um 40 % gestiegen ist. Die möglichen Abweichungen vom Erwartungswert von 40 % werden durch die Varianz festgelegt. Sie beträgt im Beispiel 2 · 0,2, d.h. 0,4. Ziehen wir daraus die Wurzel $\sqrt{2 \cdot 0,2}$ erhalten wir die Zwei-Jahres-Volatilität der Aktienrendite. Sie beträgt 0,6325, d.h. 63,25 %.

Allgemein formuliert:

Bezeichnet $Var(x)_{T=1}$ die Jahresvarianz einer normalverteilten Zufallsvariablen und T das Vielfache oder den Anteil eines Jahres, dann gilt:

$Var(x)_T = T \cdot Var(x)_{T=1}$

Entsprechend erhalten wir für die Volatilitäten:

$Vol(x)_T = \sqrt{T \cdot Var(x)_{T=1}} = \sqrt{T} \cdot Vol(x)_{T=1}$

---

[201] Solch ein stochastischer Prozess wird als Markov-Prozess bezeichnet. Historische Werte der Zufallsvariablen spielen damit keine Rolle für deren zukünftige Werte. Dies steht im Einklang mit der schwachen Form der Kapitalmarkteffizienz, demnach der aktuelle Wert die gesamten Informationen der vergangenen Preise beinhaltet.

1 Zufallsprozesse

Für den Erwartungswert erhalten wir:

$$E(x)_T = T \cdot E(x)_{T=1}$$

Um die Entwicklung von Aktien*renditen* zu beschreiben wird sehr häufig auf dieses Zufallsmodell zurückgegriffen. Für die Beschreibung von Aktien*kursen* ist es nicht geeignet, weil Aktienkäufer ja eine bestimmte Rendite ihrer Anlage erwarten, die unabhängig von der Höhe des Aktienkurses ist. Über die Aktienrendite können wir dann aber auf die Aktienkurse schließen.

> *Beispiel: Eine bestimmte Aktie hat in der Vergangenheit eine durchschnittliche jährliche Rendite von 7,0 % bei einer Volatilität von 25 % erbracht. Die Anleger gehen davon aus, dass diese Werte auch die Zukunft beschreiben. Aktuell steht der Aktienkurs bei 50 €. Welche Rendite erwartet der Anleger in den nächsten sechs Monaten? In welchem Intervall wird sich der Aktienkurs nach sechs Monaten mit einer Wahrscheinlichkeit von 68,27 % befinden, falls wir eine Normalverteilung unterstellen?*
>
> *Antwort: Unsere Werte lauten: $E(x)_{T=1}$ = 7,0 %; T=0,5; $Vol(x)_{T=1}$ = 25 %. Die Zufallsvariable x ist dabei die Aktienrendite. Wir erhalten:*
>
> *$E(x)_{T=0,5}$ = 0,5 · 7,0 % = 3,5 %. Der Anleger kann somit in einem halben Jahr eine Rendite von 3,5 % erwarten und folglich einen Aktienkurs von 51,75 € (50 · 1,035).*
>
> *Die Volatilität (Standardabweichung) bezogen auf ein halbes Jahr beträgt $Vol(x)_{T=0,5} = \sqrt{0,5} \cdot 25\% = 17,68\%$. Das Intervall mit einer Standardabweichung um den Erwartungswert von 3,5 % beträgt somit 3,5 % ±17,68 %. Das Renditeintervall beträgt damit –14,18 % bis 21,18 %. Bezogen auf den aktuellen Aktienkurs kann der Anleger damit einen Aktienkurs im Intervall von 42,91 € (= 50 · 08582) bis 60,59 € (= 50 · 1,2118) erwarten.*

2 Anleihebewertung

2.1 Anleiherendite und Anleihepreis

Ein Cashflowprofil aus Sicht eines Anlegers ist die beste Art, sich den Zusammenhang zwischen Laufzeit, Kupon, Marktpreis und Rücknahmepreis einer Anleihe klarzumachen.

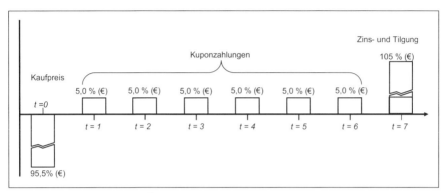

Abbildung G.1: Cashflowprofil einer Anleihe aus Anlegersicht

Die Abbildung zeigt das Beispiel einer Anleihe mit sieben Jahren Laufzeit, einer Tilgung zum Nominalwert von 100 % und einer Nominalverzinsung (Kupon) von 5,0 %. Die Kuponzahlungen beziehen sich stets auf den Nominalwert. Die Zinsen werden jährlich nachschüssig gezahlt. Wie können wir den Wert und damit den Preis der Anleihe bestimmen?

Ausgangspunkt ist die Überlegung, dass jede Kapitalanlage so viel wert ist wie der Kapitalwert des Zahlungsstroms, der mit ihrem Besitz verknüpft ist. Aus Käufersicht bedeutet eine Anleihe den Erhalt regelmäßiger Kuponzahlungen sowie den Tilgungsbetrag am Ende der Laufzeit. Um den heutigen Preis einer Anleihe $P(T)$ mit der Laufzeit T zu ermitteln, müssen wir daher die Barwerte der zukünftigen Kuponzahlungen und den Barwert der Tilgungszahlung ermitteln und diese Werte addieren. Wir nutzen hierfür die Kapitalwertformel[202] und schreiben:

$$Anleihepreis = P(T) = \sum_{t=1}^{T} \frac{Z_t}{(1+i_t)^t} = \frac{K_1}{(1+i_1)^1} + \frac{K_2}{(1+i_2)^2} + \cdots + \frac{K_T + Tilgung}{(1+i_T)^T}$$

Formel G-1: Preis einer Anleihe als Kapitalwert einer Einzahlungsreihe

Dabei bezeichnet K_t die Kuponzahlung in % vom Nominalwert zum Zeitpunkt t und i_t den Kassazinssatz für eine Laufzeit von t Jahren. Jede aus dem Besitz der Anleihe resultierende Zahlung zum Zeitpunkt t wird mit dem für diese Laufzeit gültigen Kassazinssatz i_t diskontiert. Die Tilgung wird ebenfalls als Prozentgröße vom Nominalwert ausgedrückt. Üblicherweise liegt sie bei 100 %, d.h. es wird der Nominalwert zurückgezahlt.

---

[202] Siehe hierzu Formel A-4, S. 22.

2 Anleihebewertung

Jahr	Kupon	Kassazinssätze i_T	Barwerte
1	5,0 %	3,2 %	4,84 %
2	5,0 %	3,5 %	4,67 %
3	5,0 %	3,9 %	4,46 %
4	5,0 %	4,5 %	4,19 %
5	5,0 %	5,1 %	3,90 %
6	5,0 %	5,6 %	3,61 %
7	105,0 %	6,0 %	69,83 %
Summe			95,50 %

Bei der in der Tabelle angegebenen Zinsstruktur der Kassazinssätze erhalten wir einen Wert von $P(7) = 95{,}50\,\%$. Wir zahlen demnach 95,5 % des Nominalwerts, erhalten sieben Jahre lang Kuponzinsen von 5,0 % und erhalten nach sieben Jahren 100 % zurück.

Statt Prozentwert könnten wir übrigens auch Eurowerte verwenden. Demnach kostet die Anleihe 95,5 € bei einem Nominalwert von 100 € und Kuponzinsen von 5,0 €. Wir verwenden aber im Folgenden stets die üblichere Darstellung in Prozent des Nominalwerts.

Mit dem hier beschriebenen Verfahren können wir aus der aktuellen Zinsstruktur den aktuellen Wert einer Anleihe bestimmen. Doch welche jährliche Rendite erzielt ein Anleger mit dem Kauf dieser Anleihe? Um diese Frage zu beantworten, greifen wir auf die aus der Investitionstheorie bekannte interne Zinsfußmethode zurück. Hierbei wird der Zinssatz $i(T)$ ermittelt, bei dem die investitionsbedingten Nettozahlungen einen Kapitalwert von null ergeben. Übertragen auf die „Finanzinvestition Anleihe" heißt dies, dass wir eine einmalige Auszahlung in Höhe des Kaufpreises $P(T)$ haben und danach regelmäßige und bekannte Einzahlungen in Form der Kuponzahlungen und des Tilgungsbetrags. Wir können also schreiben:

$$0 = -P(T) + \frac{K_1}{[1+i(T)]^1} + \frac{K_2}{[1+i(T)]^2} + \cdots + \frac{K_T + Tilgung}{[1+i(T)]^T}$$

bzw.

$$P(T) = \frac{K_1}{[1+i(T)]^1} + \frac{K_2}{[1+i(T)]^2} + \cdots + \frac{K_T + Tilgung}{[1+i(T)]^T}$$

Formel G-2: Zusammenhang zwischen Anleihepreis und Anleiherendite

Bitte beachten Sie, dass der Zinssatz $i(T)$ nun keinen Laufindex mehr hat, sondern konstant bleibt. Das „T" im Ausdruck $i(T)$ soll nur verdeutlichen, dass es sich um die Rendite für eine Anleihe mit einer Laufzeit von T Jahren handelt.

Übertragen auf unser Beispiel erhalten wir:

$$95{,}5\% = \frac{5\%}{1+i(7)} + \frac{5\%}{[1+i(7)]^2} + \frac{5\%}{[1+i(7)]^3} + \frac{5\%}{[1+i(7)]^4} + \frac{5\%}{[1+i(7)]^5} + \frac{5\%}{[1+i(7)]^6} + \frac{105\%}{[1+i(7)]^7}$$

2.1 Anleiherendite und Anleihepreis

Rechnerisch kann diese Formel nicht nach $i(7)$ aufgelöst werden, da es sich um ein Polynom 7. Grades handelt. Deshalb wird $i(7)$ im Iterationsverfahren ermittelt.[203]

Als Ergebnis des Iterationsverfahrens erhalten wir die interne Rendite der Anleihe in Höhe von 5,80 %, häufig nur „Rendite der Anleihe" genannt. Alternative Formulierungen für i sind „Effektivverzinsung", „Rendite bis zum Verfall" oder „Verfallrendite". Die beiden letzten Formulierungen lehnen sich an die englische Bezeichnung Yield to Maturity an. Bei einem am Markt gehandelten Preis der Anleihe von 95,5 % ergibt sich somit eine Rendite von $i(7) = 5,80\%$. Der Zinssatz $i(7)$ ist mit 5,80 % höher als der Kuponzins von 5,0 %. Die Differenz erklärt sich durch den Kaufpreis von 95,5 %, der niedriger liegt als der Tilgungsbetrag der Anleihe.

Wir können die Formel G-2 auch in umgekehrter Richtung nutzen. Ist die interne Rendite einer Anleihe bekannt, können wir den Preis der Anleihe bestimmen. Über den Zusammenhang zwischen Anleiherendite und Anleihepreis können wir folgende Aussagen treffen:

– Je geringer der Anleihepreis, desto höher ist c.p. zum Kaufzeitpunkt die interne Rendite.
– Je geringer die interne Rendite einer Anleihe, desto höher ist der Anleihepreis.
– Der Anleihepreis ist dann 100 %, falls Kuponzins und interne Rendite übereinstimmen. Man spricht in diesem Zusammenhang vom Par-Yield einer Anleihe.
– Je länger die Laufzeit der Anleihe, desto stärker reagiert der Anleihepreis auf Änderungen der internen Rendite. Das Preisänderungsrisiko von Anleihen steigt damit mit ihrer Laufzeit. Da es im Zusammenhang mit Anleihezinsen immer wieder zu begrifflichen Verwirrungen kommt, werden hier kurz alle relevanten Zinssätze definiert:

Begriff	Definition
Anleiherendite $i(T)$ (= Effektivverzinsung = Verfallrendite)	$P_0(T) = \dfrac{K_1}{[1+i(T)]^1} + \dfrac{K_2}{[1+i(T)]^2} + \cdots + \dfrac{K_T + Tilgung}{[1+i(T)]^T}$
Kuponzins	Kupon/Nominalwert
Laufende Verzinsung	Kupon/Anleihepreis
Par-Yield	Kuponzins und interne Anleiherendite stimmen überein

Übung: Eine Anleihe mit einem Kupon von 4,4 % und einer Laufzeit von drei Jahren hat eine Rendite von $i(T) = 6,5\%$. Wie hoch ist der Anleihepreis, wenn die Tilgung zum Nominalwert von 100 % erfolgt?

Antwort: Wir setzen die Werte in die Formel G-2 auf Seite 264 ein und erhalten 94,44 %. Wir könnten demnach die Anleihe zu 94,44 % des Nominalwerts kaufen. Alternativ können wir sagen, dass diese Anleihe pro 100 € Nominalwert aktuell 94,44 € kostet:

$$P_0 = \frac{4,4\%}{(1,065)^1} + \frac{4,4\%}{(1,065)^2} + \frac{4,4\% + 100\%}{(1,065)^3} = 94,44\%$$

---

[203] Excel bietet diese Funktion unter der Formel RENDITE an.

2.2 Bestimmungsfaktoren der Anleiherendite

Der Zinssatz $i(T)$ stellt finanzmathematisch den Diskontierungszins bzw. die interne Rendite einer Anleihe mit einer Laufzeit von T Jahren dar. Der Käufer erhält jährlich eine Rendite auf sein jeweils gebundenes Anlagekapital in Höhe von $i(T)$.

Wir können $i(T)$ auch wirtschaftlich deuten und von $i(T)$ aus Rückschlüsse auf die Bonität des Schuldners ziehen: Aus Sicht des Emittenten der Anleihe, d.h. aus Sicht des Schuldners, stellt $i(T)$ den jährlichen Kreditzins dar, den er im Moment für eine Kreditaufnahme für die entsprechende Laufzeit bezahlen müsste. Verbinden wir diesen Gedanken mit dem Gedanken, dass sich der Zinssatz für jeden Kreditnehmer aus zwei Komponenten zusammensetzt: Einerseits muss sich jeder Kreditnehmer an dem Zinssatz orientieren, der zum jeweiligen Zeitpunkt für einen ausfallsicheren Schuldner für die gewählte Laufzeit gültig ist. Zusätzlich muss er in Abhängigkeit von seiner Bonität eine entsprechende Kreditrisikoprämie zahlen. Bezeichnen wir den risikolosen Zinssatz als $r(T)$ und die unternehmensspezifische Kreditrisikoprämie für die Unternehmung A als $r_{RA}^A(T)$, dann beträgt der relevante Zinssatz:

$$i(T)^A = r(T) + Kreditrisikoprämie^A = r(T) + r_{RA}^A(T)$$

Formel G-3: Zusammensetzung der Anleiherendite[204]

Die Größe $i(T)$ spiegelt somit einerseits das allgemeine Zinsniveau für ausfallsichere Anleihen für die entsprechende Laufzeit wieder, andererseits verbirgt sich dahinter auch das spezifische Ausfallrisiko des Kreditnehmers. Da Informationen über r stets vorliegen, können wir von i aus den Risikoaufschlag ermitteln.

> **Übung:** Der Zinssatz $r(7)$ für den ausfallsicheren Schuldner Bundesrepublik Deutschland betrage 3,0 %. Wie hoch ist die Kreditrisikoprämie für den Schuldner der Abbildung G.1?
> **Antwort:** Da wir für $i(7)$ einen Wert von 5,80 % ermittelt hatten, liegt der bonitätsbedingte Kreditrisikoaufschlag bei jährlich 2,80 %.

Betrachten wir nochmals die Bestimmungsformel für den Preis einer Anleihe auf Basis der internen Anleiherendite. Steigt i, sinkt der Anleihepreis. Da i wiederum von den beiden Größen r und r_{RA} bestimmt wird, können wir folgende Aussagen treffen:

– Der Anleihepreis sinkt, wenn sich die Bonität einer Unternehmung verschlechtert und damit die geforderte Kreditrisikoprämie steigt. Den Extremfall erreichen wir, wenn die Insolvenz einer Unternehmung befürchtet wird oder gar eintritt. Entsprechend tief fallen die Anleihekurse dieser Unternehmung. Die Anleger müssen befürchten, nur noch einen Bruchteil ihres Anlagebetrags aus der Insolvenzmasse zu erhalten.

– Anleihepreise ändern sich nicht nur mit der Bonität des Schuldners, sondern auch mit dem allgemeinen Zinsniveau über die Größe r. Da die Größe r den An-

---

[204] Wenn Sie diese Formel mit der Formel A-8 auf Seite 25 vergleichen, dann erkennen Sie, dass die Zusammensetzung von i dem gleichen Muster folgt und damit für die hier aufgeführten Anleihezinsen genauso Gültigkeit hat wie für die Kassazinssätze der Formel A-8.

2.3 Duration einer Anleihe und Zinsrisikomanagement

leihezins *aller* Emittenten berührt, sinken bei steigendem Zins die Anleihepreise aller Emittenten. Zinsänderungen am Kapitalmarkt, ausgedrückt in der Größe r, haben damit tiefgreifende Auswirkungen am Anleihemarkt.

2.3 Duration einer Anleihe und Zinsrisikomanagement

Wie hoch ist die Kapitalbindung, die Sie mit dem Kauf der siebenjährigen Anleihe der Abbildung G.1 auf Seite 263 eingehen? Eine einfache Frage könnte man glauben. Tatsächlich aber ist die Antwort eben nicht sieben Jahre, sondern 6,05 wie wir gleich sehen werden. Der Grund hierfür liegt darin, dass ein Anleger bereits während der Laufzeit der Anleihe Rückflüsse über die Kuponzahlungen erhält. Je höher der Kupon ist, desto schneller erhält der Anleger Teile seines Anlagebetrags zurück.

In Abbildung G.2 wird nochmals das Cashflowprofil unserer Festzinsanleihe (ohne Kaufpreis) dargestellt, sowie die jeweiligen Barwerte der Kupon- und Tilgungszahlungen. Als Diskontierungszins verwenden wir die Anleiherendite von 5,80%.

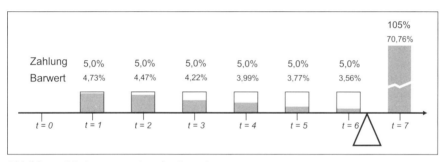

Abbildung G.2: Interpretation der Duration

Stellen wir uns die sieben Jahre als ein sieben Meter langes Brett vor, auf das wir im richtigen Abstand jeweils Gewichte in Höhe der Barwerte der anleihebedingten Zahlungen stellen.[205] An welche Stelle müssten wir einen Hebel ansetzen, damit das Brett genau im Gleichgewicht ist? Es wäre bei 6,05 Meter. Die Gewichte links vom Hebel würden das Gewicht rechts vom Hebel genau im Gleichgewicht halten. Der durchschnittliche Zeitpunkt, zu dem einem Anleger die Kupon-und Tilgungszahlungen der Anleihe zufließen, beträgt somit 6,05 Jahre.

Die durchschnittliche Kapitalbindungsdauer wird auch mittlere Bindungsdauer oder Duration genannt. Um sie zu berechnen, müssen wir nur die Barwerte der Zahlungen mit den Zahlungszeitpunkten gewichten und ins Verhältnis zum Kapitalwert aller Zahlungen setzen. Die Summe der zeitgewichteten Barwerte der Kupon- und Tilgungszahlungen Z_t beträgt

$$\sum_{t=1}^{T} \frac{t \cdot Z_t}{[1+i(T)]^T}$$

---

[205] Da wir die Zahlungen aus heutiger Sicht betrachten, müssen wir die Barwerte und nicht die Nominalwerte heranziehen.

Sie wird ins Verhältnis gesetzt zum Kapitalwert der Kupon- und Tilgungszahlungen

$$\sum_{t=1}^{T}\frac{Z_t}{[1+i(T)]^T} = P(T).$$

Damit können wir für die Duration D schreiben:

$$D = \frac{\sum_{t=1}^{T}\frac{t \cdot Z_t}{[1+i(T)]^T}}{\sum_{t=1}^{T}\frac{Z_t}{[1+i(T)]^T}} = \frac{\sum_{t=1}^{T}\frac{t \cdot Z_t}{[1+i(T)]^T}}{P(T)}$$

Formel G-4: Duration als durchschnittliche Kapitalbindung[206]

Die Tabelle zeigt die Bedeutung jedes einzelnen Jahres für die durchschnittliche Kapitalbindung der Anleihe. Der Anleihepreis, d.h. der Kapitalwert der Summe aller abdiskontierten Zahlungen Z beträgt 95,50 %.

Zeitpunkt t	Z in %	Barwerte in %	% vom Anleihepreis	t · % vom Anleihepreis
1	5,0	4,73	4,95 %	0,0495
2	5,0	4,47	4,68 %	0,0935
3	5,0	4,22	4,42 %	0,1326
4	5,0	3,99	4,18 %	0,1671
5	5,0	3,77	3,95 %	0,1975
6	5,0	3,56	3,73 %	0,2240
7	105,0	70,76	74,09 %	5,1865
Summe		95,50	100,00 %	6,0507

Der Barwert der ersten Kuponzahlungen beträgt 4,73 %. Damit fließen an den Anleger nach einem Jahr 4,95 % (4,73 %/95,5) des Anleihepreises zurück. Im zweiten Jahre beträgt der Barwert der Kuponzahlung 4,68 % des Anleihepreises. Multipliziert mit zwei, es handelt sich ja um das zweite Jahr, beträgt der Beitrag der zweiten Kuponzahlung an der durchschnittlichen Kapitalbindung 0,0935 Jahre. Im siebten Jahr beträgt der Barwert der Tilgung plus Kuponzahlung 74,09 % des Anleihepreises. Da die Zahlung im 7. Jahr erfolgt, wird sie mit sieben multipliziert. Dies führt zu einem Durationbeitrag von 5,1865 Jahren. Aufsummiert ergeben die Jahresbeiträge eine durchschnittliche Kapitalbindung von 6,0507 Jahre. Unsere Anleihe mit sieben Jahren Laufzeit hat damit eine Kapitalbindungsdauer, die lediglich 6,0507 Jahre beträgt.[207]

---

[206] Die so berechnete Duration wird als Macaulay Duration bezeichnet, der das Konzept 1938 entwickelt hat.

[207] Excel bietet die Berechnung der Duration unter der Funktion DURATION an.

2.3 Duration einer Anleihe und Zinsrisikomanagement

Eine Anleihe mit einer Laufzeit von T Jahren hat somit eine Kapitalbindungsdauer, die – abhängig von der Höhe des Kupons – geringer als T Jahre ist. Die Duration ist umso geringer,
– je kürzer die Laufzeit der Anleihe,
– je höher der Kupon der Anleihe und
– je höher der Zinssatz $i(T)$ ist (weil dann die Barwerte der Zahlungen abnehmen).

Im Spezialfall einer Anleihe ohne Kuponzahlungen, d.h. bei einem Zerobond, fallen Laufzeit und Duration zusammen.

Duration im Zinsrisikomanagement

Formal können wir die Duration nicht nur als durchschnittliche Kapitalbindungsdauer einer Einzahlungsreihe interpretieren. Viel entscheidender ist ihre Anwendung im Zinsrisikomanagement, da sie auch als Elastizität des Kapitalwerts einer Einzahlungsreihe bei Änderungen des Zinssatzes i interpretiert werden kann.

Wenn wir die durchschnittliche Kapitalbindung D einer Einzahlungsreihe kennen, können wir einfach berechnen, wie sich der Wert der Einzahlungsreihe mit $i(T)$ ändert. Damit erhalten wir selbst für komplexe und langjährige Zahlungsreihen eine einfache, griffe Zahl, die für das Risikomanagement von Anlegern, von Unternehmungen und Banken von größter Bedeutung ist. Die Duration war über viele Jahre der bevorzugte Wert zur Messung von Zinsänderungsrisiken, bevor dieser Ansatz zunehmend vom Value-at Risk-Konzept ergänzt wurde.

Bezogen auf Anleihen erhalten wir:

$$D = -\frac{\frac{dP}{P}}{\frac{di}{1+i}} = -\frac{dP}{di} \cdot \frac{(1+i)}{P}$$

Formel G-5: Duration als Elastizität[208]

Dabei bezeichnet P den aktuellen Preis der Anleihe, dP die Preisänderung der Anleihe, i die interne Rendite der Anleihe und di ihre Veränderung. Aus Darstellungsgründen haben wir auf den Zusatz T in i verzichtet.

Formel G-5 ist einer der wichtigsten Zusammenhänge im Zinsrisikomanagement. Wenn wir wissen wollen, wie sich der Anleihepreis bei fallenden oder bei steigenden Zinsen *absolut* verändert, dann interessiert uns die Größe dP. Wir müssen Formel G-5 in diesem Fall nach dP auflösen. Wenn wir hingegen wissen wollen, wie sich der Anleihepreis mit dem Zinssatz *prozentual* verändert, dann lösen wir nach der Größe dP/P auf. Die Stärke der Zinsänderung in Prozentpunkten gibt dabei di an.

---

[208] Um diesen Ausdruck zu beweisen, bilden wir die erste Ableitung des Kapitalwerts nach den Zinsen. $\frac{dP}{di} = \sum_{t=1}^{n} -t \cdot \frac{Z_t}{(1+i)^{t+1}}$. Setzen wir diesen Wert in die Formel G-5 ein und stellen um, erhalten wir wieder die uns bekannte Durationformel

$$D = -\frac{\frac{dP}{di}}{\frac{di}{1+i}} = \sum_{t=1}^{n} -\frac{\frac{t \cdot Z_t}{(1+i)^t}}{\frac{Z_t}{(1+i)^t}}.$$

> **Übung:** Betrachten wir wieder unsere Festzinsanleihe mit einer Laufzeit von sieben Jahren, einem Preis von 95,50 € und einer Anleiherendite von 5,80 %. Wie verändert sich der Anleihepreis absolut, wenn die Zinsen um 10 Basispunkte steigen?
> **Antwort:** Gesucht ist dP in Formel G-5. Da wir den Wert der Duration kennen (6,05 Jahre) können wir alle Werte einsetzen. Es ist dabei für die Berechnung am zweckmäßigsten, die Zinsänderung di als Dezimalzahl einzugeben. 10 Basispunkte entsprechen dabei 0,001. Wir erhalten:
>
> $dP = -D/(1+i) \cdot P \cdot di = -6,05/1,058 \cdot 95,5\% \cdot 0,001 = -0,546\%$.
>
> Der Anleihepreis sinkt damit von 95,50 % auf 94,95 %.

Die Größe $D/(1+i)$ wird „Modified Duration" MD genannt.[209] Da wir die Formel G-5 mit Hilfe der Modified Duration umformulieren können als

$$MD \cdot di = -\frac{dP}{P},$$

gibt uns die Höhe von MD unmittelbar Auskunft über die prozentuale Preisänderung der Anleihe bei einer Zinsänderung von di.

Wir dürfen nicht unerwähnt lassen, dass das Duration-Konzept auf drei Annahmen fußt: Erstens muss die Zinsstrukturkurve flach sein, weil wir alle Zahlungen mit demselben i abzinsen. Zweitens unterstellen wir, dass sich bei einer Zinsänderung die gesamte Zinsstrukturkurve parallel verschiebt, d.h. alle Zinssätze verändern sich gleichzeitig um di. Anderenfalls wäre die Zinsstrukturkurve ja nicht mehr flach. Drittens können wir die Formel G-5 nur anwenden, wenn die Zinsänderung di hinreichend klein ist. Dies hängt damit zusammen, dass zwischen Zinsänderung und Preisänderung kein linearer Zusammenhang besteht. Anwendbar ist die einfache Formel bei Zinsänderungen bis höchstens einem Prozentpunkt. Darüber hinaus muss der sogenannte Konvexitätsfehler berücksichtigt werden.[210]

Basispunktwert

Ein Basispunkt entspricht einer Zinsänderung von 0,01 %, in Dezimalstellen somit 0,0001. Wir können die prozentuale Preisänderung einer Anleihe bei einer Änderung eines Basispunkts unmittelbar mit Hilfe der Modified Duration angeben. Sie wird als Basispunktwert bezeichnet. Sie lautet:

$$Basispunktwert = -MD \cdot di = -MD \cdot 0,0001$$

DIe Basispunktmethode zur Ermittlung des Preisänderungsrisikos oder zur Ermittlung des Hedge-Ratios beim Einsatz von Derivaten stellt somit keine eigenständige Methode dar, sondern ist ein Teil des Duration-Konzepts, bei dem die Preisänderung di auf einen Basispunkt normiert wird.

2.4 Zerobonds

Es gibt einen Anleihetyp, dessen durchschnittliche Kapitalbindung exakt mit der Anleihelaufzeit übereinstimmt. Er wird Zerobond genannt. Bei einem Zerobond

---
[209] Sie ist in Excel als feste Funktion unter MDURATION verfügbar.
[210] Siehe hierzu Steiner, Bruns, Wertpapiermanagement, 2007, S. 173.

2.4 Zerobonds

wird die Anleihe zum Nominalwert von 100 % eingelöst.[211] Eine Verzinsung erhält der Käufer der Anleihe durch einen entsprechenden Abschlag beim Kaufpreis.[212]

Abbildung G.3 zeigt das Cashflowprofil eines Zerobonds aus Anlegersicht. Nach sieben Jahren erhält ein Anleger den Nominalwert von 100 %. Dazwischen erfolgen keine Zinszahlungen. Wie hoch müsste der aktuelle Preis des siebenjährigen Zerobonds sein, damit sich ebenfalls eine Effektivverzinsung von 5,80 % wie im Beispiel der Festzinsanleihe ergibt?

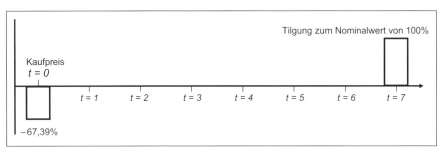

Abbildung G.3: Cashflowprofil eines Zerobonds aus Anlegersicht

Da bei einem Zerobond keine Kuponzahlungen während der Laufzeit anfallen, verkürzt sich die Zahlungsreihe auf einen einzigen Zahlungszeitpunkt. Unsere Formel G-2 auf Seite 264 verkürzt sich daher auf den einfachen Ausdruck:

$$P(T) = Zerobondpreis = \frac{100\%}{[1+i(T)]^T} \text{ und } i(T) = \sqrt[T]{\frac{100\%}{Zerobondpreis}} - 1$$

Formel G-6: Zerobondpreis und Effektivverzinsung von Zerobonds

Damit können wir für Zerobonds die interne Rendite rechnerisch bestimmen, was ja bei Anleihen mit regelmäßigen Kuponzahlungen nicht möglich war. Eingesetzt ergibt sich für unser Beispiel ein Zerobondpreis von 67,39 %. Zahlt ein Anleger 67,39 % und erhält er am Ende der siebenjährigen Laufzeit den Nominalwert von 100 %, dann erzielt er eine jährliche Verzinsung von 5,80 %. Machen wir die Probe: 67,39 % · (1,058)^7 = 100 %. Es stimmt.

Zerobonds sind die einzigen Anleihen, bei denen die interne Rendite mit dem Kassazinssatz übereinstimmt, d.h. $i(T) = i_T$. Ein siebenjähriger Zerobond zum Preis von 67,39 % erbringt für einen Anleger offensichtlich die gleiche Rendite von 5,80 % wie eine siebenjährige Festzinsanleihe mit 5 % Kupon zum Preis von 95,5 %. Allerdings unterscheiden sich die beiden Anlageformen deutlich in der Kapitalbindung. Beim Zerobond legt der Anleger sein Geld sieben Jahre lang an und erhält nach genau sieben Jahren sein eingesetztes Geld, den Zins und Zinseszins zurück. Die Kapitalbindung und damit die Duration betragen genau sieben Jahre. Bei der Festzinsanleihe hingegen fließen dem Anleger während der gesamten Laufzeit regelmäßig

---

[211] Diese Form nennt man „echten Zerobond". Wird die Anleihe hingegen zum Nominalwert von 100 % emittiert und die Zinsen plus Zinseszinsen am Ende der Laufzeit ausgezahlt spricht man von einem Zinssammler.

[212] Zerobonds werden deshalb auch als Diskontpapier genannt.

Kuponzahlungen zu. Deshalb liegt ihre Duration unter der von Zerobonds mit gleicher Laufzeit.

2.5 Ableitung der Kassazinssätze aus den Anleiherenditen

Kassazinssätze und Anleiherenditen sind eng miteinander verknüpft und können ineinander übergeführt werden. Eine klassische Festzinsanleihe können wir uns als Bündel von Zerobonds vorstellen. Jede einzelne Kuponzahlung sowie die Tilgungszahlung stellen dabei jeweils einen Zerobond dar. Mit dem Anleihepreis kennen wir den Gesamtpreis des Zerobondbündels, dessen Einzelteile wir rekursiv bestimmen können.

Zur Illustration betrachten wir vier Anleihen mit den Laufzeiten 1, 2, 3 und 4 Jahren. Die Preisgleichungen der vier Anleihen (in % vom Nominalwert) auf Basis von Kassazinssätzen (siehe Formel G-1 auf Seite 263) lauten allgemein:

$P(1) = d_1 \cdot (1 + K_1)$ (1)
$P(2) = d_1 \cdot K_1 + d_2 \cdot (1 + K_2)$ (2)
$P(3) = d_1 \cdot K_1 + d_2 \cdot K_2 + d_3 \cdot (1 + K_3)$ (3)
$P(4) = d_1 \cdot K_1 + d_2 \cdot K_2 + d_3 \cdot K_3 + d_4 \cdot (1 + K_4)$ (4)

Aus optischen Gründen haben wir dabei den Diskontierungsfaktor $1/(1+i_T)^T$ mit d_T bezeichnet. Das macht die Rechnung übersichtlicher. Bitte beachten Sie, dass die Kuponzinsen der vier Anleihen unterschiedlich sein können. Wir haben nur aus Gründen der Übersichtlichkeit keine weitere Indexierung eingeführt.

Wenden wir die vier Gleichungen auf die konkreten Anleihen der Tabelle G-1 an:

Für die erste Anleihe mit einer Laufzeit von einem Jahr ist die Bestimmung des Kassazinssatzes einfach. Wir lösen Gleichung (1) nach d_1 auf und erhalten einen Wert von 0,96154. Da $d_1 = 1/(1+i_1)$, ergibt sich ein Kassazins i_1 von 4,0%. Da wir nun den Wert von d_1 kennen, können wir mit Hilfe von Gleichung (2) den Wert von d_2 bestimmen. Setzen wir die Kuponwerte von 4,5% und den Anleihepreis von 100% in Gleichung (2) ein, erhalten wir für d_2 einen Wert von 0,91553. Daraus können wir den Kassazins i_2 gemäß $d_2 = 1/(1+i_2)^2$ in Höhe von 4,511% errechnen.

Laufzeit	Kupon	Anleihepreis P(T)	$d_T = 1/(1+i_T)^T$	Kassazins i_T	Anleiherendite i(T)
1	4,0%	100,0%	0,96154	4,000	4,00
2	4,5%	100,0%	0,91553	4,511	4,50
3	5,0%	101,0%	0,87252	4,651	4,94
4	6,0%	98,0%	0,76889	6,791	6,14

Tabelle G-1: Kassazinssätze und Anleiherenditen

Wir kennen nun d_1 und d_2 und können damit über Gleichung (3) den Wert von d_3 in Höhe von 0,87252 ermitteln. Dessen Kenntnis macht es wiederum möglich, über Gleichung (4) die letzte unbekannte Größe d_4 und damit i_4 zu berechnen.

Aus den bekannten Kuponzinsen und den am Markt beobachteten Anleihepreisen können wir somit die Zinsstruktur der Kassazinsen rekursiv ermitteln. Gleichzeitig ergeben sich aus den Kuponzinsen und den Anleihepreisen die internen Renditen der Anleihen $i(T)$ für die entsprechende Laufzeit gemäß Formel G-2 auf Seite 264.

2.6 Stückzinsen und „krumme Laufzeiten"

Bisher sind wir immer von einer Anleihelaufzeit ausgegangen, die ein Vielfaches eines Jahres beträgt. Was ändert sich, wenn die Laufzeit „krumm" ist und z.B. 5 Jahre, 3 Monate und 16 Tage beträgt? Die wesentliche Änderung betrifft die Notwendigkeit Stückzinsen zu berücksichtigen. Stückzinsen entstehen immer dann, wenn Anleihen vor ihrer Fälligkeit verkauft werden.

Die Anleihezinsen werden in Deutschland fast immer einmal im Jahr nachträglich an festen Zinsterminen (Kuponterminen) an den jeweiligen Inhaber der Anleihe gezahlt. Beim Verkauf zwischen zwei Kuponterminen muss der Käufer dem Verkäufer die vor dem Valutatag aufgelaufenen Zinsen zahlen. Diese aufgelaufenen Zinsen werden Stückzinsen genannt. Machen wir uns die Stückzinsen und ihre Berechnung an einem Beispiel klar.

Beispiel: Wir betrachten eine Anleihe mit dem Emissionsdatum 1.2.2009, einer Laufzeit von sieben Jahren, einem Kupon von 5,0 % und einem Nominalwert 100 €. Verkauft Anleger A diese Anleihe am 13.5.2011 an B mit Valuta 15.5.2011[213], dann erhält B am 1.2.2012 den Zins in Höhe von 5,0 € für das volle Jahr, da der Emittent nur an den jeweiligen Inhaber zum Zinszahlungszeitpunkt die Zinszahlungen leistet. Da Anleger A aber die Anleihe im Zeitraum zwischen dem letzten Zinszahlungszeitpunkt und dem Valutatag des Anleiheverkaufs gehalten hat (1.2.2011 bis 14.5.2011), stehen ihm für diesen Zeitraum auch die Zinsen zu.

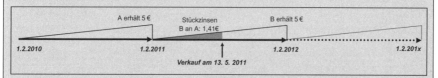

Diese Zinsen werden Stückzinsen genannt und müssen vom Käufer B an den Verkäufer A gezahlt werden. In unserem Beispiel fallen Stückzinsen für 103 Tage an.

Stückzinsen werden seit dem 1.1.1999 nach der actual/actual Methode ermittelt.[214] Da Kuponzahlungen, wie bereits erwähnt, stets auf Basis des Nominalwerts berechnet werden, können wir die Stückzinsen wie folgt ermitteln:

Stückzinsen = Anzahl Zinstage/365 · Kupon · Nominalwert

Bezogen auf das Beispiel erhalten wir: 103 Tage/365 Tage · 5,0 % · 100 € (%) = 1,41€ (%).

Bei krummen Laufzeiten sind vom Käufer einer Anleihe nicht nur der reine Kaufpreis (wird als „Clean Price" bezeichnet), sondern auch die Stückzinsen zu zahlen. Der Kaufpreis plus Stückzins wird „Dirty Price" genannt. Ferner müssen wir be-

---

[213] Bei Wertpapierkäufen in Deutschland muss der Kaufpreis zwei Arbeitstage nach dem Kauftag an den Verkäufer entrichtet werden. Dieser Zahltag wird auch Valutatag genannt.
[214] Bei der actual/actual Methode wird jeder Zinstag gezählt und das Jahr mit der tatsächlichen Anzahl von Tagen angenommen. Vor dem 1.1.1999 galt in Deutschland die 30/360 Methode.

rücksichtigen, dass die Zinszeiträume nun unterschiedlich lang sind. Daher ändert sich auch die Formel zur Preisermittlung einer Anleihe. Bezeichnet SZ die Stückzinsen, t den Anteil eines Jahres bis zum nächsten Kupontermin, n die Restlaufzeit in vollen Jahren und i die Anleiherendite mit der Laufzeit T,[215] dann können wir für den Preis einer Anleihe schreiben:[216]

$$P(T) = -SZ + \frac{K_1}{(1+i)^t} + \frac{K_2}{(1+i)^{t+1}} + \frac{K_3}{(1+i)^{t+2}} + \cdots + \frac{K_n + Tilgung}{(1+i)^{t+n-1}}$$

Formel G-7: Preis einer Anleihe bei krummen Laufzeiten

Die Zinsberechnung erfolgt dabei wiederum nach der actual/actual Methode. Wenden wir diese Formel wieder auf unser Beispiel von zuvor an, erhalten wir:

$$P = -1{,}41€ + \frac{5€}{(1+i)^{262/365}} + \frac{5€}{(1+i)^{672/365}} + \frac{5€}{(1+i)^{1037/365}} + \cdots + \frac{105€}{(1+i)^{2088/365}}$$

Da bereits 103 Tage verstrichen sind beträgt t im Beispiel 262/365.

---

[215] Aus Darstellungsgründen wurde auf die Schreibweise $i(T)$ verzichtet.
[216] Falls ein Jahr ein Schaltjahr ist, beträgt die tatsächliche Anzahl an Tagen 366, statt der hier niedergeschriebenen 365 Tagen.

3 Lösungen zu den einzelnen Abschnitten

3.1 Lösungen zu Abschnitt A

Aufgabe 1:

a. Hierzu setzen wir die Werte in Formel A-1 auf Seite 17 ein. Dabei gilt: n=5 und $\bar{x}$ = 3%. Var(x) = [(1% – 3%)² + (3% – 3%)² + (6% – 3%)² + (–5% – 3%)² + (10% – 3%)²]/4 = 31,5. Wir ziehen die Wurzel und erhalten eine Jahresvolatilität von 5,61%.

b. Die erwarteten Monatsschwankungen ergeben sich aus Formel A-2 auf Seite 18 mit T=1/12: $Vol_{1/12} = \sqrt{1/12} \cdot 5{,}61\% = 1{,}62\%$.

Aufgabe 2:

Ein Spekulant ist dann besonders erfolgreich, wenn er zukünftige Marktpreise richtig einschätzt. Ein Händler ist dann gut, wenn er viele potenzielle Käufer und Verkäufer für seine Finanzprodukte kennt. Ein Arbitrageur ist dann besonders erfolgreich, wenn er Arbitragemöglichkeiten schnell erkennt, einen schnellen Marktzugang hat und mit geringen Transaktionskosten diese Möglichkeiten umsetzen kann.

Aufgabe 3:

Bei OTC-Geschäften besteht das Risiko, dass der Vertragspartner seine Zahlungs- und Lieferverpflichtung nicht erfüllen kann oder erfüllen will (Kontrahentenrisiko). Wird das gleiche Geschäft hingegen über eine Terminbörse abgeschlossen, ist der Vertragspartner das Clearinghaus der Börse (zentraler Kontrahent). Die Börse ihrerseits sichert ihre Zahlungsfähigkeit über Marginforderungen an ihre Vertragspartner.

Aufgabe 4:

Den äquivalenten Jahreszins erhalten wir mit Hilfe der Zinsumrechnungsformel $(1+r) = (1+r^* \cdot T)^{1/T}$. Die Verzinsungshäufigkeit m entspricht dabei 1/T. Setzen wir für r* den vereinbarten Zinssatz von 5,0% ein, erhalten wir die Zinserträge, die wir in Tabelle A-1 ermittelt hatten.

Methode	actual/actual	actual/360	30/360
Teil des Jahres T=x/y	T = 63/365	T = 63/360	T = 64/360
Verzinsungshäufigkeit m		m = 1/T	
Äquivalenter Jahreszins r	5,1046 %	5,1042 %	5,1039 %
Zinsfaktor $(1+r)^T$	$1{,}051046^T$ = 1,00863	$1{,}051042^T$ = 1,00875	$1{,}051039^T$ = 1,00889
Zinsertrag in €	1.000·0,00863 = 8,63	1.000·0,00875 = 8,75	1.000·0,00889 = 8,89

Dieses Ergebnis stellt sich immer ein: Da $(1+r) = (1+r^* \cdot T)^{1/T}$, erhalten wir für $(1+r)^T$ den Ausdruck $[(1+r^* \cdot T)^{1/T}]^T = (1+r^* \cdot T)$. Dies aber ist genau der Zinsfaktor bei linearer Zinsberechnung.

Aufgabe 5:

Der entscheidende Zusammenhang ist: $i_T^A = r_T + \text{Kreditrisikoprämie}^A = r_T + r_{RA,T}^A$.

Demnach sind drei Größen für die Höhe des Kreditzinssatzes entscheidend: Erstens die Höhe des risikolosen Zinssatzes, d.h. der Zinssatz für einen Kredit an einen Schuldner ohne Ausfallrisiko. Zweitens die Kreditrisikoprämie, die das Ausfallrisiko des Schuldner wiederspiegelt. Drittens die Laufzeit, da alle Größen laufzeitabhängig sind.

3.2 Lösungen zu Abschnitt B

Aufgabe 1:

Der Käufer eines Calls hat das *Recht*, den Basiswert zum vereinbarten Ausübungspreis zu *kaufen*. Dieses Recht wird er nur dann wahrnehmen, wenn es für ihn vorteilhaft ist, d.h. falls der Preis des Basiswerts *über* dem Ausübungspreis liegt. Der Verkäufer eines Puts hingegen hat die *Pflicht*, den Basiswert zum vereinbarten Ausübungspreis zu *kaufen*. Diese Pflicht wird er dann erfüllen müssen, wenn es für ihn nachteilig ist, d.h. falls der Preis des Basiswerts *unter* dem Ausübungspreis liegt.

Aufgabe 2:

Der Käufer eines Puts hat das *Recht*, den Basiswert zum vereinbarten Ausübungspreis zu *verkaufen*. Dieses Recht wird er nur dann wahrnehmen, wenn es für ihn vorteilhaft ist, d.h. falls der Preis des Basiswerts *unter* dem Ausübungspreis liegt. Der Verkäufer eines Calls hingegen hat die *Pflicht*, den Basiswert zum vereinbarten Ausübungspreis zu *verkaufen*. Diese Pflicht wird er dann erfüllen müssen, wenn es für ihn nachteilig ist, d.h. falls der Preis des Basiswerts *über* dem Ausübungspreis liegt.

Aufgabe 3:

a. Der maximale Verlust entspricht der bezahlten Optionsprämie von 2 €. Der charakteristische „Knick" beginnt beim Ausübungspreis von 55 €, der Break-even-Punkt liegt bei 57 €.

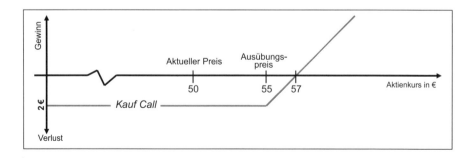

b.

K = 58 €	C_{50}	C_{55}	C_{60}
Ausübungsgewinn in €	8	5	0
bezahlte Prämie in €	– 5	– 2	– 1
= Gewinn/Verlust in €	= 3	= 1	= –1

c. Die Aufgabe können wir auf unterschiedliche Weise lösen. In der ersten Variante ermitteln wir den Gewinn/Verlust, indem wir die Aktien- und Optionsposition addieren. In der zweiten Variante ermitteln wir den Gewinn/Verlust der Aktienposition nur bis zum Ausübungspreis, da die Aktie bei Aktienkursen über dem Ausübungspreis geliefert werden muss. Zum Gewinn addieren wir die erhaltene Optionsprämie. Beide Wege führen natürlich zum gleichen Ergebnis.

1. Variante	C_{50}	C_{55}	C_{60}	2. Variante	C_{50}	C_{55}	C_{60}
Gewinn in der Aktie in €	8	8	8	Gewinn in der Aktie bis zum Basispreis in €	0	5	8
Ausübungsverlust in €	– 8	– 3	0				
Erhaltene Prämie in €	5	2	1	Erhaltene Prämie in €	5	2	1
= Gewinn/Verlust in €	= 5	= 7	= 9	= Gewinn/Verlust in €	= 5	= 7	= 9

Aufgabe 4:

a. Von steigenden Kursen. Break-even, falls $K = \textit{Bezugskurs B + Optionsprämie}$. Je höher K, desto höher der Gewinn.

b. Von steigenden Kursen. Break-even, falls $K = B - \textit{Optionsprämie}$. Maximaler Gewinn, falls $K \geq B$.

c. Von steigenden Kursen. Break-even, falls der Aktienkurs in Höhe der Optionsprämie fällt. Maximaler Gewinn, falls $K \geq B$.

Aufgabe 5:

a. Der Aktienkurs fällt um 10 € und damit um 20 % (= –10/50).

b.

K = 40 €	P_{50}	P_{45}	P_{40}
Ausübungsgewinn in €	10	5	0
bezahlte Prämie in €	– 6	– 3	– 1
= Gewinn/Verlust in €	= 4	= 2	= –1
Änderung Optionsprämie	+66,7 % (= 4/6)	66,7 % (= 2/3)	– 100 % (= –1/1)
Preisänderung Basiswert	– 20 %	– 20 %	– 20 %
Hebel	– 3,34	– 3,34	

Den Hebel – bezogen auf den Fälligkeitszeitpunkt – ermitteln wir dabei mit Hilfe der Formel B-1 auf Seite 38. P_{50} und P_{45} haben jeweils einen Hebel von –3,34, da der Kursrückgang von 20 % in der Aktie einen Anstieg der Optionsprämie von 66,7 % bewirkt. Für die Option P_{40} ist der Hebel aussagelos, da ein Totalverlust der Prämie eingetreten ist.

c. Die Tabelle unter b. zeigt, dass der P_{50}, d.h. der Put mit dem höchsten Basispreis den höchsten Gewinn von 4 € erbringt. Da die Aktie gleichzeitig 10 € verliert, ergibt die Addition der beiden Positionen einen Nettoverlust von 6 €.

d.

	C_{50}	C_{45}	C_{40}
Verlust in der Aktie in €	–10	–10	–10
Erhaltene Prämie in €	6	8	11
= Gewinn/Verlust in €	= –4	= –2	= 1

Der beste Basispreis ist der tiefste, d.h. C_{40}. Dieser Call erbringt sogar einen Gewinn von einem Euro trotz des starken Kursrückgangs der Aktie. Dies liegt daran, dass sich der Verkäufer des Calls verpflichtet, die Aktie zu einem Preis von 40 € zu verkaufen und damit 10 € unter dem aktuellen Marktkurs. Deshalb ist auch die Prämie so hoch.

e. Bei einem Covered Call mit C_{40} als Basispreis erzielt der Investor einen Gewinn von einem Euro. Die beste Putvariante hingegen, der Kauf des P_{50}, bringt einen Verlust von 6 €. Der Verkauf des C_{40} ist mit einem höheren Risiko verbunden als der Kauf des Puts: Einerseits profitiert der Verkäufer des Calls bei seiner Covered Call Strategie nicht von einem möglichen Anstieg des Aktienkurses. Gleichzeitig erleidet er einen Verlust, falls der Aktienkurs unter 39 € fallen sollte. Der Käufer eines Puts hingegen lässt sich die Chance auf eine Kurssteigerung offen und fixiert den maximalen Verlust auf 6 €.

Aufgabe 6:

$$\text{Delta einer Option} = \Delta = \frac{\text{Änderung des Optionspreises}}{\text{Preisänderung Basiswert}} = \frac{0,20\ €}{1,0\ €} = 0,2$$

Den Hebel ermitteln wir mit Hilfe der Formel B-2 auf Seite 62.

$$\text{Hebel} = \frac{\frac{\text{Änderung Optionspreis}}{\text{Optionspreis}}}{\frac{\text{Preisänderung Basiswert}}{\text{Preis Basiswert}}} = \frac{\text{Aktienkurs}}{\text{Optionspreis}} \cdot \Delta = \frac{20\ €}{1,0\ €} \cdot 0,2 = 4,0$$

Aufgabe 7:

Zeitwertverfall:

$$\theta = -0,2\ € = \frac{\text{Änderung des Optionspreises}}{\text{Verkürzung der Laufzeit um einen Tag}}$$

Bei sieben Tagen folgt daraus: Änderung Optionspreis = –0,2 € · 7 = –1,4 €.

Aktienkurs:

$$\Delta = 0,6 = \frac{\text{Änderung des Optionspreises}}{\text{Preisänderung Basiswert}}$$

Ein Aktienkursanstieg von 3,0 € in sieben Tagen bewirkt für sich betrachtet daher einen Anstieg des Optionspreises von 0,6 · 3,0 € = 1,8 €.

Volatilität:

Die Optionspreisänderung in sieben Tagen beträgt laut Angabe 2,0 €. Der Einfluss des Aktienkurses und der Zeitwertverfall betragen in Summe aber nur 0,4 € (= +1,8 € −1,4 €). Die Differenz in Höhe von 1,6 € kann auf eine gestiegene Volatilität zurückgeführt werden.

$$\lambda = 0{,}8 \text{ €} = \frac{\text{Änderung des Optionspreises}}{\text{Änderung der Volatilität}} = \frac{1{,}6 \text{ €}}{\text{Änderung Volatilität}}$$

Demnach muss die Volatilität in den letzten sieben Tagen um zwei Prozentpunkte angestiegen sein (1,6/0,8).

Aufgabe 8:

a. Ausgangssituation: $K = 95$ €; $B = 100$ €. Sie verkaufen den zu teuren Put zum Preis von 5,5 € und verkaufen gleichzeitig die Aktie zum Preis von 95 €. Die gesamte Transaktion führt zu Einnahmen von 100,5 €. Eine Minute später wird der Put vom Inhaber ausgeübt und Sie als Stillhalter müssen die Aktie zum vereinbarten Ausübungspreis von 100 € kaufen. Damit erhalten Sie die Aktie, die sie kurz davor bereits verkauft haben. Es verbleibt ein Gewinn von 0,5 €. Allerdings haben Sie ein geringes Restrisiko, falls die Aktie in der letzten Minute von 95 € auf über 100 € springt. In diesem Fall wird der Put nicht ausgeübt und Sie erhalten nicht die benötigte Aktie. Um dieses Risiko auszuschließen, müssten Sie zusätzlich einen Call mit einem Basispreis von 100 € kaufen. Damit ein Gewinn verbleibt, muss er weniger als 0,5 € kosten.

b. *Call*: Ausgangssituation: $K = 95$ €; $B = 91$ €. Sie verkaufen den zu teuren Call zum Preis von 5,5 € und gleichzeitig kaufen Sie die Aktie für 95 €. Die gesamte Transaktion kostet 89,5 €. Eine Minute später wird der Call vom Inhaber ausgeübt und Sie als Stillhalter müssen die bereits gekaufte Aktie zum Ausübungspreis von 91 € verkaufen. Es verbleibt ein Gewinn von 1,5 €. Allerdings haben Sie ein geringes Restrisiko. Falls der Aktienkurs in der letzten Minute von 95 € unter den Basispreis von 91 € fällt, wird der Call nicht ausgeübt und Sie „bleiben auf der gekauften Aktie sitzen". Um dieses Risiko auszuschließen, müssten Sie zusätzlich einen Put mit einem Basispreis von 91 € kaufen. Damit ein Gewinn verbleibt, muss der Put billiger als 1,5 € sein.

Aufgabe 9:

Zunächst ermitteln wir den Barwert D der Dividendenzahlung in Höhe von 2,97791 € = 3,0 €/(1,03)^{0,25}. Die weiteren Berechnungen sind analog zur Übung B-4 auf S. 68. Wir müssen nur D von K abziehen. Wir erhalten für d_1:

$$d_1 = \frac{\ln((100 - 2{,}97791)/105) + (0{,}04 + 0{,}5 \cdot 0{,}25^2) \cdot 0{,}5}{0{,}25 \cdot \sqrt{0{,}5}} = -0{,}245489$$

$$d_2 = d_1 - \sigma \cdot \sqrt{T} = -0{,}0245489 - 0{,}25 \cdot \sqrt{0{,}5} = -0{,}422265$$

$N(d_1)$ und $N(d_2)$ erhalten wir, wenn wir die Werte von d_1 und d_2 in die kumulierte Standardnormalverteilung eingeben.[217]

d_1	d_2	$N(d_1)$	$N(d_2)$
−0,245489	−422271	0,403039	0,336416

---

[217] Die Werte für die Standardnormalverteilung können Sie am schnellsten in Excel ermitteln, wenn Sie mit der Formel STANDNORMVERT(Wert) arbeiten. Auf der Webseite des Verlags zum Buch finden Sie die Aufgabe in der Excel-Datei „Ergänzungen und Übungen".

Nun setzen wir die Werte ein und erhalten einen Callpreis von 4,47 €.

$$c = (K - D) \cdot N(d_1) - B \cdot (1 + r)^{-T} \cdot N(d_2) = 4,47 \text{ €}$$

Aufgabe 10:

Der Putpreis ist zu teuer, da der arbitragefreie Preis im Beispiel mit 17,96 € ermittelt wurde. Wir würden daher den Put verkaufen. Um die notwendigen Handlungen für ein risikoloses Geschäft zu erkennen, verwenden wir am besten die Put-Call-Parität in Form der Risikogleichung (Formel B-4, S. 72). Wir stellen sie so um, dass alle Größen auf einer Seite stehen und der Verkauf eines Puts in der Gleichung erscheint.

$$+C_B - P_B - K + \frac{B}{(1+r)^T} = 0$$

Die Kombination dieser Positionen ist risikolos. Wenn wir den Put verkaufen, müssen wir daher parallel einen Call mit gleichem Basispreis und Laufzeit kaufen und den Basiswert zum aktuellen Preis K verkaufen. Den Nettoverkaufserlös in Höhe von 103,5 € (+ 90 € + 18,4 € – 5 €) legen wir ein halbes Jahr zu 4 % bis zur Fälligkeit an und erhalten daraus einen Betrag von 105,44 €. Die Gesamtposition ist risikolos, da wir die gekaufte Aktie über die Optionspositionen in jedem Fall zum Basispreis von 105 € verkaufen können. Damit verbleibt ein Gewinn von 0,44 € je Aktie ab.

Sie erhalten diesen Wert auch, wenn Sie den rechnerischen Putpreis von 17,96 € der Übung B-5 auf S. 71 vom tatsächlichen Putpreis von 18,4 € abziehen.

b. Wir können den Gewinn auch ermitteln, wenn wir die Ein- und Auszahlungen des Geschäfts auflisten:

Position	Ein- und Auszahlungen
Verkauf Basiswert zum Preis K	+ 90,0 €
Verkauf Put P zum Preis p_B	+ 18,4 €
Kauf Call C zum Preis c_B	– 5,0 €
Barwert Aktienkauf zum Basispreis B	– 102,96 €
Risikoloser Gewinn	+ 0,44 €

Aufgabe 11:

a., b. und c: Der 2:1-Bear-Spread führt zu einem Zahlungseingang in Höhe der saldierten Optionsprämie von 1,0 €. Das Maximum von 6 € liegt beim Basispreis des geschriebenen Puts. Der einzige Break-even-Punkt liegt bei K = 39 €.

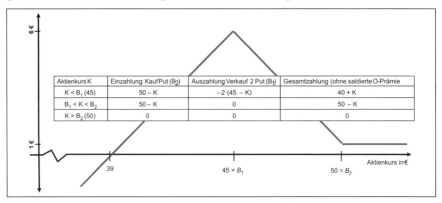

Aktienkurs K	Einzahlung: Kauf Put (B_2)	Auszahlung Verkauf 2 Put (B_1)	Gesamtzahlung (ohne saldierte O-Prämie)
K < B_1 (45)	50 – K	–2·(45 – K)	40 + K
B_1 < K < B_2	50 – K	0	50 – K
K > B_2 (50)	0	0	0

3.2 Lösungen zu Abschnitt B

Aufgabe 12:

a. Sie kaufen einen P_{50} und einen P_{42} und verkaufen gleichzeitig zwei P_{45}. Die Nettoprämie beträgt 1,5 € (–6,5 € – 1 € + 2 · 3 €). Sie stellt den maximalen Verlust dar. Das Gewinnmaximum von 3,5 € liegt beim Basispreis des geschriebenen Puts, d.h. bei 45 €. Fällt der Aktienkurs unter 42 € entsteht ein Gewinn in Höhe von 0,5 €: + 8 € aus P_{50}, –2 · 3 € aus P_{45} abzüglich Nettoprämie von 1,5 €.

b.

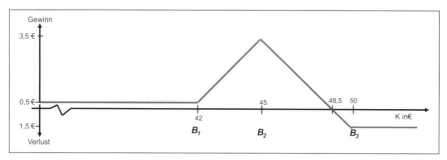

c. Den Butterfly (50; 45; 42) können wir uns als Kombination eines Kauf Bear-Spread (50; 45) und dem Verkauf eines Bear-Spread (45; 42) vorstellen.

Aufgabe 13:

a. Durch den Verkauf von 100 C_{60} zum Preis von 1,8 € fließen dem Anleger 180 € zu. Dafür kann er 36 C_{55} (180 €/5,0 €) kaufen. Um die ursprüngliche Prämienzahlung von 400 € (100 · 4 €) aus dieser Position zu verdienen, müsste der Aktienkurs um 11,11 € (= 400 €/36) über dem neuen Basiswert von 55 € liegen, d.h. auf 66,1 € steigen.

b. Steigt der Aktienkurs auf 60 € hat der Anleger mit der ursprünglichen Position sein gesamtes Geld verloren. Wird hingegen in einen C_{55} gerollt, resultiert daraus ein Verlust von 220 € (–400 € + 36 · 5 €).

Aufgabe 14:

Gewinnsicherungsstrategien:

Überführen in einen Bear-Spread: Sie behalten Ihren ursprünglichen Put und verkaufen nach dem Kursrückgang zusätzlich einen Put mit geringerem Basispreis und gleicher Laufzeit.

Überführen in einen Bear-Time-Spread: Sie behalten Ihren ursprünglichen Put und verkaufen in Abhängigkeit von Ihrer Erwartung zusätzlich einen Put mit tieferem Basispreis und kürzerer Laufzeit.

Überführen in einen Butterfly: Hierzu schreiben Sie nach dem Kursrückgang zusätzlich zwei Puts mit tieferem Basispreis und sichern sich durch den Kauf eines weiteren Puts mit noch tieferem Basispreis ab.

Gewinne realisieren und in einen tieferen Basispreis rollen: Sie verkaufen den ursprünglichen Put und setzen den Gewinn oder Teile des Gewinns ein, um Puts mit tieferem Basispreis zu kaufen. Alternativ können Sie auch Bear-Spreads oder Bear-Time-Spreads erwerben.

Reparaturstrategien:

Prämienneutral in einen höheren Basiswert rollen: Wir verkaufen die ursprünglich gekauften Puts und kaufen prämienneutral Puts mit höherem Basispreis. Da das Rollen in die neue Position kostenneutral erfolgt, erhöht sich das Verlustpotenzial der Position nicht.

Prämienneutraler Umbau in einen Bear-Spread mit höherem Basispreis: Eine Erhöhung des Break-even-Punkts erreichen wir, wenn wir die ursprüngliche Position in einen prämienneutralen Kauf eines Bear-Spread rollen.

In längere Laufzeit rollen: Wir verkaufen die ursprüngliche Position und kaufen gleichzeitig Puts mit längerer Laufzeit. Damit gewinnen wir Zeit. Falls das Rollen in eine längere Laufzeit prämienneutral erfolgen soll, kaufen wir entsprechend weniger Puts.

Prämienneutraler Umbau in einen Time-Spread: Falls wir nicht von einem deutlichen Rückgang des Aktienkurses in den nächsten Monaten ausgehen, können wir die ursprüngliche Position prämienneutral in einen Time-Spread umbauen.

Aufgabe 15:

a. Die Unternehmung benötigt 10 Mio. USD-Calls für je 0,05 EUR. Die Gesamtprämie beträgt damit 500.000 €.

b. Beim Kurs von USD/EUR = 0,60 lässt die Unternehmung die Option verfallen und kauft die 10 Mio. USD am Kassamarkt für 6,0 Mio. Euro. Inklusive Optionsprämie von 500.000 € beträgt der Kaufpreis damit 6,5 Mio. Euro. Damit entsteht (gegenüber dem ursprünglichen Kassakurs von 0,70 EUR) ein Gewinn von 0,5 Mio. €.

Beim Kurs von 0,80 wird der Call ausgeübt und die Unternehmung bezahlt für die 10 Mio. USD den vereinbarten Betrag von 7,1 Mio. EUR. Inklusive Prämie beträgt der Kaufpreis damit 7,6 Mio. Euro. Gegenüber dem aktuellen Kassakurs von 0,80 EUR entsteht ein Gewinn von 400.000 €.

3.3 Lösungen zu Abschnitt C

Aufgabe 1:

a. Die Variation Margin stellt den Gewinn- und Verlustausgleich einer Futureposition dar, der täglich auf Basis des von der Börse festgestellten Abrechnungspreises auf den Konten der Marktteilnehmer gebucht wird.

b. Zur Ermittlung der Variation Margin müssen wir gemäß Formel C-2 (S. 129) die Preisänderung mit der Kontraktgröße (25 € pro Indexpunkt) und der Kontraktzahl multiplizieren. Der Gesamtgewinn beträgt 9.900 €, der in Form der vier in der Tabelle aufgeführten Buchungen ausgezahlt wird. Selbstverständlich können Sie den Gesamtgewinn direkt aus der gesamten Preisänderung von +99 Indexpunkten zwischen Kaufkurs und Verkaufskurs ableiten.

3.3 Lösungen zu Abschnitt C

Tag	Handels-preis	Abrechnungs-preis	Preisänderung	Gewinn/Verlust	Buchung
			in Indexpunkten	jeweils in Euro	
1. Tag	6.020	6.029	+9	+9 · 25 ·4	+ 900
2. Tag		5.950	−79	−79 · 25 ·4	−7.900
3. Tag		6.113	+163	+ 163 · 25 ·4	+16.300
4. Tag	6.119		+6	+6 · 25 ·4	+600
Summe	+99		+99	= 99 · 25 ·4	= 9.900

c. Der Gesamtverlust beträgt 9.900 Euro. Die Höhe der täglichen Variation Margin ist gleich, nur das Vorzeichen ist unterschiedlich.

Aufgabe 2:

a. Wir kaufen Bundesanleihen mit langer Laufzeit. Hierdurch entsteht ein Finanzierungsbedarf in Höhe des Kaufbetrags.

b. Wir kaufen BUND-Futures. Ein Finanzierungsbedarf entsteht allenfalls zur Abdeckung der Additional Margin, die allerdings auch in Form von hinterlegten Wertpapieren gestellt werden kann. Ein möglicher weiterer Finanzierungsbedarf entsteht in Form der Variation Margin, falls die Zinsen steigen und der BUND-Futurepreis sinkt.

Aufgabe 3:

a. Zur Lösung nutzen wir die Formel C-3 auf Seite 134. Der Barwert der erwarteten Dividendenzahlung für $T = 0{,}25$ und $r_{T=0{,}25} = 3{,}5\%$ beträgt 1,49 €. Setzen wir die Werte in die Formel ein, erhalten wir:

$$F_0 = (K_0 - E) \cdot (1+r)^T = (40\ \text{€} - 1{,}49\ \text{€}) \cdot (1{,}04)^{0{,}75} = 39{,}66\ \text{€}$$

b. Der tatsächliche Terminkurs ist tiefer als der arbitragefreie Wert. Ein Arbitrageur würde daher die Aktie am Terminmarkt kaufen und gleichzeitig am Kassamarkt verkaufen. Den Verkaufserlös legt der Arbitrageur am Geldmarkt an und bezahlt am Fälligkeitstermin die Aktie. Man nennt diese Art von Arbitrage Reverse Cash und Carry.

Falls der Arbitrageur die Aktie, die er am Kassamarkt verkauft, nicht im Bestand hat, d.h. einen Leerverkauf tätigt, muss er sich die Aktie bis zum Fälligkeitszeitpunkt leihen. Er muss dabei neben den „Leihgebühren" an den Verleiher auch die Dividende zahlen, die während der Wertpapierleihe anfällt. Diesen Fall sehen Sie in der Tabelle:

c.

Aktionen	Zahlungen
Heute	
Ausleihen der Aktie	
Verkauf Aktie	+40,00 €

Aktionen	Zahlungen
Geldanlage des Verkaufserlös	−40,00 €
„Kleine" Geldanlage in Höhe des Barwerts der Dividende für $T=0{,}25$ zu $r_{T=0{,}25} = 3{,}5\,\%$	−1,49 €
Geldanlage für Restbetrag für $T=0{,}75$ zu $r_{T=0{,}75} = 4{,}0\,\%$	−38,51 €
Terminkauf der Aktie zum Kurs von 39,0 €	
In 90 Tagen: Dividendenzeitpunkt	
Dividendenzahlung im Zuge des Leerverkaufs[218] an Verleiher	+1,50 €
Auflösung der „kleinen" Geldanlage inklusive Zinsen	−1,50 €
In neun Monaten: Fälligkeit des Forwards	
Kauf Aktie	−39,00 €
Gebühren für Aktienleihe (0,2 % · 270/360 · 40 €)[219]	−0,06 €
Auflösung Geldanlage inklusive Zinsen	+39,66 €
Risikoloser Gewinn	**0,60 €**

d. Der risikolose Gewinn beträgt nur 0,60 € je Aktie statt 0,66, da in unserer Formel die Wertpapierleihekosten nicht berücksichtigt werden. Sie betragen im Beispiel 0,06 €.

Aufgabe 4:

a. Die Preisbestimmung des DAX-Futures folgt der Formel C-5 auf S. 147. Demnach beeinflussen neben dem DAX-Index am Kassamarkt die Größen r_D, r_T und T den Futurepreis.

b. Der DAX-Futurepreis ist höher als DAX-Index am Kassamarkt, falls der risikolose Zinssatz für die Restlaufzeit des Futures r_T größer ist als die Dividendenrendite r_D der im DAX enthaltenen Aktien, ebenfalls bezogen auf die Restlaufzeit des DAX-Futures. Je länger die Restlaufzeit des DAX-Futures, desto stärker wirken sich diese Unterschiede auf den DAX-Futurepreis aus.

Aufgabe 5:

a. Ein Beta von 1,5 % bedeutet, dass der Wert der Aktien um 1,5 % steigt (fällt), wenn der DAX-Index um 1,0 % steigt (fällt). Ein Rückgang im DAX-Index von 6.000 Punkte auf 5.000 Punkte bedeutet einen Verlust von −16,67 % = −1.000/6.000. Demnach ist der Wert des Aktienportfolios um 25 % (= 16,67 % · 1,5) auf 75 Mio. € gefallen.

---

[218] Wird ein Wertpapier leerverkauft, muss sich der Verkäufer für den entsprechenden Zeitraum das Wertpapier leihen. Er ist dabei verpflichtet, die anfallenden Wertpapiererträge an den Verleiher zu zahlen, in unserem Fall die Dividende.

[219] In der Wertpapierleihe wird üblicherweise auf Basis actual/360 gerechnet. Der Satz von 20 Basispunkten bezieht sich auf den Wert des Wertpapiers zum Zeitpunkt der Ausleihe, in unserem Fall somit 40 €.

3.3 Lösungen zu Abschnitt C

b. Dem Verlust von 25 Mio. € im Aktienportfolio steht ein Gewinn von 20 Mio. € in der Futureposition gegenüber (= 1.000 · 25 · 800). Folglich ist trotz Hedging ein Verlust von 5,0 Mio. € eingetreten, weil sich der Futurepreis nicht in prognostizierter Weise mit dem Wert der Kassaposition verändert hat.

c. Basisrisiko bei einem Cross-Hedge.

Aufgabe 6.

a. Steigende Zinssätze wirken sich negativ auf Anleihepreise aus.[220] Da jede Versicherung einen hohen Anleihebestand hat, sinkt der Wert der Aktiva.

b. Die Versicherung kann Fixed-Income-Futures verkaufen. Je nach Duration des Anleiheportfolios eignen sich hierzu BUND-Futures und BOBL-Futures.

Aufgabe 7:[221]

a. Die Versicherung sollte die Anleihen A, B und C zusammenfassen und mit BUND-Futures hedgen, weil die Laufzeit (und damit die Duration) dieser Anleihen nahe bei den lieferbaren Anleihen für den BUND-Future liegt. Dadurch reagieren die Anleihepreise in vergleichbarer Stärke auf Zinsänderungen wie der BUND-Future. Konkret: die durchschnittliche Duration der ersten drei Anleihen liegt bei 7,58 Jahre und ist damit vergleichbar mit der Duration der CTD für den BUND-Future (7,41 Jahre). Die Argumentation für die Anleihen D, E und F ist analog. Ihre Laufzeit und damit die durchschnittliche Duration liegt mit 3,87 Jahren nahe an der CTD für den BOBL-Future (4,60 Jahre).

Emittent	Laufzeit	Kupon	Preis	Nominal	Marktwert	Duration
		in %		in Mio. €		
A	04.01.2020	4,00 %	106,9 %	45,0	48,11	7,55
B	24.03.2021	5,00 %	99,5 %	25,0	24,88	8,13
C	24.12.2018	3,00 %	101,9 %	30,0	30,57	7,17
Zwischensumme 1				100,0	103,55	7,58
D	24.07.2014	6,00 %	102,7 %	35,0	35,95	3,25
E	19.11.2015	6,00 %	102,2 %	40,0	40,88	4,38
F	10.06.2015	6,00 %	102,2 %	25,0	25,55	3,93
Zwischensumme 2				100,0	102,38	3,87
CTD, BUND	04.07.2019	3,50 %	105,0 %	UF: 0,836047		7,41
CTD, BOBL	09.10.2015	1,75 %	100,0 %	UF: 0,833828		4,60

b. Die Hedge-Ratios bilden wir jeweils mit Hilfe der Formel C-6 auf S. 158. Für den BOBL-Future erhalten wir:

---
[220] Den exakten Zusammenhang finden Sie im Anhang unter G.2.1 und G.2.2.
[221] Das Excel-Spreadsheet finden Sie in der Datei „Ergänzungen und Übungen".

$$\text{Hegde-Ratio} = \frac{102.380.000}{100\% \cdot 100.000} \cdot 0{,}833828 \cdot \frac{3{,}87}{4{,}60} = 718 \text{ BOBL-Futures}$$

Die Versicherung müsste demnach 717 BOBL-Futures verkaufen, um die Anleihen D, E und F gegen steigende Zinsen abzusichern.

Für die Anleihen A, B und C erhalten wir analog 843 BUND-Futures.

$$\text{Hegde-Ratio} = \frac{103.550.000}{105\% \cdot 100.000} \cdot 0{,}836047 \cdot \frac{7{,}58}{7{,}41} = 843 \text{ BUND-Futures}$$

Aufgabe 8:

a. Die Unternehmung müsste den FRA kaufen und damit zum Briefkurs abschließen, d.h. zu 6,2%.

b. Hierzu ermitteln wir den rechnerischen Wert des FRA mit Hilfe der Formel C-8 auf Seite 167. Um die richtigen Zinssätze einzusetzen, müssen wir bedenken, dass sich der Kauf eines 6x9-FRA aus einer Kreditaufnahme (Briefkurs) für die Gesamtlaufzeit von neun Monaten und einer Geldanlage (Geldkurs) für die Vorlaufperiode von sechs Monaten zusammensetzen lässt. Wir erhalten daher:

$$r_{FRA} = \frac{\left[\frac{1+r_{GL} \cdot T_{GL}}{1+r_{VP} \cdot T_{VP}}\right] - 1}{T_{FRA}} = \frac{\left[\frac{1+0{,}041 \cdot 0{,}75}{1+0{,}03 \cdot 0{,}5}\right] - 1}{0{,}25} = 0{,}0621 = 6{,}21\%$$

Der angebotene Kurs von 6,20% ist daher ein faires FRA-Angebot der Bank.

c. Der Referenzzinssatz beträgt 5,0% + 1,5% = 6,5%. Damit können wir die Ausgleichszahlung gemäß Formel C-7 auf S. 165 wie folgt ermitteln:

$$\text{Ausgleichsbetrag} = \frac{20 \cdot (0{,}065 - 0{,}621) \cdot 0{,}25}{1 + 0{,}065 \cdot 0{,}25} \text{ Mio. €} = 14.420{,}83 \text{ €}$$

Sie fließt von der Bank an die Unternehmung.

d. Beim Verkauf eines EURIBOR-Futures profitiert die Unternehmung von sinkenden Preisen, d.h. von steigenden Zinsen. Da die Vorlaufzeit des benötigten Kredits sechs Monate beträgt, müsste die Unternehmung entsprechend EURIBOR-Future mit einer Laufzeit von sechs Monaten wählen. Da der Kontraktwert jedes EURIBOR-Futures 1,0 Mio. Euro beträgt, müssten 20 Kontrakte verkauft werden.

Aufgabe 9.

EURIBOR-Future	FRA
Laufzeit	Vorlaufperiode
100% – Futurepreis	FRA-Zinssatz
Barausgleich	Ausgleichszahlung
Spezifikation des EURIBOR-Futures	FRA-Periode von drei Monaten

3.4 Lösungen zu Abschnitt D

Aufgabe 1:[222]

a. Bei Vertragsabschluss ist der Wert der Swapvereinbarung für beide Seiten null.

b. Die Restlaufzeit des Swaps beträgt nur noch vier Jahre. Gesucht ist V(Swap;1). Wir setzen die Zinssätze der Zinsstruktur für t=1 in die Formel D-1 auf Seite 197 ein und erhalten einen Wert von −4,47 %.

$$V(Swap;1) = 100\% - \left[\frac{6\%}{1{,}036} + \frac{6\%}{1{,}040^2} + \frac{6\%}{1{,}045^3} + \frac{106\%}{1{,}048^4}\right] = -4{,}47\%$$

c. Wir setzen die Zinssätze in Formel D-2 auf Seite 197 ein und erhalten: $s_4 = 4{,}76\,\%$.

$$s_4 = \frac{1 - \dfrac{1}{1{,}048^4}}{\dfrac{1}{1{,}036} + \dfrac{1}{1{,}040^2} + \dfrac{1}{1{,}045^3} + \dfrac{1}{1{,}048^4}} = 4{,}76\%$$

Auf Basis der neuen Zinssätze wäre der faire Swapsatz 4,76 %. Wir können erkennen, dass der vor einem Jahr vereinbarte Swapsatz von 6,0 % für den Swap-Payer nachteilig ist. Dies erklärt auch den Wertverlust des Swaps um 4,47 % des Nominalwerts.

Aufgabe 2:

Anlagezinssätze	USD-Zins	EUR-Zins	Differenz
Cisco	4,5 %	3,6 %	0,9 %
Siemens	4,6 %	4,0 %	0,6 %
Zinsdifferenz	−0,1 %	+0,4 %	0,3 %

a. Agieren die beiden Unternehmungen getrennt, erzielen sie in Summe Anlagezinsen von 4,6 % USD + 3,6 % EUR. Siemens hat zwar auf beiden Märkten bessere absolute Zinskonditionen, doch der Vorteil ist auf dem deutschen Markt größer als in den USA. Siemens würde deshalb Geld in Deutschland anlegen, Cisco in den USA und über einen Währungsswap werden die Zinszahlungen getauscht. In Summe entstehen durch den Währungsswap Anlagezinsen von 4,5 USD + 4,0 EUR, ein Plus von insgesamt 0,3 % gegenüber einer Geldanlage ohne Swap.

Wenn unterstellt wird, dass Cisco sich um 10 Basispunkte besser stellt, haben wir folgende Zinszahlungen:

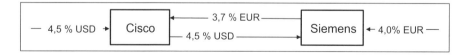

---

[222] Sie finden die Aufgabe 1b. in der Excel-Datei „Ergänzungen und Übungen".

Die Abbildung zeigt, dass Cisco die Dollarzinsen an Siemens durchreicht und von Siemens 3,7% EUR erhält. Verglichen mit einer Direktanlage von 3,6% EUR ist dies ein Vorteil von 10 Basispunkten. Siemens wiederum erhält 0,3% EUR und verschlechtert sich um 0,1% in den USD-Zinsen.

b. Zunächst werden die Anlagesummen getauscht. Siemens zahlt an Cisco 500 Mio. USD und erhält von Cisco 400 Mio. EUR. Damit kann jede Seite auf seinem jeweiligen Markt die Geldanlage vornehmen. Während der Laufzeit werden die Zinszahlungen wie unter b. gezeigt getauscht. Am Ende der zwei Jahre werden die Anlagebeträge wieder zurückgetauscht.

Aufgabe 3:
a. Der Anstieg der Aktienkurse in USD könnte durch einen Kursrückgang des USD geschmälert werden. Falls der Kursrückgang des USD stärker ausfällt als der lokale Preisanstieg der Aktien, dann sind sogar Verluste möglich.

b. Die Investmentgesellschaft schließt beim aktuellen Wechselkurs einen Währungsswap über 300 Mio. USD ab. Hierzu tauscht sie 200 Mio. EUR in die gewünschten 300 Mio. USD. Während der nächsten zwei Jahre leistet die Investmentgesellschaft Zinszahlungen in USD und erhält den vereinbarten Eurozinssatz. Am Laufzeitende verkauft die Investmentgesellschaft ihre US-Aktien, erhält dadurch (zumindest in der Planung) mehr als 300 Mio. USD und tauscht 300 Mio. USD wieder in 200 Mio. EUR zurück. Der ursprüngliche Anlagebetrag von 300 Mio. USD weist damit kein Währungsrisiko auf.

c. Sie könnte die Aktien verkaufen und parallel den Währungsswap auflösen. Je nach Entwicklung des Wechselkurses und der Zinssätze in Euro und USD kann dabei eine Wertänderung des Währungsswaps eingetreten sein.

Eine Alternative wäre der Terminverkauf der US-Aktienposition zum Laufzeitende des Währungsswaps mit Hilfe dafür geeigneter Instrumente, etwa Aktienfutures. Auf diese Weise könnte die Investmentgesellschaft die vereinbarte Swaplaufzeit „überbrücken".

3.5 Lösungen zu Abschnitt E

Aufgabe 1:

Im ersten Jahr stimmen die bedingte, marginale und kumulierte Ausfallwahrscheinlichkeit (AW) überein. Die Überlebenswahrscheinlichkeit (ÜW) für das erste Jahr beträgt damit 96%. Für die Jahre danach können wir aus der Formel E-5 auf Seite 221 die marginalen Ausfallwahrscheinlichkeiten ableiten. Für das zweite Jahr ergibt sich:

marginale AW_2 = Bedingte $AW_t \cdot ÜW_1 = 0,04 \cdot 0,96 = 0,0384$

Die Summe der marginalen Ausfallwahrscheinlichkeiten der beiden ersten Jahre ergibt eine kumulierte Ausfallwahrscheinlichkeit für das zweite Jahr von 7,84% (= 4,0% + 3,84%). Damit kennen wir die Überlebenswahrscheinlichkeit für das zweite Jahr UW_2 = 100% − 7,84% = 92,16%. Die marginale AW_3 beträgt damit 0,04 · 0,9216 = 3,69%. Für das vierte Jahr verfahren wir analog.

3.5 Lösungen zu Abschnitt E

	Jahr 1	Jahr 2	Jahr 3	Jahr 4
Bedingte Ausfallwahrscheinlichkeit	4,00 %	4,00 %	4,00 %	4,00 %
Marginale Ausfallwahrscheinlichkeit	4,00 %	3,84 %	3,69 %	3,54 %
Kumulierte Ausfallwahrscheinlichkeit	4,00 %	7,84 %	11,53 %	15,07 %
Überlebenswahrscheinlichkeit	96,00 %	92,16 %	88,47 %	84,93 %

Aufgabe 2:
a. Die Lösung der Aufgabe erfolgt analog zu Tabelle E-2 und Tabelle E-3 auf Seite 225. Die relevanten Zahlen wurden in die beiden nachfolgenden Tabellen übertragen. Die Ableitung der marginalen Ausfallwahrscheinlichkeiten aus der bedingten Ausfallwahrscheinlichkeit von 3,0 % erfolgt analog zur Lösung der vorangegangenen Aufgabe 1.

Zunächst ermitteln wir den Kapitalwert der erwarteten Prämienzahlung.

Jahr	Marginale AW	ÜW	Erwartete Zahlung in € pro 100 €	Diskontierungsfaktor	Barwerte in €
1	0,0300	0,9700	97,000 · cs	0,95694	92,823 · cs
2	0,0291	0,9409	94,090 · cs	0,91573	86,161 · cs
3	0,0282	0,9127	91,267 · cs	0,87630	79,977 · cs
Summe					258,961 · cs

Der Kapitalwert der erwarteten Prämienzahlung beträgt 258,961 · cs. In ähnlicher Weise ermitteln wir den Kapitalwert der erwarteten Ausfallzahlungen.

Jahr	Marginale AW	Verlustquote bei Ausfall	Erwartete Zahlung in € pro 100 €	Diskontierungsfaktor	Barwerte in €
1	0,0300	0,75	2,2500	0,95694	2,153
2	0,0291	0,75	2,1825	0,91573	1,999
3	0,0282	0,75	2,1170	0,87630	1,855
Summe					6,007

Bei einem fairen Geschäft muss der Kapitalwert der Einzahlungen dem Kapitalwert der Auszahlungen entsprechen, d.h.

$6,007 € = 258,961 € · cs.$

Daraus ergibt sich eine faire CDS-Prämie von 2,32 %.

b. Führen wir die gleiche Rechnung für einen Zinssatz von 10 % durch, ergibt sich ein unveränderter Satz von 2,32 %. Grund: Da sowohl die Einzahlungen als auch die Auszahlungen mit einem veränderten Zinssatz diskontiert werden, gleichen sich die Wirkungen aus. Der Zinssatz hat damit keinen maßgeblichen Einfluss auf die CDS-Prämie.

c. Nach der Daumenregel (Formel E-6 auf S. 227) für die Höhe der CDS-Prämie in Prozent erhalten wir einen Wert von 3,0% · 0,75 = 2,25%, der sehr nahe beim rechnerischen Wert von 2,32% liegt.

Aufgabe 3:

TRS stellen aus Zahlersicht Geldanlagen dar, die mit dem Referenzaktivum besichert werden. Damit eignen sie sich für alle institutionellen Anleger.

TRS stellen aus Empfängersicht den variabel finanzierten Kauf des Referenzaktivums dar. Damit eignen sie sich sehr gut für Hedgefonds, aber auch für Versicherungen.

Da der Zahler eines TRS faktisch das Referenzaktivum leerverkauft (wenn er es nicht im Bestand hält), können TRS spekulativ eingesetzt werden, um auf fallende Preise des Referenzaktivums zu setzen. Dies nutzen insbesondere Hedgefonds.

Aufgabe 4:

Bei einer Credit Linked Note überträgt der Sicherungs*geber* in Form des Kaufpreises der Anleihe bereits den maximal möglichen Ausfallbetrag. Er trägt nun einerseits das Ausfallrisiko des Referenzaktivums, andererseits aber auch das Risiko, dass die Rückzahlung der Anleihe durch den Emittenten nicht erfolgt.

Aufgabe 5:

a. Der Credit Spread zum Handelszeitpunkt beträgt 2,2% (= 4,2% – 2,0%), der Basisspread 2,0%. Der Call ist damit im Geld, da er zum Handelszeitpunkt einen positiven inneren Wert von 0,2% aufweist.

Innerer Wert Call = Max(0; Credit Spread bei Ausübung – Basisspread)

b. Der Käufer des Credit Spread Call mit Spreadausgleich profitiert von einer Erhöhung des Spreads und damit von einer Verschlechterung der Bonität. Da zum Ausübungszeitpunkt der Credit Spread 2,3% beträgt (4,8% – 2,5%) und damit über dem Basisspread von 2%, ist die Ausübung vorteilhaft.

Innerer Wert Call = 2,3% – 2,0% = 0,3%.

Da beim Kauf eine Prämie von 0,4% gezahlt wurde, entsteht für den Käufer des Calls ein Verlust von 0,1%. Wenn wir die %-Werte mit dem Nominalwert von 100 Mio. € multiplizieren, erhalten wir die absoluten Werte von 0,3 Mio. € bzw. 0,1 Mio. €

c. Der Break-even wird dann erreicht, wenn der Credit Spread zum Ausübungszeitpunkt in Höhe der bezahlten Optionsprämie von 0,4% den vereinbarten Basisspread von 2,0% übersteigt, d.h. einen Wert von 2,4% annimmt. Da annahmegemäß die Anleiherendite auf 3,5% gefallen ist, müsste der 12-Monats-EURIBOR einen Wert von 1,1% aufweisen.

d. Gemäß Formel E-4 auf Seite 220 beträgt die Ausfallwahrscheinlichkeit 3,29%, errechnet aus 2,3% Credit Spread dividiert durch die Verlustquote von 70%.

Literaturverzeichnis

Black, Fischer/Scholes, Myron: The Pricing of Options and Corporate Liabilities, in: Journal of Political Economy 81, S. 637–659, 1973.
Bloss, Michael/Ernst, Dietmar: Derivate, Oldenbourg Verlag, 2008.
Bösch, Martin/Heinig, Raik: Der Verkauf von Non Performing Loans durch deutsche Kreditinstitute, in: Jenaer Beiträge zur Wirtschaftsforschung 07/2007.
Bösch, Martin: Aktienanlagen im Zusammenhang mit dem § 80 Abs. 1 SGB IV, in: Jenaer Beiträge zur Wirtschaftsforschung 02/2007.
Bösch, Martin: Finanzwirtschaft, Vahlen Verlag 2009.
British Bankers' Association: Credit Derivatives Report, 2006.

Chaplin, Geoff: Credit Derivatives, John Wiley & Sons, 2010.
Coval, Joshua /Jakub, Jurek/ Stafford, Erik: The Economics of Structured Finance, in: Journal of Economic Perspectives, Vol. 23, Nr. 1, S. 3-25, 2/2009.
Cox, J./Ross, S./Rubinstein, M.: Option Pricing: A Simplified Approach, in: Journal of Financial Economics, Vol. 7, 1979, S. 229–264.
Croughy, M./Galai, D./Mark, R.: A Comparative Analysis of Current Credit Risk Models, in: Journal of Banking and Finance, Vol. 24, S. 59–117, 2000.

Das, Satyajit: CDOs and Structured Credit Products, John Wiley & Sons, 2005.
Das, Satyajit: Credit Derivatives: Trading and Management of Credit and Default Risk, John Wiley & Sons, 1998.
Deutsch, H.P.: Derivate und interne Modelle, Wiesbaden, 2008.
Deutsche Bundesbank: Entwicklung, Aussagekraft und Regulierung des Markts für Kreditausfall-Swaps, Monatsbericht 12/2010, S. 47-64.
Deutsche Bundesbank: Rolle und Bedeutung von Zinsderivaten, Monatsbericht 11/2003, S. 31-44.

EUREX: Aktien- und Aktienindex-Derivate – Handelsstrategien, 5/2007.
EUREX: Eurex Clearing – Risk Based Margining, 9/2007.
EUREX: Eurex Clearing: Safer Markets, 5/2010.
EUREX: Produkte 2011, 1/2011.
EUREX: Zinsderivate – Fixed Income-Handelsstrategien, 7/2007.
Europäische Zentralbank: Credit Default Swaps and Counterparty Risk, 8/2009.

Fabozzi, Frank J.: Fixed Income Analysis (CFA Institute Investment Series), 2007.
Fabozzi, Frank J.: The Handbook of Fixed Income Securities, McGraw Hill, 2005.
Fitch: Fitch Ratings: Global Credit Derivatives Survey: Surprises, Challenges and the Future, in: Credit Policy, 8/2009.
Flavell, R.: Swaps and other Instruments, John Wiley & Sons, 2002.

Geyer, Christoph/Uttner, Volker: Praxishandbuch Börsentermingeschäfte, Gabler Verlag, 2007.

Literaturverzeichnis

Heidenreich, M.: Der Einsatz von Kreditderivaten im deutschsprachigen Raum, in: Finanz Betrieb, 9. Jg., Nr.12, S. 761–769.

Hull, John C./Predescu/White, A.: The Relationship between Credit Default Swap Spreads, Bond Yields and Credit Rating Announcements, in: Journal of Banking and Finance, Vol. 28, 2004, S. 2789–2811.

Hull, John C.: Optionen, Futures und andere Derivate, Pearson Studium, 2009.

Hull, John C.: Risikomanagement, Pearson Studium, 2011.

Hull, John C.: Risk Management and Financial Institutions, Prentice Hall, 2006.

McMillan, L.G.: McMillan on Options, John Wiley & Sons, 2004.

Merton, Robert: On the pricing of corporate debt: the risk structure of interest rates, in: Journal of Finance 29, S. 449–470, 1974.

Merton, Robert: Theory of Rational Option Pricing, in: Bell Journal of Economics and Management Science 4, S. 141–183, 1973.

Muck, M: Where should you buy your Option? The Pricing of Exchange-Traded Certificates and OTC-Derivatives in Germany, in: Journal of Derivatives, Vol. 14, Nr. 1, S. 82–96, 2006.

Ott, Birgit: Interne Kreditrisikomodelle, Uhlenbruch Verlag, 2001.

Perridon, Louis/Steiner, Manfred/Rathgeber, Andreas: Finanzwirtschaft der Unternehmung, Vahlen-Verlag, 2009.

Rieger, Marc Oliver: Optionen, Derivate und strukturierte Produkte, Schäffer-Poeschel Verlag, 2009.

Rudolph, Bernd/Schäfer, Klaus: Derivative Finanzmarkinstrumente, Springer-Verlag, 2010.

Rudolph, Bernd: Lehren aus den Ursachen und dem Verlauf der internationalen Finanzkrise, in: Zeitschrift für betriebswirtschaftliche Forschung, 60. Jg., Nr. 7, S. 713–741.

Schmidt, Martin: Derivative Finanzinstrumente, Schäffer-Poeschel Verlag, 2006.

Sinn, Hans-Werner: Kasino Kapitalismus, Ullstein Taschenbuch, 2010.

Spremann, Klaus/Gantenbein, Pascal: Zinsen, Anleihen, Kredite, Oldenbourg Verlag, 2007.

Steiner, Manfred/Bruns, Christoph: Wertpapiermanagement, Schäffer-Poeschel Verlag, 2007.

Stulz, R.M.: Risk Management and Derivatives, Southwestern, 2003.

Tolle, S./Hutter, B./Rüthemann, P./Wohlwend, H.: Strukturierte Produkte in der Vermögensverwaltung, Zürich, 2007.

Uszczapowski, Igor: Optionen und Futures verstehen, Deutscher Taschenbuchverlag, 2011.

Wolke, Thomas: Risikomanagement, Oldenbourg Verlag, 2007.

Zerey, J.C. (Hrsg.), Außerbörsliche (OTC) Finanzderivate: Rechtshandbuch, 2008.

Stichwortverzeichnis

90/10-Regel 76

A

Abzinsen 22
actual/360-Methode 23
actual/actual-Methode 22, 273
Additional Margin 99, 125
Adverse Selektion 247
Aktienanleihe 51, 109
Aktienindexfutures 139
Aktienkauf
– GuV-Profil (Risikoprofil) 36
– mit Preisabschlag 49
Aktienkursrisiko 14
Aktienoptionsscheine 109
Aktien- und Optionsmanagement 90
Anleihe
– Cashflowprofil 263
– Duration 267
– Effektivverzinsung 265
– Verfallrendite 265
Anleiherendite 272
Anleiherendite, Komponenten 266
Äquivalenter Jahreszins 24
Arbitrage 135, 167, 171
– bei Futures 136
– bei Optionen 71
– Voraussetzungen 137
Arbitragegeschäft 9, 56
Arbitrageure 9
Asset Backed Securities 236
Asset Swap 190
Asset-Währungsswap 206
Assignment 175, 192, 229
Aufgeld 107
Ausfallintensität 221
Ausfallleistungen 225
Ausfallrisiko 14, 25, 188, 204, 216
Ausfallwahrscheinlichkeit
– bedingte 221
– implizite 219
– kumulierte 221
– marginale 221
– unbedingte 221
Ausübungsertrag 37, 44, 55
Ausübungspreis 32

B

Bankspesen 77
Barausgleich 100, 127
Barwert 22
Basis 133, 145
Basiskonvergenz 134
Basispreis 32
Basispunktwert 270
Basispunktwertmethode 270
Basisrisiko 145, 155, 156
Basiswährung 103, 170
Basiswert 4, 32, 124
Basiswert einer Aktienanleihe 109
Basket Credit Default Swap 230
Bear-Spread 79, 81
Bedingte Ausfallwahrscheinlichkeit 217, 220
Bedingte Termingeschäfte 32
Benchmarkanleihe 232
Benchmarkzinssätze 232
Beta 101, 103, 143, 145
Betriebsrisiko 15
Bezugsverhältnis 106, 107
Bid 9, 168
Binomialmodell 67
Black-Scholes-Modell 67
BOBL-Future 149
Bonität 14, 25, 216, 266
Börsenhandel 11, 97
Briefkurs 9, 168, 171
Bull-Spread 77, 81, 90, 94
BUND-Future 128, 149
– Duration-Methode 157
– hedgen mit 154
– Kontraktspezifikation 149

- Nominalwertmethode 156
- Preisbestimmung 152
- spekulieren mit 153
- Wert der Position 150

Butterfly 83, 91
BUXL-Future 149

C

Calculation Agent 229
Call
- Break-even-Punkt 39
- Chancen und Risiken 38
- Definition 32
- GuV-Profil 36

Cash-Settlement 100, 223
Cash und Carry 136
Cash und Carry-Arbitragegeschäft 152
CDO *Siehe* Collazerized Debt Obligation
CDO der zweiten Generation 240
CDS *Siehe* Credit Default Swap
CDS-Spread 224
Ceteris paribus (c.p.) 60
Cheapest to Deliver 151
Clean Price 151, 274
Clearinghaus 12
Closing 34, 129
Collateralized Bond Obligation 236
Collateralized Debt Obligation 236, 238, 239
Collateralized Loan Obligation 236
Collateralized Synthetic Obligation 236
CONF-Future 149
Convenience Yield 176, 177
Cost of Carry 133, 152
Covered Call 41, 73, 92
Covered Warrant 106
Cox/Ross/Rubinstein-Modell 67
Credit Default 216
Credit Default Option 224
Credit Default Produkte 231
Credit Default Swap 223
- Glattstellen 228
- Laufzeit 224
- Marktvolumen 244
- Prämienermittlung 224
- Teilnehmerstruktur 245
- Wert (Preis) 227

Credit Event 223
Credit Linked Note 236, 237
Credit Spread 25, 216
Credit Spread Call 232
Credit Spread Option 232
Credit Spread Put 232
Cross-Hedge 144
CTD *Siehe* Cheapest to Deliver

D

DAX-Kontrakt 141
Derivat 3, 4
Devisenmarkt 3, 103
Devisenoptionen 103
Devisentermingeschäft 169
- Preisbestimmung 169
- Zerlegung in Teilgeschäfte 171

Devisenterminkurs 170
- Geld-Brief-Spanne 171

Diagonal-Spread 77, 86
Digital Credit Default Swap 229
Dirty Price 151, 274
Diskontierungsfaktor 22
Diskontierungszins 266
Diskontpapier 271
Diversifikation von Kreditrisiken 246
Double Default Risiko 237
Duration 157, 158, 267
- Interpretation und Berechnung 268

Duration-Methode 157
Durchschnittliche Kapitalbindungsdauer 267

E

Effektivverzinsung Anleihe 265
Einstandskurs reduzieren 93
Emittentenrisiko 107, 111, 156, 179
EONIA-Future 148, 160
Equity Linked Bond 109
Equity Tranche 239
Erfüllungsrisiko 12, 125
Erwarteter Verlust 218
EUREX 11, 59, 97, 140
EURIBOR 26
EURIBOR-Future 148, 160
Euro-BTP-Future 149
Euro-Schatz-Future 149

Eurozinsmethode 23
Exposure at Default 218

F

Fairer Swapsatz 197
Fälligkeitstag 34, 130
Finanzinstitute 2, 191, 228, 245
Finanzmarkt 2
Finanzmarktkrise 3, 8, 156, 242
First Loss Piece 239
First to Default Swap 230
Fixed-Income-Future 149
Formeln und Definitionen
– Anleiherendite 264
– Ausfallintensität 221
– Barwert einer Zahlung 25
– CDS-Prämie, Daumenregel 227
– Credit Spread 219
– Devisenterminkurs 170
– Duration 268
– Duration als Elastizität 269
– Durchschnittswert 16
– Erwarteter Verlust 218
– Forwardpreis bei Konsumgütern 177
– FRA, arbitragfreier FRA-Satz 167
– FRA, Ausgleichszahlung 165
– Gewinnermittlung bei Futures/Forwards 129
– Hebel einer Option 38
– Hedge-Ratio bei Fixed-Income-Futures 158
– Kapitalwertformel 22
– Komponenten des Zinssatzes i 25
– Preis einer Anleihe 263
– Put-Call-Parität für amerikanische Optionen 74
– Put-Call-Parität für europäische Optionen 72
– Swapsatz 197
– Volatilität für verschiedene Zeiträume 18
– Volatilität/Standardabweichung/Varianz 16
– Währungsswap, Wert eines 210
– Wert einer Forwardposition 128
– Zerobondpreis 271
– Zinsumrechnungsformel 24

– Zinswap, Wert eines 197
– Zukünftiger Wert einer Zahlung 24
Forward 3, 124
Forward Rate Agreement *Siehe* FRA
Forward-Spread 172
Forward-Zins 163
FRA 159
– Arbitrage 167
– arbitragefreier FRA-Satz 167
– Ausgleichszahlung 165
– Geld-Brief-Spanne 168
– Komponenten 163
– Preisbestimmung 166
– Referenzzinssatz 163
– Zerlegung in Geldmarktgeschäfte 166
FRA-Periode 163
FRA-Zins 163
Fristentransformation 202
Futuregeschäft 3
Future- oder Forwardpreis 124
Futures 124
– allgemeine Preisformel 134, 147, 176
– Arbitrage 135
– auf Aktienindizes 139
– Basis 133
– Gewinnermittlung 129
– Kennzeichen 127
– Lieferung 34, 130
– Preisunterschied zu Forwards 137
– Schlussabrechnungspreis 130
– tägliche Bewertung 129
– Vorteile und Nachteile 145
– Vorteile zum Kassamarkt 142
– Wert der Position 142
– zeitlicher Ablauf 130
Future-Style-Verfahren 175

G

Geld-Brief-Spanne 168, 171
Geldkurs 9, 168, 171
Geldmarkt 2
Geldmarktfuture 159
– Barausgleich 160
– Hedge-Ratio 162
– Spekulieren und hedgen 161
Gesamt-Margin 125

Gewinnchance mit Kapitalgarantie 41, 75
Glattstellen 34, 129

H

Händler 9
Hebel einer Option 62
Hebel eines Optionsscheins 108
Hedgefonds 7
Hedgen 7, 101, 141, 154, 201
Hedger 7
Hedge-Ratio 144, 156, 158
Hedging 143
– Grundstruktur 143
– mit Aktienfutures 142
– mit BUND-Futures 154
– mit Geldmarktfutures 162
– mit Zinsswaps 201
– und Basisrisiko 145
– unvollkommenes 144
Horizontal-Spread 85
Hypride Kreditprodukte 236

I

Indexanleihe 111
Informationsasymmetrie 247
Initial Margin 99, 125, 142
Innerer Wert einer Option 55
Innerer Wert eines Optionsscheins 107
Insolvenzmasse 218
Institutionelle Anleger 146, 154
Interne Bewertungsmodelle 257
Investitionsgüter 132
ISDA
– bei Credit Default Swaps 229
– bei Zinsswaps 193
Iteration 265

J

Junior Tranche 239

K

Kalender-Spread 77, 85
Kapitalbindungsrisiko 156, 157
Kapitalgarantie 75

Kapitalmarkt 2
Kapitalmarkteffizienz 261
Kapitalwert 22
Kapitalwertformel 263
Kassageschäft 5
Kassamarkt 5
Kassazinssatz 21, 264, 272
Kaufoption *Siehe* Call
Kommissionär 12
Komparative Vorteile 194, 208
Konsumgüter 132
Kontrahentenrisiko 11, 98, 126, 188, 195, 228
Kontraktgröße 32, 33, 124, 175
Konvergenz der Basis 134
Konversionsfaktor 151
Konvexitätsfehler 270
Kreditäquivalentbetrag 218, 220
Kreditausfall 216
Kreditderivate
– Credit Default Swap 223
– im engeren Sinne 236
– im weiteren Sinne 236
– Klassifizierung 231
Kreditereignis 223
Kreditfähigkeitsprüfung 216
Kreditmarkt 2
Kreditrisiko 14, 231
Kreditrisiko, Modellierung 111
Kreditrisikoprämie 25, 216, 266
Kreditrisikosteuerung 246
Kreditrisiko, unsystematisches 246
Kreditverbriefung 236
Kredit, Verlustquote bei Ausfall 219
Kreditwürdigkeitsprüfung 217
Kriminelle Machenschaften 258
Kuponzins 265

L

Laufende Verzinsung 265
Laufzeit
– einer Geldanlage 20
– einer Option 33
– eines Swaps 187
– und Preis einer Option 64
– von Futures/Forwards 124
Laufzeiten, krumme 274
Leerverkauf 137, 235, 283

Liability Swap 190
Liability-Währungsswap 205
Lieferpreis einer Anleihe 151
Liefertag 34, 130
Liquide Wertpapiere 142
Liquiditätsrisiko 15
Long-Position 9, 35, 128
Loss given Default 218

M

Macaulay Duration 268
Margin 12, 98, 124, 126, 129
– Additional Margin 99, 125
– Gesamt-Margin 99, 125
– Initial Margin 99, 125
– Premium Margin 99
– Variation Margin 125
– Worst-Case-Verlust 99, 125
Margin-Call 12, 125
Margin-Klasse 100
Market Maker 9, 191, 228
Markov-Prozess 261
Mark-to-Market-Bewertung 125, 160
Marktpreisänderungsrisiko 14
Marktpreisrisiko 14, 231
Marktvolatilität 256
Mezzanine Tranche 239
Migration 222
Modified Duration 270
Moral Hazard 248
Mortgage Backed Securities 236
MultiNameDerivat 223

N

Nachschuss 12, 99
Negativauslese 247
Netting 188
Nominalbetrag
– bei Währungsswaps 203
– bei Zinsswaps 187
– eines CDS 223
Nominalwert einer Anleihe 263
Nominalwertmethode 156
Normalverteilung 17
Note 237
n to Default Swap 230
Nullbasis-Futurepreis 152

O

Offer 9, 168
Omega 62
Open Outcry 13
Option 4
– auf Futures 174
– Definition 32
– europäische/amerikanische 33
– im, am und aus dem Geld 55
– innerer Wert 55
– Merkmale einer 33
– Preisuntergrenze 57
– Zeitwert 59
Optionsschein 105
– Aufgeld 107
– gedeckter (nackter) 106
– Hebel 108
– Kennzahlen 107
Optionstyp 33
OTC-Geschäft 4, 11, 125
Over-the-Counter-Geschäft 4

P

Par-Yield einer Anleihe 265
Payer-Swap 188, 212
Perfect-Hedge 145
Preisfaktor 151
Preis und Kurs 10
Premium Margin 99
Protection Buyer 223
Protective Put 47, 73
Put 44
– als Versicherung 49
– Definition 33
– mit Schutzfunktion 47
– Sicht Käufer 44
– Sicht Verkäufer (Stillhalter) 45
Put-Call-Parität
– als Risikoprofilgleichung 72
– bei amerikanischen Optionen 74
– bei europäischen Optionen 71
– für Bewertungsfragen 111

R

Ratingklasse 217
Ratio-Spread 82, 93

Receiver-Swap 188
Rechtsrisiko 15
Recovery Credit Default Swap 230
Recovery Rate 218
Referenzzinssatz 26
Reparaturstrategien 93
Replikation 195
Reverse Cash und Carry 137
Reverse Convertible Bond 109
Rho 66
Risiko 16
Risikoarten 14
Risiko, finanzwirtschaftliches 14
Risikoklasse 217
Risiko, leistungswirtschaftliches 15
risikoloser Zinssatz 26
Risikomaß
– für Ausfallrisiken 16
– für Marktpreisrisiken 16
Risikoprofilgleichung bei Optionen 72
Risiko, systemisches 258
Risikoverkäufer 223
Rollen einer Option 95, 96, 282

S

Schließen eines OTC-Geschäfts 192
Schlussabrechnungspreis 98, 101, 130, 141, 150, 151
Schreiben einer Option 40
Schuldverschreibung 106, 111
Securitisation 236
Senior Tranche 239
Settlement-Preis 130
Short-Position 9, 35, 128
Sicherheiten 12
Sicherheiten, bei Futures 124
Sicherheiten, bei Optionen 98
Sicherungskäufer 223
SingleNameDerivat 223
Spanne 168
Spekulant 7
Spielkasino 8
Spotgeschäft 5
Spotmarkt 5
Spotrates 21
Spotzinssatz 21
Spread 168
Spreadausgleich 232

Spreadkombinationen 82
Standardabweichung 16
Standardnormalverteilung 68
Stochastischer Prozess 261
Strangle 88
Strap 88
Strip 88
Strukturiertes Finanzprodukt 111
Strukturierung 238
Stückzinsen 273
Swap 4, 186
Swapsatz 172, 187
Synthetische Kreditverbriefung 242

T

Terminbörsen 11
Termingeschäft 4, 5
– bedingtes/unbedingtes 32
Terminkontrakt 128
Terminmärkte 5
Theta 64
Tilgung 263
Time-Spread 77, 85, 91
Total Return Swap 233
Total Return Swap, Anwendungen 234
Tranching 238
Transaktionskosten 77, 145, 154, 202, 253
Transparenz 256

U

Überlebenswahrscheinlichkeit 221
Umrechnungsfaktor 150
Umtauschverhältnis 152
Unbedingte Termingeschäfte 32
– Kategorien 126
Underlying 32, 124

V

Valutatag 5, 273
Varianz 17
Variation Margin 125, 129, 160
Vega 66
Verfallrendite 265
Verkaufsoption *Siehe* Put
Verlustquote bei Ausfall 218, 226

Vertical Spread 77
Verzinsungshäufigkeit 23
Volatilität 16, 261

W

Währungsnotierung 103
Währungsoptionen 103
Währungsswap
– Anwendungsmöglichkeiten 204
– Ausfallrisiko 204
– komparative Vorteile 208
– Preisquotierung 204
Warentermingeschäft 176
Warrant 106
Wert einer Future/Forwardposition 128
Wertpapierleihe 283
Wiedergewinnungsquote 218
Worst-Case-Verlust 99, 125

Y

Yield to Maturity 265

Z

Zeitwert 59
Zeitwertverfall 65
Zentraler Kontrahent 12, 124

Zerobonds 111, 270
Zerobondsätze 21
Zerobondzinssatz 271
Zinsänderungsrisiko 14
Zinsberechnungsmethode 152
Zinsfaktor 20
Zinsforwards 148
Zinsfutures 148
Zinsmethode
– deutsche kaufmännische 23
– Eurozinsmethode 23
– taggenaue 22
Zinsrechenmethode 22
Zinssammler 271
Zinssatz 20
Zinsstrukturkurve 21
Zinsstrukturrisiko 156
Zinsswap 187, 212
– Anwendungsmöglichkeiten 189
– Ausfallrisiko 188
– Handelsusancen 193
– komparative Vorteile 194
– Marktvolumen 186
– Payer, Receiver 188
– Preisquotierung 192
– Standardform 187
Zinszahlung, unterjährig 23
Zufallsprozess 261
Zweckgesellschaft 238